R para Data Science
Importe, Arrume, Transforme, Visualize e Modele Dados

Hadley Wickham e Garrett Grolemund

R para Data Science
Importe, Arrume, Transforme, Visualize e Modele Dados

Hadley Wickham e Garrett Grolemund

ALTA BOOKS
EDITORA
Rio de Janeiro, 2019

R para Data Science – Importe, arrume, transforme, visualize e modele dados
Copyright © 2019 da Starlin Alta Editora e Consultoria Eireli. ISBN: 978-85-508-0324-1

Translated from original R for Data Science. Copyright © 2017 by Garrett Grolemund and Garret Grolemund. All rights reserved. ISBN 978-1-491-91039-9. This translation is published and sold by permission of O'Reilly Media, Inc the owner of all rights to publish and sell the same. PORTUGUESE language edition published by Starlin Alta Editora e Consultoria Eireli, Copyright © 2019 by Starlin Alta Editora e Consultoria Eireli.

Todos os direitos estão reservados e protegidos por Lei. Nenhuma parte deste livro, sem autorização prévia por escrito da editora, poderá ser reproduzida ou transmitida. A violação dos Direitos Autorais é crime estabelecido na Lei nº 9.610/98 e com punição de acordo com o artigo 184 do Código Penal.

A editora não se responsabiliza pelo conteúdo da obra, formulada exclusivamente pelo(s) autor(es).

Marcas Registradas: Todos os termos mencionados e reconhecidos como Marca Registrada e/ou Comercial são de responsabilidade de seus proprietários. A editora informa não estar associada a nenhum produto e/ou fornecedor apresentado no livro.

Impresso no Brasil — Edição, 2019 — Edição revisada conforme o Acordo Ortográfico da Língua Portuguesa de 2009.

Publique seu livro com a Alta Books. Para mais informações envie um e-mail para autoria@altabooks.com.br

Obra disponível para venda corporativa e/ou personalizada. Para mais informações, fale com projetos@altabooks.com.br

Produção Editorial Editora Alta Books	**Produtor Editorial** Thiê Alves	**Produtor Editorial (Design)** Aurélio Corrêa	**Marketing Editorial** Silas Amaro marketing@altabooks.com.br	**Vendas Atacado e Varejo** Daniele Fonseca Viviane Paiva comercial@altabooks.com.br
Gerência Editorial Anderson Vieira	**Assistente Editorial** Illysabelle Trajano		**Editor de Aquisição** José Rugeri j.rugeri@altabooks.com.br	**Ouvidoria** ouvidoria@altabooks.com.br
Equipe Editorial	Adriano Barros Aline Vieira Bianca Teodoro	Ian Verçosa Juliana de Oliveira Kelry Oliveira	Paulo Gomes Thales Silva Viviane Rodrigues	
Tradução Samantha Batista	**Copidesque** Roberto Rezende	**Revisão Gramatical** Thaís Garcez Alessandro Thomé	**Revisão Técnica** José G. Lopes Estatístico pela Universidade de Brasília	**Diagramação** Lucia Quaresma

Erratas e arquivos de apoio: No site da editora relatamos, com a devida correção, qualquer erro encontrado em nossos livros, bem como disponibilizamos arquivos de apoio se aplicáveis à obra em questão.

Acesse o site www.altabooks.com.br e procure pelo título do livro desejado para ter acesso às erratas, aos arquivos de apoio e/ou a outros conteúdos aplicáveis à obra.

Suporte Técnico: A obra é comercializada na forma em que está, sem direito a suporte técnico ou orientação pessoal/exclusiva ao leitor.

A editora não se responsabiliza pela manutenção, atualização e idioma dos sites referidos pelos autores nesta obra.

Dados Internacionais de Catalogação na Publicação (CIP) de acordo com ISBD

W637r	Wickham, Hadley
	    R para Data Science: Importe, Arrume, Transforme, Visualize e Modele Dados / Hadley Wickham, Garrett Grolemund ; traduzido por Samantha Batista. - Rio de Janeiro : Alta Books, 2019.
	    528 p. ; il. ; 17cm x 24cm.
	
	    Tradução de: R for Data Science
	    Inclui índice.
	    ISBN: 978-85-508-0324-1
	
	    1. Ciência de dados. 2. R para Data Science. I. Grolemund, Garrett. II. Batista, Samantha. III. Título.

2018-1782	CDD 005.13 CDU 004.62

Elaborado por Vagner Rodolfo da Silva - CRB-8/9410

ALTA BOOKS
EDITORA

Rua Viúva Cláudio, 291 — Bairro Industrial do Jacaré
CEP: 20.970-031 — Rio de Janeiro (RJ)
Tels.: (21) 3278-8069 / 3278-8419
www.altabooks.com.br — altabooks@altabooks.com.br
www.facebook.com/altabooks — www.instagram.com/altabooks

Sumário

Prefácio à Edição Brasileira xii
Prefácio xiii

Parte I.   Explorar

1. **Visualização de Dados com ggplot2** 3

   Introdução   3
   Primeiros Passos   4
   Mapeamentos Estéticos   7
   Problemas Comuns   13
   Facetas   14
   Objetos Geométricos   16
   Transformações Estatísticas   22
   Ajustes de Posição   27
   Sistemas de Coordenadas   31
   A Gramática em Camadas de Gráficos   34

2. **Fluxo de Trabalho: O Básico** 37

   O Básico de Programação   37
   O que Há em um Nome?   38
   Chamando Funções   39

3. Transformação de Dados com dplyr **43**

    Introdução   43

    Filtrar Linhas com filter()   45

    Comparações   46

    Ordenar Linhas com arrange()   50

    Selecionar Colunas com select()   51

    Adicionar Novas Variáveis com mutate()   54

    Resumos Agrupados com summarize()   59

    Mudanças Agrupadas (e Filtros)   73

4. Fluxo de Trabalho: Scripts **77**

    Executando Códigos   78

    Diagnósticos Rstudio   79

5. Análise Exploratória de Dados **81**

    Introdução   81

    Perguntas   82

    Variação   83

    Valores Faltantes   91

    Covariação   93

    Padrões e Modelos   105

    Chamadas ggplot2   108

    Aprendendo Mais   108

6. Fluxo de Trabalho: Projetos **111**

    O que É Real?   111

    Onde Sua Análise Vive?   113

    Caminhos e Diretórios   113

    Projetos RStudio   114

    Resumo   116

Parte II.   Wrangle

7. Tibbles com tibble **119**

Introdução   119
Criando Tibbles   119
Tibbles *versus* data.frame   121
Interagindo com Códigos Mais Antigos   123

8. Importando Dados com readr **125**

Introdução   125
Começando   125
Analisando um Vetor   129
Analisando um Arquivo   137
Escrevendo em um Arquivo   143
Outros Tipos de Dados   145

9. Arrumando Dados com tidyr **147**

Introdução   147
Dados Arrumados (Tidy Data)   148
Espalhando e Reunindo   151
Separando e Unindo   157
Valores Faltantes   161
Estudo de Caso   163
Dados Desarrumados (Não Tidy)   168

10. Dados Relacionais com dplyr **171**

Introdução   171
nycflights13   172
Chaves (keys)   175
Mutating Joins   178
Filtering Joins   188
Problemas de Joins   191
Operações de Conjuntos   192

11. Strings com stringr 195

Introdução 195
O Básico de String 195
Combinando Padrões com Expressões Regulares 200
Ferramentas 207
Outros Tipos de Padrões 218
Outros Usos para Expressões Regulares 221
string 222

12. Fatores com forcats 223

Introdução 223
Criando Fatores 224
General Social Survey 225
Modificando a Ordem dos Fatores 227
Modificando Níveis de Fatores 232

13. Datas e Horas com lubridate 237

Introdução 237
Criando Data/Horas 238
Componentes de Data-Hora 243
Intervalos de Tempo 249
Fusos Horários 254

Parte III. Programar

14. Pipes com magrittr 261

Introdução 261
Alternativas ao Piping 261
Quando Não Usar o Pipe 266
Outras Ferramentas do magrittr 266

15. Funções 269

Introdução 269
Quando Você Deveria Escrever uma Função? 270

Funções São para Humanos e Computadores	273
Execução Condicional	276
Argumentos de Funções	280
Retorno de Valores	285
Ambiente	288

16. Vetores 291

Introdução	291
O Básico de Vetores	292
Tipos Importantes de Vetores Atômicos	293
Usando Vetores Atômicos	296
Vetores Recursivos (Listas)	302
Atributos	307
Vetores Aumentados	309

17. Iteração com purrr 313

Introdução	313
Loops For	314
Variações do Loop For	317
Loops For *versus* Funcionais	322
As Funções Map	325
Lidando com Falhas	329
Fazendo Map com Vários Argumentos	332
Walk	335
Outros Padrões para Loops For	336

Parte IV. Modelar

18. O Básico de Modelos com modelr 345

Introdução	345
Um Modelo Simples	346
Visualizando modelos	354
Fórmulas e Famílias de Modelos	358

| Valores Faltantes | 371 |
| Outras Famílias de Modelos | 372 |

19. Construção de Modelos 375

Introdução	375
Por que Diamantes de Baixa Qualidade São Mais Caros?	376
O que Afeta o Número de Voos Diários?	384
Aprendendo Mais Sobre Modelos	396

20. Muitos Modelos com purrr e broom 397

Introdução	397
gapminder	398
List-Columns	409
Criando List-Columns	411
Simplificando List-Columns	416
Criando Dados Tidy com broom	419

Parte V.   Comunicar

21. R Markdown 423

Introdução	423
O Básico de R Markdown	424
Formatação de Texto com Markdown	427
Trechos de Código	428
Resolução de Problemas	435
Header YAML	435
Aprendendo Mais	438

22. Gráficos para Comunicação com ggplot2 441

Introdução	441
Rótulo	442
Anotações	445
Escalas	451
Dando Zoom	461

Temas 462
Salvando Seus Gráficos 464
Aprendendo Mais 467

23. Formatos R Markdown 469

Introdução 469
Opções de Saída 470
Documentos 470
Notebooks 471
Apresentações 472
Dashboards 473
Interatividade 474
Sites 477
Outros Formatos 477
Aprendendo Mais 478

24. Fluxo de Trabalho de R Markdown 479

Índice 483

PREFÁCIO À EDIÇÃO BRASILEIRA

A comunidade brasileira de usuários do R vem crescendo a cada dia. Vemos cada vez mais encontros e seminários relacionados à análise de dados com a linguagem R por todo o país. Em especial na internet, existem fóruns, blogs, grupos e comunidades nas redes sociais que reúnem usuários que compartilham seus conhecimentos e ajudam outros usuários menos experientes.

Existe uma grande quantidade de pacotes do R que foram desenvolvidos por brasileiros. Muitos desses pacotes são destinados à análise de dados produzidos em território nacional. Por exemplo, há muitos pacotes que se integram às APIs de instituições públicas e através destes é possível extrair dados de áreas como demografia, economia e política.

Tive meu primeiro contato com programação e com a linguagem R no início de minha graduação. Mas foi com este livro que desenvolvi de fato minhas habilidades de programação para análise, visualização, manipulação e modelagem de dados.

À medida que eu ia progredindo com o livro, buscava diferentes conjuntos de dados para explorar e pôr em prática o conhecimento adquirido, unindo com os conhecimentos que eu já possuía em estatística.

Além dos métodos e funções apresentados, os autores fornecem várias indicações de outros livros e fontes de informação para que você possa se aprofundar ainda mais em Data Science.

R para Data Science apresenta um conjunto de ferramentas muito poderosas e modernas, além de realizar uma abordagem bastante interessante sobre como interpretar e guiar um projeto em análise de dados, tudo isso de uma forma muito prática e divertida.

Seja você um iniciante sem conhecimentos prévios de programação ou um profissional já experiente, este livro é uma referência para se aprender Data Science. Espero que você desfrute dos conhecimentos compartilhados aqui e que possa obter grandes insights com suas futuras análises de dados.

José Guilherme Lopes
Estatístico pela Universidade de Brasília

PREFÁCIO

Data Science é uma disciplina empolgante que possibilita que você transforme dados brutos em compreensão, insight e conhecimento. O objetivo de *R para Data Science* é ajudá-lo a aprender as ferramentas mais importantes em R que permitirão que você faça data science. Depois de ler este livro, você terá as ferramentas para encarar uma ampla variedade de desafios de data science usando as melhores partes de R.

O que Você Aprenderá

Data science é um campo enorme, e não há como dominá-lo com a leitura de apenas um livro. O objetivo deste livro é lhe dar uma base sólida sobre as ferramentas mais importantes. Nosso modelo das ferramentas necessárias em um projeto típico de data science é parecido com isto:

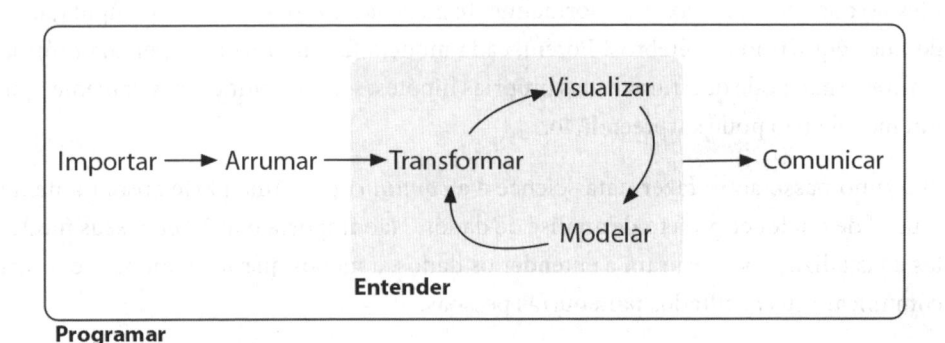

Primeiro você deve *importar* seus dados para o R. Ou seja, pegar os dados armazenados em um arquivo, base de dados ou web API e carregá-los em uma estrutura de dados no R. Se você não consegue colocar seus dados no R, não consegue fazer data science neles!

Uma vez que tiver importado seus dados, é uma boa ideia *organizá-los*. Isso significa armazená-los em uma forma consistente que combine a semântica da base de dados com a maneira em que são armazenados. Resumindo, quando seus dados estão organizados, cada coluna é uma variável e cada linha é uma observação. Dados organizados são importantes porque uma estrutura consistente lhe permite focar seus esforços em questões sobre os dados, e não em colocar os dados no formato certo para funções diferentes.

Assim que tiver seus dados organizados, o primeiro passo comum é *transformá-los*. A transformação inclui limitar-se a observações de interesse (como todas as pessoas em uma cidade, ou todos os dados do ano passado), criando novas variáveis que são funções de variáveis existentes (como calcular a velocidade a partir da aceleração e do tempo) e calcular um conjunto de estatísticas de resumo (como contagens ou médias). Juntas, a arrumação e a transformação são chamadas de *data wrangling*.

Quando você tiver os dados organizados com as variáveis de que precisa, haverá duas engrenagens principais da geração de conhecimento: visualização e modelagem. Essas têm forças e fraquezas complementares, então quaisquer análises reais farão muitas vezes iterações entre elas.

A *visualização* é uma atividade fundamentalmente humana. Uma boa visualização lhe mostrará coisas que não esperava, ou levantará novas questões sobre os dados. Além disso, pode mostrar também que você está fazendo a pergunta errada, ou que precisa coletar dados diferentes. Visualizações podem surpreendê-lo, mas não escalam particularmente bem porque requerem um humano para interpretá-las.

Modelos são ferramentas complementares da visualização. Uma vez que você tenha feito perguntas suficientemente precisas, poderá usar um modelo para respondê-las. Modelos são fundamentalmente matemáticos ou computacionais, então geralmente escalam bem. Mesmo quando não o fazem, é normalmente mais barato comprar mais computadores do que adquirir mais cérebros! Porém, cada modelo faz suposições e, por sua própria natureza, não pode questionar suas próprias hipóteses. Isso significa, basicamente, que um modelo não pode surpreendê-lo.

O último passo ao se fazer data science é a *comunicação*, uma parte absolutamente crucial de qualquer projeto de análise de dados. Não importa o quão bem seus modelos e visualizações o levaram a entender os dados, a menos que você também consiga comunicar seus resultados para outras pessoas.

Cercando todas essas ferramentas está a *programação*, uma ferramenta transversal utilizada em todas as partes do projeto. Você não precisa ser um programador especialista para ser um cientista de dados, mas vale a pena aprender mais sobre programação, porque tornar-se um programador melhor lhe permite automatizar tarefas comuns e resolver novos problemas com maior facilidade.

Você usará essas ferramentas em cada projeto de data science, mas, para a maioria dos projetos, elas não são suficientes. Há uma regra de 80-20 em jogo. Você pode atacar cerca de 80% de todos os projetos usando as ferramentas que aprenderá aqui, mas precisará de outras para atacar os 20% restantes. Ao longo deste livro indicaremos a você recursos com os quais poderá aprender mais.

Como Este Livro Está Organizado

A descrição anterior das ferramentas de data science está organizada basicamente de acordo com a ordem em que você as usa em uma análise (embora, é claro, você faça iterações por meio delas várias vezes). Em nossa experiência, no entanto, esta não é a melhor maneira de aprendê-las:

- Começar com importação e organização de dados não é o ideal, porque 80% das vezes isso é rotineiro e tedioso, e os outros 20% das vezes isso é estranho e frustrante. É um lugar ruim para começar a aprender um novo assunto! Em vez disso, iniciaremos com a visualização e a transformação de dados que já foram importados e arrumados. Dessa maneira, quando você importar e arrumar seus próprios dados, sua motivação continuará alta, pois já sabe que a dor valerá a pena.

- Alguns tópicos são mais bem explicados com outras ferramentas. Por exemplo, nós acreditamos que é mais fácil entender como os modelos funcionam se você já sabe sobre visualização, arrumação de dados e programação.

- Ferramentas de programação não são necessariamente interessantes sozinhas, mas elas permitem que você ataque problemas consideravelmente mais desafiadores. Apresentaremos uma seleção de ferramentas de programação no decorrer do livro, e então você verá que elas podem ser combinadas com as ferramentas de data science para enfrentar problemas interessantes de modelagem.

Dentro de cada capítulo, tentamos manter um padrão similar: começar com alguns exemplos motivadores para que você possa ver o quadro geral, e então mergulhar nos detalhes. Cada seção do livro é combinada com exercícios, para ajudá-lo a praticar o que aprendeu. Mesmo sendo tentador pular os exercícios, saiba que não há maneira melhor de aprender do que praticando com problemas reais.

O que Você Não Aprenderá

Há alguns tópicos importantes que este livro não cobre. Acreditamos que é importante ficar totalmente focado no essencial para que você possa começar o mais rápido possível. Isso significa que este livro não consegue tratar todos os tópicos importantes.

Big Data

Este livro orgulhosamente foca em pequenos conjuntos de dados in-memory. Este é o lugar certo para começar, pois você não pode atacar big data a não ser que tenha experiência com dados menores. As ferramentas que você aprender a usar lidarão facilmente com centenas de megabytes de dados, e com um pouco de cuidado você pode usá-los normalmente para trabalhar com de 1 a 2Gb de dados. Se você trabalha rotineiramente com dados maiores (de 10 a 100Gb, digamos), sugerimos que aprenda mais sobre data. table (*http://bit.ly/Rdatatable* — conteúdo em inglês). Este livro não ensina data.table porque este tem uma interface muito concisa, o que dificulta o aprendizado, já que oferece menos dicas linguísticas. Mas se você está trabalhando com dados maiores, a recompensa de desempenho vale o esforço extra requerido para aprendê-lo.

Se seus dados são maiores que estes, considere cuidadosamente se seu problema de big data possa ser, na verdade, um problema de dados pequenos disfarçado. Ainda que os dados completos possam ser grandes, com frequência os dados necessários para responder a uma pergunta específica são pequenos. Você talvez seja capaz de encontrar um subconjunto, subamostra ou resumo que caiba na memória e ainda permita que você responda à pergunta na qual está interessado. O desafio aqui é encontrar os dados pequenos certos, o que frequentemente requer muita repetição.

Outra possibilidade é que seu problema de big data seja realmente um número grande de problemas de pequenos dados. Cada problema individual pode caber na memória, mas você tem milhões deles. Por exemplo, você pode querer ajustar um modelo para cada pessoa em seu conjunto de dados. Isso seria trivial se você tivesse apenas 10 ou 100 pessoas, mas em vez disso você tem um milhão. Felizmente, cada problema é independente dos outros (uma configuração que às vezes é chamada de embaraçosamente paralela), então você só precisa de um sistema (como o Hadoop ou Spark) que permita que você envie diferentes conjuntos de dados a computadores diferentes para processamento. Uma vez que tiver descoberto como responder à pergunta para um único subconjunto usando as ferramentas descritas neste livro, você aprende novas ferramentas, como sparklyr, rhipe e ddr, para resolver o conjunto de dados inteiro.

Python, Julia e Semelhantes

Neste livro você não aprenderá nada sobre Python, Julia ou qualquer outra linguagem de programação útil para data science. Não porque achamos que essas ferramentas sejam ruins. Elas não são! E, na prática, a maioria das equipes de ciência de dados usa uma mistura de linguagem, geralmente pelo menos R e Python.

Entretanto, acreditamos muito que seja melhor dominar uma ferramenta de cada vez. Você se tornará melhor mais rápido se mergulhar profundamente, em vez de espalhar-se por vários tópicos. Isso não significa que você deva saber somente uma coisa, apenas que você geralmente aprenderá mais rápido se focar uma coisa de cada vez. Você deve se esforçar para aprender coisas novas ao longo de sua carreira, mas certifique-se de que seu entendimento é sólido antes de seguir para o próximo tema interessante.

Nós achamos que R é um ótimo lugar para começar sua jornada em data science, porque é um ambiente projetado do zero para apoiar o data science. R não é só uma linguagem de programação, mas também um ambiente interativo para se fazer data science. Para apoiar a interação, R é uma linguagem muito mais flexível que muitas de suas companheiras. Essa flexibilidade vem com suas desvantagens, mas a grande vantagem é a facilidade de evoluir gramáticas sob medida para partes específicas do processo de data science. Essas minilinguagens ajudam você a pensar sobre problemas como um cientista de dados, enquanto apoiam a interação fluente entre seu cérebro e o computador.

Dados Não Retangulares

Este livro foca exclusivamente em dados retangulares: coleções de valores que são associadas com uma variável e uma observação. Há vários conjuntos de dados que não se encaixam naturalmente neste paradigma, incluindo imagens, sons, árvores e texto. Mas estruturas de dados retangulares são extremamente comuns na ciência e na indústria, e acreditamos que sejam um ótimo lugar para começar sua jornada em data science.

Confirmação de Hipótese

É possível dividir a análise de dados em dois campos: geração de hipótese e confirmação de hipótese (às vezes chamado de análise confirmatória). Nosso foco é abertamente em geração de hipóteses, ou exploração de dados. Aqui você observará profundamente os dados e, em combinação com seu conhecimento do assunto, gerará muitas hipóteses interessantes para ajudar a explicar por que os dados se comportam de certa maneira. Você avalia as hipóteses informalmente, usando seu ceticismo para desafiar os dados de várias maneiras.

O complemento da geração de hipóteses é a confirmação de hipóteses. A confirmação de hipóteses é difícil por duas razões:

- É necessário um modelo matemático preciso para gerar previsões falsificáveis. Isso frequentemente requer sofisticação estatística considerável.
- Você só pode usar uma vez uma observação para confirmar uma hipótese. Se a utiliza mais de uma vez, você volta a fazer análise exploratória. Isso significa que para fazer a confirmação de hipótese você precisa "pré-registrar" (escrever com antecedência) seu plano de análise, e não desviar dele mesmo depois de ver os dados. Na Parte IV falaremos um pouco sobre algumas estratégias que você pode usar para facilitar isso.

É comum pensar sobre modelagem como uma ferramenta para confirmação de hipóteses e visualização como uma ferramenta para geração de hipóteses, mas essa é uma falsa dicotomia: modelos são frequentemente usados para exploração, e com um pouco de cuidado, você pode usar a visualização para a confirmação. A principal diferença é com que frequência você vê cada observação: apenas uma vez, é confirmação; mais de uma vez, é exploração.

Pré-requisitos

Fizemos algumas suposições sobre o que você já sabe para obter o máximo deste livro. Você deve ser numericamente alfabetizado, e será útil se já tiver alguma experiência com programação. Caso contrário, provavelmente achará o *Hands-On Programming with R*, de Garret (sem edição em português), um complemento útil a este livro.

Há quatro coisas que você precisa para executar o código neste livro: R, RStudio, uma coleção de pacotes R chamado de *tidyverse* e um punhado de outros pacotes. Pacotes são unidades fundamentais de código R reproduzível. Eles incluem funções reutilizáveis, a documentação que descreve como usá-los e dados de amostra.

R

Para baixar R, vá ao CRAN, a rede de distribuição do R (em inglês — *comprehensive R archive network*). O CRAN é composto de um conjunto de servidores-espelho distribuídos pelo mundo e é usado para distribuir R e os pacotes de R. Não tente escolher um servidor perto de você. Em vez disso, use o espelho em nuvem (*https://cloud.r-project.org* — conteúdo em inglês), que descobre isso automaticamente para você.

Uma nova grande versão de R é lançada uma vez por ano, e há dois ou três pequenos lançamentos por ano. É uma boa ideia fazer a atualização regularmente. Pode ser um pouco chato, especialmente para versões maiores — que requerem que você reinstale todos os seus pacotes —, mas adiar só piora as coisas.

RStudio

O RStudio é um ambiente de desenvolvimento integrado, ou IDE, da sigla em inglês, para programação R. Faça o download e instale-o em *http://www.rstudio.com/download* (conteúdo em inglês). O RStudio é atualizado cerca de duas vezes por ano. Quando uma nova versão estiver disponível, você provavelmente será avisado. É preferível fazer a atualização regularmente, para que possa aproveitar os últimos e melhores recursos. Para este livro, certifique-se de ter o RStudio 1.0.0.

Quando iniciar o RStudio, você verá duas regiões-chave na interface:

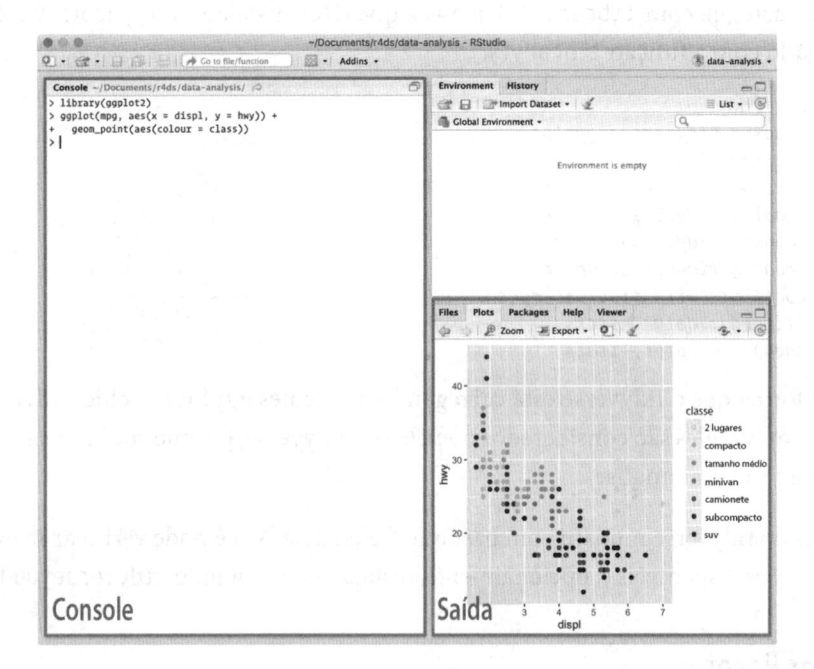

Por enquanto, só precisa saber digitar o código R no painel do console e pressionar Enter para executá-lo. Ao longo do livro você aprenderá muito mais!

O Tidyverse

Você também precisará instalar alguns pacotes R. Um *pacote* R é uma coleção de funções, dados e documentação que estende as capacidades do R base. Usar pacotes é a chave para o uso bem-sucedido de R. A maioria dos pacotes que você aprenderá neste livro é parte do chamado tidyverse. Estes compartilham uma filosofia comum de dados e programação R, e são projetados para trabalhar juntos naturalmente.

Você pode instalar o tidyverse completo com uma única linha de código:

```
install.packages("tidyverse")
```

No seu próprio computador, digite essa linha de código no console e então pressione Enter para executá-la. O R fará o download dos pacotes do CRAN e os instalará no seu computador. Se você tiver problemas na instalação, certifique-se de estar conectado à internet e que *https://cloud.r-project.org/* (conteúdo em inglês) não está bloqueado no seu firewall ou proxy.

Você não será capaz de usar as funções, objetos e arquivos de ajuda em um pacote até que os carregue com library(). Uma vez que tiver instalado um pacote, você pode carregá-lo com a função library():

```
library(tidyverse)
#> Loading tidyverse: ggplot2
#> Loading tidyverse: tibble
#> Loading tidyverse: tidyr
#> Loading tidyverse: readr
#> Loading tidyverse: purrr
#> Loading tidyverse: dplyr
#> Conflicts with tidy packages --------------------------------
#> filter(): dplyr, stats
#> lag():    dplyr, stats
```

Isso informa que o tidyverse está carregando os pacotes **ggplot2**, **tibble**, **tidyr**, **readr**, **purrr** e **dplyr**. Eles são considerados o *núcleo* do tidyverse, porque você os usará muito em quase todas as análises.

Pacotes no tidyverse mudam com bastante frequência. Você pode verificar se existem atualizações disponíveis e, opcionalmente, instalá-las executando tidyverse_update().

Outros Pacotes

Há muitos outros pacotes excelentes que não fazem parte do tidyverse, porque resolvem problemas em um domínio diferente ou são projetados com um conjunto diferente de princípios inerentes. Isso não os torna melhores ou piores, só diferentes. Em outras palavras, o complemento ao tidyverse não é o messyverse, mas muitos outros universos de pacotes inter-relacionados. À medida que você aborda mais projetos de data science com R, você aprende novos pacotes e novas maneiras de pensar sobre os dados.

Neste livro usaremos três pacotes de dados de fora do tidyverse:

```
install.packages(c("nycflights13", "gapminder", "Lahman"))
```

Esses pacotes fornecem dados sobre voos de linhas aéreas, desenvolvimento mundial e basebol, que usaremos para ilustrar ideias centrais de data science.

Executando o Código R

A seção anterior mostrou alguns exemplos de execução do código R. O código no livro se parece com isto:

```
1 + 2
#> [1] 3
```

Se você executar o mesmo código em seu console local, ele se parecerá com isto:

```
> 1 + 2
[1] 3
```

Há duas diferenças principais. Em seu console, você digita depois de >, chamado de prompt; nós não mostramos o prompt no livro. Aqui, a saída é comentada com #>; em seu console ela aparece diretamente depois de seu código. Essas duas diferenças significam que, se você estiver trabalhando com uma versão eletrônica do livro, pode facilmente copiar o código do livro para o console.

Nos próximos capítulos usaremos um conjunto consistente de convenções para falar sobre o código:

- Funções estão em fonte de código e seguidas de parênteses, como sum() ou mean().
- Outros objetos R (como dados ou argumentos de função) estão em fonte de código, sem parênteses, como flights ou x.
- Se queremos deixar claro de qual pacote um objeto vem, usaremos o nome do pacote seguido por um par de dois-pontos, como dplyr::mutate() ou nycflights13::flights. Isso também é válido para o código R.

Obtendo Ajuda e Aprendendo Mais

Este livro não é uma ilha, não há um recurso único que permitirá que você domine o R. À medida que você começar a aplicar as técnicas descritas neste livro aos seus próprios dados, descobrirá perguntas que eu não respondo. Esta seção apresenta algumas dicas sobre como obter ajuda e ajudá-lo a continuar aprendendo.

Se você ficar estagnado, comece com o Google. Normalmente, adicionar "R" a uma busca é o suficiente para restringi-la a resultados relevantes. Se a busca não for útil, normalmente significa que não há resultados específicos de R disponíveis. O Google é especialmente útil para mensagens de erro. Se você obter uma mensagem de erro e não tiver ideia do que ela signifique, tente procurá-la no Google! Há chances de que alguém também tenha ficado confuso sobre ela no passado, e haverá ajuda em algum lugar da web. (Se a mensagem de erro não estiver em inglês, execute Sys.setenv(LANGUAGE = "en") e execute o código novamente; você terá mais chances de encontrar ajuda para mensagens de erro em inglês.)

Se o Google não ajudar, tente o stackoverflow (http://stackoverflow.com — conteúdo em inglês). Comece passando algum tempo procurando uma resposta existente. Incluir [R] restringe sua busca a perguntas e respostas que usem R. Se você não encontrar nada relevante, prepare um exemplo minimamente reprodutível ou **reprex**. Um bom reprex facilita que outras pessoas o ajudem, e com frequência você descobrirá o problema sozinho enquanto o faz.

Há três coisas que você precisa incluir para tornar seu exemplo reprodutível: pacotes exigidos, dados e código.

- *Pacotes* devem ser carregados no início do script, para que seja fácil ver de quais o exemplo precisa. Essa é uma boa hora para verificar se você está usando a última versão de cada pacote. É possível que você tenha descoberto um bug que foi corrigido desde que você o instalou. Para pacotes no tidyverse, a maneira mais fácil de verificar é executando `tidyverse_update()`.

- A maneira mais fácil de incluir *dados* em uma pergunta é usar `dput()` para gerar o código R e recriá-lo. Por exemplo, para recriar o conjunto `mtcars` em R, eu realizaria os seguintes passos:
  1. Execute `dput(mtcars)` em R.
  2. Copie o output.
  3. Em meu script reprodutível, digite `mtcars <-` e então cole.

  Tente encontrar o menor subconjunto de seus dados que ainda revele o problema.

- Gaste um pouco mais de tempo garantindo que seu *código* seja de fácil leitura para as outras pessoas:
  — Certifique-se de usar espaços e de que os nomes de suas variáveis sejam concisos, mas informativos.
  — Use comentários para indicar onde está seu problema.
  — Faça o seu melhor para remover tudo que não esteja relacionado ao problema.

  Quanto menor seu código, mais fácil será entendê-lo, e mais fácil será corrigi-lo.

Termine verificando se você realmente fez um exemplo reprodutível ao começar uma sessão nova de R e copiando e colando seu script.

Você também deve passar algum tempo se preparando para resolver problemas antes que eles ocorram. Investir um pouco de tempo para aprender R todos os dias valerá muito a pena no longo prazo. Uma maneira é seguir o que Hadley, Garrett e todo o mundo no RStudio está fazendo por meio do blog do RStudio (*https://blog.rstudio.org* — conteúdo em inglês). É lá que postamos anúncios sobre novos pacotes, novos recursos de IDE e cursos presenciais. Você também pode querer seguir Hadley (@hadleywickham — *https://twitter.com/hadleywickham*) ou Garrett (@statgarrett —

https://twitter.com/statgarrett) no Twitter, ou seguir @rstudiotips (*https://twitter.com/rstudiotips*), para se manter atualizado sobre novos recursos no IDE.

Para acompanhar a comunidade R de forma mais ampla, recomendamos ler *http://www.r-bloggers.com* (conteúdo em inglês). Ele agrega mais de 500 blogs sobre R de todo o mundo. Se você for um usuário ativo no Twitter, siga a hashtag #rstats. O Twitter é uma das principais ferramentas que Hadley usa para acompanhar novos desenvolvimentos na comunidade.

Agradecimentos

Este livro não é apenas o produto de Hadley e Garret, mas é o resultado de muitas conversas (pessoalmente e online) que tivemos com muitas pessoas da comunidade R. Há algumas pessoas que gostaríamos de agradecer em particular, porque passaram muitas horas respondendo perguntas idiotas e nos ajudando a pensar melhor sobre data science:

- Jenny Bryan e Lionel Henry, por muitas discussões úteis sobre trabalhar com listas e list-columns.
- Os três capítulos sobre fluxo de trabalho foram adaptados (com permissão) de "R basics, workspace and working directory, RStudio projects" (*http://bit.ly/Rbasicsworkflow*), de Jenny Bryan.
- Genevera Allen, por discussões sobre modelos, modelagem, perspectiva de aprendizado estatístico e a diferença entre geração de hipótese e confirmação de hipótese.
- Yihui Xie, por seu trabalho no pacote bookdown (*https://github.com/rstudio/bookdown*) e por responder incessantemente meus pedidos de recursos.
- Bill Behrman, por sua leitura cuidadosa do livro inteiro e por testá-lo com sua turma de data science em Stanford.
- A comunidade #rstats do Twitter, que revisou todos os capítulos de esboço e forneceu toneladas de feedbacks úteis.
- Tal Galili, por aumentar seu pacote **dendextend** para dar suporte a uma seção sobre clustering que não chegou ao esboço final.

Este livro foi escrito abertamente, e muitas pessoas contribuíram com pedidos para corrigir pequenos problemas. Agradecimentos especiais a todos que ajudaram via GitHub (listados em ordem alfabética): adi pradhan, Ahmed ElGabbas, Ajay Deonarine, @Alex, Andrew Landgraf, @batpigandme, @behrman, Ben Marwick, Bill Behrman, Brandon Greenwell, Brett Klamer, Christian G. Warden, Christian Mongeau, Colin Gillespie, Cooper Morris, Curtis Alexander, Daniel Gromer, David Clark, Derwin McGeary, Devin

Pastoor, Dylan Cashman, Earl Brown, Eric Watt, Etienne B. Racine, Flemming Villalona, Gregory Jefferis, @harrismcgehee, Hengni Cai, Ian Lyttle, Ian Sealy, Jakub Nowosad, Jennifer (Jenny) Bryan, @jennybc, Jeroen Janssens, Jim Hester, @jjchern, Joanne Jang, John Sears, Jon Calder, Jonathan Page, @jonathanflint, Julia Stewart Lowndes, Julian During, Justinas Petuchovas, Kara Woo, @kdpsingh, Kenny Darrell, Kirill Sevastyanenko, @koalabearski, @KyleHumphrey, Lawrence Wu, Matthew Sedaghatfar, Mine Cetinkaya-Rundel, @MJMarshall, Mustafa Ascha, @nate-d-olson, Nelson Areal, Nick Clark, @nickelas, @nwaff, @OaCantona, Patrick Kennedy, Peter Hurford, Rademeyer Vermaak, Radu Grosu, @rlzijdeman, Robert Schuessler, @robinlovelace, @robinsones, S'busiso Mkhondwane, @seamus-mckinsey, @seanpwilliams, Shannon Ellis, @shoili, @sibusiso16, @spirgel, Steve Mortimer, @svenski, Terence Teo, Thomas Klebel, TJ Mahr, Tom Prior, Will Beasley, Yihui Xie.

Convenções Usadas Neste Livro

As seguintes convenções tipográficas são usadas neste livro:

Itálico

Indica novos termos, URLs, endereços de e-mail, nomes de arquivos e extensões de arquivos.

Negrito

Indica os nomes dos pacotes R.

`Constant width`

Usada para listagens de programas, bem como dentro de parágrafo para referir-se a elementos de programas, como nomes de variável ou função, base de dados, tipos de dados, variáveis de ambientes, declarações e palavras-chave.

`Constant width bold`

Mostra comandos ou outros textos que devem ser digitados literalmente pelo usuário.

`Constant width italic`

Mostra o texto que deve ser substituído com valores fornecidos pelo usuário ou por valores determinados pelo contexto.

Este elemento significa uma dica ou sugestão.

Usando Exemplos de Código

O código-fonte está disponível para download em *https://github.com/hadley/r4ds* (conteúdo em inglês) e também no site da Editora Alta Books. Entre em *www.altabooks.com.br* e procure pelo nome do livro ou ISBN.

Este livro está aqui para ajudá-lo a fazer seu trabalho. Em geral, se o código de exemplo é oferecido com este livro, você pode usá-lo em seus programas e documentação.

AVISO

Para melhor entendimento as figuras coloridas estão disponíveis no site da editora Alta Books. Acesse: *www.altabooks.com.br* e procure pelo nome do livro ou ISBN.

PARTE I
Explorar

O objetivo da primeira parte deste livro é o de que você fique atualizado com as ferramentas básicas de *exploração de dados* o mais rápido possível. A exploração de dados é a arte de observar seus dados, gerar hipóteses e testá-las com rapidez e então repetir, repetir, repetir, e o objetivo dessa exploração é gerar muitos leads promissores que você pode explorar mais tarde com mais profundidade.

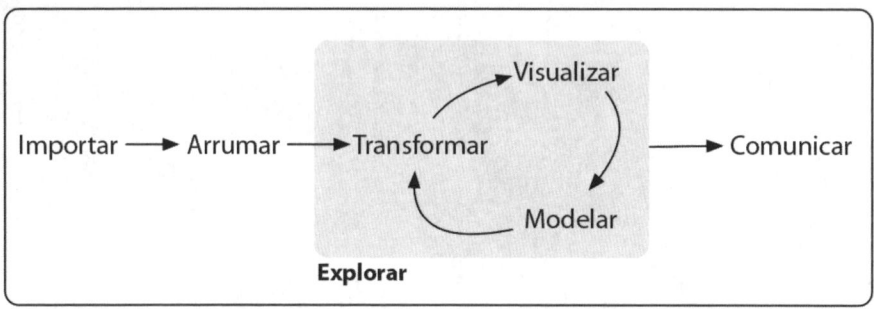

```
Importar → Arrumar → Transformar ⇄ Visualizar
                                  ⇄ Modelar
                     Explorar
                                          → Comunicar
Programar
```

Nesta parte do livro você aprenderá algumas ferramentas úteis que apresentam uma recompensa imediata:

- A visualização é um ótimo lugar para começar com a programação R, porque a recompensa é muito clara: você pode fazer gráficos elegantes e informativos que o ajudam a entender os dados. No Capítulo 1 você mergulha na visualização, aprendendo a estrutura básica de um gráfico **ggplot2** e técnicas poderosas para transformar dados em gráficos.

- Só a visualização normalmente não é o suficiente, então, no Capítulo 3, você aprenderá os verbos-chave que lhe permitem selecionar variáveis importantes, filtrar observações-chave, criar novas variáveis e calcular resumos.
- Finalmente, no Capítulo 5, você combinará visualização e transformação com sua curiosidade e ceticismo para fazer e responder perguntas interessantes sobre dados.

A modelagem é uma parte importante do processo exploratório, mas você não tem as habilidades para aprendê-la ou aplicá-la eficazmente ainda. Nós voltaremos a ela na Parte IV, assim que você estiver melhor equipado com mais ferramentas de data wrangling e de programação.

Aninhados entre esses três capítulos que lhe ensinam as ferramentas de exploração, há outros três capítulos que focam no fluxo de trabalho R. Nos Capítulos 2, 4 e 6, você aprenderá boas práticas para escrever e organizar seu código R. Eles o prepararão para o sucesso no longo prazo, enquanto lhe darão as ferramentas para se organizar quando atacar projetos de verdade.

CAPÍTULO 1
Visualização de Dados com ggplot2

Introdução

> O gráfico simples trouxe mais informações à mente dos analistas de dados do que qualquer outro dispositivo.
>
> — John Tukey

Este capítulo lhe ensinará como visualizar seus dados usando o **ggplot2**. O R tem vários sistemas para fazer gráficos, mas o **ggplot2** é um dos mais elegantes e versáteis. O **ggplot2** implementa a *gramática dos gráficos*, um sistema coerente para descrever e construir gráficos. Com **ggplot2** você pode fazer mais rápido, ao aprender um sistema e aplicá-lo em muitos lugares.

Se quiser conhecer mais sobre os fundamentos teóricos de **ggplot2** antes de começar, eu recomendaria a leitura de "A Layered Grammar of Graphics" (*http://vita.had.co.nz/papers/layered-grammar.pdf* — conteúdo em inglês).

Pré-requisitos

Este capítulo foca no **ggplot2**, um dos membros centrais do tidyverse. Para acessar os conjuntos de dados, páginas de ajuda e funções que usaremos neste capítulo, carregue o tidyverse ao executar este código:

```
library(tidyverse)
#> Loading tidyverse: ggplot2
#> Loading tidyverse: tibble
#> Loading tidyverse: tidyr
#> Loading tidyverse: readr
#> Loading tidyverse: purrr
```

```
#> Loading tidyverse: dplyr
#> Conflicts with tidy packages --------------------------------
#> filter(): dplyr, stats
#> lag():    dplyr, stats
```

Esta linha de código carrega o núcleo do tidyverse, pacotes que você usará em quase todas as análises de dados. Ela também lhe diz quais funções do tidyverse entram em conflito com funções do R básico (ou de outros pacotes que você possa ter carregado).

Se você executar esse código e obter a mensagem de erro "there is no package called 'tidyverse'", precisará primeiro instalá-lo e depois executar library() novamente:

```
install.packages("tidyverse")
library(tidyverse)
```

Você só precisa instalar o pacote uma vez, mas precisa recarregá-lo sempre que iniciar uma nova sessão.

Se precisarmos ser explícitos sobre de onde vem uma função (ou conjunto de dados), usaremos a forma especial package::function(). Por exemplo, ggplot2::ggplot() lhe diz explicitamente que estamos usando a função ggplot() do pacote **ggplot2**.

Primeiros Passos

Usaremos nosso primeiro gráfico para responder a uma pergunta: carros com motores maiores usam mais combustível que carros com motores menores? Você provavelmente já tem uma resposta, mas tente torná-la precisa. Com o que a relação entre tamanho de motor e eficácia do combustível se parece? É positivo? Negativo? Linear? Não linear?

O Data Frame mpg

Você pode testar sua resposta com o data frame mpg encontrado em **ggplot2** (também conhecido como ggplot2::mpg). Um *data frame* é uma coleção retangular de variáveis (nas colunas) e observações (nas linhas). O mpg contém observações coletadas pela Agência de Proteção Ambiental dos Estados Unidos sobre 38 modelos de carros:

```
mpg
#> # A tibble: 234 × 11
#>   manufacturer model displ year  cyl   trans     drv
#>   <chr>        <chr> <dbl> <int> <int> <chr>     <chr>
#> 1 audi         a4    1.8   1999  4     auto(l5)  f
#> 2 audi         a4    1.8   1999  4     manual(m5) f
```

```
#> 3       audi     a4    2.0   2008    4  manual(m6)    f
#> 4       audi     a4    2.0   2008    4    auto(av)    f
#> 5       audi     a4    2.8   1999    6    auto(l5)    f
#> 6       audi     a4    2.8   1999    6  manual(m5)    f
#> # ... with 228 more rows, and 4 more variables:
#> #   cty <int>, hwy <int>, fl <chr>, class <chr>
```

Entre as variáveis em mpg estão:

- displ, o tamanho do motor de um carro, em litros.
- hwy, a eficiência do combustível de um carro na estrada, em milhas por galão (mpg). Um carro com uma eficiência de combustível baixa consome mais combustível do que um carro com eficiência de combustível alta quando viajam a mesma distância.

Para aprender mais sobre mpg, abra sua página de ajuda executando ?mpg.

Criando um ggplot

Para fazer o gráfico de mpg, execute o código para colocar displ no eixo x e hwy no eixo y:

```
ggplot(data = mpg) +
  geom_point(mapping = aes(x = displ, y = hwy))
```

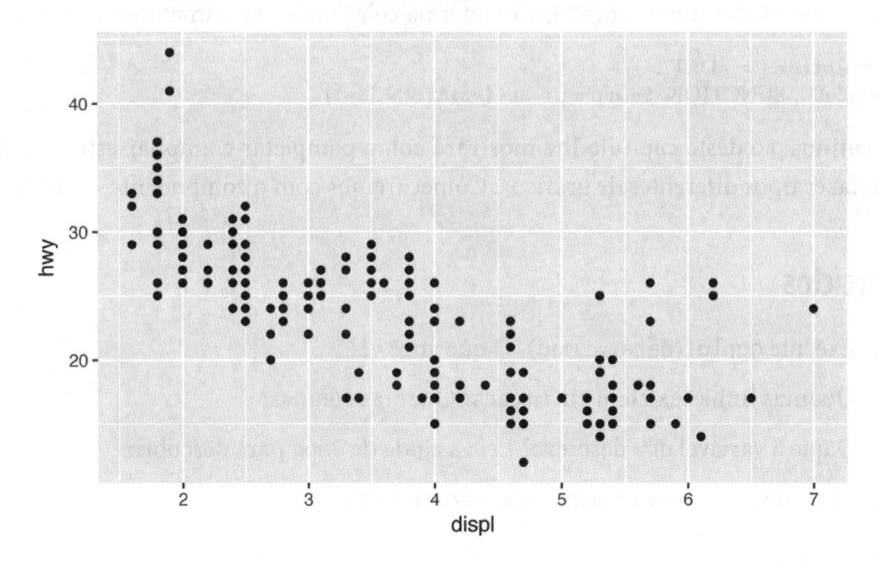

O gráfico mostra uma relação negativa entre o tamanho do motor (displ) e a eficiência do combustível (hwy). Em outras palavras, carros com motores grandes usam mais combustível. Isso confirma ou refuta sua hipótese sobre eficiência do combustível e tamanho do motor?

Com **ggplot2** você começa um gráfico com a função ggplot(), que cria um sistema de coordenadas ao qual você pode adicionar camadas. O primeiro argumento de ggplot() é o conjunto de dados para usar no gráfico. Então ggplot(data = mpg) cria um gráfico em branco, mas não é muito interessante, por isso não o mostrarei aqui.

Você completa seu gráfico adicionando uma ou mais camadas a ggplot(). A função geom_point() adiciona uma camada de pontos ao seu gráfico, que cria um gráfico de dispersão. O **ggplot2** vem com muitas funções geom que adicionam um tipo diferente de camada a um gráfico. Você aprenderá várias delas ao longo deste capítulo.

Cada função geom no **ggplot2** recebe um argumento mapping. Isso define como as variáveis de seu conjunto de dados são mapeadas para propriedades visuais. O argumento mapping é sempre combinado com aes(), e os argumentos x e y de aes() especificam quais variáveis mapear para os eixos x e y. O **ggplot2** procura a variável mapeada no argumento data, neste caso, mpg.

Um Template de Gráfico

Vamos transformar este código em um template reutilizável para fazer gráficos com **ggplot2**. Para fazer um gráfico, substitua as seções entre colchetes angulares por um conjunto de dados, uma função geom ou uma coleção de mapeamentos:

```
ggplot(data = <DATA>) +
    <GEOM_FUNCTION>(mapping = aes(<MAPPINGS>))
```

A continuação deste capítulo lhe mostrará como completar e ampliar este template para fazer tipos diferentes de gráficos. Começaremos com o componente <MAPPINGS>.

Exercícios

1. Execute ggplot(data = mpg). O que você vê?
2. Quantas linhas existem em mtcars? Quantas colunas?
3. O que a variável drv descreve? Leia a ajuda de ?mpg para descobrir.
4. Faça um gráfico de dispersão de hwy versus cyl.

5. O que acontece se você fizer um gráfico de dispersão de class *versus* drv? Por que esse gráfico não é útil?

Mapeamentos Estéticos

O maior valor de uma imagem é quando ela nos força a notar o que nunca esperávamos ver.
— John Tukey

No gráfico a seguir, um grupo de pontos (destacados em cinza) parece ficar fora da tendência linear. Esses carros têm uma milhagem mais alta do que o esperado. Como você explica esse fato?

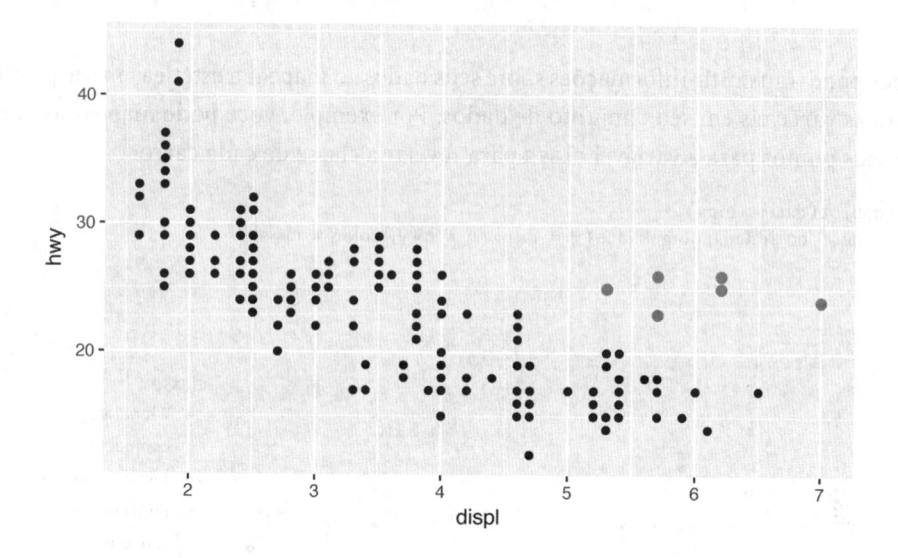

Vamos supor que esses carros sejam híbridos. Uma maneira de testar esta hipótese é ver o valor class de cada carro. A variável class do conjunto de dados mpg classifica os carros em grupos como compacto, tamanho médio e SUV. Se os pontos afastados são híbridos, eles deveriam ser classificados como carros compactos ou, talvez, sub--compactos (lembre-se de que esses dados foram coletados antes dos caminhões e SUVs híbridos se tornarem populares).

Você pode adicionar uma terceira variável, como class, a um gráfico de dispersão bidimensional ao mapeá-lo a um *estético* (*aesthetic*). Um estético é uma propriedade visual dos objetos em seu gráfico. Estéticos incluem coisas como tamanho, forma ou cor dos seus pontos. Você pode exibir um ponto (como o mostrado a seguir) de diferentes maneiras ao mudar os valores de suas propriedades estéticas. Visto que já usamos a palavra "valor" para descrever dados, usaremos a palavra "nível" para descrever propriedades estéticas. Aqui nós mudamos os níveis do tamanho, da forma e da cor de um ponto para torná-lo pequeno, triangular ou cinza:

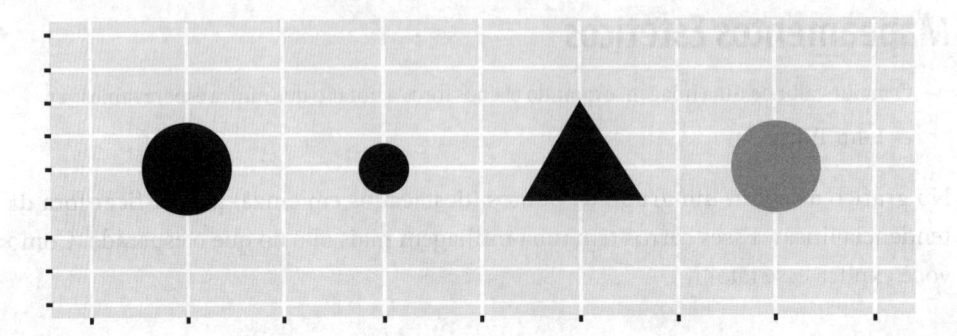

Você pode transmitir informações sobre seus dados ao mapear a estética em seu gráfico para as variáveis em seu conjunto de dados. Por exemplo, você pode mapear as cores de seus pontos para a variável class para revelar a classe de cada carro:

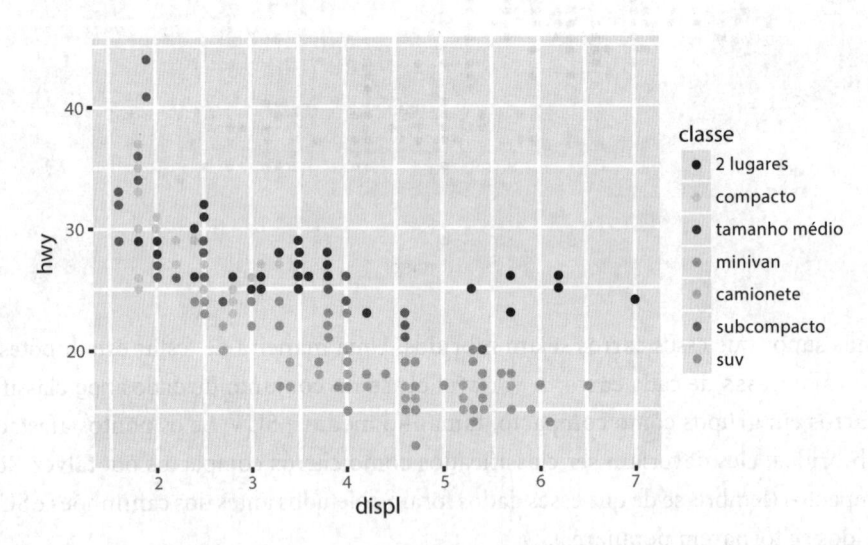

```
ggplot(data = mpg) +
  geom_point(mapping = aes(x = displ, y = hwy, color = class))
```

(Se você prefere o inglês britânico, como Hadley, pode usar *colour*, em vez de *color*.)

Para mapear uma estética a uma variável, associe o nome da estética ao nome da variável dentro de aes(). O **ggplot2** atribuirá automaticamente um nível singular de estética (aqui uma cor singular) para cada valor singular da variável, um processo conhecido como *escalar (scaling)*. O **ggplot2** também adicionará uma legenda que explica quais níveis correspondem a quais valores.

As cores revelam que muitos dos pontos estranhos são carros de dois lugares. Eles não parecem ser híbridos. São, de fato, esportivos! Carros esportivos têm motores grandes, como SUVs e caminhonetes, mas estrutura pequena, como carros de tamanho médio ou compactos, o que melhora sua milhagem de combustível. Em retrospecto, era improvável que esses carros fossem híbridos, já que têm motores grandes.

No exemplo anterior, mapeamos class à estética de cor, mas poderíamos ter mapeado class à estética de tamanho da mesma maneira. Neste caso, o tamanho exato de cada ponto revelaria sua afiliação de classe. Nós recebemos um *aviso (warning)* aqui, porque mapear uma variável não ordenada (class) à uma estética ordenada (size) não é uma boa ideia:

```
ggplot(data = mpg) +
  geom_point(mapping = aes(x = displ, y = hwy, size = class))
#> Warning: Using size for a discrete variable is not advised.
```

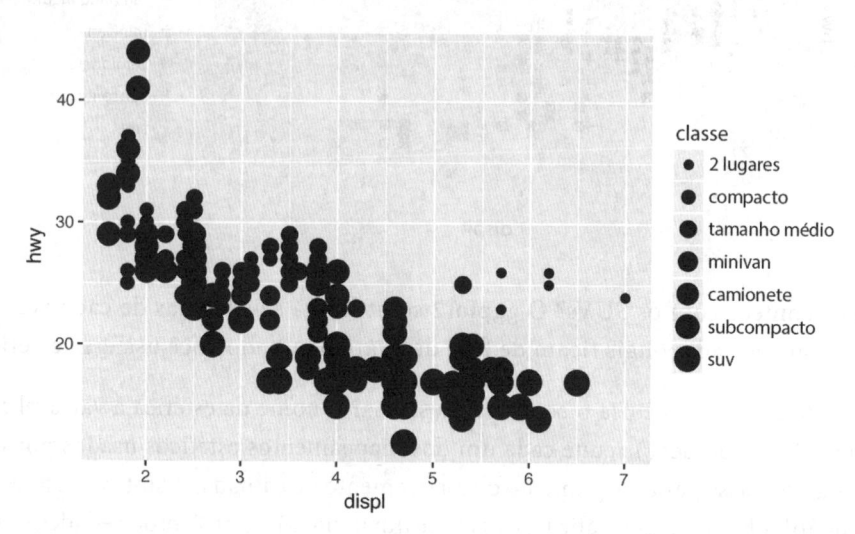

Ou poderíamos ter mapeado class à estética *alpha*, que controla a transparência dos pontos, ou a forma dos pontos:

```
# Top
ggplot(data = mpg) +
  geom_point(mapping = aes(x = displ, y = hwy, alpha = class))

# Bottom
ggplot(data = mpg) +
  geom_point(mapping = aes(x = displ, y = hwy, shape = class))
```

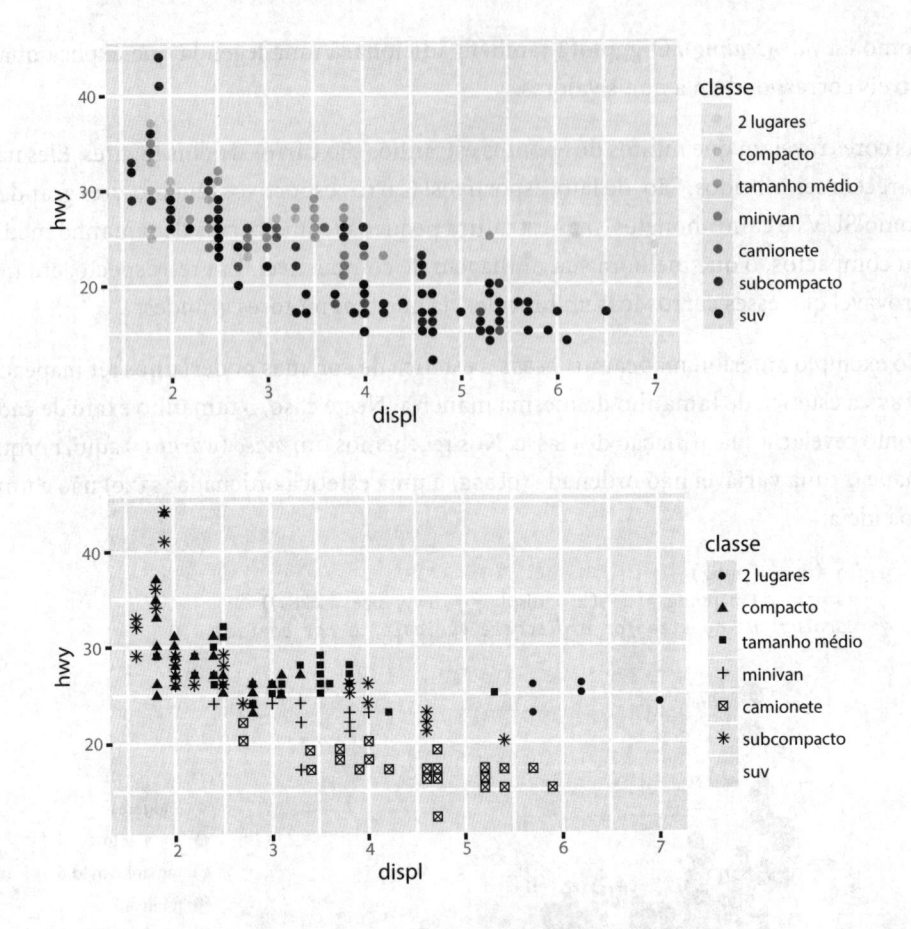

O que acontece com os SUVs? O **ggplot2** só utilizará seis formas de cada vez. Por padrão, grupos adicionais ficam de fora do gráfico quando você usa essa estética.

Para cada estética você usa o `aes()` para associar o nome da estética à variável a ser exibida. A função `aes()` reúne cada um dos mapeamentos estéticos usados por uma camada e os passa para o argumento de mapeamento da camada. A sintaxe destaca um insight útil sobre x e y: as localizações x e y de um ponto são, por si, propriedades visuais estéticas que você pode mapear às variáveis para exibir informações sobre os dados.

Uma vez mapeada uma estética, o **ggplot2** cuida do resto. Ele seleciona uma escala razoável para usar com a estética e constrói uma legenda que explica o mapeamento entre níveis e valores. Para estéticas x e y, o **ggplot2** não cria uma legenda, mas uma linha de eixo com marcas e um rótulo. Essa linha age como uma legenda, que explica o mapeamento entre localizações e valores.

Você também pode *configurar* as propriedades de sua geom manualmente. Por exemplo, nós podemos deixar todos os pontos em nosso gráfico blue (azul)[1]:

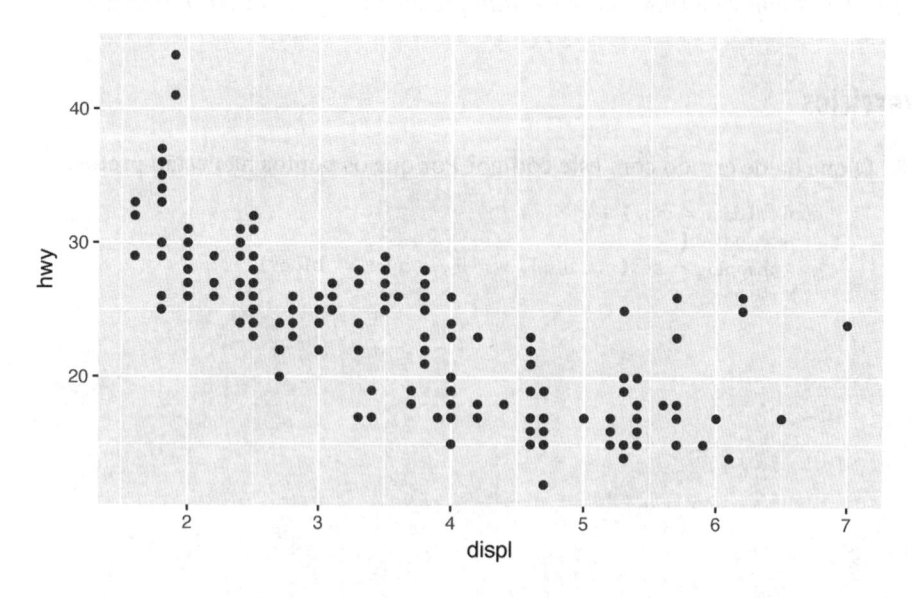

```
ggplot(data = mpg) +
  geom_point(mapping = aes(x = displ, y = hwy), color = "blue")
```

Aqui a cor não transmite informações sobre uma variável, só muda a aparência do gráfico. Para configurar uma estética manualmente, configure-a por nome como um argumento da sua função geom, isto é, *fora* de aes(). Você precisará escolher um valor que faça sentido para essa estética:

- O nome de uma cor como uma string de caracteres.
- O tamanho de um ponto em mm.
- A forma de um ponto como um número, como mostrado na Figura 1-1. Há algumas duplicatas aparentes: por exemplo, 0, 15 e 22 são quadrados. A diferença vem da interação das estéticas color e fill. As formas ocas (0–14) têm uma borda determinada por color, as formas sólidas (15–18) são preenchidas com color, e as formas preenchidas (21–24) têm uma borda de color e são preenchidas por fill.

---

[1] N.E.: As imagens apresentadas nesta obra em sua versão colorida estão disponíveis no site da editora. Para visualiza-las, acesse www.altabook.com.br.

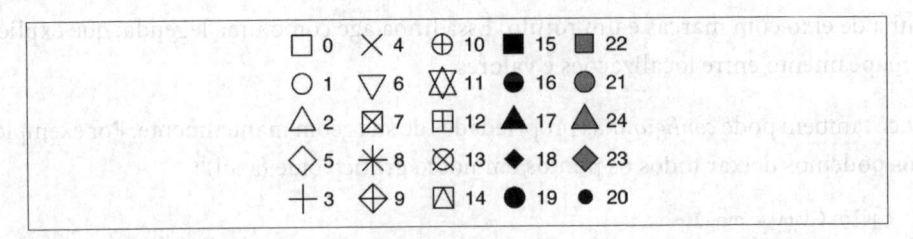

Figura 1-1. R tem 25 formas incorporadas que são identificadas por números

Exercícios

1. O que há de errado com este código? Por que os pontos não estão pretos?

    ```
    ggplot(data = mpg) +
      geom_point(
        mapping = aes(x = displ, y = hwy, color = "blue")
      )
    ```

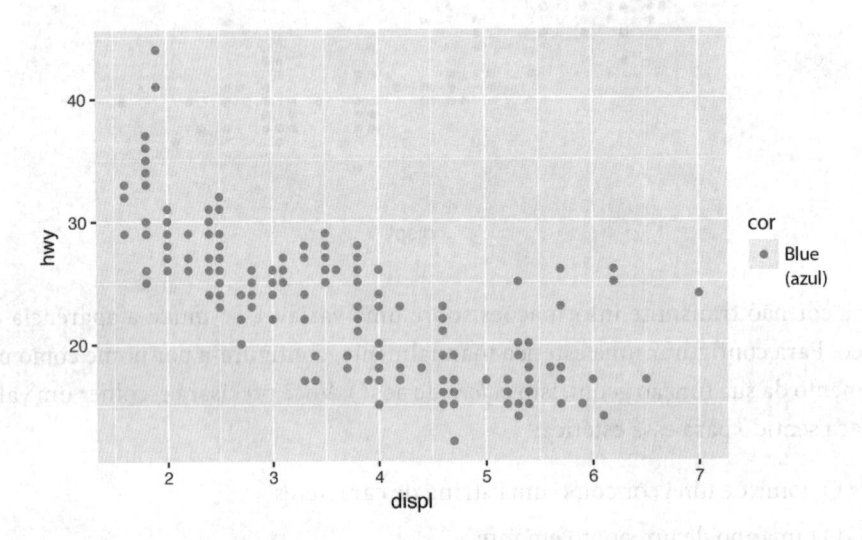

2. Quais variáveis em `mpg` são categóricas? Quais variáveis são contínuas? (Dica: digite `?mpg` para ler a documentação do conjunto de dados.) Como você pode ver essa informação quando executa `mpg`?

3. Mapeie uma variável contínua para `color`, `size` e `shape`. Como essas estéticas se comportam de maneira diferente para variáveis categóricas e contínuas?

4. O que acontece se você mapear a mesma variável a várias estéticas?

5. O que a estética `stroke` faz? Com que formas ela trabalha? (Dica: use `?geom_point`.)

6. O que acontece se você mapear uma estética a algo diferente de um nome de variável, como aes(color = displ < 5)?

Problemas Comuns

Quando você começar a executar código R, provavelmente encontrará problemas. Não se preocupe — isso acontece com todo mundo. Eu escrevo código R há anos, e todos os dias ainda escrevo código que não funciona!

Comece comparando cuidadosamente o código que você está executando com o código do livro. R é extremamente exigente, e um caractere no lugar errado pode fazer toda a diferença. Certifique-se de que todo (esteja combinado com um) e todo " esteja combinado com outro ". Às vezes você executará o código e não acontecerá nada. Verifique o lado esquerdo de seu console: se for um +, significa que o R não acha que você tenha digitado uma expressão completa e está esperando que você a termine. Neste caso, normalmente é fácil começar do zero de novo ao pressionar Esc para abortar o processamento do comando atual.

Um problema comum ao criar gráficos **ggplot2** é colocar o + no lugar errado: ele precisa ficar no final da linha, não no começo. Em outras palavras, certifique-se de não ter escrito acidentalmente o código deste jeito:

```
ggplot(data = mpg)
+ geom_point(mapping = aes(x = displ, y = hwy))
```

Se ainda estiver preso, tente a ajuda. Você pode obter ajuda sobre qualquer função R executando ?function_name no console ou selecionando o nome da função e pressionando F1 no RStudio. Não se preocupe se a ajuda não parecer tão útil — pule para os exemplos e busque o código que combine com o que você está tentando fazer.

Se isso não ajudar, leia atentamente a mensagem de erro. Às vezes a resposta estará escondida lá! A resposta pode estar na mensagem de erro, mas se você for novato em R, ainda não saberá como compreendê-la. Outra ótima ferramenta é o Google: tente fazer uma busca pela mensagem de erro, já que é provável que outra pessoa tenha tido o mesmo problema e recebeu ajuda online.

Facetas

Uma maneira de adicionar mais variáveis é com estéticas. Outra maneira, particularmente útil para variáveis categóricas, é dividir seu gráfico em *facetas* — subgráficos que exibem um subconjunto dos dados.

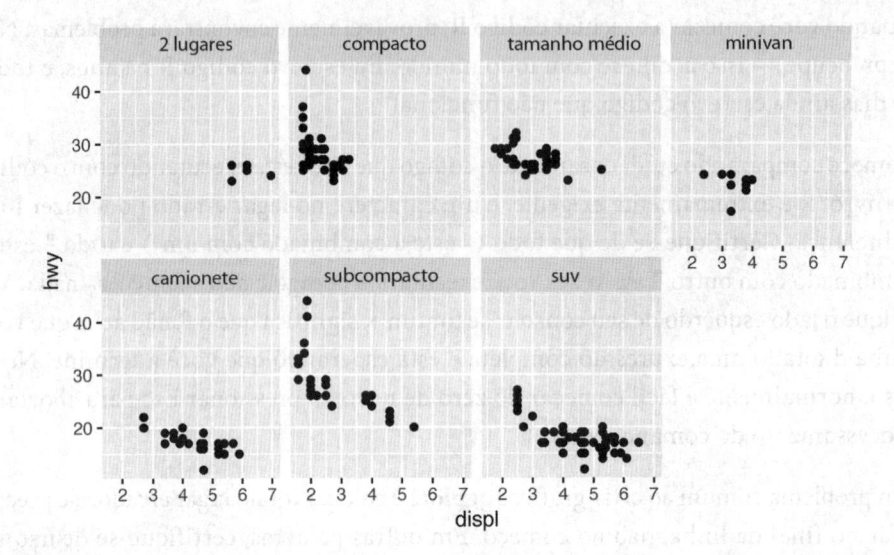

Para criar facetas de seu gráfico a partir de uma única variável, use `facet_wrap()`. O primeiro argumento de `facet_wrap()` deve ser uma fórmula, que você cria com ~ seguido de um nome de variável (aqui "fórmula" é o nome de uma estrutura de dados em R, não um sinônimo para "equação"). A variável que você passa para `facet_wrap()` deve ser discreta:

```
ggplot(data = mpg) +
  geom_point(mapping = aes(x = displ, y = hwy)) +
  facet_wrap(~ class, nrow = 2)
```

Para criar facetas de seu gráfico a partir de uma combinação de duas variáveis, adicione `facet_grid()` à sua chamada de gráfico. O primeiro argumento de `facet_grid()` também é uma fórmula. Desta vez a fórmula deve conter dois nomes de variáveis separados por um ~:

```
ggplot(data = mpg) +
  geom_point(mapping = aes(x = displ, y = hwy)) +
  facet_grid(drv ~ cyl)
```

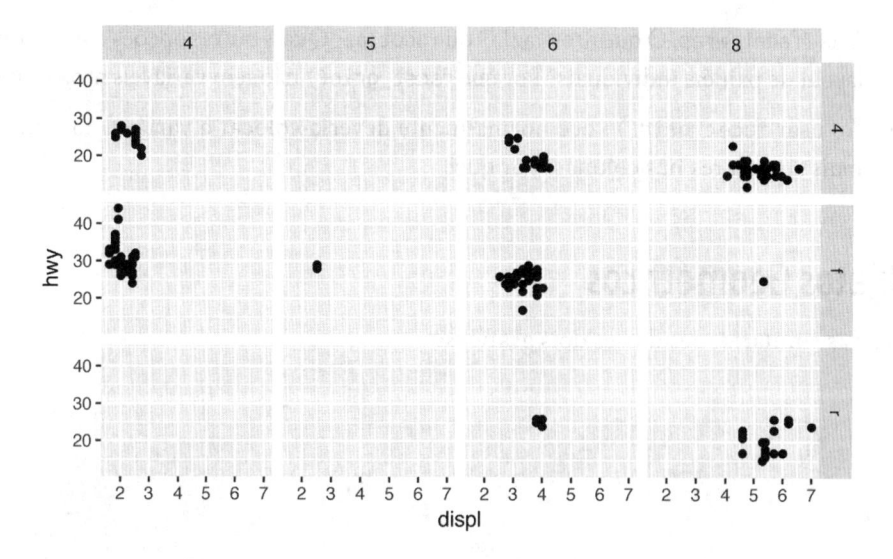

Se preferir não criar facetas nas dimensões de linhas ou colunas, use um ., em vez do nome de uma variável. Por exemplo, + facet_grid(. ~ cyl).

Exercícios

1. O que acontece se você criar facetas em uma variável contínua?

2. O que significam células em branco em um gráfico com facet_grid(drv ~ cyl)? Como elas se relacionam a este gráfico?

    ```
    ggplot(data = mpg) +
      geom_point(mapping = aes(x = drv, y = cyl))
    ```

3. Que gráficos o código a seguir faz? O que . faz?

    ```
    ggplot(data = mpg) +
      geom_point(mapping = aes(x = displ, y = hwy)) +
      facet_grid(drv ~ .)

    ggplot(data = mpg) +
      geom_point(mapping = aes(x = displ, y = hwy)) +
      facet_grid(. ~ cyl)
    ```

4. Pegue o primeiro gráfico em facetas desta seção:

    ```
    ggplot(data = mpg) +
      geom_point(mapping = aes(x = displ, y = hwy)) +
      facet_wrap(~ class, nrow = 2)
    ```

    Quais são as vantagens de usar facetas, em vez de estética de cor? Quais são as desvantagens? Como o equilíbrio poderia mudar se você tivesse um conjunto de dados maior?

5. Leia ?facet_wrap. O que nrow faz? O que ncol faz? Quais outras opções controlam o layout de painéis individuais? Por que facet_grid() não tem variáveis nrow e ncol?

6. Ao usar facet_grid() você normalmente deveria colocar a variável com níveis mais singulares nas colunas. Por quê?

Objetos Geométricos

Quais as similaridades desses dois gráficos?

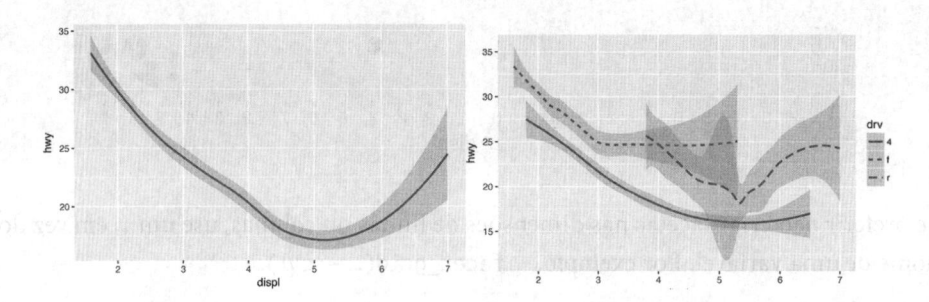

Ambos os gráficos contêm a mesma variável x e a mesma variável y, e ambos descrevem os mesmos dados. Mas os gráficos não são idênticos. Cada gráfico usa um objeto visual diferente para representar os dados. Na sintaxe **ggplot2**, dizemos que eles usam *geoms* diferentes.

Um *geom* é o objeto geométrico que um gráfico usa para representar dados. As pessoas frequentemente descrevem gráficos pelo tipo de geom que ele usa. Por exemplo, gráficos de barra usam geoms de barra, gráficos de linha usam geoms de linha, diagramas de caixa usam geoms de caixa, e assim por diante. Gráficos de dispersão quebram a tendência, eles usam geom de ponto. Como vemos nos gráficos anteriores, você pode usar geoms diferentes para fazer gráficos dos mesmos dados. O gráfico à esquerda usa o geom de ponto, e o da direita usa o geom smooth, uma linha suave ajustada aos dados.

Para mudar o geom de seu gráfico, altere a função geom que você adiciona a ggplot(). Por exemplo, para gerar os gráficos anteriores, você pode usar este código:

```
# left
ggplot(data = mpg) +
  geom_point(mapping = aes(x = displ, y = hwy))

# right
ggplot(data = mpg) +
  geom_smooth(mapping = aes(x = displ, y = hwy))
```

Cada função geom em **ggplot2** recebe um argumento `mapping`. Entretanto, nem toda estética funciona com todo geom. Você poderia configurar a forma de um ponto, mas não poderia configurar a "forma" de uma linha. Por outro lado, você *poderia* configurar o tipo de uma linha (`linetype`). O `geom_smooth()` desenhará uma linha diferente, com um tipo diferente, para cada valor singular da variável que você mapeia ao tipo de linha:

```
ggplot(data = mpg) +
  geom_smooth(mapping = aes(x = displ, y = hwy, linetype = drv))
```

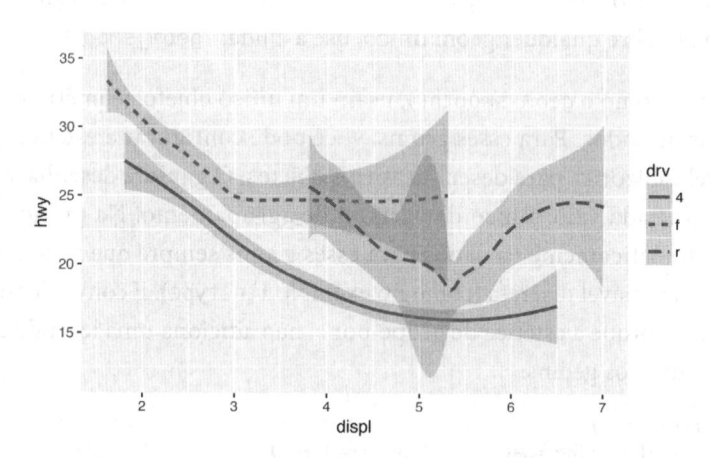

Aqui, `geom_smooth()` separa os carros em três linhas baseadas em seus valores `drv`, que descreve a transmissão de um carro. Uma linha descreve todos os pontos com um valor 4, uma linha descreve todos os pontos com um valor f, e a outra descreve todos os pontos com um valor r. Aqui, 4 quer dizer tração nas quatro rodas, f é tração dianteira, e r é tração traseira.

Se isso parece estranho, podemos deixar mais claro sobrepondo as linhas sobre os dados brutos e então colorindo tudo de acordo com `drv`.

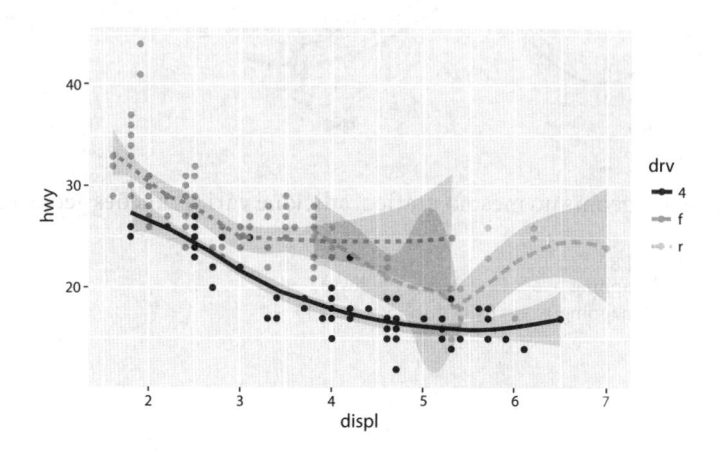

Note que esse gráfico contém dois geoms no mesmo espaço! Se isso o deixa animado, prepare-se. Na próxima seção aprenderemos como colocar vários geoms no mesmo gráfico.

O **ggplot2** fornece mais de 30 geoms, e pacotes de extensão fornecem ainda mais (você poderá ver uma amostra em *https://www.ggplot2-exts.org* — conteúdo em inglês). A melhor maneira de obter uma visão geral ampla é consultando a folha de cola do **ggplot2**, que você pode encontrar em *http://rstudio.com/cheatsheets* (conteúdo em inglês). Para aprender mais sobre qualquer geom único, use a ajuda: ?geom_smooth.

Muitos geoms, como o geom_smooth(), usam um único objeto geométrico para exibir várias linhas de dados. Para esses geoms, você pode configurar a estética group com uma variável categórica para desenhar vários objetos. O **ggplot2** desenhará um objeto separado para cada valor único da variável de agrupamento. Na prática, o **ggplot2** agrupará automaticamente os dados para esses geoms sempre que você mapear uma estética a uma variável discreta (como no exemplo linetype). É conveniente depender desse recurso, porque a estética de grupo por si não adiciona uma legenda ou características distintas aos geoms:

```
ggplot(data = mpg) +
  geom_smooth(mapping = aes(x = displ, y = hwy))

ggplot(data = mpg) +
  geom_smooth(mapping = aes(x = displ, y = hwy, group = drv))

ggplot(data = mpg) +
  geom_smooth(
    mapping = aes(x = displ, y = hwy, color = drv),
    show.legend = FALSE
  )
```

Para exibir vários geoms no mesmo gráfico, adicione várias funções geom ao ggplot():

```
ggplot(data = mpg) +
  geom_point(mapping = aes(x = displ, y = hwy)) +
  geom_smooth(mapping = aes(x = displ, y = hwy))
```

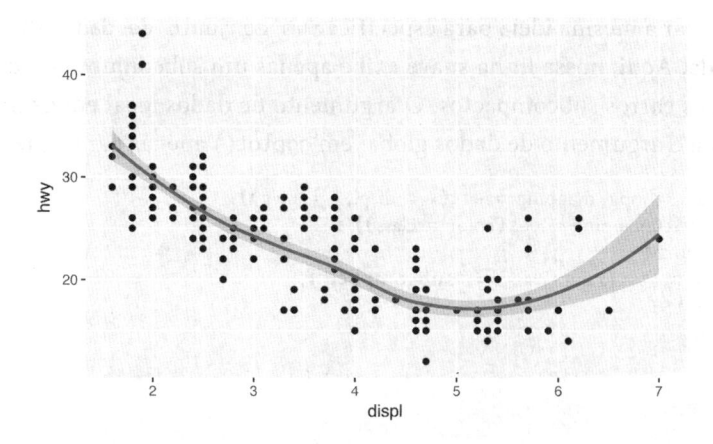

Isso, no entanto, introduz alguma duplicação ao seu código. Imagine que você quisesse mudar o eixo y para que exiba cty em vez de hwy. Você precisaria mudar a variável em dois lugares, e poderia esquecer de atualizar uma. É possível evitar esse tipo de repetição passando um conjunto de mapeamentos para ggplot(). O **ggplot2** tratará esses mapeamentos como mapeamentos globais que se aplicam a cada geom no gráfico. Em outras palavras, esse código produzirá o mesmo gráfico que o código anterior:

```
ggplot(data = mpg, mapping = aes(x = disp, y = hwy)) +
  geom_point() +
  geom_smooth()
```

Se você colocar mapeamentos em uma função geom, o **ggplot2** os tratará como mapeamentos locais para a camada. Ele usará esses mapeamentos para ampliar ou sobrescrever os mapeamentos globais *apenas para aquela camada*. Isso possibilita exibir estéticas diferentes em camadas diferentes:

```
ggplot(data = mpg, mapping = aes(x = displ, y = hwy)) +
  geom_point(mapping = aes(color = class)) +
  geom_smooth()
```

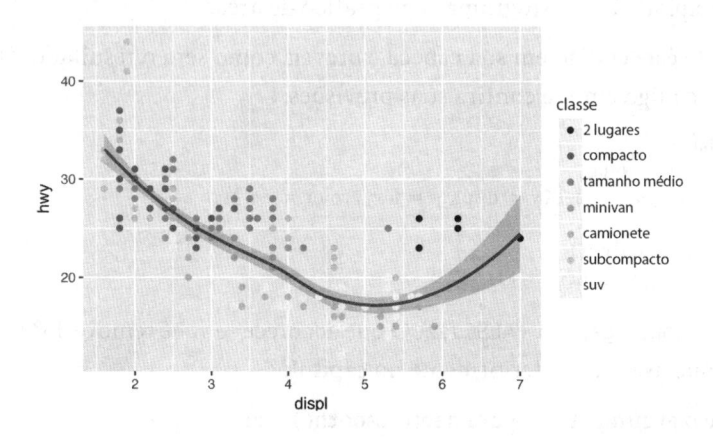

Objetos Geométricos | 19

Você pode usar a mesma ideia para especificar um conjunto de dados diferente para cada camada. Aqui, nossa linha suave exibe apenas um subconjunto do conjunto de dados mpg, os carros subcompactos. O argumento de dados local em geom_smooth() desconsidera o argumento de dados global em ggplot() apenas para aquela camada:

```
ggplot(data = mpg, mapping = aes(x = displ, y = hwy)) +
  geom_point(mapping = aes(color = class)) +
  geom_smooth(
    data = filter(mpg, class == "subcompact"),
    se = FALSE
  )
```

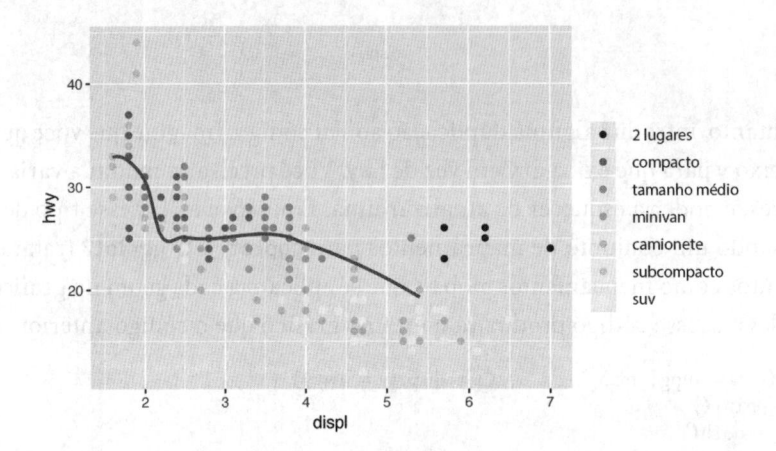

(Você aprenderá como filter() funciona no próximo capítulo. Por enquanto, saiba que esse comando seleciona apenas os carros subcompactos.)

Exercícios

1. Que geom você usaria para desenhar um gráfico de linha? Um diagrama de caixa (boxplot)? Um histograma? Um gráfico de área?

2. Execute este código em sua cabeça e preveja como será o resultado. Depois execute o código em R e confira suas previsões:

    ```
    ggplot(
      data = mpg,
      mapping = aes(x = displ, y = hwy, color = drv)
    ) +
      geom_point() +
      geom_smooth(se = FALSE)
    ```

3. O que show.legend = FALSE faz? O que acontece se você removê-lo? Por que você acha que usei isso anteriormente no capítulo?

4. O que o argumento se para geom_smooth() faz?

5. Esses dois gráficos serão diferentes? Por quê/por que não?

```
ggplot(data = mpg, mapping = aes(x = displ, y = hwy)) +
  geom_point() +
  geom_smooth()

ggplot() +
  geom_point(
    data = mpg,
    mapping = aes(x = displ, y = hwy)
  ) +
  geom_smooth(
    data = mpg,
    mapping = aes(x = displ, y = hwy)
  )
```

6. Recrie o código R necessário para gerar os seguintes gráficos:

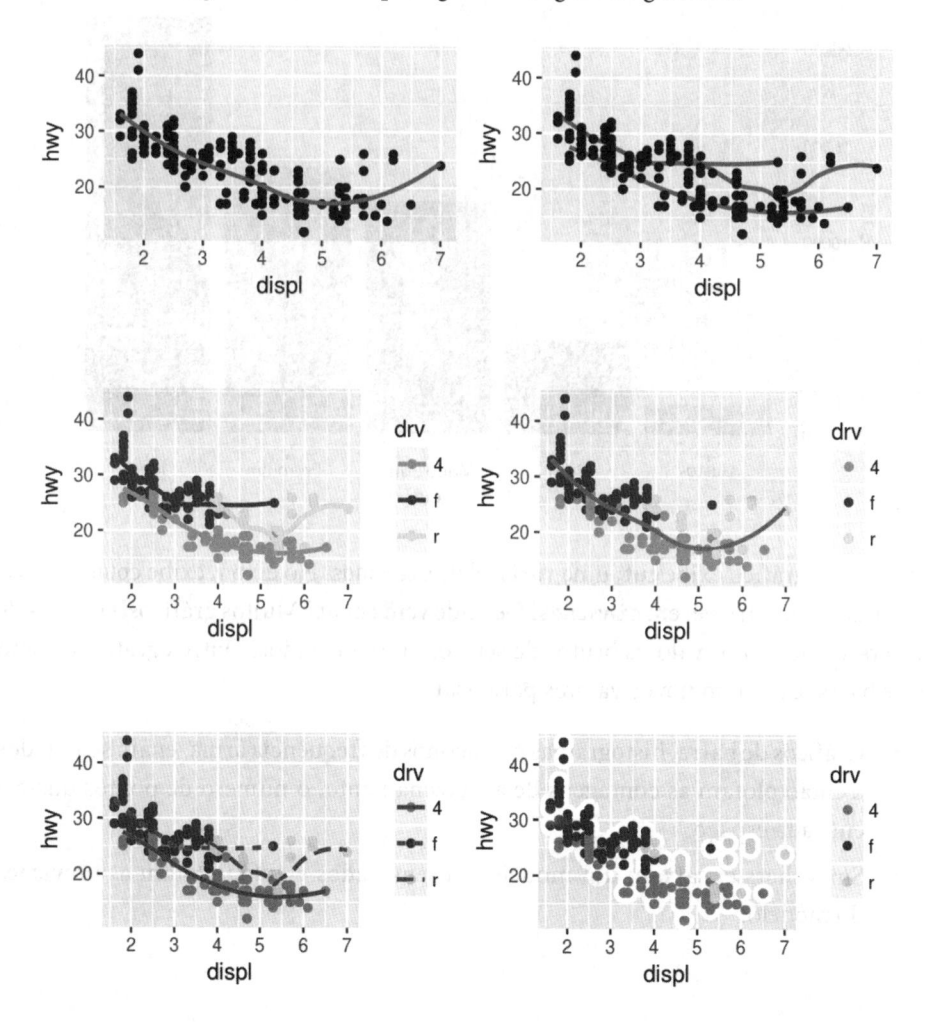

Objetos Geométricos | 21

Transformações Estatísticas

Gráficos de barra parecem simples, mas são interessantes, pois revelam algo sutil sobre os gráficos. Considere um gráfico de barra básico, como o desenhado com geom_bar(). O gráfico a seguir exibe o número total de diamantes no conjunto de dados diamonds, agrupado por cut. O conjunto de dados diamonds vem no **ggplot2** e contém informações sobre ~54.000 diamantes, incluindo price, carat, color, clarity e cut de cada um. A seguir vemos que há mais diamantes disponíveis com cortes de alta qualidade do que com cortes de baixa qualidade:

```
ggplot(data = diamonds) +
  geom_bar(mapping = aes(x = cut))
```

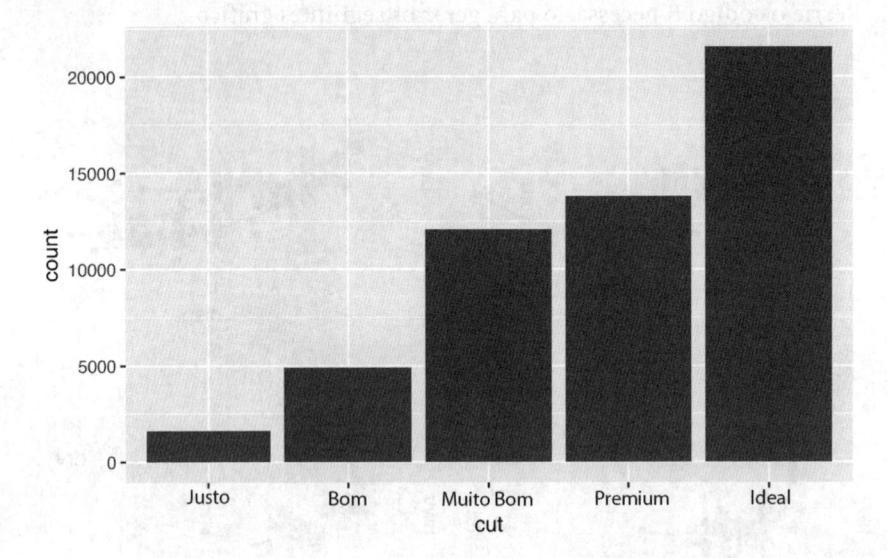

No eixo x, o gráfico exibe cut, uma variável de diamonds. No eixo y, exibe count, apesar de não ser uma variável em diamonds! De onde vem count? Muitos gráficos, como os de dispersão, plotam os valores brutos de seu conjunto de dados. Outros gráficos, como os de barra, calculam novos valores para usar:

- Gráficos de barra, histogramas e polígonos de frequência armazenam seus dados e então plotam as contagens de armazenamento, o número de pontos que cai em cada espaço.
- Smoothers encaixam um modelo em seus dados e então plotam as previsões do modelo.

- Diagramas de caixa calculam um resumo robusto de distribuição e exibem uma caixa especialmente formatada.

O algoritmo usado para calcular novos valores para um gráfico é chamado de *stat*, abreviação de transformação estatística. A figura a seguir descreve como esse processo funciona com o geom_bar().

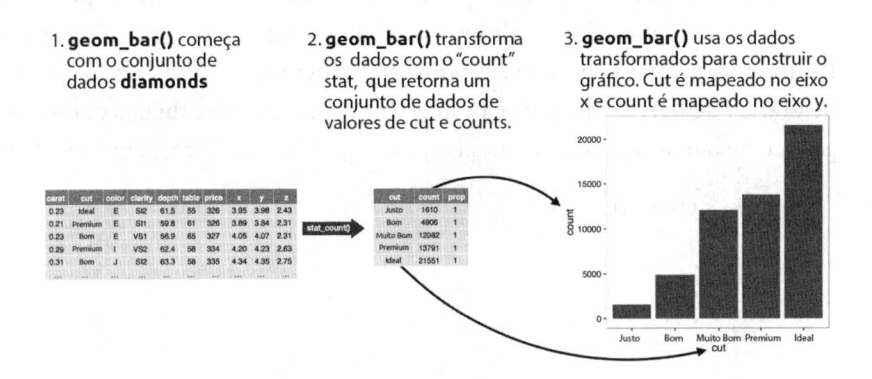

1. **geom_bar()** começa com o conjunto de dados **diamonds**.
2. **geom_bar()** transforma os dados com o "count" stat, que retorna um conjunto de dados de valores de cut e counts.
3. **geom_bar()** usa os dados transformados para construir o gráfico. Cut é mapeado no eixo x e count é mapeado no eixo y.

Você pode aprender qual stat um geom usa ao inspecionar o valor padrão do argumento stat. Por exemplo, ?geom_bar mostra que o valor padrão para stat é "count", o que significa que geom_bar() usa stat_count(). O stat_count() é documentado na mesma página que geom_bar(), e se você rolar a página para baixo, pode encontrar uma seção chamada "Computed variables". Ela diz que ele calcula duas novas variáveis: count e prop.

Normalmente você pode usar geoms e stats intercambiavelmente. Por exemplo, você pode recriar o gráfico anterior usando stat_count(), em vez de geom_bar():

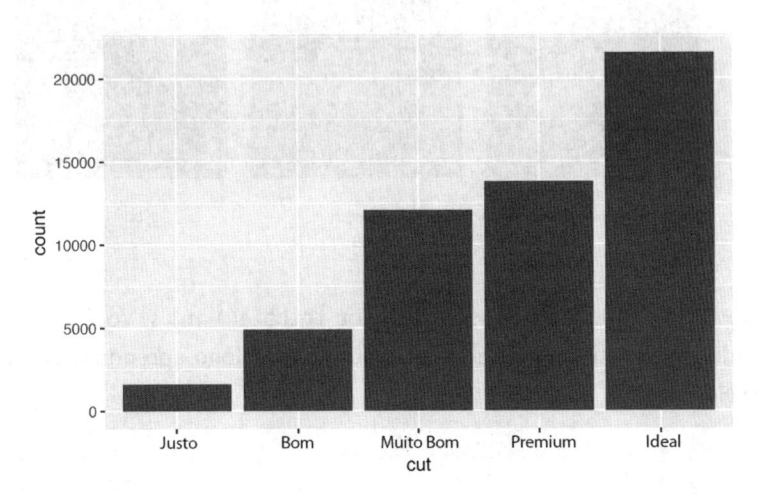

```
ggplot(data = diamonds) +
  stat_count(mapping = aes(x = cut))
```

Isso funciona porque cada geom tem um stat padrão, e cada stat tem um geom padrão. Significa, portanto, que você pode normalmente usar geoms sem se preocupar com a transformação estatística inerente. Há três razões para que você talvez precise usar um stat explicitamente:

- Você pode querer sobrescrever o stat padrão. No código a seguir, mudo o stat de `geom_bar()` de count (o padrão) para identity. Isso me permite mapear o peso das barras dos valores brutos de uma variável *y*. Infelizmente, quando as pessoas falam sobre gráficos de barra casualmente, podem estar se referindo a esse tipo de gráfico de barras, no qual o peso da barra já está presente nos dados, ou ao gráfico de barras anterior, no qual o peso é gerado pela contagem de linhas.

```
demo <- tribble(
  ~a,       ~b,
  "bar_1",  20,
  "bar_2",  30,
  "bar_3",  40
)

ggplot(data = demo) +
  geom_bar(
    mapping = aes(x = a, y = b), stat = "identity"
  )
```

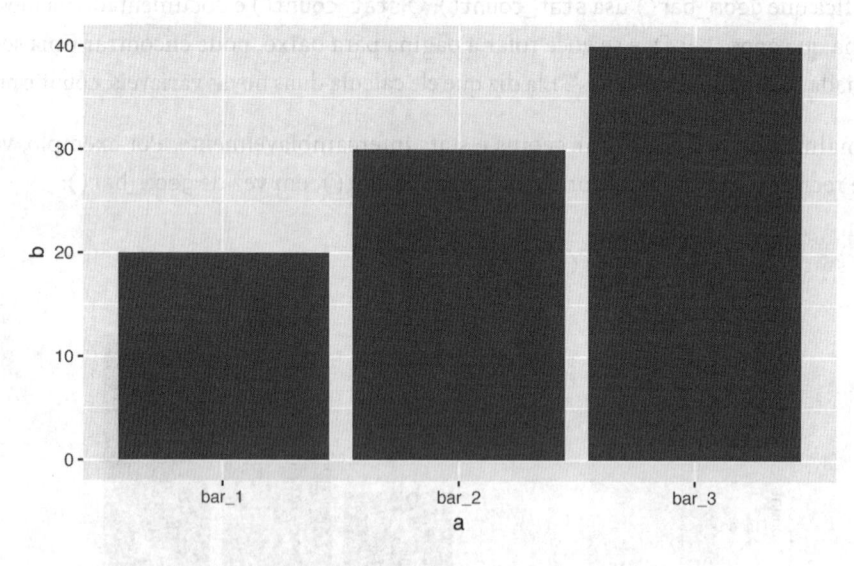

(Não se preocupe por não ter visto <- ou `tribble()` antes. Você pode ser capaz de adivinhar seus significados pelo contexto, e logo aprenderá exatamente o que eles fazem!)

- Você pode querer sobrescrever o mapeamento padrão de variáveis transformadas para estética. Exibir um gráfico de barras de proportion, em vez de count, por exemplo:

    ```
    ggplot(data = diamonds) +
      geom_bar(
        mapping = aes(x = cut, y = ..prop.., group = 1)
      )
    ```

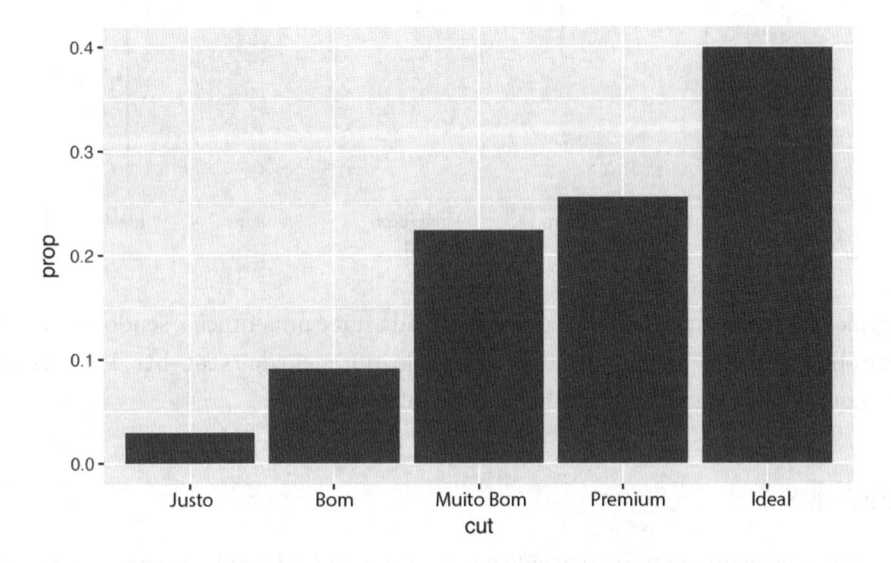

    Para encontrar as variáveis calculadas pelo stat, procure pela seção de ajuda intitulada "Computed variables".

- Você pode querer chamar mais atenção para a transformação estatística em seu código. Por exemplo, usando stat_summary(), que resume os valores y para cada valor individual x, de modo a dar visibilidade ao resumo que você está calculando:

    ```
    ggplot(data = diamonds) +
      stat_summary(
        mapping = aes(x = cut, y = depth),
        fun.ymin = min,
        fun.ymax = max,
        fun.y = median
      )
    ```

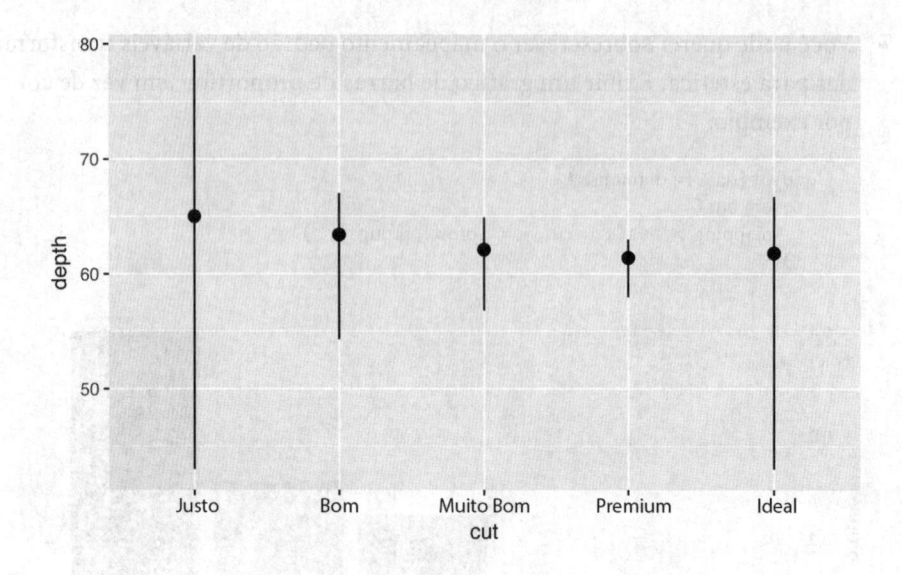

O **ggplot2** fornece mais de 20 stats para uso. Cada stat é uma função, sendo assim, você pode obter ajuda da maneira usual, por exemplo, por meio de ?stat_bin. Para ver uma lista completa de stats, tente a folha de cola do **ggplot2**.

Exercícios

1. Qual é o geom padrão associado a stat_summary()? Como você poderia reescrever o gráfico anterior usando essa função geom, em vez da função stat?
2. O que geom_col() faz? Qual é a diferença entre ele e geom_bar()?
3. A maioria dos geoms e stats vem em pares, que são quase sempre usados juntos. Leia a documentação e faça uma lista de todos os pares. O que eles têm em comum?
4. Quais variáveis stat_smooth() calcula? Quais parâmetros controlam seu comportamento?
5. Em nosso gráfico de barra de proportion, precisamos configurar group = 1. Por quê? Em outras palavras, qual é o problema com esses dois gráficos?

    ```
    ggplot(data = diamonds) +
      geom_bar(mapping = aes(x = cut, y = ..prop..))
    ggplot(data = diamonds) +
      geom_bar(
        mapping = aes(x = cut, fill = color, y = ..prop..)
      )
    ```

Ajustes de Posição

Há mais uma mágica associada aos gráficos de barra. Você pode colorir um gráfico de barra usando a estética color ou, mais proveitosamente, fill:

```
ggplot(data = diamonds) +
  geom_bar(mapping = aes(x = cut, color = cut))
ggplot(data = diamonds) +
  geom_bar(mapping = aes(x = cut, fill = cut))
```

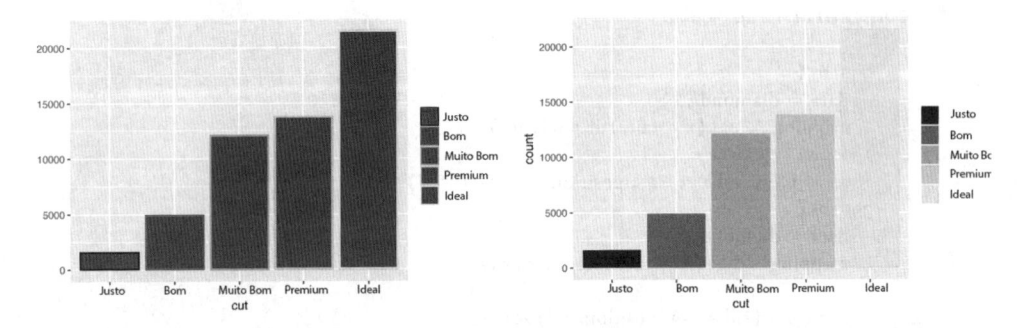

Note o que acontece se você mapear a estética fill em outra variável, como clarity: as barras são automaticamente empilhadas. Cada retângulo colorido representa uma combinação de cut e clarity:

```
ggplot(data = diamonds) +
  geom_bar(mapping = aes(x = cut, fill = clarity))
```

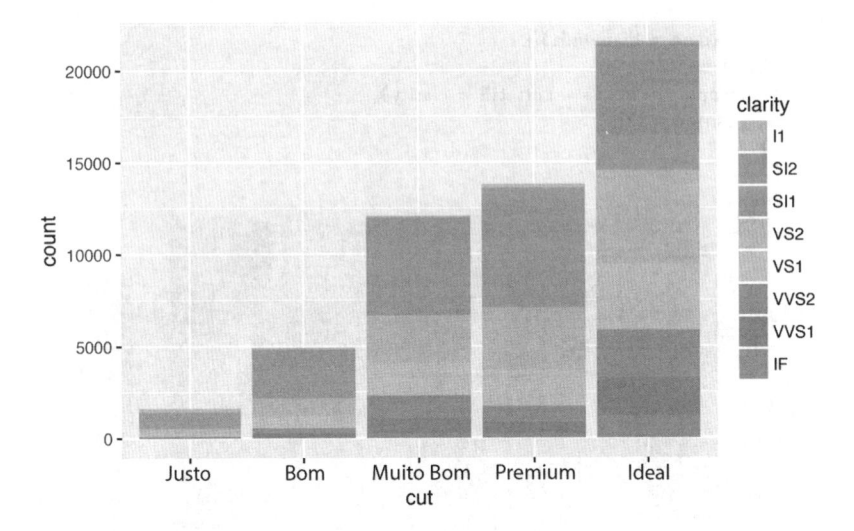

O empilhamento é realizado automaticamente pelo *ajuste de posição* especificado pelo argumento position. Se você não quiser um gráfico de barras empilhadas, pode usar uma das outras três opções: "identity", "dodge" ou "fill":

- position = "identity" colocará cada objeto exatamente onde ele cai no contexto do gráfico. Isso não é muito útil para barras, porque as sobrepõe. Para ver essa sobreposição, precisamos ou tornar as barras levemente transparentes ao configurar alpha a um valor pequeno, ou completamente transparente ao configurar fill = NA:

    ```
    ggplot(
      data = diamonds,
      mapping = aes(x = cut, fill = clarity)
    ) +
      geom_bar(alpha = 1/5, position = "identity")
    ggplot(
      data = diamonds,
      mapping = aes(x = cut, color = clarity)
    ) +
      geom_bar(fill = NA, position = "identity")
    ```

    O ajuste de posição identity é mais útil para geoms 2D, como pontos, onde é o padrão.

- position = "fill" funciona como o empilhamento, mas torna cada grupo de barras empilhadas da mesma altura. Isso facilita comparar proporções entre os grupos:

    ```
    ggplot(data = diamonds) +
      geom_bar(
        mapping = aes(x = cut, fill = clarity),
        position = "fill"
      )
    ```

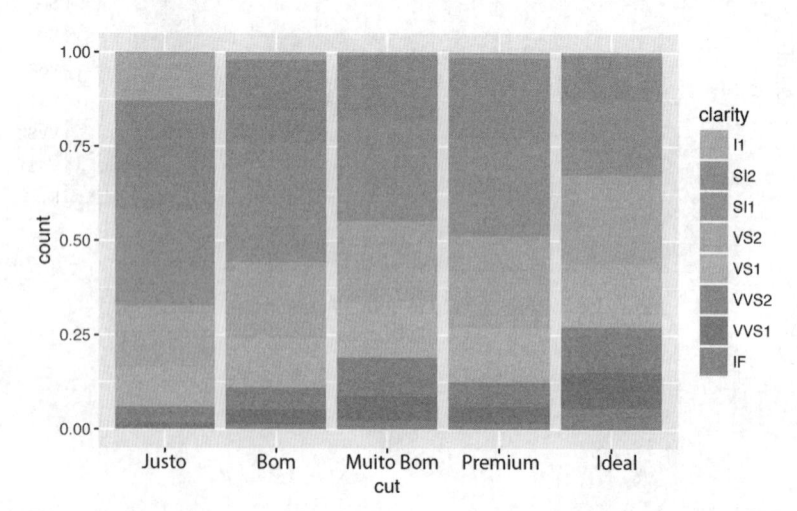

- `position = "dodge"` coloca objetos sobrepostos diretamente um *ao lado* do outro. Isso facilita a comparação de valores individuais:

  ```
  ggplot(data = diamonds) +
    geom_bar(
      mapping = aes(x = cut, fill = clarity),
      position = "dodge"
    )
  ```

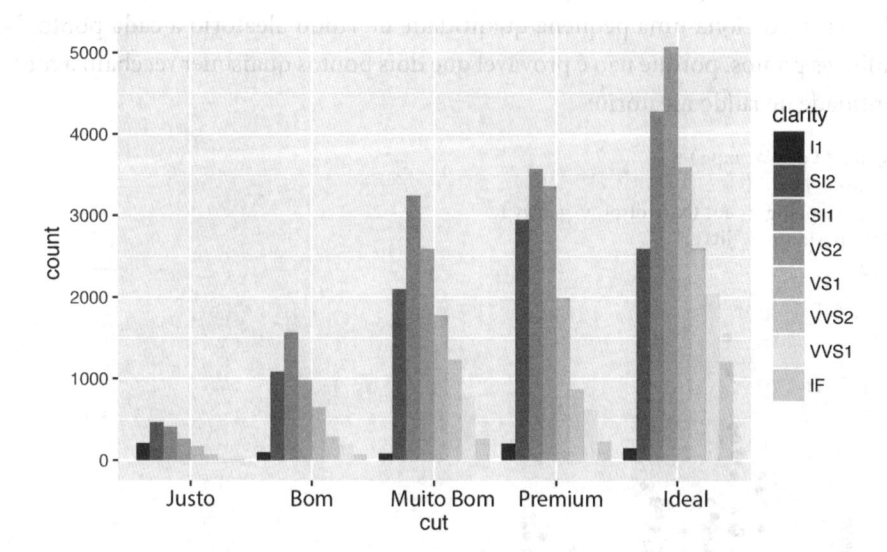

Há mais um tipo de ajuste que não é adequado para gráficos de barra, mas pode ser muito útil para diagramas de dispersão. Lembre-se do nosso primeiro diagrama de dispersão. Você notou que o gráfico exibe apenas 126 pontos, mesmo embora existam 234 observações no conjunto de dados?

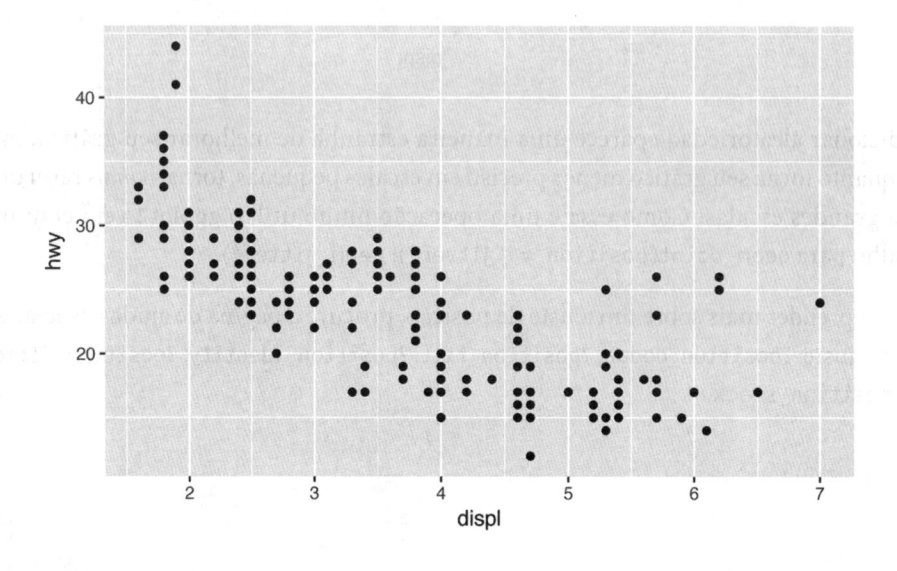

Os valores de hwy e displ são arredondados para que os pontos apareçam em uma grade, e muitos pontos se sobrepõem. Esse problema é conhecido como *overplotting* (sobreposição de gráficos). Tal arranjo dificulta a visualização de onde está a massa de dados. Os pontos de dados estão espalhados igualmente pelo gráfico, ou há uma combinação especial de hwy e displ que contém 109 valores?

Você pode evitar a grade configurando o ajuste de posição como "jitter". position = "jitter" adiciona uma pequena quantidade de ruído aleatório a cada ponto. Isso espalha os pontos, porque não é provável que dois pontos quaisquer recebam a mesma quantidade de ruído aleatório:

```
ggplot(data = mpg) +
  geom_point(
    mapping = aes(x = displ, y = hwy),
    position = "jitter"
  )
```

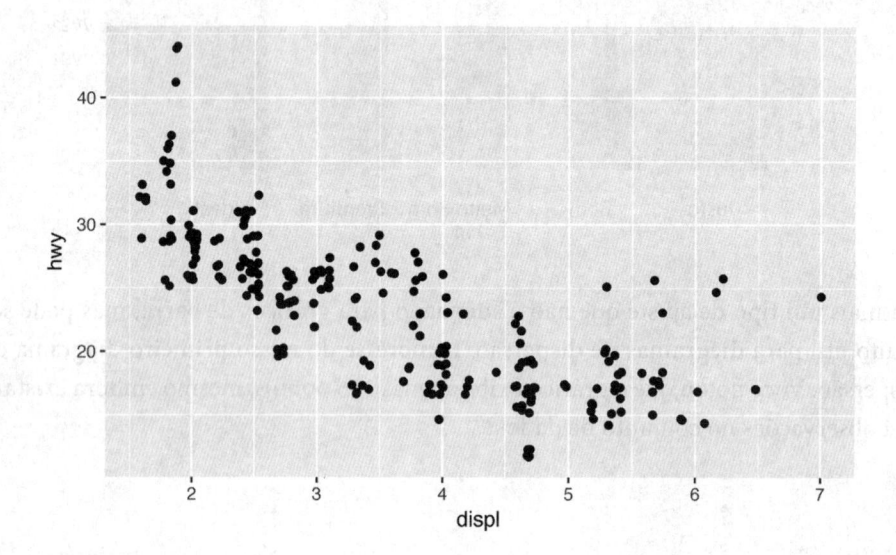

Adicionar aleatoriedade parece uma maneira estranha de melhorar seu gráfico, mas enquanto torna seu gráfico menos preciso em escalas pequenas, torna-o *mais* revelador em grandes escalas. Como essa é uma operação muito útil, o **ggplot2** vem com um atalho para geom_point(position = "jitter"): geom_jitter().

Para aprender mais sobre um ajuste de posição, procure a página de ajuda associada a cada ajuste: ?position_dodge, ?position_fill, ?position_identity, ?position_jitter e ?position_stack.

Exercícios

1. Qual é o problema com este gráfico? Como você poderia melhorá-lo?

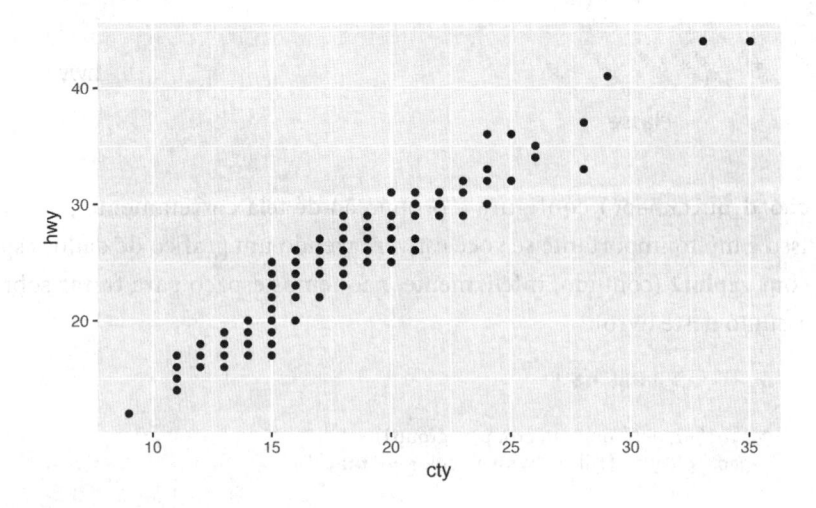

    ```
    ggplot(data = mpg, mapping = aes(x = cty, y = hwy)) +
      geom_point()
    ```

2. Quais parâmetros para `geom_jitter()` controlam a quantidade de oscilação?
3. Compare e contraste `geom_jitter()` com `geom_count()`.
4. Qual é o ajuste de posição padrão para `geom_boxplot()`? Crie uma visualização do conjunto de dados mpg que demonstre isso.

Sistemas de Coordenadas

Sistemas de coordenadas são provavelmente a parte mais complicada de **ggplot2**. O sistema padrão é o Cartesiano, no qual as posições de x e y agem independentemente para encontrar a localização de cada ponto. Há vários outros sistemas de coordenadas que ocasionalmente são úteis:

- `coord_flip()` troca os eixos x e y. Isso é útil (por exemplo) se você quiser diagramas de caixas horizontais. Também é válido para rótulos longos — é difícil encaixá-los sem ficarem sobrepostos ao eixo x:

    ```
    ggplot(data = mpg, mapping = aes(x = class, y = hwy)) +
      geom_boxplot()
    ggplot(data = mpg, mapping = aes(x = class, y = hwy)) +
      geom_boxplot() +
      coord_flip()
    ```

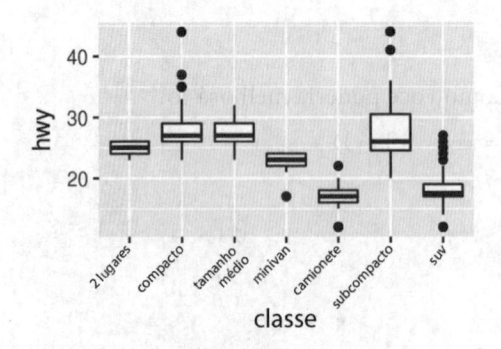

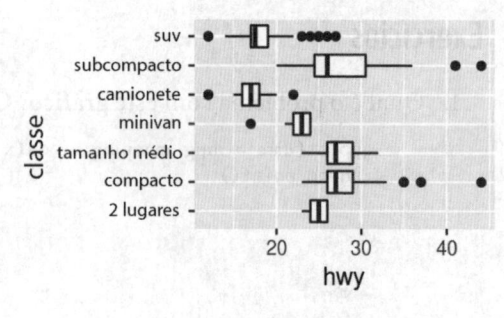

- `coord_quickmap()` configura a proporção de tela corretamente para mapas. Isso é muito importante se você estiver fazendo um gráfico de dados espaciais com **ggplot2** (contudo, infelizmente, não temos espaço para tratar sobre esse assunto neste livro):

  ```
  nz <- map_data("nz")
  
  ggplot(nz, aes(long, lat, group = group)) +
    geom_polygon(fill = "white", color = "black")
  
  ggplot(nz, aes(long, lat, group = group)) +
    geom_polygon(fill = "white", color = "black") +
    coord_quickmap()
  ```

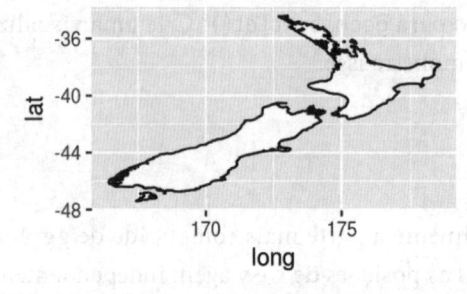

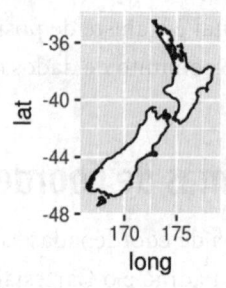

- `coord_polar()` usa coordenadas polares, que revelam uma conexão interessante entre um gráfico de barra e um gráfico de setores:

  ```
  bar <- ggplot(data = diamonds) +
    geom_bar(
      mapping = aes(x = cut, fill = cut),
      show.legend = FALSE,
      width = 1
    ) +
    theme(aspect.ratio = 1) +
    labs(x = NULL, y = NULL)
  
  bar + coord_flip()
  bar + coord_polar()
  ```

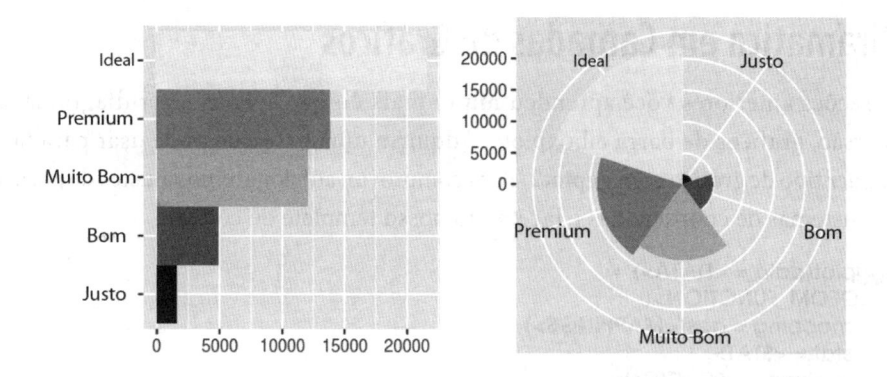

Exercícios

1. Transforme um gráfico de barras empilhadas em um gráfico de pizza usando coord_polar().
2. O que labs() faz? Leia a documentação.
3. Qual é a diferença entre coord_quickmap() e coord_map()?
4. O que o gráfico a seguir lhe diz sobre a relação entre mpg de cidade e estrada? Por que coord_fixed() é importante? O que geom_abline() faz?

   ```
   ggplot(data = mpg, mapping = aes(x = cty, y = hwy)) +
     geom_point() +
     geom_abline() +
     coord_fixed()
   ```

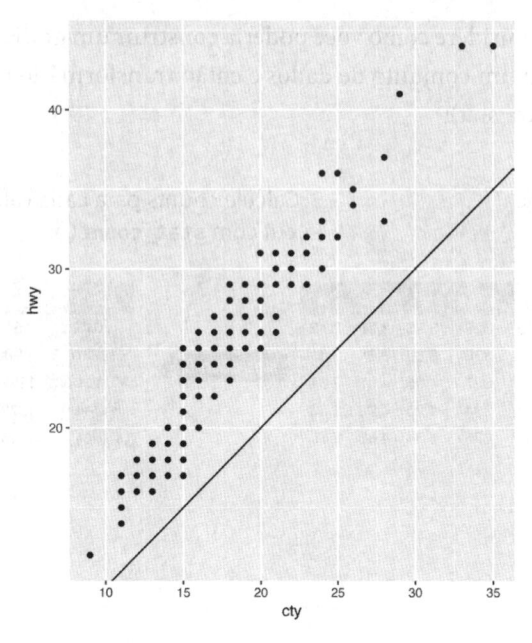

A Gramática em Camadas de Gráficos

Nas seções anteriores você aprendeu muito mais do que apenas fazer diagramas de dispersão, gráficos de barra e boxplots. Adquiriu uma base que pode usar para fazer *qualquer* tipo de gráfico com **ggplot2**. Para comprovar, adicionaremos ajustes de posição, stats, sistemas de coordenadas e facetas ao nosso template de código:

```
ggplot(data = <DATA>) +
  <GEOM_FUNCTION>(
    mapping = aes(<MAPPINGS>),
    stat = <STAT>,
    position = <POSITION>
  ) +
  <COORDINATE_FUNCTION> +
  <FACET_FUNCTION>
```

Nosso novo template recebe sete parâmetros — as palavras entre colchetes angulares que aparecem no template. Na prática, você raramente precisa fornecer todos os sete parâmetros para fazer um gráfico, pois o **ggplot2** fornecerá padrões úteis para tudo;,exceto para dados, mapeamentos e função geom.

Os sete parâmetros no template compõem a gramática de gráficos, um sistema formal para construir gráficos. Ela é baseada no insight de que você pode descrever individualmente *qualquer* gráfico como uma combinação de um conjunto de dados, um geom, um conjunto de mapeamentos, um stat, um ajuste de posição, um sistema de coordenadas e um esquema de facetas.

Para ver como isso funciona, considere como você poderia construir um gráfico básico do zero: poderia começar com um conjunto de dados e então transformá-lo na informação que quer exibir (com um stat):

1. Comece com o conjunto de dados **diamonds**

carat	cut	color	clarity	depth	table	price	x	y	z
0.23	Ideal	E	SI2	61.5	55	326	3.95	3.98	2.43
0.21	Premium	E	SI1	59.8	61	326	3.89	3.84	2.31
0.23	Bom	E	VS1	56.9	65	327	4.05	4.07	2.31
0.29	Premium	I	VS2	62.4	58	334	4.20	4.23	2.63
0.31	Bom	J	SI2	63.3	58	335	4.34	4.35	2.75
...	...	...	...	...	...	...			

2. Calcule counts para cada valor cut com **stat_count( )**.

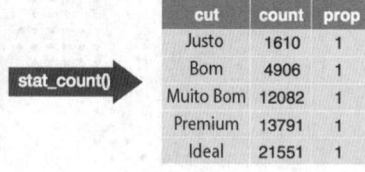

stat_count()

cut	count	prop
Justo	1610	1
Bom	4906	1
Muito Bom	12082	1
Premium	13791	1
Ideal	21551	1

Em seguida você poderia escolher um objeto geométrico para representar cada observação nos dados transformados. E poderia então usar as propriedades estéticas dos geoms para representar variáveis nos dados. Você mapearia os valores de cada variável aos níveis de uma estética:

3. Represente cada observação com uma barra.

4. Mapeie o `fill` de cada barra à variável `..count..`

Você então selecionaria um sistema de coordenadas, no qual colocaria os geoms. E usaria a localização dos objetos (que é em si uma propriedade estética) para exibir os valores das variáveis x e y. A essa altura você teria um gráfico completo, mas poderia ajustar ainda mais as posições dos geoms dentro do sistema de coordenadas (um ajuste de posição) ou dividir o gráfico em subgráficos (facetas). Poderia também ampliar o gráfico ao adicionar uma ou mais camadas adicionais, e cada uma usaria um conjunto de dados, um geom, um conjunto de mapeamentos, um stat e um ajuste de posição:

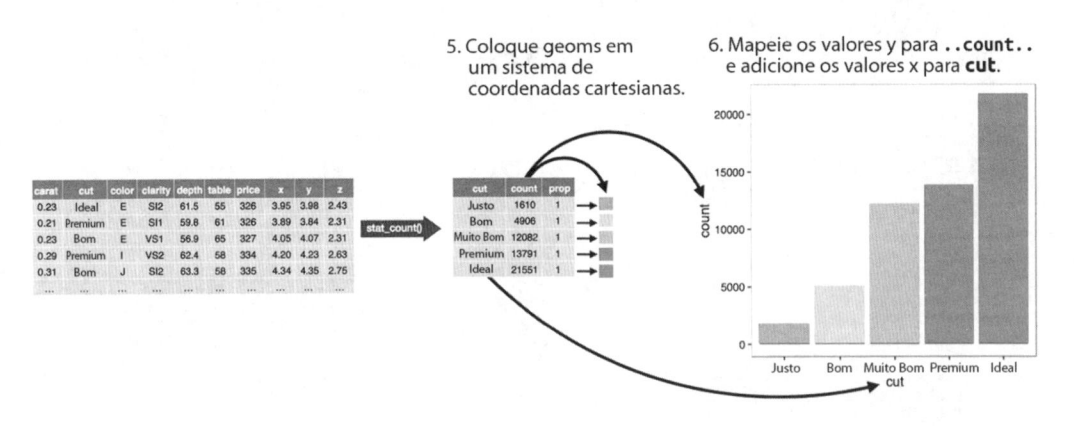

5. Coloque geoms em um sistema de coordenadas cartesianas.

6. Mapeie os valores y para `..count..` e adicione os valores x para `cut`.

Você poderia usar este método para construir *qualquer* gráfico que imaginar. Em outras palavras, você pode usar o template de código que aprendeu neste capítulo para construir centenas de milhares de gráficos únicos.

CAPÍTULO 2
Fluxo de Trabalho: O Básico

Agora você já tem alguma experiência em executar código R. Não lhe dei muitos detalhes, mas você obviamente entendeu o básico, ou teria jogado este livro fora tomado pela frustração! Esse sentimento é natural quando você começa a programar em R, porque ela é muito insistente na pontuação, e até um caractere fora de lugar poderá fazê-la reclamar. É de se esperar que você fique um pouco frustrado, mas console-se em saber que isso é normal e temporário: acontece com todo mundo, e a única maneira de superar é continuar tentando.

Antes de irmos adiante, vamos nos certificar de que você obteve uma base sólida em executar o código R e que conhece um pouco sobre os recursos mais úteis do RStudio.

O Básico de Programação

Vamos rever um pouco do básico que omitimos até agora, a fim de que você fizesse gráficos o mais rápido possível. Você pode usar R como uma calculadora:

```
1 / 200 * 30
#> [1] 0.15
(59 + 73 + 2) / 3
#> [1] 44.7
sin(pi / 2)
#> [1] 1
```

Pode criar novos objetos com <-:

```
x <- 3 * 4
```

Todas as declarações R onde você cria objetos, declarações de *atribuição*, têm a mesma forma:

```
object_name <- value
```

Ao ler esse código, diga "object name recebe value" na sua cabeça.

Você fará várias atribuições, e <- é muito chato de digitar. Não seja preguiçoso usando =:. Funcionará, mas causará confusão mais tarde. Em vez disso, use o atalho de teclado do RStudio: Alt-- (o sinal de menos). Note que o RStudio cerca "automagicamente" <- com espaços, que é uma boa prática de formatação. Código é terrível de ler em um dia bom, então seja legal com você mesmo e use espaços.

O que Há em um Nome?

Nomes de objetos devem começar com uma letra e só podem conter letras, números, _, e .. Se você quer que os nomes de seus objetos sejam descritivos, então precisará de uma convenção para várias palavras. Eu recomendo *snake_case*, que separa palavras de letras minúsculas com _:

```
eu_uso_snake_case
outrasPessoasUsamCamelCase
algumas.pessoas.usam.pontos
E_algumas.Pessoas_RENUNCIAMconvencoes
```

Voltaremos aos estilos de códigos mais adiante, no Capítulo 15.

Você pode inspecionar um objeto digitando seu nome:

```
x
#> [1] 12
```

Faça outra atribuição:

```
este_eh_um_nome_bem_longo <- 2.5
```

Para inspecionar esse objeto, tente o recurso de completion do RStudio: digite "este", pressione Tab, adicione caracteres até ter um prefixo único, e então pressione Enter.

Ops, você cometeu um erro! `este_eh_um_nome_bem_longo` deveria ter um valor de 3,5, e não de 2,5. Use outro atalho do teclado para ajudá-lo a corrigir isso. Digite "este" e então pressione Cmd/Ctrl-↑. Isso listará todos os comandos que você digitou que começam com essas letras. Use as setas para navegar, então pressione Enter para redigitar o comando. Mude 2,5 para 3,5 e execute novamente.

Faça mais uma atribuição:

```
r_rocks <- 2 ^ 3
```

Vamos tentar inspecioná-la:

```
r_rock
#> Error: object 'r_rock' not found
R_rocks
#> Error: object 'R_rocks' not found
```

Há um contrato implícito entre você e o R: ele fará o cálculo tedioso para você, mas em contrapartida você deve ser completamente preciso em suas instruções. Erros de digitação são consideráveis. Letras maiúsculas e minúsculas são importantes.

Chamando Funções

R tem uma grande coleção de funções internas que são chamadas assim:

```
function_name(arg1 = val1, arg2 = val2, ...)
```

Vamos tentar usar seq(), que faz uma *seq*uência regular de números, e, enquanto isso, aprendemos mais recursos úteis do RStudio. Digite se e pressione Tab. Uma janela lhe mostrará possíveis conclusões. Especifique seq() ao digitar mais (um "q") para desambiguar, ou usando as setas ↑/↓ para selecionar. Note a dica de ferramenta flutuante que aparece, lembrando a você dos argumentos e propósitos das funções. Se quiser mais ajuda, pressione F1 para obter todos os detalhes na aba de ajuda no painel inferior direito.

Pressione Tab mais uma vez quando selecionar a função que quiser. O RStudio adicionará parênteses de abertura (() e fechamento ()) para você. Digite os argumentos 1, 10 e pressione Enter:

```
seq(1, 10)
#> [1] 1 2 3 4 5 6 7 8 9 10
```

Digite este código e você notará uma ajuda similar com o par de aspas duplas:

```
x <- "hello world"
```

Aspas e parênteses devem sempre estar em pares. O RStudio faz o melhor para ajudá-lo, mas ainda é possível fazer besteira e acabar sem um par. Se isso acontecer, o R lhe mostrará o caractere de continuação "+":

```
> x <- "hello
+
```

O + lhe diz que o R está esperando por mais entradas; ele acha que você ainda não terminou. Normalmente isso significa que você esqueceu uma " ou um). De qualquer forma, adicione o que faltou ou pressione Esc para abortar a expressão e tentar novamente.

Se você fizer uma atribuição, não poderá ver o valor. Ficará tentado, imediatamente, a verificar o resultado novamente:

```
y <- seq(1, 10, length.out = 5)
y
#> [1]  1.00  3.25  5.50  7.75 10.00
```

Essa ação comum pode ser resumida ao cercar a atribuição com parênteses, o que causa a atribuição e a "impressão na tela":

```
(y <- seq(1, 10, length.out = 5))
#> [1]  1.00  3.25  5.50  7.75 10.00
```

Agora observe seu ambiente no painel superior direito:

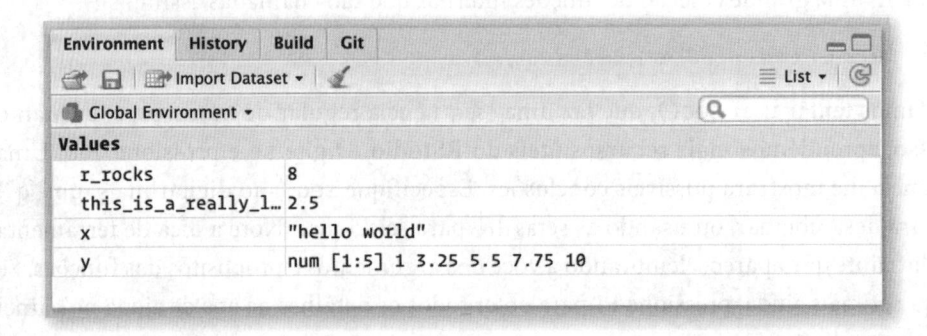

Aqui você pode ver todos os objetos que criou.

Exercícios

1. Por que este código não funciona?

   ```
   my_variable <- 10
   my_varıable
   #> Error in eval(expr, envir, enclos):
   #>   object 'my_varıable' not found
   ```

   Observe com cuidado! (Isso pode parecer como um exercício de falta de sentido, mas treinar seu cérebro para que note até a menor diferença valerá a pena ao programar.)

2. Ajuste cada um dos seguintes comandos de R para que executem corretamente:

   ```
   library(tidyverse)

   ggplot(dota = mpg) +
     geom_point(mapping = aes(x = displ, y = hwy))

   fliter(mpg, cyl = 8)
   filter(diamond, carat > 3)
   ```

3. Pressione Alt-Shift-K. O que acontece? Como você pode chegar ao mesmo resultado usando os menus?

Capítulo 3
Transformação de Dados com dplyr

Introdução

A visualização é uma ferramenta importante para a geração de insights, mas é raro que você obtenha os dados exatamente da forma que precisa. Frequentemente você precisará criar algumas variáveis ou resumos novos, ou talvez só queira renomear as variáveis ou reordenar as observações para facilitar o trabalho com os dados. Você aprenderá como fazer tudo isso (e mais!) neste capítulo, que o ensinará como transformar seus dados usando o pacote **dplyr** e um novo conjunto de dados sobre voos partindo da cidade de Nova York em 2013.

Pré-requisitos

Neste capítulo focaremos em como usar o pacote **dplyr**, outro membro central do tidyverse. Ilustraremos as ideias principais usando dados do pacote **nycflights13** e o **ggplot2** para nos ajudar a entender os dados.

```
library(nycflights13)
library(tidyverse)
```

Note atentamente as mensagens de conflito que são mostradas quando você carrega o tidyverse. Elas lhe dizem que **dplyr** sobrescreve algumas funções no R base. Se você quiser usar a versão base dessas funções depois de carregar o **dplyr**, precisará colocar seus nomes completos: `stats::filter()` e `stats::lag()`.

nycflights13

Para explorar os verbos básicos de manipulação de dados do **dplyr**, usaremos nycflights13::flights. Esse data frame contém todos os 336.776 voos que partiram da cidade de Nova York em 2013. Os dados vêm do US Bureau of Transportation Statistics (*http://bit.ly/transstats* — conteúdo em inglês), e estão documentados em ?flights:

```
flights
#> # A tibble: 336,776 × 19
#>    year month   day dep_time sched_dep_time dep_delay
#>   <int> <int> <int>    <int>          <int>     <dbl>
#> 1  2013     1     1      517            515         2
#> 2  2013     1     1      533            529         4
#> 3  2013     1     1      542            540         2
#> 4  2013     1     1      544            545        -1
#> 5  2013     1     1      554            600        -6
#> 6  2013     1     1      554            558        -4
#> # ... with 336,776 more rows, and 13 more variables:
#> #   arr_time <int>, sched_arr_time <int>, arr_delay <dbl>,
#> #   carrier <chr>, flight <int>, tailnum <chr>, origin <chr>,
#> #   dest <chr>, air_time <dbl>, distance <dbl>, hour <dbl>,
#> #   minute <dbl>, time_hour <dttm>
```

Você pode notar que esse data frame imprime um pouco diferente dos outros que você usou antes: ele só mostra as primeiras linhas e todas as colunas que cabem em uma tela. (Para ver o conjunto de dados inteiro, você pode executar View(flights), que abrirá o conjunto de dados no RStudio viewer.) Ele imprime diferente porque é um *tibble*. Tibbles são data frames, mas levemente ajustados para funcionar melhor no tidyverse. Por enquanto você não precisa se preocupar com as diferenças. Voltaremos aos tibbles com mais detalhes na Parte II.

Você também pode ter notado a linha de abreviaturas de três (ou quatro) letras sob os nomes das colunas. Elas descrevem o tipo de cada variável:

- int é para inteiros.
- dbl é para doubles, ou números reais.
- chr é para vetores de caracteres, ou strings.
- dttm é para datas-tempos (uma data + um horário).

Há três outros tipos comuns de variáveis que não são usados neste conjunto de dados, mas que você encontrará mais adiante no livro:

- `lgl` é para lógico, vetores que contêm apenas TRUE (verdadeiro) ou FALSE (falso).
- `fctr` é para fatores, que R usa para representar variáveis categóricas com possíveis valores fixos.
- `date` é para datas.

O Básico do dplyr

Neste capítulo você aprenderá as cinco principais funções do **dplyr** que permitem que você resolva a grande maioria de seus desafios de manipulação de dados:

- Selecione observações por seus valores (`filter()`).
- Reordene as linhas (`arrange()`).
- Selecione variáveis por seus nomes (`select()`).
- Crie novas variáveis com funções de variáveis existentes (`mutate()`).
- Reúna muitos valores em um único resumo (`summarize()`).

Todas essas podem ser usadas em conjunção com `group_by()`, que muda o escopo de cada função de operação em todo o conjunto de dados para operar grupo por grupo. Essas seis funções fornecem os verbos para uma linguagem de manipulação de dados.

Todos os verbos funcionam de maneira similar:

1. O primeiro argumento é um data frame.
2. Os argumentos subsequentes descrevem o que fazer com o data frame, usando os nomes de variáveis (sem aspas).
3. O resultado é um novo data frame.

Juntas, essas propriedades facilitam o encadeamento de vários passos simples para alcançar um resultado complexo. Vamos mergulhar e ver como esses verbos funcionam.

Filtrar Linhas com filter()

O `filter()` permite que você crie um subconjunto de observações com base em seus valores. O primeiro argumento é o nome do data frame. O segundo argumento e os subsequentes são as expressões que filtram o data frame. Por exemplo, podemos selecionar todos os voos de 1º de janeiro com:

```
filter(flights, month == 1, day == 1)
#> # A tibble: 842 × 19
#>    year month  day dep_time sched_dep_time dep_delay
#>   <int> <int> <int>   <int>          <int>     <dbl>
#> 1  2013     1     1     517            515         2
#> 2  2013     1     1     533            529         4
#> 3  2013     1     1     542            540         2
#> 4  2013     1     1     544            545        -1
#> 5  2013     1     1     554            600        -6
#> 6  2013     1     1     554            558        -4
#> # ... with 836 more rows, and 13 more variables:
#> #   arr_time <int>, sched_arr_time <int>, arr_delay <dbl>,
#> #   carrier <chr>, flight <int>, tailnum <chr>,origin <chr>,
#> #   dest <chr>, air_time <dbl>, distance <dbl>, hour <dbl>,
#> #   minute <dbl>, time_hour <dttm>
```

Quando você executa essa linha de código, o **dplyr** realiza a operação de filtragem e retorna um novo data frame. As funções de **dplyr** nunca modificam suas entradas, então, se você quiser salvar o resultado, precisará usar o operador de atribuição <-:

```
jan1 <- filter(flights, month == 1, day == 1)
```

O R ou imprime os resultados ou os salva em uma variável. Se você quiser fazer ambos, pode envolver a atribuição entre parênteses:

```
(dec25 <- filter(flights, month == 12, day == 25))
#> # A tibble: 719 × 19
#>    year month  day dep_time sched_dep_time dep_delay
#>   <int> <int> <int>   <int>          <int>     <dbl>
#> 1  2013    12    25     456            500        -4
#> 2  2013    12    25     524            515         9
#> 3  2013    12    25     542            540         2
#> 4  2013    12    25     546            550        -4
#> 5  2013    12    25     556            600        -4
#> 6  2013    12    25     557            600        -3
#> # ... with 713 more rows, and 13 more variables:
#> #   arr_time <int>, sched_arr_time <int>, arr_delay <dbl>,
#> #   carrier <chr>, flight <int>, tailnum <chr>,origin <chr>,
#> #   dest <chr>, air_time <dbl>, distance <dbl>, hour <dbl>,
#> #   minute <dbl>, time_hour <dttm>
```

Comparações

Para usar a filtragem de maneira eficaz, você precisa saber como selecionar as observações que quer usando os operadores de comparação. O R fornece o conjunto padrão: >, >=, <, <=, != (diferente), e == (igual).

Quando você está começando com R, o erro mais fácil de se cometer é usar =, em vez de ==, ao testar por igualdade. Quando isso acontece, você recebe um erro informativo:

```
filter(flights, month = 1)
#> Error: filter() takes unnamed arguments. Do you need `==`?
```

Há outro problema comum que você pode encontrar ao usar ==: números em ponto flutuante. Esses resultados podem surpreendê-lo!

```
sqrt(2) ^ 2 == 2
#> [1] FALSE
1/49 * 49 == 1
#> [1] FALSE
```

Computadores usam aritmética de precisão finita (eles obviamente não conseguem armazenar um número infinito de dígitos!), então lembre-se de que todo número que você vê é uma aproximação. Em vez de depender de ==, use near():

```
near(sqrt(2) ^ 2, 2)
#> [1] TRUE
near(1 / 49 * 49, 1)
#> [1] TRUE
```

Operadores Lógicos

Argumentos múltiplos para filter() são combinados com "and": toda expressão deve ser verdadeira para que uma linha seja incluída no resultado. Para outros tipos de combinações, você mesmo precisará usar operadores booleanos: & é "and", | é "or", e ! é "not". A figura a seguir mostra o conjunto completo de operações booleanas:

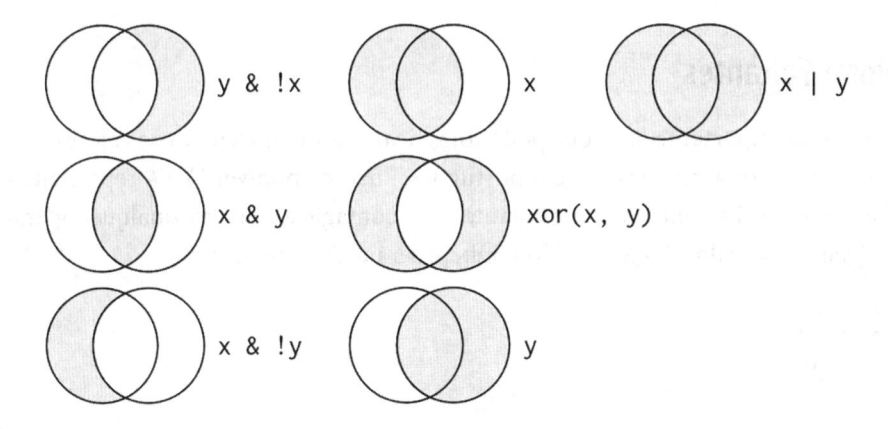

O código a seguir encontra todos os voos que partiram em novembro ou dezembro:

```
filter(flights, month == 11 | month == 12)
```

A ordem das operações não funciona como em português. Você não pode escrever `filter(flights, month == 11 | 12)`, que pode ser traduzido literalmente como "encontre todos os voos que partiram em novembro ou dezembro". Em vez disso, ela encontra todos os meses que são `iguais a 11 | 12`, uma expressão que avalia para TRUE. Em um contexto numérico (como aqui), TRUE se transforma em um, portanto, encontra todos os voos em janeiro, não em novembro ou dezembro. Isso é bem confuso!

Um atalho útil para esse problema é `x %in% y`. Isso selecionará toda linha em que x seja um dos valores em y. Poderíamos utilizá-lo para reescrever o código anterior:

```
nov_dec <- filter(flights, month %in% c(11, 12))
```

Às vezes você pode simplificar subconjuntos complicados ao lembrar da lei de Morgan: `!(x & y)` é o mesmo que `!x | !y`, e `!(x | y)` é o mesmo que `!x & !y`. Por exemplo, se quisesse encontrar voos que não estivessem atrasados (na chegada ou partida) em mais de duas horas, você poderia usar qualquer um dos dois filtros a seguir:

```
filter(flights, !(arr_delay > 120 | dep_delay > 120))
filter(flights, arr_delay <= 120, dep_delay <= 120)
```

Bom, como & e |, R também tem && e ||. Não os utilize aqui! Você aprenderá quando deve usá-los em "Execução Condicional", na página 276.

Sempre que você começa a usar expressões complicadas de várias partes em `filter()`, considere torná-las variáveis explícitas. Isso facilita muito a verificação de seu trabalho. Você aprenderá como criar novas variáveis em breve.

Valores Faltantes

Um recurso importante do R que pode complicar a comparação são os valores faltantes, ou NAs ("not availables" — em português, "não disponíveis"). NA representa um valor desconhecido, então valores faltantes são "contagiosos"; quase qualquer operação envolvendo um valor desconhecido também será desconhecida:

```
NA > 5
#> [1] NA
10 == NA
#> [1] NA
NA + 10
#> [1] NA
```

```
NA / 2
#> [1] NA
```

O resultado mais confuso é este:

```
NA == NA
#> [1] NA
```

É mais fácil entender por que isso é verdadeiro com um pouco mais de contexto:

```
# x é a idade de Maria. Nós não sabemos sua idade.
x <- NA

# y é a idade de João. Nós não sabemos sua idade.
y <- NA

# João e Maria têm a mesma idade?
x == y
#> [1] NA
# Nós não sabemos!
```

Se você quiser determinar se há um valor faltando, use `is.na()`:

```
is.na(x)
#> [1] TRUE
```

`filter()` só inclui linhas onde a condição é TRUE. Ele exclui valores FALSE e NA. Se você quiser preservar os valores faltantes, peça por eles explicitamente:

```
df <- tibble(x = c(1, NA, 3))
filter(df, x > 1)
#> # A tibble: 1 × 1
#>       x
#>   <dbl>
#> 1     3
filter(df, is.na(x) | x > 1)
#> # A tibble: 2 × 1
#>       x
#>   <dbl>
#> 1    NA
#> 2     3
```

Exercícios

1. Encontre todos os voos que:

    a. Tiveram um atraso de duas horas ou mais na chegada.

    b. Foram para Houston (IAH ou HOU).

    c. Foram operados pela United, American ou Delta.

d. Partiram em julho, agosto e setembro.

   e. Chegaram com mais de duas horas de atraso, mas não saíram atrasados.

   f. Atrasaram pelo menos uma hora, mas compensaram mais de 30 minutos durante o trajeto.

   g. Saíram entre meia-noite e 6h (incluindo esses horários).

2. Outro ajudante de filtragem do **dplyr** é between(). O que ele faz? Você consegue utilizá-lo para simplificar o código necessário para responder aos desafios anteriores?

3. Quantos voos têm um dep_time faltante? Que outras variáveis estão faltando? O que essas linhas podem representar?

4. Por que NA ^ 0 não é um valor faltante? Por que NA | TRUE não é um valor faltante? Por que FALSE & NA não é um valor faltante? Você consegue descobrir a regra geral? (NA * 0 é um contraexemplo complicado!)

Ordenar Linhas com arrange()

arrange() funciona de maneira similar a filter(), salvo que, em vez de selecionar linhas, ele muda a ordem delas. Ele recebe um data frame e um conjunto de nomes de colunas (ou expressões mais complicadas) pelos quais ordenar. Se você fornecer mais de um nome de coluna, cada coluna adicional será usada para desempate nos valores das colunas anteriores:

```
arrange(flights, year, month, day)
#> # A tibble: 336,776 × 19
#>    year month   day dep_time sched_dep_time dep_delay
#>   <int> <int> <int>    <int>          <int>     <dbl>
#> 1  2013     1     1      517            515         2
#> 2  2013     1     1      533            529         4
#> 3  2013     1     1      542            540         2
#> 4  2013     1     1      544            545        -1
#> 5  2013     1     1      554            600        -6
#> 6  2013     1     1      554            558        -4
#> # ... with 3.368e+05 more rows, and 13 more variables:
#> #   arr_time <int>, sched_arr_time <int>, arr_delay <dbl>,
#> #   carrier <chr>, flight <int>, tailnum <chr>, origin <chr>,
#> #   dest <chr>, air_time <dbl>, distance <dbl>, hour <dbl>,
#> #   minute <dbl>, time_hour <dttm>
```

Use desc() para reordenar por uma coluna na ordem descendente:

```
arrange(flights, desc(arr_delay))
#> # A tibble: 336,776 × 19
#>    year month   day dep_time sched_dep_time dep_delay
```

```
#>     <int> <int> <int>    <int>           <int>        <dbl>
#> 1   2013    1     9       641             900         1301
#> 2   2013    6    15      1432            1935         1137
#> 3   2013    1    10      1121            1635         1126
#> 4   2013    9    20      1139            1845         1014
#> 5   2013    7    22       845            1600         1005
#> 6   2013    4    10      1100            1900          960
#> # ... with 3.368e+05 more rows, and 13 more variables:
#> #   arr_time <int>, sched_arr_time <int>, arr_delay <dbl>,
#> #   carrier <chr>, flight <int>, tailnum <chr>, origin <chr>,
#> #   dest <chr>, air_time <dbl>, distance <dbl>, hour <dbl>,
#> #   minute <dbl>, time_hour <dttm>,
```

Valores faltantes são sempre colocados no final:

```
df <- tibble(x = c(5, 2, NA))
arrange(df, x)
#> # A tibble: 3 × 1
#>       x
#>   <dbl>
#> 1     2
#> 2     5
#> 3    NA
arrange(df, desc(x))
#> # A tibble: 3 × 1
#>       x
#>   <dbl>
#> 1     5
#> 2     2
#> 3    NA
```

Exercícios

1. Como você poderia usar `arrange()` para classificar todos os valores faltantes no começo? (dica: use `is.na()`.)

2. Ordene `flights` para encontrar os voos mais atrasados. Encontre os voos que saíram mais cedo.

3. Ordene `flights` para encontrar os voos mais rápidos.

4. Quais voos viajaram por mais tempo? Quais viajaram por menos tempo?

Selecionar Colunas com select()

Não é incomum obter conjuntos de dados com centenas ou até milhares de variáveis. Neste caso, o primeiro desafio frequentemente é limitar-se às variáveis em que você realmente está interessado. A `select()` permite que você foque em um subconjunto útil usando operações baseadas nos nomes das variáveis.

`select()` não é extremamente útil com os dados de voo, porque só temos 19 variáveis, mas ainda serve para entender a ideia geral:

```
# Selecione colunas por nome
select(flights, year, month, day)
#> # Um tibble: 336,776 × 3
#>    year month   day
#>   <int> <int> <int>
#> 1  2013     1     1
#> 2  2013     1     1
#> 3  2013     1     1
#> 4  2013     1     1
#> 5  2013     1     1
#> 6  2013     1     1
#> # ... with 3.368e+05 more rows

#Selecione todas as colunas entre ano e dia (com eles inclusos)
select(flights, year:day)
#> # A tibble: 336,776 × 3
#>    year month   day
#>   <int> <int> <int>
#> 1  2013     1     1
#> 2  2013     1     1
#> 3  2013     1     1
#> 4  2013     1     1
#> 5  2013     1     1
#> 6  2013     1     1
#> # ... with 3.368e+05 more rows

#Selecione todas as colunas, exceto aquelas de ano para dia (com eles inclusos)
select(flights, -(year:day))
#> # A tibble: 336,776 × 16
#>   dep_time sched_dep_time dep_delay arr_time sched_arr_time
#>      <int>          <int>     <dbl>    <int>          <int>
#> 1      517            515         2      830            819
#> 2      533            529         4      850            830
#> 3      542            540         2      923            850
#> 4      544            545        -1     1004           1022
#> 5      554            600        -6      812            837
#> 6      554            558        -4      740            728
#> # ... with 3.368e+05 more rows, and 12 more variables:
#> #   arr_delay <dbl>, carrier <chr>, flight <int>,
#> #   tailnum <chr>, origin <chr>, dest <chr>, air_time <dbl>,
#> #   distance <dbl>, hour <dbl>, minute <dbl>,
#> #   time_hour <dttm>
```

Há várias funções auxiliares que você pode usar dentro de `select()`:

- `starts_with("abc")` combina nomes que comecem com "abc".
- `ends_with("xyz")` combina nomes que terminem em "xyz".
- `contains("ijk")` combina nomes que contêm "ijk".
- `matches("(.)\\1")` seleciona variáveis que combinem uma expressão regular. Esta associa quaisquer variáveis que contenham caracteres repetidos. Você aprenderá mais sobre expressões regulares no Capítulo 11.
- `num_range("x", 1:3)` combina x1, x2 e x3.

Veja `?select` para mais detalhes.

`select()` pode ser usada para renomear variáveis, mas raramente é útil, porque deixa de lado todas as variáveis que não forem mencionadas explicitamente. Em seu lugar, use `rename()`, uma variante de `select()` que mantém todas as variáveis que não forem mencionadas explicitamente:

```
rename(flights, tail_num = tailnum)
#> # A tibble: 336,776 × 19
#>     year month   day dep_time sched_dep_time dep_delay
#>    <int> <int> <int>    <int>          <int>     <dbl>
#> 1   2013     1     1      517            515         2
#> 2   2013     1     1      533            529         4
#> 3   2013     1     1      542            540         2
#> 4   2013     1     1      544            545        -1
#> 5   2013     1     1      554            600        -6
#> 6   2013     1     1      554            558        -4
#> # ... with 3.368e+05 more rows, and 13 more variables:
#> #   arr_time <int>, sched_arr_time <int>, arr_delay <dbl>,
#> #   carrier <chr>, flight <int>, tail_num <chr>,
#> #   origin <chr>, dest <chr>, air_time <dbl>,
#> #   distance <dbl>, hour <dbl>, minute <dbl>,
#> #   time_hour <dttm>
```

Outra opção é usar `select()` junto do auxiliar `everything()`. Uma ação útil, se você tiver um punhado de variáveis que gostaria de mover para o começo do data frame:

```
select(flights, time_hour, air_time, everything())
#> # A tibble: 336,776 × 19
#>             time_hour air_time  year month   day dep_time
#>                <dttm>    <dbl> <int> <int> <int>    <int>
#> 1 2013-01-01 05:00:00      227  2013     1     1      517
#> 2 2013-01-01 05:00:00      227  2013     1     1      533
#> 3 2013-01-01 05:00:00      160  2013     1     1      542
#> 4 2013-01-01 05:00:00      183  2013     1     1      544
#> 5 2013-01-01 06:00:00      116  2013     1     1      554
```

```
#> 6 2013-01-01 05:00:00        150   2013      1       1       554
#> # ... with 3.368e+05 more rows, and 13 more variables:
#> #   sched_dep_time <int>, dep_delay <dbl>, arr_time <int>,
#> #   sched_arr_time <int>, arr_delay <dbl>, carrier <chr>,
#> #   flight <int>, tailnum <chr>, origin <chr>, dest <chr>,
#> #   distance <dbl>, hour <dbl>, minute <dbl>
```

Exercícios

1. Faça um brainstorm da maior quantidade possível de maneiras de selecionar dep_time, dep_delay, arr_time e arr_delay de flights.

2. O que acontece se você incluir o nome de uma variável várias vezes em uma chamada select()?

3. O que a função one_of() faz? Por que poderia ser útil em conjunção com este vetor?

   ```
   vars <- c(
     "year", "month", "day", "dep_delay", "arr_delay"
   )
   ```

4. O resultado ao executar o código a seguir lhe surpreende? Como as funções auxiliares de select lidam com o caso por padrão? Como você pode mudar esse padrão?

   ```
   select(flights, contains("TIME"))
   ```

Adicionar Novas Variáveis com mutate()

Além de selecionar conjuntos de colunas existentes, é muito eficaz ao adicionar novas colunas que sejam funções de colunas existentes. Esse é o trabalho de mutate().

mutate() sempre adiciona novas colunas no final de seu conjunto de dados, então começaremos criando um conjunto de dados mais limitado para que possamos ver as novas variáveis. Lembre-se de que quando você está no RStudio, a maneira mais fácil de ver todas as colunas é View():

```
flights_sml <- select(flights,
  year:day,
  ends_with("delay"),
  distance,
  air_time
)
mutate(flight_sml,
  gain = arr_delay - dep_delay,
  speed = distance / air_time * 60
```

```
#> # A tibble: 336,776 × 9
#>    year month   day dep_delay arr_delay distance air_time
#>   <int> <int> <int>     <dbl>     <dbl>    <dbl>    <dbl>
#> 1  2013     1     1         2        11     1400      227
#> 2  2013     1     1         4        20     1416      227
#> 3  2013     1     1         2        33     1089      160
#> 4  2013     1     1        -1       -18     1576      183
#> 5  2013     1     1        -6       -25      762      116
#> 6  2013     1     1        -4        12      719      150
#> # ... with 3.368e+05 more rows, and 2 more variables:
#> #   gain <dbl>, speed <dbl>
```

Note que você pode se referir às colunas que acabou de criar:

```
mutate(flights_sml,
    gain = arr_delay - dep_delay,
    hours = air_time / 60,
    gain_per_hour = gain / hours
)
#> # A tibble: 336,776 × 10
#>    year month   day dep_delay arr_delay distance air_time
#>   <int> <int> <int>     <dbl>     <dbl>    <dbl>    <dbl>
#> 1  2013     1     1         2        11     1400      227
#> 2  2013     1     1         4        20     1416      227
#> 3  2013     1     1         2        33     1089      160
#> 4  2013     1     1        -1       -18     1576      183
#> 5  2013     1     1        -6       -25      762      116
#> 6  2013     1     1        -4        12      719      150
#> # ... with 3.368e+05 more rows, and 3 more variables:
#> #   gain <dbl>, hours <dbl>, gain_per_hour <dbl>
```

Se quiser manter apenas as novas variáveis, use `transmute()`:

```
transmute(flights,
    gain = arr_delay - dep_delay,
    hours = air_time / 60,
    gain_per_hour = gain / hours
)
#> # A tibble: 336,776 × 3
#>    gain hours gain_per_hour
#>   <dbl> <dbl>         <dbl>
#> 1     9  3.78          2.38
#> 2    16  3.78          4.23
#> 3    31  2.67         11.62
#> 4   -17  3.05         -5.57
#> 5   -19  1.93         -9.83
#> 6    16  2.50          6.40
#> # ... with 3.368e+05 more rows
```

Funções de Criação Úteis

Há muitas funções para criar novas variáveis que você pode usar com `mutate()`. A propriedade-chave é que a função deve ser vetorizada: ela deve receber um vetor de valores como entrada e retornar um vetor com o mesmo número de valores como saída. Não há um jeito de listar cada função possível de usar, mas aqui selecionamos algumas que frequentemente são úteis:

Operadores aritméticos +, -, *, /, ^

São todos vetorizados, usando as chamadas "regras de reciclagem". Se um parâmetro for mais curto do que o outro, será automaticamente estendido para o mesmo comprimento. Isso é mais adequado quando um dos argumentos é um único número: `air_time / 60, hours * 60 + minute`, etc.

Operadores aritméticos também são úteis em conjunção com as funções agregadas que você aprenderá mais tarde. Por exemplo, `x / sum(x)` calcula a proporção de um total, e `y - mean(y)` calcula a diferença da média.

Aritmética modular (%/% e %%)

`%/%` (divisão inteira) e `%%` (resto), onde `x == y * (x %/% y) + (x %% y)`. A aritmética modular é uma ferramenta prática porque permite que você divida os inteiros em pedaços. Por exemplo, no conjunto de dados de voos, você pode calcular `hour` e `minute` de `dep_time` com:

```
transmute(flights,
   dep_time,
   hour = dep_time %/% 100,
   minute = dep_time %% 100
)
#> # A tibble: 336,776 × 3
#>   dep_time  hour minute
#>      <int> <dbl>  <dbl>
#> 1      517     5     17
#> 2      533     5     33
#> 3      542     5     42
#> 4      544     5     44
#> 5      554     5     54
#> 6      554     5     54
#> # ... with 3.368e+05 more rows
```

Logaritmos log(), log2(), log10()

Logaritmos são uma transformação incrivelmente útil para lidar com dados que variam entre diversas ordens de magnitude. Eles também convertem relações multiplicativas em aditivos, um recurso ao qual voltaremos na Parte IV.

Sendo todo o resto igual, eu recomendo usar log2(), porque é fácil de interpretar: uma diferença de 1 na escala logarítmica corresponde a dobrar a escala original, e uma diferença de –1 corresponde a dividir pela metade.

Offsets

lead() e lag() permitem que você se refira a valores leading ou lagging. Ou seja, calcule diferenças dinâmicas (por exemplo, x - lag(x)) ou descubra quando os valores mudam (x != lag(x)). Elas são mais adequadas em conjunção com group_by(), sobre o qual você aprenderá em breve:

```
(x <- 1:10)
#> [1]  1  2  3  4  5  6  7  8  9 10
lag(x)
#> [1] NA  1  2  3  4  5  6  7  8  9
lead(x)
#> [1]  2  3  4  5  6  7  8  9 10 NA
```

Agregados cumulativos e de rolagem

R fornece funções para executar somas, produtos, mínimos e máximos: cumsum(), cumprod(), cummin(), cummax(); e o **dplyr** fornece cummean() para médias cumulativas. Se você precisa de agregados de rolagem (rolling aggregates) (por exemplo, uma soma calculada sobre uma janela de rolagem), tente o pacote **RcppRoll**:

```
x
#> [1]  1  2  3  4  5  6  7  8  9 10
cumsum(x)
#> [1]  1  3  6 10 15 21 28 36 45 55
cummean(x)
#> [1] 1.0 1.5 2.0 2.5 3.0 3.5 4.0 4.5 5.0 5.5
```

Comparações lógicas <, <=, >, >=, !=

Se você estiver fazendo uma sequência complexa de operações lógicas, é uma boa ideia armazenar os valores inteiros em novas variáveis, para que possa verificar se cada passo está funcionando como o esperado.

Classificação

Há várias funções de classificação, mas você deveria começar com min_rank(). Este é o tipo mais comum de classificação (por exemplo, primeiro, segundo, terceiro, quarto). O padrão dá os menores valores das menores classificações. Use desc(x) para dar os maiores valores para as menores classificações:

```
y <- c(1, 2, 2, NA, 3, 4)
min_rank(y)
#> [1]  1  2  2 NA  4  5
min_rank(desc(y))
#> [1]  5  3  3 NA  2  1
```

Se min_rank() não faz o que você precisa, observe as variantes row_number(), dense_rank(), percent_rank(), cume_dist() e ntile(). Veja mais detalhes nas páginas de ajuda:

```
row_number(y)
#> [1]  1  2  3 NA  4  5
dense_rank(y)
#> [1]  1  2  2 NA  3  4
percent_rank(y)
#> [1] 0.00 0.25 0.25   NA 0.75 1.00
cume_dist(y)
#> [1] 0.2 0.6 0.6  NA 0.8 1.0
```

Exercícios

1. Atualmente, dep_time e sched_dep_time são convenientes para observar, mas difíceis de usar para calcular, porque não são realmente números contínuos. Converta-os para uma representação mais apropriada de número de minutos desde a meia-noite.

2. Compare air_time e arr_time - dep_time. O que você espera ver? O que você vê? O que você precisa fazer para corrigir isso?

3. Compare dep_time, sched_dep_time e dep_delay. Como você espera que esses números estejam relacionados?

4. Encontre os 10 voos mais atrasados usando uma função de classificação. Como você quer lidar com empates? Leia cuidadosamente a documentação de min_rank().

5. O que 1:3 + 1:10 retorna? Por quê?

6. Quais funções trigonométricas o R fornece?

Resumos Agrupados com summarize()

O último verbo-chave é `summarize()`. Ele reduz um data frame a uma única linha:

```
summarize(flights, delay = mean(dep_delay, na.rm = TRUE))
#> # A tibble: 1 × 1
#>   delay
#>   <dbl>
#> 1  12.6
```

(Voltaremos ao que esse `na.rm = TRUE` significa em breve.)

`summarize()` não é extremamente útil a não ser que o combinemos com `group_by()`. Isso muda a unidade da análise de todo o conjunto de dados para os grupos individuais. Então, quando você usa os verbos do **dplyr** em um data frame agrupado, eles são automaticamente aplicados "por grupo". Por exemplo, se aplicamos exatamente o mesmo código ao data frame agrupado por data, obteremos o atraso médio por data:

```
by_da <- group_by(flights, year, month, day)
summarize(by_day, delay = mean(dep_delay, na.rm = TRUE))
#> Source: local data frame [365 x 4]
#> Groups: year, month [?]
#>
#>    year month   day delay
#>   <int> <int> <int> <dbl>
#> 1  2013     1     1 11.55
#> 2  2013     1     2 13.86
#> 3  2013     1     3 10.99
#> 4  2013     1     4  8.95
#> 5  2013     1     5  5.73
#> 6  2013     1     6  7.15
#> # ... with 359 more rows
```

Juntos, `group_by()` e `summarize()` fornecem uma das ferramentas que você mais usará ao trabalhar com **dplyr**: resumos agrupados. Mas antes de seguirmos adiante, precisamos apresentar uma nova ideia poderosa: o pipe.

Combinando Várias Operações com o Pipe

Imagine que queiramos explorar o relacionamento entre a distância e o atraso médio para cada localização. Usando o que já sabe sobre o **dplyr**, você pode escrever o código assim:

```
by_dest <- group_by(flights, dest)
delay <- summarize(by_dest,
    count = n(),
```

```
    dist = mean(distance, na.rm = TRUE),
    delay = mean(arr_delay, na.rm = TRUE)
)
delay <- filter(delay, count > 20, dest != "HNL")

# It looks like delays increase with distance up to ~750 miles
# and then decrease. Maybe as flights get longer there's more
# ability to make up delays in the air?
ggplot(data = delay, mapping = aes(x = dist, y = delay)) +
  geom_point(aes(size = count), alpha = 1/3) +
  geom_smooth(se = FALSE)
#> `geom_smooth()` using method = 'loess'
```

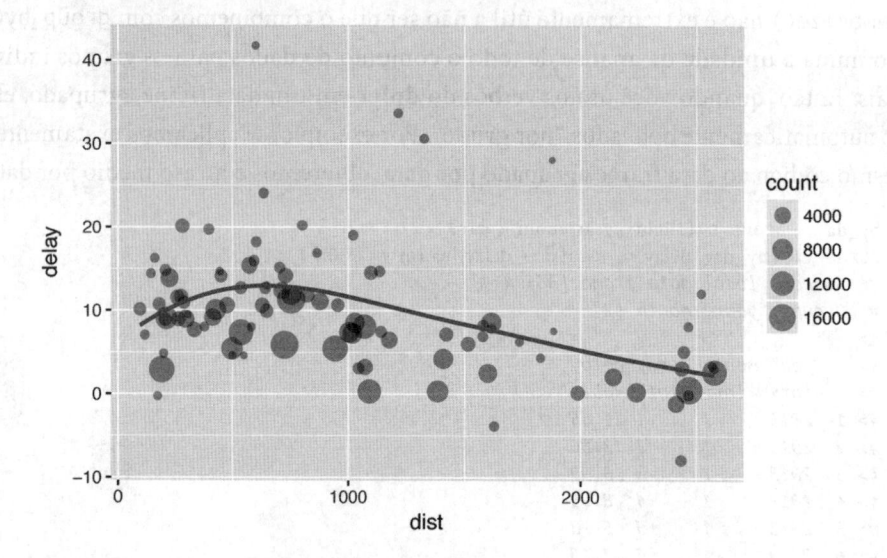

Há três passos para preparar esses dados:

1. Agrupar voos por destino.
2. Resumir para calcular a distância, o atraso médio e o número de voos.
3. Filtrar para remover os pontos ruidosos e o aeroporto de Honolulu, que é quase duas vezes mais distante que o aeroporto mais próximo.

Esse código é um pouco frustrante de escrever, porque temos que dar um nome para cada data frame intermediário, mesmo embora não nos importemos com isso. Dar nomes a coisas é difícil, então isso diminui o ritmo da nossa análise.

Há outra maneira de atacar o mesmo problema com o pipe, %>%:

```
delays <- flights %>%
  group_by(dest) %>%
  summarize(
    count = n(),
```

```
    dist = mean(distance, na.rm = TRUE),
    delay = mean(arr_delay, na.rm = TRUE)
)%>%
filter(count > 20, dest != "HNL")
```

Isso foca nas transformações, não no que está sendo transformado, o que facilita a leitura do código. Você pode lê-lo como uma série de declarações imperativas: agrupe, depois resuma, depois filtre. Como sugerido por esta leitura, uma boa maneira de pronunciar %>% ao ler o código é "depois".

Nos bastidores, x %>% f(y) se transforma em f(x, y), e x %>% f(y) %>% g(z) se transforma em g(f(x, y), z), e assim por diante. Você pode usar o pipe para reescrever várias operações de um jeito que possa ler da esquerda para a direita e de cima para baixo. Usaremos o pipe com frequência de agora em diante, pois ele melhora consideravelmente a legibilidade do código, e voltaremos a ele com mais detalhes no Capítulo 14.

Trabalhar com o pipe é um dos critérios-chave para pertencer ao tidyverse. A única exceção é o **ggplot2**: ele foi escrito antes de o pipe ser descoberto. Infelizmente, a próxima iteração de **ggplot2**, **ggvis**, que usa o pipe, ainda não está pronta para o horário nobre.

Valores Faltantes

Você pode ter se perguntado sobre o argumento na.rm que usamos antes. O que acontece se não o configurarmos?

```
flights %>%
  group_by(year, month, day) %>%
  summarize(mean = mean(dep_delay))
#> Source: local data frame [365 x 4]
#> Groups: year, month [?]
#>
#>    year month   day  mean
#>   <int> <int> <int> <dbl>
#> 1  2013     1     1    NA
#> 2  2013     1     2    NA
#> 3  2013     1     3    NA
#> 4  2013     1     4    NA
#> 5  2013     1     5    NA
#> 6  2013     1     6    NA
#> # ... with 359 more rows
```

Obteremos vários valores faltantes! Isso porque funções de agregação obedecem à regra usual de valores faltantes: se houver qualquer valor faltando na entrada, a saída será um valor faltante. Felizmente, todas as funções de agregação têm um argumento na.rm, que remove esses valores antes do cálculo:

```
flight %>%
  group_by(year, month, day) %>%
  summarize(mean = mean(dep_delay, na.rm = TRUE))
#> Source: local data frame [365 x 4]
#> Groups: year, month [?]
#>
#>     year month   day   mean
#>    <int> <int> <int>  <dbl>
#> 1   2013     1     1  11.55
#> 2   2013     1     2  13.86
#> 3   2013     1     3  10.99
#> 4   2013     1     4   8.95
#> 5   2013     1     5   5.73
#> 6   2013     1     6   7.15
#> # ... with 359 more rows
```

Neste caso, onde os valores faltantes representam voos cancelados, e nós também poderíamos atacar o problema removendo primeiro justamente esses voos. Salvaremos esse conjunto de dados para podermos reutilizá-lo nos próximos exemplos:

```
not_cancelled <- flights %>%
  filter(!is.na(dep_delay), !is.na(arr_delay))

not_cancelled %>%
  group_by(year, month, day) %>%
  summarize(mean = mean(dep_delay))
#> Source: local data frame [365 x 4]
#> Groups: year, month [?]
#>
#>     year month   day   mean
#>    <int> <int> <int>  <dbl>
#> 1   2013     1     1  11.44
#> 2   2013     1     2  13.68
#> 3   2013     1     3  10.91
#> 4   2013     1     4   8.97
#> 5   2013     1     5   5.73
#> 6   2013     1     6   7.15
#> # ... with 359 more rows
```

Counts

Sempre que fizer qualquer agregação, sugerimos que inclua uma contagem (n()) ou uma contagem de valores não faltantes (sum(!is.na(x))). Deste modo você pode verificar que não está tirando conclusões com base em quantidades muito pequenas de dados.

Por exemplo, vamos observar os aviões (identificados pelo número de cauda) que têm os maiores atrasos médios:

```
delays <- not_cancelled %>%
  group_by(tailnum) %>%
  summarize(
    delay = mean(arr_delay)
  )

ggplot(data = delays, mapping = aes(x = delay)) +
  geom_freqpoly(binwidth = 10)
```

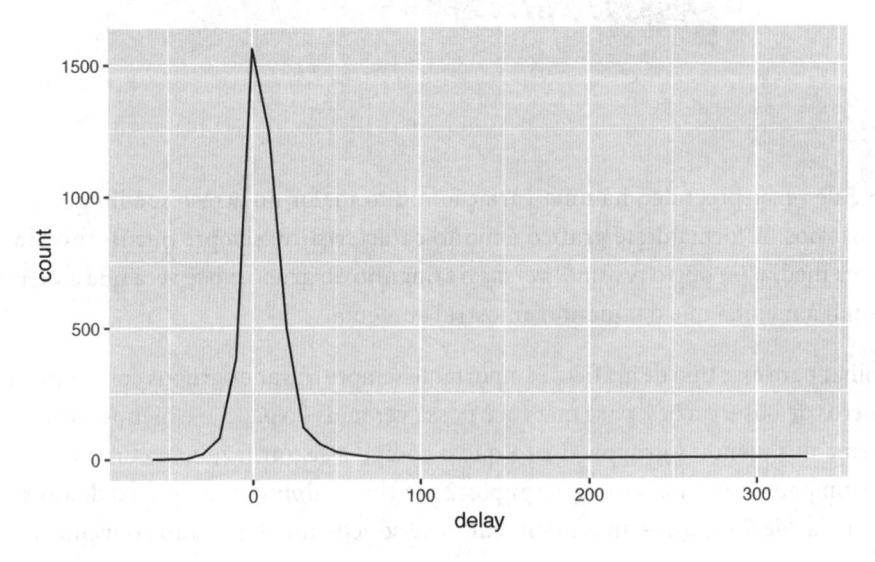

Nossa, alguns aviões têm um atraso *médio* de 5 horas (300 minutos)!

A história é, na verdade, um pouquinho diferente. Podemos obter mais insight se desenharmos um diagrama de dispersão do número de voos *versus* atraso médio:

```
delays <- not_cancelled %>%
  group_by(tailnum) %>%
  summarize(
    delay = mean(arr_delay, na.rm = TRUE),
    n = n()
  )

ggplot(data = delays, mapping = aes(x = n, y = delay)) +
  geom_point(alpha = 1/10)
```

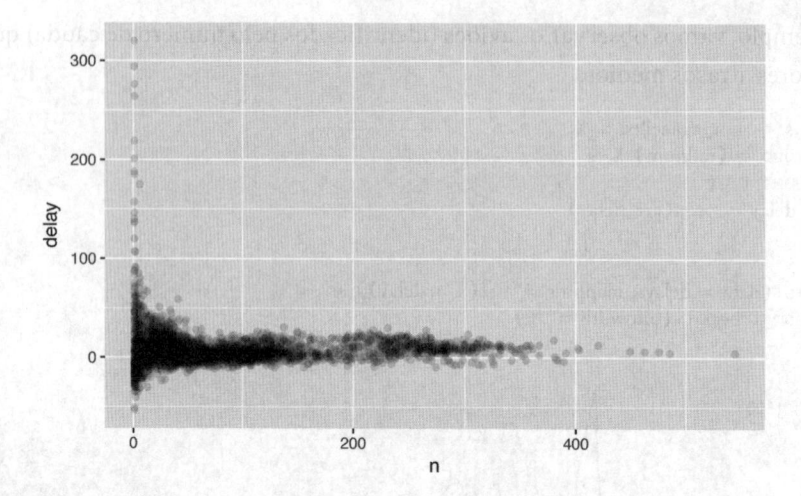

Não é de se surpreender, há uma variação muito maior no atraso médio quando há menos voos. A forma deste gráfico é muito característica: sempre que fizer o gráfico de uma média (ou outro resumo) *versus* o tamanho do grupo, você verá que a variação diminui à medida que o tamanho amostral aumenta.

Ao olhar para esse tipo de gráfico, é importante sempre filtrar os grupos com os menores números de observações, para que você possa ver mais do padrão e menos da variação extrema nos menores grupos. É isso que o código a seguir faz, bem como mostrar a você um padrão útil para integrar **ggplot2** em fluxos **dplyr**. É um pouco doloroso ter que mudar de **%>%** para **+**, mas assim que você se acostumar, é muito conveniente:

```
delays %>%
  filter(n > 25) %>%
  ggplot(mapping = aes(x = n, y = delay)) +
    geom_point(alpha = 1/10)
```

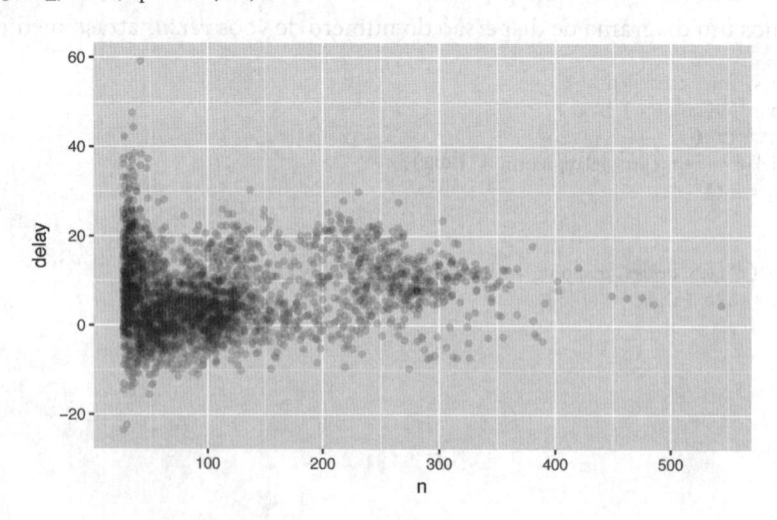

Dica do RStudio: um atalho útil do teclado é Cmd/Ctrl-Shift-P. Isso reenvia o pedaço enviado anteriormente do editor para o console. Isso é muito conveniente quando você está (por exemplo) explorando o valor de n no exemplo anterior. Você envia todo o bloco uma vez com Cmd/Ctrl-Enter, depois modifica o valor de n e pressiona Cmd/Ctrl-Shift-P para reenviar o bloco completo.

Há outra variação comum desse tipo de padrão. Vamos ver como o desempenho médio de batedores no beisebol é relacionado ao número de vezes que eles rebatem. Aqui eu uso os dados do pacote **Lahman** para calcular a média de rebatidas (número de acertos/número de tentativas) de cada jogador da liga principal.

Quando faço o gráfico da habilidade do batedor (medida pela média de rebatidas, ba) pelo número de oportunidades de acertar a bola (medida pela vez de rebater, ab), é possível ver dois padrões:

- Como acima, a variação em nosso agregado diminui à medida que obtemos mais pontos de dados.

- Há uma correlação positiva entre habilidade (ba) e oportunidades de acertar a bola (ab). Isso porque os times controlam quem joga e, obviamente, eles escolhem os melhores jogadores:

```r
# Converta para um tibble para que seja bem impresso
batting <- as_tibble(Lahman::Batting)

batters <- batting %>%
  group_by(playerID) %>%
  summarize(
    ba = sum(H, na.rm = TRUE) / sum(AB, na.rm = TRUE),
    ab = sum(AB, na.rm = TRUE)
  )

batters %>%
  filter(ab > 100) %>%
  ggplot(mapping = aes(x = ab, y = ba)) +
    geom_point() +
    geom_smooth(se = FALSE)
#> 'geom_smooth()' usando método = 'gam'
```

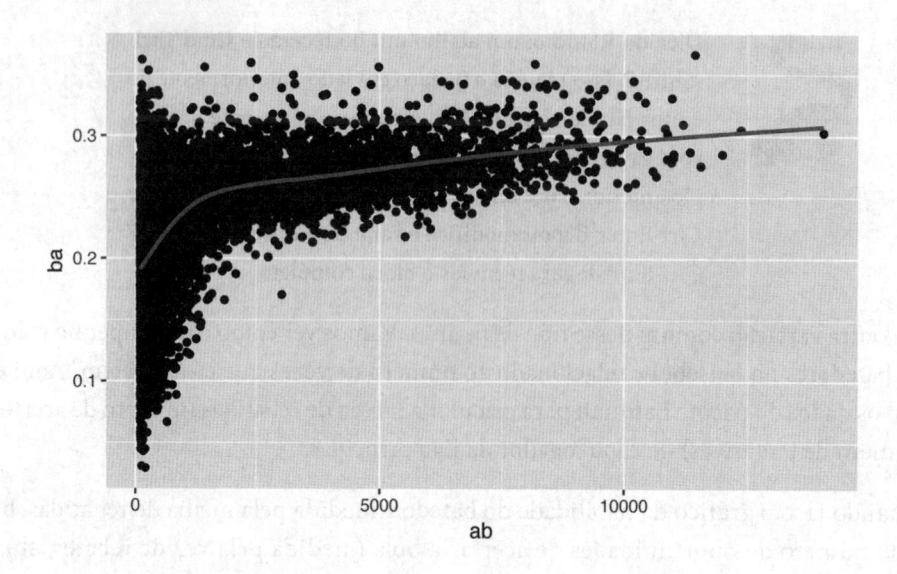

Esse fato também tem implicações importantes na classificação. Se você classificar inocentemente sobre desc(ba), as pessoas com melhores médias de rebatidas serão claramente sortudas, não habilidosas:

```
batters %>%
    arrange(desc(ba))
#> # A tibble: 18,659 × 3
#>    playerID      ba    ab
#>    <chr>      <dbl> <int>
#> 1 abramge01     1     1
#> 2 banisje01     1     1
#> 3 bartoc101     1     1
#> 4  bassdo01     1     1
#> 5 birasst01     1     2
#> 6 bruneju01     1     1
#> # ... with 1.865e+04 more rows
```

Você pode encontrar uma boa explicação para esse problema em: *http://bit.ly/Bayesbbal* e *http://bit.ly/notsortavg* (conteúdos em inglês).

Funções Úteis de Resumos

Usar apenas médias, contagens e somas pode levá-lo longe, mas o R fornece muitas outras funções úteis de resumos.

Medidas de localização

Nós usamos mean(x), mas median(x) também é útil. A média é a soma dividida pelo comprimento; a mediana é um valor onde 50% de x está acima e 50% está abaixo dela.

Às vezes é útil combinar agregação com subconjuntos lógicos. Nós não falamos sobre esse tipo de subconjunto ainda, mas você aprenderá mais sobre o assunto na página 304:

```
not_cancelled %>%
  group_by(year, month, day) %>%
  summarize(
    # average delay:
    avg_delay1 = mean(arr_delay),
    # average positive delay:
    avg_delay2 = mean(arr_delay[arr_delay > 0])
  )
#> Source: local data frame [365 x 5]
#> Groups: year, month [?]
#>
#>     year month   day avg_delay1 avg_delay2
#>    <int> <int> <int>      <dbl>      <dbl>
#> 1   2013     1     1      12.65       32.5
#> 2   2013     1     2      12.69       32.0
#> 3   2013     1     3       5.73       27.7
#> 4   2013     1     4      -1.93       28.3
#> 5   2013     1     5      -1.53       22.6
#> 6   2013     1     6       4.24       24.4
#> # ... with 359 more rows
```

Medidas de dispersão sd(x), IQR(x), mad(x)

O desvio quadrático médio, ou desvio padrão ou sd, é a medida de dispersão padrão. A variação interquartil IQR() e o desvio absoluto mediano mad(x) são equivalentes robustos que podem ser mais úteis se você tiver outliers:

```
# Por que a distância para alguns destinos é mais variável
# do que outras?
not_cancelled %>%
  group_by(dest) %>%
  summarize(distance_sd = sd(distance)) %>%
  arrange(desc(distance_sd))
#> # Um tibble:: 104 x 2
#>     dest distance_sd
#>    <chr>       <dbl>
#> 1    EGE       10.54
#> 2    SAN       10.35
#> 3    SFO       10.22
#> 4    HNL       10.00
#> 5    SEA        9.98
#> 6    LAS        9.91
#> # ... with 98 more rows
```

Medidas de classificação min(x), quantile(x, 0.25), max(x)

Quantis são uma generalização da mediana. Por exemplo, quantile(x, 0.25) achará um valor de x que é maior do que 25% dos valores e menor do que os 75% restantes:

```
# Quando o primeiro e o último voos partiram a cada dia?
not_cancelled %>%
  group_by(year, month, day) %>%
  summarize(
    flrst = min(dep_time),
    last = max(dep_time)
  )
#> Source: local data frame [365 x 5]
#> Groups: year, month [?]
#>
#>     year month   day first  last
#>    <int> <int> <int> <int> <int>
#> 1   2013     1     1   517  2356
#> 2   2013     1     2    42  2354
#> 3   2013     1     3    32  2349
#> 4   2013     1     4    25  2358
#> 5   2013     1     5    14  2357
#> 6   2013     1     6    16  2355
#> # ... with 359 more rows
```

Medidas de posição first(x), nth(x, 2), last(x)

Funcionam de modo similar a x[1], x[2] e x[length(x)], mas permitem estabelecer um valor padrão se essa posição não existir (por exemplo, tentar obter o terceiro elemento de um grupo que só tem dois elementos). Exemplificando, podemos encontrar o primeiro e o último embarque de cada dia:

```
not_cancelled %>%
  group_by(year, month, day) %>%
  summarize(
    first_dep = first(dep_time),
    last_dep = last(dep_time)
  )
#> Source: local data frame [365 x 5]
#> Groups: year, month [?]
#>
#>     year month   day first_dep last_dep
#>    <int> <int> <int>     <int>    <int>
#> 1   2013     1     1       517     2356
#> 2   2013     1     2        42     2354
#> 3   2013     1     3        32     2349
#> 4   2013     1     4        25     2358
#> 5   2013     1     5        14     2357
```

```
#> 6  2013  1  6    16    2355
#> # ... with 359 more rows
```

Essas funções são complementares à filtragem de classificação. Filtrar lhe dá todas as variáveis, com cada observação em uma linha separada:

```
not_cancelled %>%
  group_by(year, month, day) %>%
  mutate(r = min_rank(desc(dep_time))) %>%
  filter(r %in% range(r))
#> Source: local data frame [770 x 20]
#> Groups: year, month, day [365]
#>
#>   year month  day dep_time sched_dep_time dep_delay
#>   <int> <int> <int>  <int>         <int>      <dbl>
#> 1 2013    1    1      517           515          2
#> 2 2013    1    1     2356          2359         -3
#> 3 2013    1    2       42          2359         43
#> 4 2013    1    2     2354          2359         -5
#> 5 2013    1    3       32          2359         33
#> 6 2013    1    3     2349          2359        -10
#> # ... with 764 more rows, and 13 more variables:
#> #   arr_time <int>, sched_arr_time <int>,
#> #   arr_delay <dbl>, carrier <chr>, flight <int>,
#> #   tailnum <chr>, origin <chr>, dest <chr>,
#> #   air_time <dbl>, distance <dbl>, hour <dbl>,
#> #   minute <dbl>, time_hour <dttm>, r <int>
```

Contagens

Você viu n(), que não recebe argumentos e retorna o tamanho do grupo atual. Para contar o número de valores não faltantes, use sum(!is.na(x)). Para contar o número de valores distintos (únicos), use n_distinct(x):

```
# Quais destinos têm mais transportadoras?
not_cancelled %>%
  group_by(dest) %>%
  summarize(carriers = n_distinct(carrier)) %>%
  arrange(desc(carriers))
#> # A tibble: 104 x 2
#>    dest carriers
#>   <chr>   <int>
#> 1  ATL       7
#> 2  BOS       7
#> 3  CLT       7
#> 4  ORD       7
#> 5  TPA       7
```

```
#> 6   AUS        6
#> # ... with 98 more rows
```

Contagens são tão úteis, que o **dplyr** fornece uma função auxiliar simples se tudo o que você quiser fazer for uma contagem:

```
not_cancelled %>%
  count(dest)
#> # A tibble: 104 × 2
#>   dest      n
#>   <chr> <int>
#> 1 ABQ    254
#> 2 ACK    264
#> 3 ALB    418
#> 4 ANC      8
#> 5 ATL  16837
#> 6 AUS   2411
#> # ... with 98 more rows
```

Opcionalmente, você pode fornecer uma variável de peso. Por exemplo, usar a função para "contar" (somar) o número total de milhas que um avião fez:

```
not_cancelled %>%
  count(tailnum, wt = distance)
#> # A tibble: 4,037 × 2
#>   tailnum      n
#>    <chr>    <dbl>
#> 1 D942DN    3418
#> 2 N0EGMQ  239143
#> 3 N10156  109664
#> 4 N102UW   25722
#> 5 N103US   24619
#> 6 N104UW   24616
#> # ... with 4,031 more rows
```

Contagens e proporções de valores lógicos sum(x > 10), mean(y == 0)

Quando usado com funções numéricas, TRUE é convertido em 1, e FALSE, em 0. Isso torna sum() e mean() muito úteis: sum(x) dá o número de TRUE em x, e mean(x) dá a proporção:

```
# Quantos voos partiram antes das 5h? (esses normalmente
# indicam voos atrasados do dia anterior)
not_cancelled %>%
  group_by(year, month, day) %>%
  summarize(n_early = sum(dep_time < 500))
#> Source: local data frame [365 x 4]
#> Groups: year, month [?]
```

```
#>
#>    year month   day n_early
#>   <int> <int> <int>   <int>
#> 1  2013     1     1        0
#> 2  2013     1     2        3
#> 3  2013     1     3        4
#> 4  2013     1     4        3
#> 5  2013     1     5        3
#> 6  2013     1     6        2
#> # ... with 359 more rows

#Qual proporção de voos estão atrasados em mais
# de uma hora?
not_cancelled %>%
  group_by(year, month, day) %>%
  summarize(hour_per = mean(arr_delay > 60))
#> Source: local data frame [365 x 4]
#> Groups: year, month [?]
#>
#>    year month   day hour_perc
#>   <int> <int> <int>     <dbl>
#> 1  2013     1     1    0.0722
#> 2  2013     1     2    0.0851
#> 3  2013     1     3    0.0567
#> 4  2013     1     4    0.0396
#> 5  2013     1     5    0.0349
#> 6  2013     1     6    0.0470
#> # ... with 359 more rows
```

Agrupando por Múltiplas Variáveis

Quando você agrupa por múltiplas variáveis, cada resumo descola um nível do agrupamento. Isso facilita fazer progressivamente o roll up de um conjunto de dados:

```
daily <- group_by(flights, year, month, day)
(per_day <- summarize(daily, flights = n()))
#> Source: local data frame [365 x 4]
#> Groups: year, month [?]
#>
#>    year month   day flights
#>   <int> <int> <int>   <int>
#> 1  2013     1     1     842
#> 2  2013     1     2     943
#> 3  2013     1     3     914
#> 4  2013     1     4     915
#> 5  2013     1     5     720
#> 6  2013     1     6     832
#> # ... with 359 more rows
```

```
(per_month <- summarize(per_day, flights = sum(flights)))
#> Source: local data frame [12 x 3]
#> Groups: year [?]
#>
#>   year month flights
#>   <int> <int>  <int>
#> 1 2013     1  27004
#> 2 2013     2  24951
#> 3 2013     3  28834
#> 4 2013     4  28330
#> 5 2013     5  28796
#> 6 2013     6  28243
#> # ... with 6 more rows

(per_year <- summarize(per_month, flights = sum(flights)))
#> # A tibble: 1 × 2
#>   year flights
#>   <int>  <int>
#> 1 2013  336776
```

Tenha cuidado ao progressivamente fazer o roll up de resumos: não tem problema para somas e contagens, mas você precisa pensar em ponderar médias e variâncias, e não é possível fazer isso de forma exata para estatísticas baseadas em classificação, como a mediana. Em outras palavras, a soma das somas do grupo é a soma geral, mas a mediana das medianas do grupo não é a mediana geral.

Desagrupando

Se você precisar remover o agrupamento e voltar às operações nos dados desagrupados, use ungroup():

```
daily %>%
    ungroup() %>%              # no longer grouped by date
    summarize(flights = n())   # all flights
#> # A tibble: 1 × 1
#>   flights
#>    <int>
#> 1 336776
```

Exercícios

1. Faça o brainstorming de pelo menos cinco maneiras diferentes de avaliar as características do atraso típico de um grupo de voos. Considere os seguintes cenários:

- Um voo está 15 minutos adiantado em 50% do tempo e 15 minutos atrasado em 50% do tempo.
- Um voo está sempre 10 minutos atrasado.
- Um voo está 30 minutos adiantado em 50% do tempo e 30 minutos atrasado em 50% do tempo.
- Em 99% do tempo um voo está no horário. Em 1% do tempo, está 2 horas atrasado.

  O que é mais importante: atraso na chegada ou atraso na partida?

2. Crie outra abordagem que lhe dará o mesmo resultado que `not_cancelled %>% count(dest)` e `not_cancelled %>% count(tailnum, wt = distance)` (sem usar `count()`).
3. Nossa definição de voos cancelados (`is.na(dep_delay) | is.na(arr_delay)`) é ligeiramente insuficiente. Por quê? Qual é a coluna mais importante?
4. Veja o número de voos cancelados por dia. Existe um padrão? A proporção de voos cancelados está relacionada ao atraso médio?
5. Qual companhia tem os piores atrasos? Desafio: você consegue desembaralhar os efeitos dos aeroportos ruins *versus* companhias ruins? Por quê/Por que não? (Dica: pense em `flights %>% group_by(carrier, dest) %>% summarize(n())`.)
6. Para cada avião, conte o número de voos antes do primeiro atraso de mais de uma hora.
7. O que o argumento `sort` para `count()` faz? Quando você pode usá-lo?

Mudanças Agrupadas (e Filtros)

Agrupar é mais vantajoso em conjunção com `summarize()`, mas você também pode fazer operações convenientes com `mutate()` e `filter()`:

- Encontre os piores membros de cada grupo:

  ```
  flights_sml %>%
    group_by(year, month, day) %>%
    filter(rank(desc(arr_delay)) < 10)
  ```

```
#> Source: local data frame [3,306 x 7]
#> Groups: year, month, day [365]
#>
#>   year month   day dep_delay arr_delay distance
#>  <int> <int> <int>     <dbl>     <dbl>    <dbl>
#> 1 2013     1     1       853       851      184
#> 2 2013     1     1       290       338     1134
#> 3 2013     1     1       260       263      266
#> 4 2013     1     1       157       174      213
#> 5 2013     1     1       216       222      708
#> 6 2013     1     1       255       250      589
#> # ... with 3,300 more rows, and 1 more variables:
#> #   air_time <dbl>
```

- Encontre todos os grupos maiores do que um limiar:

```
popular_dests <- flights %>%
    group_by(dest) %>%
    filter(n() > 365)
popular_dests
#> Source: local data frame [332,577 x 19]
#> Groups: dest [77]
#>
#>   year month   day dep_time sched_dep_time dep_delay
#>  <int> <int> <int>    <int>          <int>     <dbl>
#> 1 2013     1     1      517            515         2
#> 2 2013     1     1      533            529         4
#> 3 2013     1     1      542            540         2
#> 4 2013     1     1      544            545        -1
#> 5 2013     1     1      554            600        -6
#> 6 2013     1     1      554            558        -4
#> # ... with 3.326e+05 more rows, and 13 more variables:
#> #   arr_time <int>, sched_arr_time <int>,
#> #   arr_delay <dbl>, carrier <chr>, flight <int>,
#> #   tailnum <chr>, origin <chr>, dest <chr>,
#> #   air_time <dbl>, distance <dbl>, hour <dbl>,
#> #   minute <dbl>, time_hour <dttm>
```

- Padronize para calcular métricas de grupo:

```
popular_dests %>%
    filter(arr_delay > 0) %>%
    mutate(prop_delay = arr_delay / sum(arr_delay)) %>%
    select(year:day, dest, arr_delay, prop_delay)
#> Source: local data frame [131,106 x 6]
#> Groups: dest [77]
#>
#>   year month   day  dest arr_delay prop_delay
#>  <int> <int> <int> <chr>     <dbl>      <dbl>
#> 1 2013     1     1   IAH        11   1.11e-04
```

```
#> 2  2013   1   1   IAH    20   2.01e-04
#> 3  2013   1   1   MIA    33   2.35e-04
#> 4  2013   1   1   ORD    12   4.24e-05
#> 5  2013   1   1   FLL    19   9.38e-05
#> 6  2013   1   1   ORD     8   2.83e-05
#> # ... with 1.311e+05 more rows
```

Um filtro agrupado é uma mudança agrupada seguida por um filtro não agrupado. Eu geralmente os evito, exceto para manipulações rápidas: caso contrário, fica difícil verificar se você fez a manipulação corretamente.

Funções que funcionam mais naturalmente em mudanças agrupadas e filtros são conhecidas como funções janela (*versus* funções de resumo usadas para resumos). Você pode aprender mais sobre funções janela úteis no vignette correspondente: vignette("window-functions").

Exercícios

1. Volte à tabela de funções de mudança e filtragem úteis. Descreva como cada operação muda quando você as combina com o agrupamento.

2. Qual avião (tailnum) tem o pior registro de pontualidade?

3. A que horas você deveria voar se quiser evitar atrasos ao máximo?

4. Para cada destino, calcule os minutos totais de atraso. Para cada voo, calcule a proporção do atraso total para seu destino.

5. Atrasos são normalmente temporariamente correlacionados: mesmo quando o problema que causou o atraso inicial foi resolvido, voos posteriores atrasam para permitir que os voos anteriores decolem. Usando lag(), explore como o atraso de um voo está relacionado com o atraso do voo imediatamente anterior.

6. Veja cada destino. Você consegue encontrar os voos que são suspeitamente rápidos? (Ou seja, voos que representam um erro de entrada de dados em potencial.) Calcule o tempo de viagem de um voo relativo ao voo mais curto para aquele destino. Quais voos ficaram mais atrasados no ar?

7. Encontre todos os destinos que são feitos por pelo menos duas companhias. Use essa informação para classificar as companhias.

Capítulo 4
Fluxo de Trabalho: Scripts

Até o momento você usou o console para executar código. Esse é um ótimo lugar para começar, mas você descobrirá rapidamente que ficará difícil à medida que você cria mais gráficos **ggplot2** e pipes **dplyr** complexos. Para dar a si mesmo mais espaço para trabalhar, use o editor de script. É uma ótima ideia! Abra-o clicando no menu File e selecionando New File, depois R script, ou usando o atalho do teclado Cmd/Ctrl-Shift-N. Agora você verá quatro painéis:

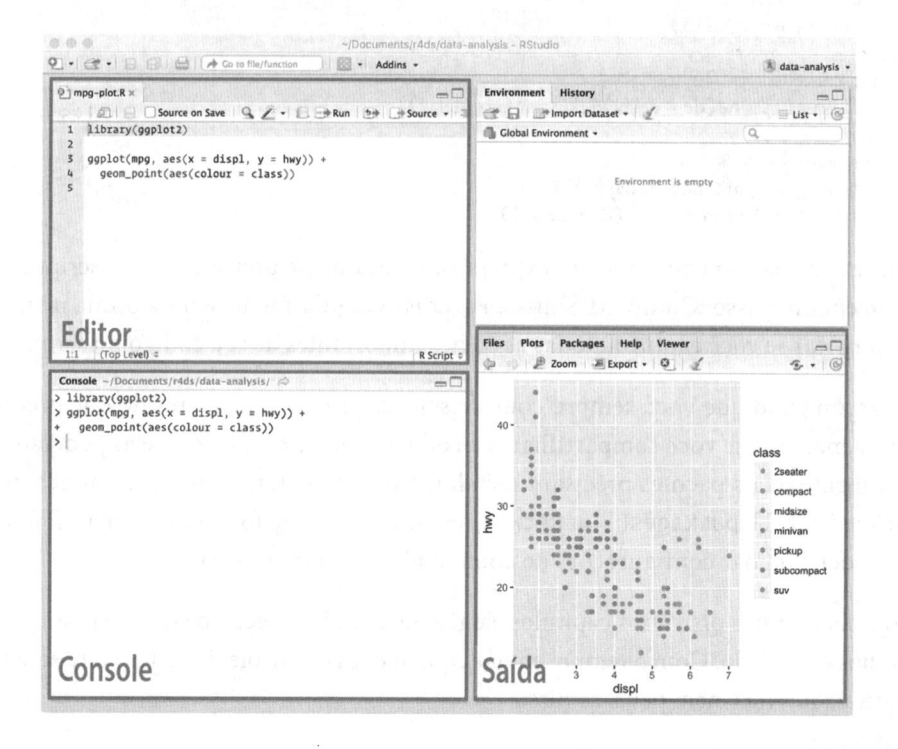

O editor de script é um ótimo lugar para colocar o código que para você é importante. Continue experimentando no console, mas assim que tiver escrito o código que funciona e faz o que você quer, coloque-o no editor de script. O RStudio salvará automaticamente o conteúdo do editor quando você sair do RStudio e o carregará automaticamente quando reabri-lo. Contudo, sugerimos salvar seus scripts regularmente e fazer um backup.

Executando Códigos

O editor de script também é uma boa opção para construir gráficos **ggplot2** complexos ou longas sequências de manipulações **dplyr**. A chave para usar o editor de script eficazmente é memorizar um dos atalhos de teclado mais importantes: Cmd/Ctrl-Enter. Ele executa a expressão R atual no console. Por exemplo, pegue o código a seguir. Se seu cursor estiver em ▎, pressionar Cmd/Ctrl-Enter executará o comando completo que gera not_cancelled. Ele também moverá o cursor para a próxima declaração (começando com not_cancelled %>%). Isso facilita executar seu script completo pressionando Cmd/Ctrl-Enter repetidamente:

```
library(dplyr)
library(nycflights13)

not_cancelled <- flights %>%
  filter(!is.na(dep_delay)▎,!is.na(arr_delay))

not_cancelled %>%
  group_by(year, month, day) %>%
  summarize(mean = mean(dep_delay))
```

Em vez de executar expressão por expressão, você também pode executar o script completo em um passo: Cmd/Ctrl-Shift-S. Fazer isso regularmente é uma ótima maneira de verificar se você capturou todas as partes importantes de seu código no script.

Eu recomendo que você sempre comece seu script com os pacotes de que precisa. Dessa maneira, se você compartilhar seu código com outras pessoas, elas poderão ver facilmente quais pacotes precisam instalar. Note, no entanto, que você nunca deve incluir install.packages() ou setwd() em um script que for compartilhar. É muito antissocial mudar configurações do computador de outra pessoa!

Ao trabalhar nos próximos capítulos, sugiro que você comece no editor e pratique os atalhos do teclado. Com o tempo, enviar código para o console dessa maneira será tão natural, que você nem pensará nisso.

Diagnósticos Rstudio

O editor de script também destacará erros de sintaxe com uma linha ondulada vermelha e um xis na barra lateral:

```
  5
❌ 4   x y <- 10
  5
```

Passe o cursor por cima do xis para descobrir o problema:

```
❌ 4   x y <- 10
   ┌─────────────────────────┐
   │ unexpected token 'y'    │
   │ unexpected token '<-'   │
   └─────────────────────────┘
```

O RStudio também lhe avisará sobre problemas em potencial:

```
⚠ 17   3 == NA
  1 ┌──────────────────────────────────────────┐
  1 │ use 'is.na' to check whether expression evaluates to │
  2 │ NA                                       │
    └──────────────────────────────────────────┘
```

Exercícios

1. Vá para a conta RStudio Tips no Twitter, em *@rstudiotips* (*https:\\twitter.com/rstudiotips* — conteúdo em inglês), e escolha uma dica que pareça interessante. Pratique o uso dessa dica!

2. Quais outros erros comuns o diagnóstico do RStudio reportará? Leia *http://bit.ly/RStudiocodediag* (conteúdo em inglês) para descobrir.

CAPÍTULO 5
Análise Exploratória de Dados

Introdução

Este capítulo lhe mostrará como usar visualização e transformação para explorar seus dados de maneira sistemática, uma tarefa que os estatísticos chamam de análise exploratória de dados, ou AED, que é um ciclo iterativo. Você:

1. Gera perguntas sobre seus dados.
2. Procura respostas ao visualizar, transformar e modelar seus dados.
3. Usa o que aprendeu para refinar suas perguntas e/ou gerar novas questões.

A AED não é um processo com um conjunto de regras rígidas. Mais do que qualquer coisa, é um estado de espírito. Durante as fases iniciais de AED, você deve sentir-se livre para investigar cada ideia que lhe ocorra. Algumas dessas ideias darão resultado, e outras te levarão a becos sem saída. À medida que sua exploração segue, você se direcionará para algumas áreas particularmente produtivas que, por fim, escreverá e comunicará aos outros.

A AED é uma parte importante de qualquer análise de dados, mesmo se as perguntas forem dadas a você, porque é necessário pesquisar sempre a qualidade de seus dados. A limpeza de dados é apenas uma aplicação de AED: você questionará se seus dados satisfazem ou não suas expectativas. Para fazer a limpeza de dados, você precisará implementar todas as ferramentas de AED: visualização, transformação e modelagem.

Pré-requisitos

Neste capítulo combinaremos o que você aprendeu sobre **dplyr** e **ggplot2** para fazer perguntas interativamente, respondê-las com dados e fazer novas perguntas.

```
library(tidyverse)
```

Perguntas

> Não há perguntas estatísticas de rotina, apenas rotinas estatísticas questionáveis.
>
> — Sir David Cox

> Muito melhor uma resposta aproximada para a pergunta certa, que muitas vezes é vaga, do que uma resposta exata para a pergunta errada, que pode sempre ser precisa.
>
> — John Tukey

Seu objetivo durante a AED é desenvolver uma compreensão de seus dados. A maneira mais fácil de fazer isso é usar perguntas como ferramentas para guiar sua investigação. Quando você faz uma pergunta, ela foca sua atenção em uma parte específica de seu conjunto de dados e o ajuda a decidir quais gráficos, modelos e transformações fazer.

A AED é basicamente um processo criativo. E como a maioria dos processos criativos, a chave para fazer perguntas de *qualidade* é gerar uma grande *quantidade* de perguntas. É difícil fazer perguntas reveladoras no começo de sua análise, pois você não sabe quais insights estão contidos em seu conjunto de dados. Por outro lado, cada nova pergunta que você faz irá expô-lo a um novo aspecto de seus dados e aumentará suas chances de fazer uma descoberta. Você pode rapidamente examinar a fundo as partes mais interessantes de seus dados — e desenvolver um conjunto de perguntas instigantes — se seguir cada pergunta com outra pergunta nova baseada no que você descobriu.

Não há regras sobre quais perguntas você deve fazer para guiar sua pesquisa. Entretanto, dois tipos de perguntas sempre serão indispensáveis para fazer descobertas dentro de seus dados. Você pode formular vagamente essas questões como:

1. Que tipo de variação ocorre dentro de minhas variáveis?
2. Que tipo de covariação ocorre entre minhas variáveis?

O restante deste capítulo analisará essas duas perguntas. Explicarei o que são uma variação e uma covariação e mostrarei diversas maneiras de responder a cada pergunta. Para facilitar a discussão, vamos definir alguns termos:

- Uma *variável* é uma quantidade, qualidade ou propriedade que você pode medir.
- Um *valor* é o estado de uma variável quando você a mede. O valor de uma variável pode mudar de medição a medição.
- Uma *observação*, ou um *caso*, é um conjunto de medidas feitas sob condições similares (você normalmente faz todas as medições de uma observação ao mesmo tempo e no mesmo objeto). Uma observação conterá diversos valores, cada um associado a uma variável diferente. Às vezes vou me referir a uma observação como um ponto de dados.
- *Dado tabular* é um conjunto de valores, cada um associado a uma variável e uma observação. Os dados tabulares estão *arrumados* se cada valor for colocado em sua própria "célula", cada variável em sua própria coluna e cada observação em sua própria linha.

Até agora, todos os dados que você viu estavam arrumados. No dia a dia, a maioria dos dados não está arrumada, então voltaremos a esse assunto no Capítulo 9.

Variação

Variação é a tendência à mudança dos valores de uma variável de uma medição para outra. Você pode ver variação facilmente na vida real. Se você medir qualquer variável contínua duas vezes, terá dois resultados diferentes. Isso é verdadeiro mesmo se medir quantidades que sejam constantes, como a velocidade da luz. Cada uma de suas medições incluirá uma pequena quantia de erro que varia de uma medição para outra. Variáveis categóricas também podem mudar se você faz medições em sujeitos diferentes (por exemplo, a cor dos olhos de pessoas diferentes) ou tempos diferentes (por exemplo, os níveis de energia de um elétron em momentos diferentes). Cada variável tem seu próprio padrão de variação, que pode revelar informações interessantes. A melhor maneira de entender esse padrão é visualizando a distribuição de valores das variáveis.

Visualizando Distribuições

A maneira como você visualiza a distribuição de uma variável dependerá se a variável é categórica ou contínua. Uma variável é *categórica* se só puder assumir um pequeno conjunto de valores. Em R, variáveis categóricas normalmente são salvas como fatores ou vetores de caracteres. Para examinar a distribuição de uma variável categórica, use um gráfico de barras:

```
ggplot(data = diamonds) +
  geom_bar(mapping = aes(x = cut))
```

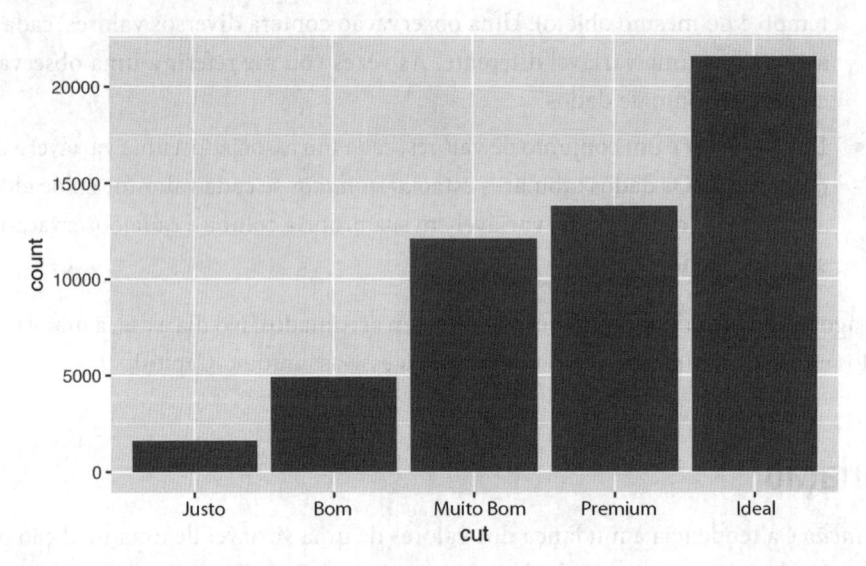

A altura das barras exibe quantas observações ocorreram com cada valor x. Você pode calcular esses valores manualmente com dplyr::count():

```
diamonds %>%
  count(cut)
#> # A tibble: 5 × 2
#>         cut     n
#>       <ord> <int>
#> 1      Fair  1610
#> 2      Good  4906
#> 3 Very Good 12082
#> 4   Premium 13791
#> 5     Ideal 21551
```

Uma variável é *contínua* se puder assumir qualquer valor de um conjunto infinito de valores ordenados. Números e datas-horas são dois exemplos de variáveis contínuas. Para examinar a distribuição de uma variável contínua, use um histograma:

```
ggplot(data = diamonds) +
  geom_histogram(mapping = aes(x = carat), binwidth = 0.5)
```

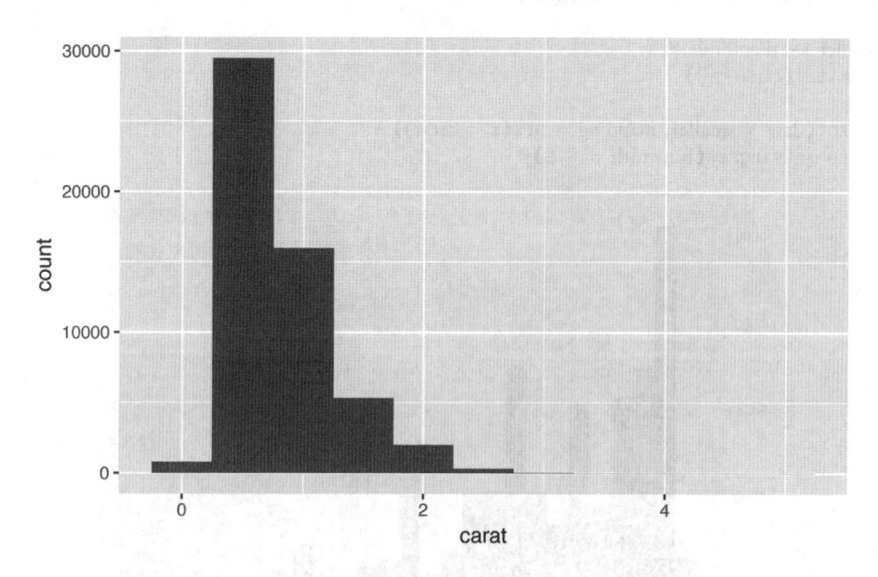

Você pode calcular isso à mão combinando dplyr::count() e ggplot2::cut_width():

```
diamonds %>%
  count(cut_width(carat, 0.5))
#> # A tibble: 11 × 2
#>    `cut_width(carat, 0.5)`     n
#>                     <fctr> <int>
#> 1            [-0.25,0.25]   785
#> 2             (0.25,0.75] 29498
#> 3             (0.75,1.25] 15977
#> 4             (1.25,1.75]  5313
#> 5             (1.75,2.25]  2002
#> 6             (2.25,2.75]   322
#> # ... with 5 more rows
```

Um histograma divide o eixo x em caixas (*bins*) igualmente espaçadas, e então usa a altura de cada barra para exibir o número de observações que caem em cada caixa. No gráfico anterior, a barra mais alta mostra que quase 30 mil observações têm um valor carat entre 0,25 e 0,75, que são as bordas esquerda e direita da barra.

Você pode estabelecer a amplitude dos intervalos em um histograma com o argumento binwidth, que é medido nas unidades da variável x. Você deve sempre explorar uma variedade de binwidths ao trabalhar com histogramas, pois diferentes binwidths podem revelar padrões diferentes. Por exemplo, aqui mostramos como o gráfico anterior fica quando focamos apenas nos diamantes com um tamanho menor que três quilates (*carats*) e escolhemos um binwidth menor:

```
smaller <- diamonds %>%
  filter(carat < 3)

ggplot(data = smaller, mapping = aes(x = carat)) +
  geom_histogram(binwidth = 0.1)
```

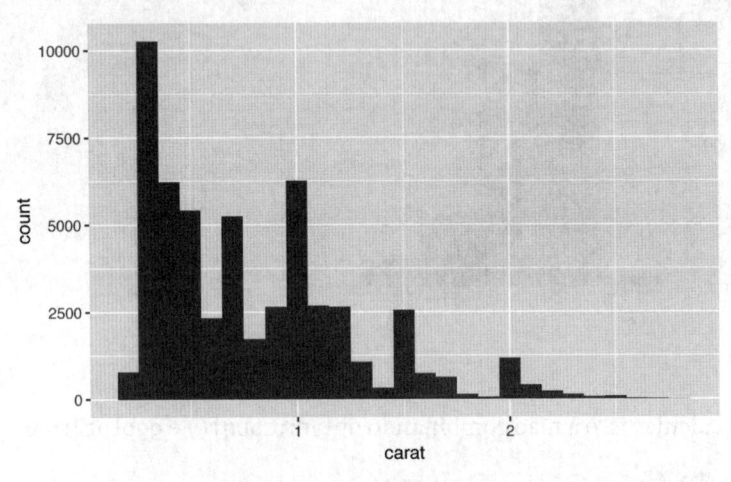

Se você quiser sobrepor vários histogramas no mesmo gráfico, recomendo que use `geom_freqpoly()`, em vez de `geom_histogram()`. `geom_freqpoly()` realiza o mesmo cálculo que `geom_histogram()`, mas em vez de exibir os counts com barras, utiliza linhas. É muito mais fácil de entender linhas sobrepostas do que barras:

```
ggplot(data = smaller, mapping = aes(x = carat, color= cut)) +
  geom_freqpoly(binwidth = 0.1)
```

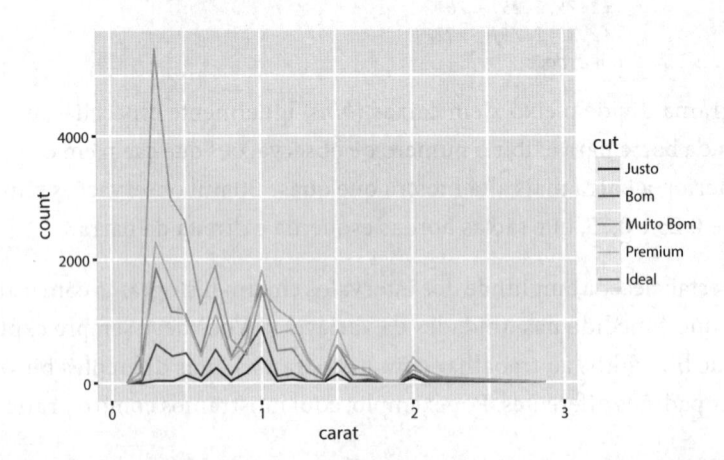

Há alguns desafios com esse tipo de gráfico que mostraremos em "Uma Variável Categórica e Contínua", na página 93.

Valores Típicos

Em ambos, gráficos de barra e histogramas, barras maiores mostram os valores comuns de uma variável e barras menores mostram valores menos comuns. Lugares que não têm barras revelam valores que não foram observados em seus dados. Para transformar essa informação em perguntas úteis, procure por qualquer coisa inesperada:

- Quais valores são os mais comuns? Por quê?
- Quais valores são raros? Por quê? Isso corresponde às suas expectativas?
- Você consegue ver qualquer padrão incomum? O que pode explicá-los?

Como um exemplo, o histograma a seguir sugere várias perguntas interessantes:

- Por que há mais diamantes em quilates inteiros e frações comuns de quilates?
- Por que há mais diamantes levemente à direita de cada pico do que levemente à esquerda de cada pico?
- Por que não existem diamantes com mais de três quilates?

```
ggplot(data = smaller, mapping = aes(x = carat)) +
    geom_histogram(binwidth = 0.01)
```

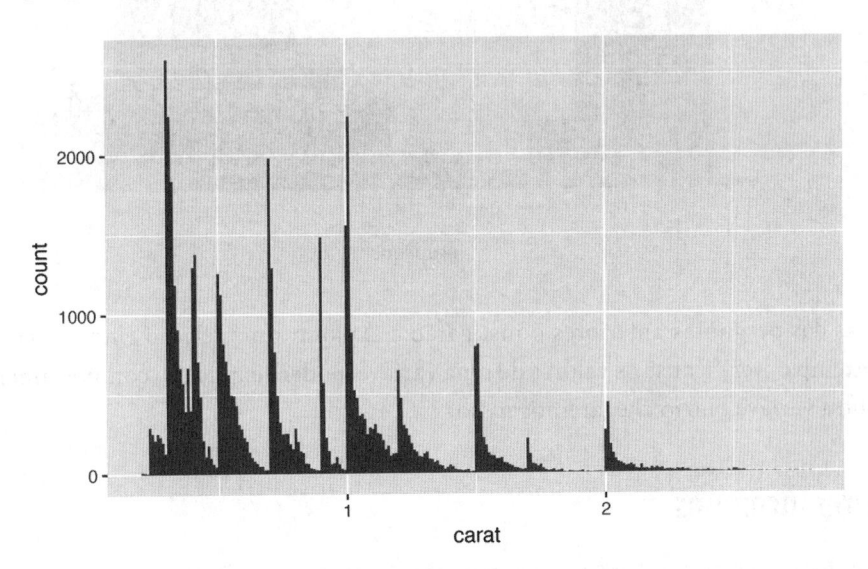

No geral, clusters de valores similares sugerem que existem subgrupos em seus dados. Para entender os subgrupos, pergunte:

- Quais são as semelhanças entre as observações dentro de cada cluster?
- Quais são as diferenças entre as observações de clusters separados?
- Como você pode explicar ou descrever os clusters?
- Por que a aparência dos clusters pode ser enganosa?

O histograma a seguir mostra a duração (em minutos) de 272 erupções do géiser Old Faithful no Parque Nacional de Yellowstone. Os tempos das erupções parecem estar agrupadas em dois clusters: há erupções curtas (de cerca de 2 minutos) e erupções longas (de 4 a 5 minutos), mas poucas no meio disso:

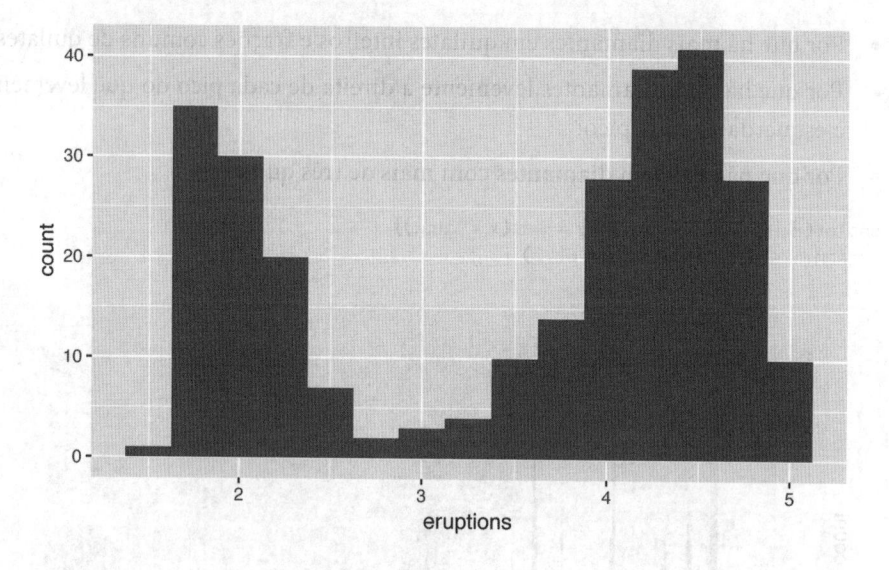

```
ggplot(data = faithful, mapping = aes(x = eruptions)) +
    geom_histogram(binwidth = 0.25)
```

Muitas das perguntas anteriores o instigarão a explorar uma relação *entre* variáveis. Por exemplo, verificar se os valores de uma variável podem explicar o comportamento de outra variável. Logo chegaremos nisso.

Valores Incomuns

Pontos fora da curva (*outliers*) são observações incomuns, pontos de dados que parecem não se encaixar no padrão. Às vezes os pontos fora da curva são erros na entrada de dados; outra vezes sugerem uma nova ciência importante. Quando você tem muitos dados, pode ser difícil enxergar pontos fora da curva em um histograma. Por exemplo, pegue a distribuição da variável y do conjunto de dados de diamantes. A única evidência dos pontos fora da curva são os limites incomumente amplos no eixo y:

```
ggplot(diamonds) +
    geom_histogram(mapping = aes(x = y), binwidth = 0.5)
```

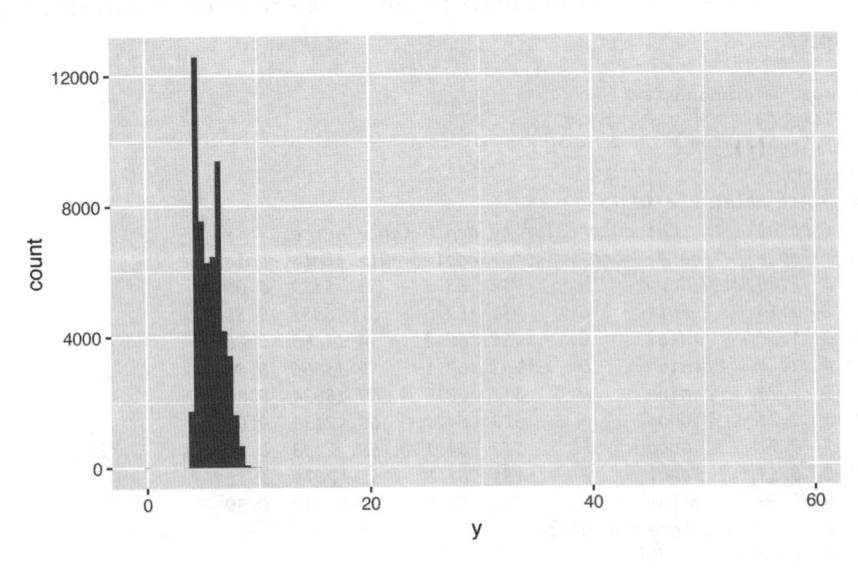

Há tantas observações nas caixas comuns, que as raras são tão pequenas que você não consegue vê-las (embora, talvez, se olhar atentamente em 0 consiga ver alguma coisa). Para facilitar a visualização de valores incomuns, precisamos focar em valores pequenos do eixo y com coord_cartesian():

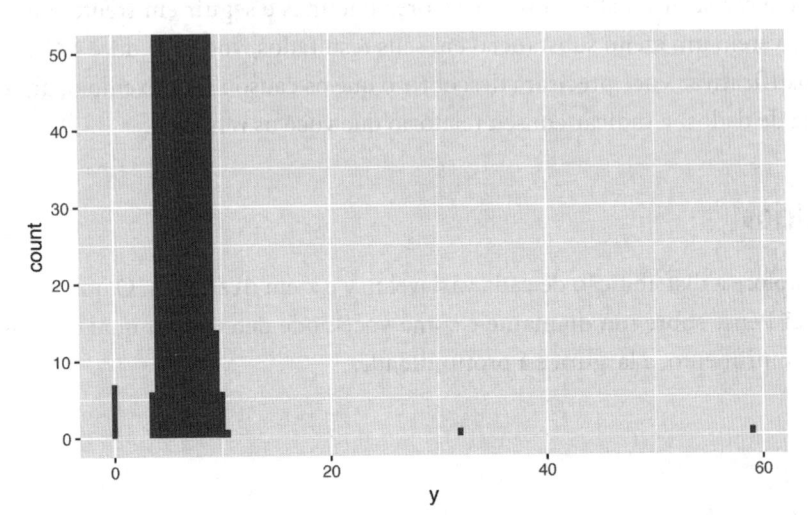

```
ggplot(diamonds) +
    geom_histogram(mapping = aes(x = y), binwidth = 0.5) +
    coord_cartesian(ylim = c(0, 50))
```

(coord_cartesian() também tem um argumento xlim() para quando você precisa focar no eixo x. O **ggplot2** tem também funções xlim() e ylim() que funcionam de maneira levemente diferente: elas descartam os dados fora dos limites.)

Isso nos permite ver que há três valores incomuns: 0, ~30 e ~60. Nós os arrancamos com **dplyr**:

```
unusual <- diamonds %>%
  filter(y < 3 | y > 20) %>%
  arrange(y)
unusual
#> # A tibble: 9 × 10
#>   carat       cut color clarity depth table price     x
#>   <dbl>     <ord> <ord>   <ord> <dbl> <dbl> <int> <dbl>
#> 1  1.00 Very Good     H     VS2  63.3    53  5139  0.00
#> 2  1.14      Fair     G     VS1  57.5    67  6381  0.00
#> 3  1.56     Ideal     G     VS2  62.2    54 12800  0.00
#> 4  1.20   Premium     D    VVS1  62.1    59 15686  0.00
#> 5  2.25   Premium     H     SI2  62.8    59 18034  0.00
#> 6  0.71      Good     F     SI2  64.1    60  2130  0.00
#> 7  0.71      Good     F     SI2  64.1    60  2130  0.00
#> 8  0.51     Ideal     E     VS1  61.8    55  2075  5.15
#> 9  2.00   Premium     H     SI2  58.9    57 12210  8.09
#> # ... with 2 more variables:
#> #   y <dbl>, z <dbl>
```

A variável y mede uma das três dimensões desses diamantes em mm. Nós sabemos que diamantes não podem ter uma largura de 0mm, então esses valores devem estar incorretos. Também podemos suspeitar que medições de 32mm e 59mm são improváveis, já que eles têm mais de 2,5cm, mas não custam centenas de milhares de dólares!

É uma boa prática repetir sua análise com e sem os pontos fora da curva. Se eles tiverem um efeito mínimo nos resultados e você não conseguir descobrir por que eles estão lá, é razoável substituí-los por valores faltantes e seguir em frente. Entretanto, se eles tiverem um efeito substancial em seus resultados, você não deve retirá-los sem uma justificativa. Você precisará descobrir o que os causou (por exemplo, um erro na entrada de dados) e indicar em seu relatório que você os removeu.

Exercícios

1. Explore a distribuição de cada variável x, y e z em diamonds. O que você aprende? Pense sobre um diamante e como você pode determinar qual dimensão é o comprimento, a largura e a profundidade.

2. Explore a distribuição de price. Você identifica algo incomum ou surpreendente? (Dica: pense cuidadosamente sobre binwidth e certifique-se de experimentar uma ampla gama de valores.)
3. Quantos diamantes têm 0,99 quilates? Quantos têm 1 quilate? Qual você acha que é a causa da diferença?
4. Compare e contraste coord_cartesian() versus xlim() ou ylim() ao dar zoom em um histograma. O que acontece se você não configurar binwidth? O que acontece se você tentar dar zoom para que apenas meia barra seja mostrada?

Valores Faltantes

Se você encontrou valores incomuns em seu conjunto de dados e simplesmente quer continuar para o restante de sua análise, você tem duas opções:

- Retirar toda a linha com valores estranhos:
    ```
    diamonds2 <- diamonds %>%
        filter(between(y, 3, 20))
    ```

    Eu não recomendo esta opção, porque, como apenas uma medida é inválida, isso não significa que todas sejam. Além disso, se você tiver dados de baixa qualidade, quando aplicar esta abordagem a cada variável, poderá descobrir que não tem mais nenhum dado!

- Em vez disso, sugiro substituir os valores incomuns por valores faltantes. A maneira mais fácil de fazer isso é usar mutate() para substituir a variável por uma cópia modificada. Você pode usar a função ifelse() para substituir os valores incomuns por NA:
    ```
    diamonds2 <- diamonds %>%
        mutate(y = ifelse(y < 3 | y > 20, NA, y))
    ```

ifelse() tem três argumentos. O primeiro argumento test deve ser um vetor lógico. O resultado conterá o valor do segundo argumento, yes, quando test for TRUE, e o valor do terceiro argumento, no, quando for falso.

Como o R, o ggplot2 concorda com a filosofia de que valores faltantes nunca devem desaparecer silenciosamente. Não é óbvio onde você deve plotar os valores faltantes, então o **ggplot2** não os inclui no gráfico, mas avisa que foram removidos:

```
ggplot(data = diamonds2, mapping = aes(x = x, y = y)) +
  geom_point()
#> Warning: Removed 9 rows containing missing values
#> (geom_point).
```

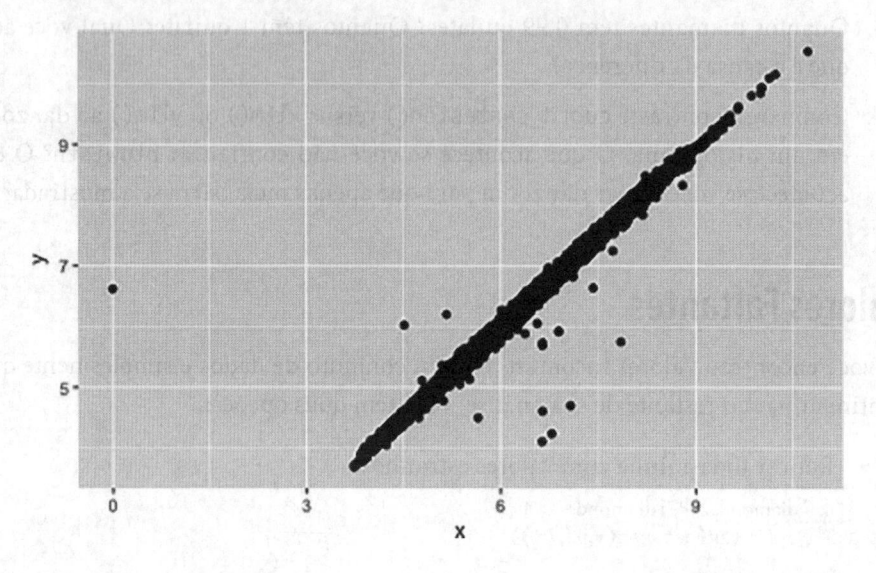

Para suprimir o aviso, configure na.rm = TRUE:

```
ggplot(data = diamonds2, mapping = aes(x = x, y = y)) +
  geom_point(na.rm = TRUE)
```

Talvez você queira entender o que diferencia as observações com valores faltantes das observações com valores registrados. Por exemplo, em nycflights13::flights, valores faltantes na variável dep_time indicam que o voo foi cancelado. Caso deseje comparar o cronograma de horas de decolagens para horários cancelados e não cancelados, crie uma nova variável com is.na():

```
nycflights13::flights %>%
  mutate(
    cancelled = is.na(dep_time),
    sched_hour = sched_dep_time %/% 100,
    sched_min = sched_dep_time %% 100,
    sched_dep_time = sched_hour + sched_min / 60
  ) %>%
  ggplot(mapping = aes(sched_dep_time)) +
    geom_freqpoly(
      mapping = aes(color = cancelled),
      binwidth = 1/4
    )
```

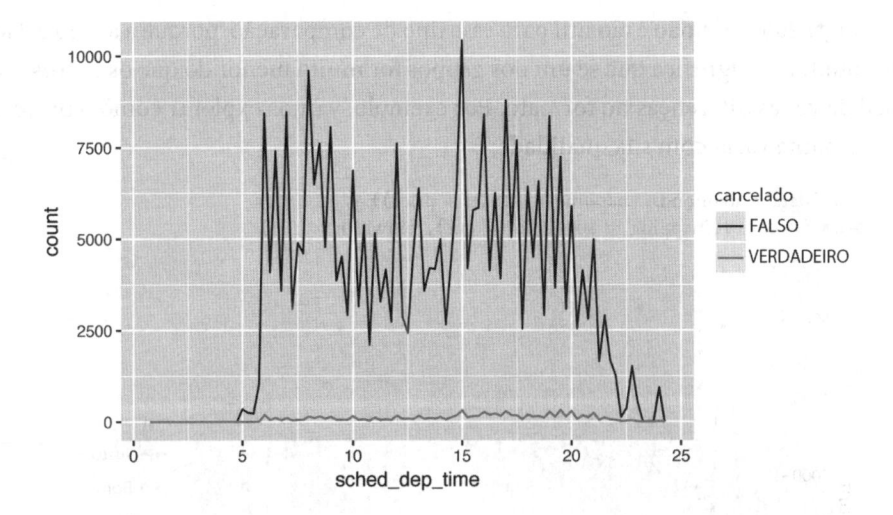

No entanto, este gráfico não é ideal, pois há muito mais voos não cancelados do que cancelados. Na próxima seção exploraremos algumas técnicas para melhorar essa comparação.

Exercícios

1. O que acontece com valores faltantes em um histograma? O que ocorre com valores faltantes em um gráfico de barras? Por que há uma diferença?
2. O que `na.rm = TRUE` faz em `mean()` e `sum()`?

Covariação

Se a variação descreve o comportamento *dentro* de uma variável, a covariação descreve o comportamento *entre* variáveis. A *covariação* é a tendência que os valores de duas ou mais variáveis têm de variar juntos de maneira relacionada. A melhor maneira de identificar a covariação é visualizar o relacionamento entre duas ou mais variáveis. A maneira que você faz isso deve, novamente, depender do tipo de variáveis envolvidas.

Uma Variável Categórica e Contínua

É comum querer explorar a distribuição de uma variável contínua desmembrada por uma variável categórica, como no polígono de frequência anterior. A aparência padrão de `geom_freqpoly()` não é tão útil para esse tipo de comparação, porque a altura é dada pelo count. Isso significa que se um dos grupos for muito menor do que os outros, fica difícil de ver as diferenças no formato. Por exemplo, vamos explorar como o preço de um diamante varia com sua qualidade:

```
ggplot(data = diamonds, mapping = aes(x = price)) +
    geom_freqpoly(mapping = aes(color = cut), binwidth = 500)
```

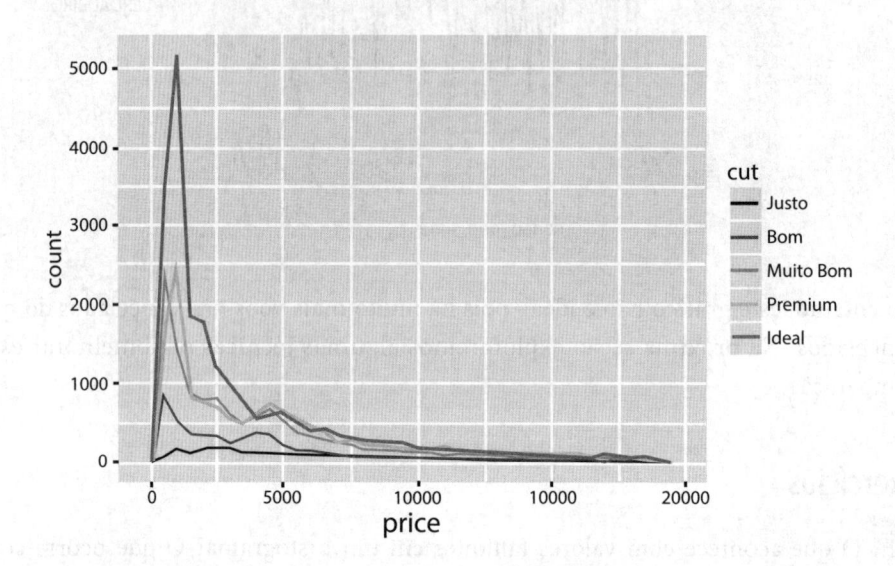

É difícil de ver a diferença na distribuição, porque as contagens gerais diferem muito:

```
ggplot(diamonds) +
    geom_bar(mapping = aes(x = cut))
```

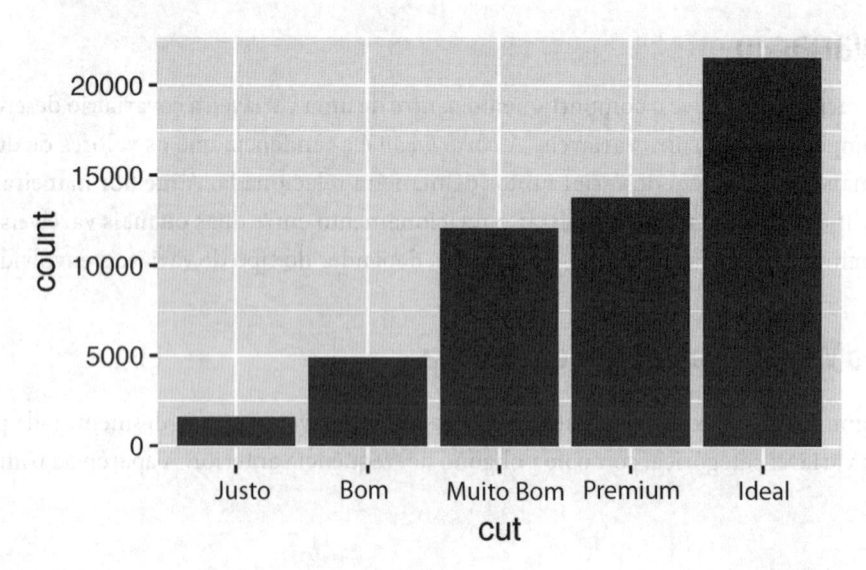

Para facilitar a comparação, precisamos mudar o que é exibido no eixo y. Em vez de exibir count, exibiremos *density (densidade)*, que é a contagem padronizada para que a área sob cada polígono de frequência seja um:

```
ggplot(
  data = diamonds,
    mapping = aes(x = price, y = ..density..)
) +
  geom_freqpoly(mapping = aes(color = cut), binwidth = 500)
```

Há algo bem surpreendente neste gráfico — parece que diamantes **justo** (a menor qualidade) têm o preço médio mais alto! Mas talvez isso seja porque os polígonos de frequência sejam um pouco difíceis de interpretar — há muito acontecendo neste gráfico.

Outra alternativa para exibir a distribuição de uma variável contínua desmembrada por uma variável categórica é o boxplot. Um *boxplot* é um tipo de atalho visual para uma distribuição de valores muito popular entre os estatísticos. Cada boxplot consiste em:

- Uma caixa que vai do 25º percentil ao 75º percentil da distribuição, uma distância conhecida como a amplitude interquartil (IIQ). No meio da caixa há uma linha que exibe a mediana, isto é, o 50º percentil, da distribuição. Essas três linhas lhe dão um sentido da dispersão da distribuição e se ela é ou não simétrica sobre a mediana ou enviesada para um lado.

- Pontos visuais que exibem observações que caem mais do que 1,5 vez o IIQ de cada limite da caixa. Esses pontos fora da curva são incomuns, então são plotados individualmente.
- Uma linha (ou bigode de gato) que se estende de cada lado da caixa e vai até o ponto mais distante da distribuição que não seja um outlier.

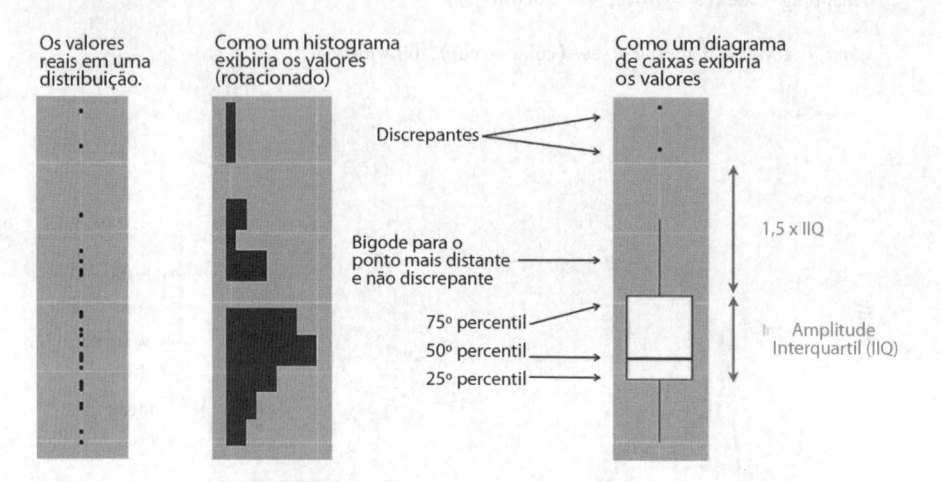

Vamos dar uma olhada na distribuição do preço por corte usando `geom_boxplot()`:

```
ggplot(data = diamonds, mapping = aes(x = cut, y = price)) +
  geom_boxplot()
```

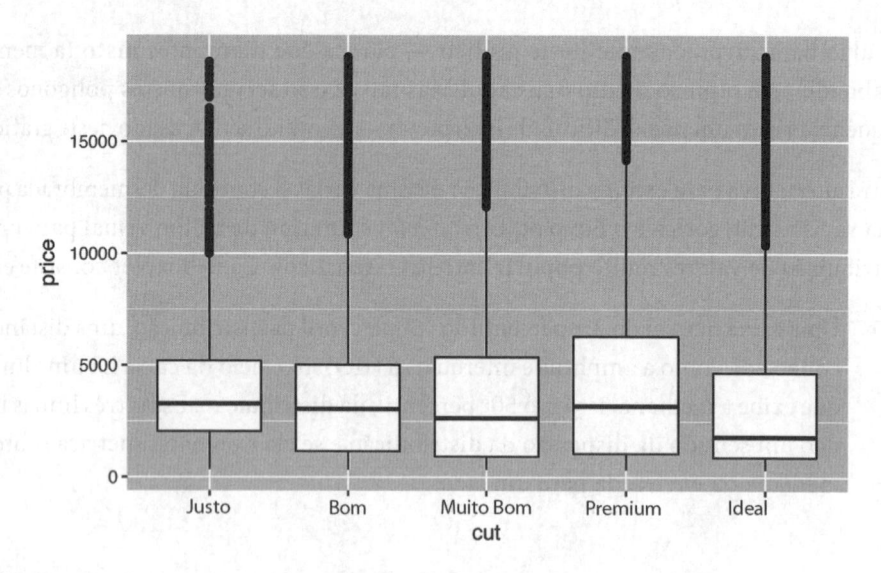

Vemos muito menos informações sobre a distribuição, mas os boxplots são muito mais compactos, então podemos compará-los mais facilmente (e colocar mais deles em um gráfico). Eles apoiam a descoberta contraintuitiva de que diamantes de melhor qualidade são, em média, mais baratos! Nos exercícios, você será desafiado a descobrir por quê.

cut é um fator ordenado: **justo** é pior do que **bom**, que é pior do que **muito bom**, e assim por diante. Muitas variáveis categóricas não têm uma ordem tão intrínseca, portanto é possível reordená-las para fazer uma exibição mais informativa. Uma maneira de fazer isso é com a função reorder().

Por exemplo, pegue a variável class no conjunto de dados mpg. Você pode estar interessado em saber como a milhagem da estrada varia pelas classes:

```
ggplot(data = mpg, mapping = aes(x = class, y = hwy)) +
  geom_boxplot()
```

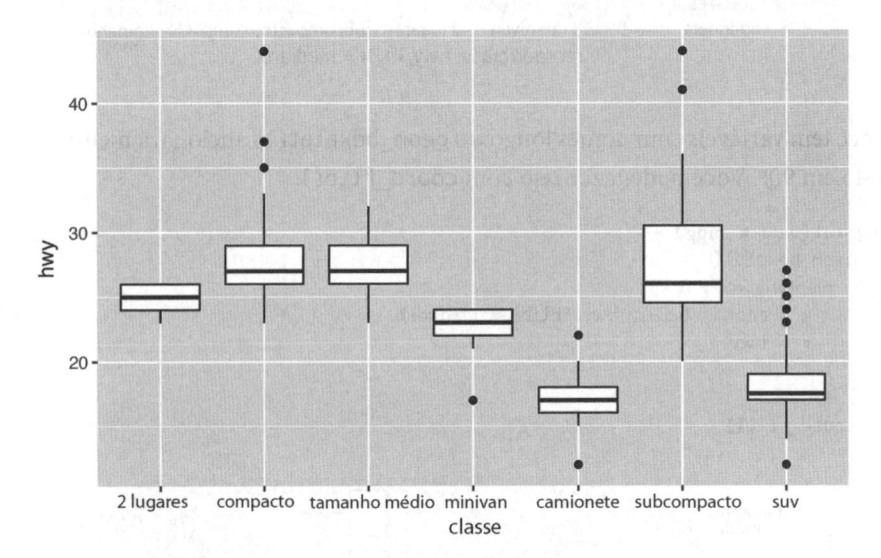

Para facilitar a visualização da tendência, podemos reordenar class com base no valor médio de hwy:

```
ggplot(data = mpg) +
  geom_boxplot(
    mapping = aes(
      x = reorder(class, hwy, FUN = median),
      y = hwy
    )
  )
```

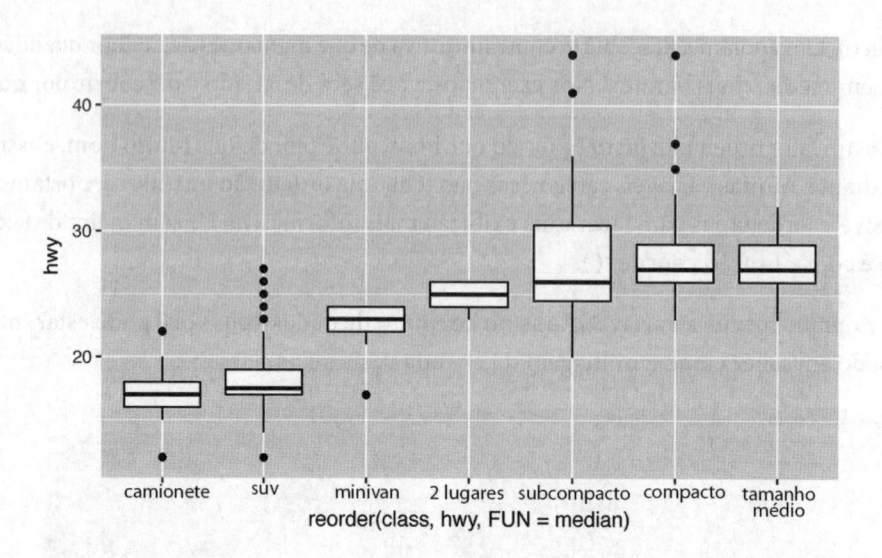

Se você tem variáveis com nomes longos, o geom_boxplot() funcionará melhor se você girá-lo em 90º. Você pode fazer isso com coord_flip():

```
ggplot(data = mpg) +
  geom_boxplot(
    mapping = aes(
      x = reorder(class, hwy, FUN = median),
      y = hwy
    )
  ) +
  coord_flip()
```

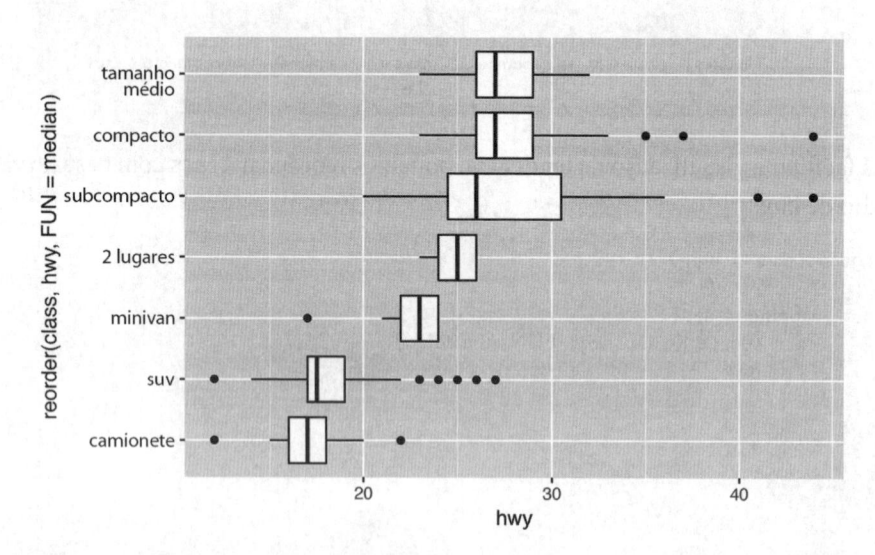

Exercícios

1. Use o que você aprendeu para melhorar a visualização dos tempos de decolagem dos voos cancelados *versus* não cancelados.

2. Qual variável no conjunto de dados dos diamantes é mais importante para prever o preço de um diamante? Como essa variável está correlacionada ao corte (*cut*)? Por que a combinação desses dois relacionamentos leva a diamantes de menor qualidade serem mais caros?

3. Instale o pacote **ggstance** e crie um boxplot horizontal. Como isso se compara a usar coord_flip()?

4. Um problema com boxplots é que eles foram desenvolvidos em uma era de conjuntos de dados muito menores e tendem a exibir um número proibitivamente grande de "valores fora da curva". Uma abordagem para remediar esse problema é o letter value plot. Instale o pacote **lvplot** e tente usar geom_lv() para exibir a distribuição de preço *versus* corte. O que você aprendeu? Como você interpreta os gráficos?

5. Compare e contraste geom_violin() com um geom_histogram() facetado, ou um geom_freqpoly() colorido. Quais são os prós e os contras de cada método?

6. Se você tem um conjunto de dados pequeno, às vezes é útil usar geom_jitter() para ver a relação entre uma variável contínua e uma categórica. O pacote **ggbeeswarm** fornece alguns métodos similares a geom_jitter(). Liste-os e descreva brevemente o que cada um faz.

Duas Variáveis Categóricas

Para visualizar a covariação entre variáveis categóricas, você precisará contar o número de observações de cada combinação. Uma maneira de fazer isso é confiar no geom_count() incorporado:

```
ggplot(data = diamonds) +
  geom_count(mapping = aes(x = cut, y = color))
```

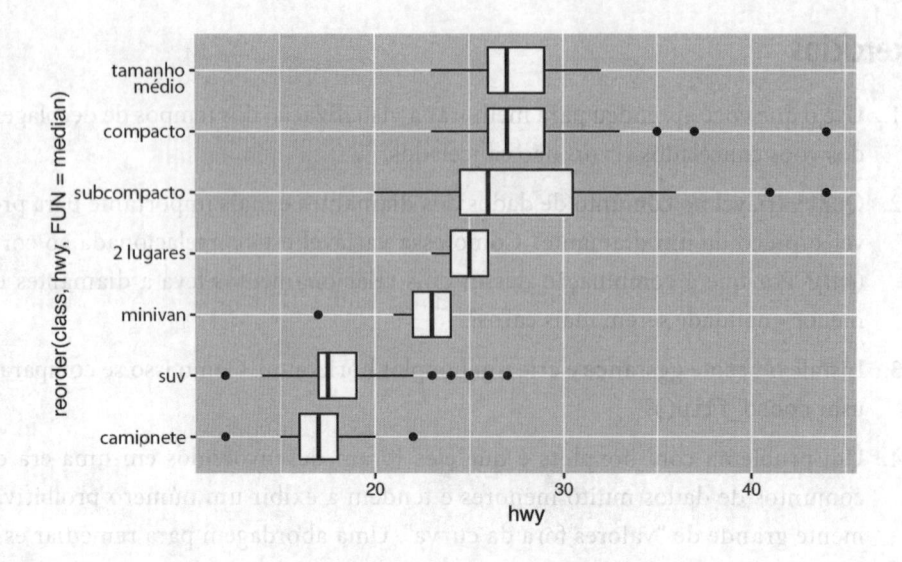

O tamanho de cada círculo no gráfico exibe quantas observações ocorreram em cada combinação de valores. A covariação aparecerá como uma correlação forte entre valores específicos de x e valores específicos de y.

Outra abordagem é calcular a contagem com **dplyr**:

```
diamonds %>%
  count(color, cut)
#> Source: local data frame [35 x 3]
#> Groups: color [?]
#>
#>    color       cut     n
#>    <ord>     <ord> <int>
#> 1      D      Fair   163
#> 2      D      Good   662
#> 3      D Very Good  1513
#> 4      D   Premium  1603
#> 5      D     Ideal  2834
#> 6      E      Fair   224
#> # ... with 29 more rows
```

Depois visualizar com `geom_tile()` e a estética de preenchimento:

```
diamonds %>%
  count(color, cut) %>%
  ggplot(mapping = aes(x = color, y = cut)) +
    geom_tile(mapping = aes(fill = n))
```

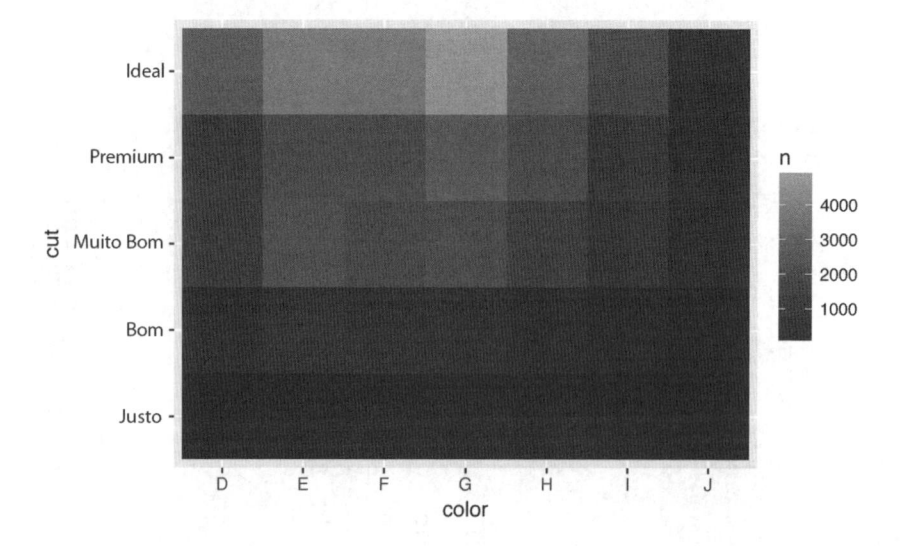

Se as variáveis categóricas não forem ordenadas, você pode querer usar o pacote **seriation** para reordenar simultaneamente as linhas e colunas a fim de revelar mais claramente padrões interessantes. Para gráficos maiores, você pode querer experimentar os pacotes **d3heatmap** ou **heatmaply**, que criam gráficos interativos.

Exercícios

1. Como você alteraria a escala do conjunto de dados `count` para mostrar mais claramente a distribuição de corte dentro de cor ou de cor dentro de corte?

2. Use `geom_tile()` junto de **dplyr** para explorar como os atrasos médios dos voos variam por destino e mês. O que dificulta a leitura do gráfico? Como você poderia melhorá-lo?

3. Por que é um pouco melhor usar `aes(x = color, y = cut)` em vez de `aes(x = cut, y = color)` no exemplo anterior?

Duas Variáveis Contínuas

Você já viu uma ótima maneira de visualizar a covariação entre duas variáveis contínuas: desenhar um diagrama de dispersão com `geom_point()`. Você pode ver a covariação como um padrão nos pontos. Por exemplo, enxergar uma relação exponencial entre o tamanho dos quilates e o preço de um diamante:

```
ggplot(data = diamonds) +
    geom_point(mapping = aes(x = carat, y = price))
```

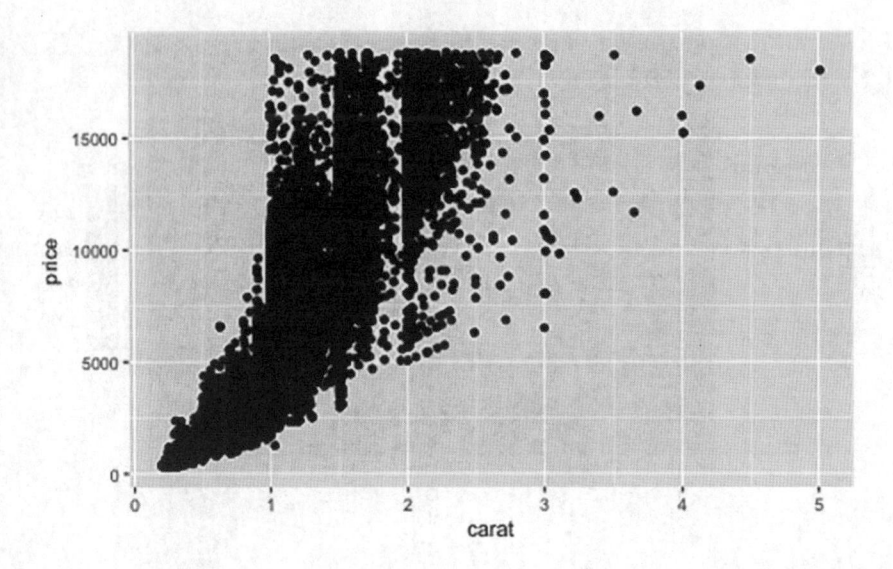

Diagramas de dispersão se tornam menos úteis à medida que o tamanho de seu conjunto de dados aumenta, pois os pontos começam a se sobrepor e empilhar em áreas de preto uniforme (como no diagrama anterior). Já observamos uma maneira de corrigir o problema, usando a estética `alpha` para adicionar transparência:

```
ggplot(data = diamonds) +
  geom_point(
    mapping = aes(x = carat, y = price),
    alpha = 1 / 100
  )
```

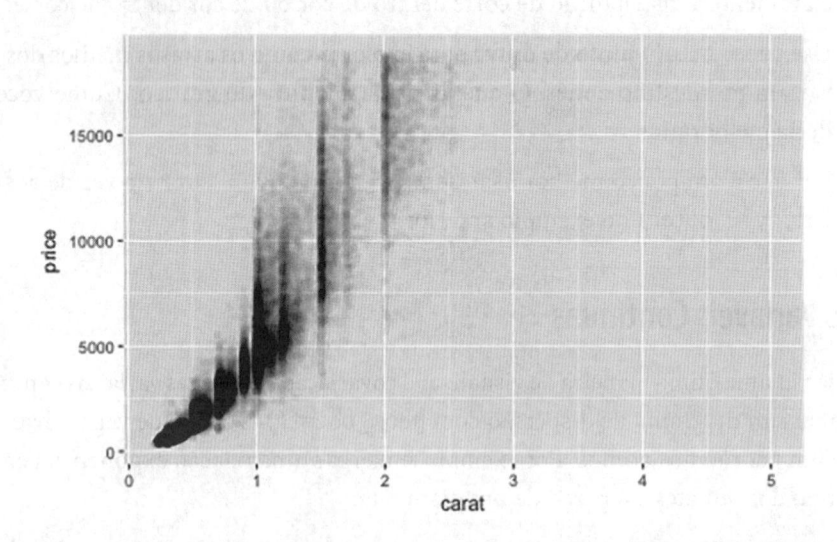

Mas usar transparência pode ser desafiador para conjuntos de dados muito grandes. Outra solução é usar bin. Anteriormente você usou geom_histogram() e geom_freqpoly() para fazer a bin em uma dimensão. Agora você aprenderá a usar geom_bin2d() e geom_hex() para fazer bin em duas dimensões.

geom_bin2d() e geom_hex() dividem o plano de coordenadas em bins 2D e então usam uma cor de preenchimento para exibir quantos pontos caem em cada bin. geom_bin2d() cria bins retangulares. geom_hex() cria bins hexagonais. Você precisará instalar o pacote **hexbin** para usar geom_hex():

```
ggplot(data = smaller) +
  geom_bin2d(mapping = aes(x = carat, y = price))

# install.packages("hexbin")
ggplot(data = smaller) +
  geom_hex(mapping = aes(x = carat, y = price))
#> Loading required package: methods
```

Outra opção é fazer o bin de uma variável contínua para que ela aja como uma variável categórica. Então você pode usar uma das técnicas que aprendeu para visualizar a combinação de uma variável categórica e uma variável contínua. Por exemplo, criar o bin de carat e então, para cada grupo, exibir em um boxplot:

```
ggplot(data = smaller, mapping = aes(x = carat, y = price)) +
  geom_boxplot(mapping = aes(group = cut_width(carat, 0.1)))
```

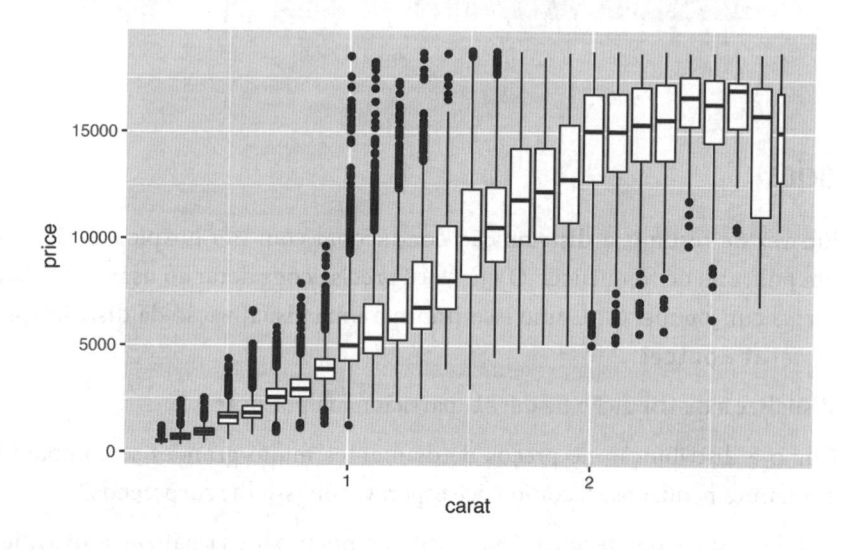

cut_width(x, width), como usado aqui, divide x em bins de largura width. Por padrão, os boxplots parecem basicamente iguais (exceto pelo número de outliers) independentemente de quantas observações existam, portanto, é difícil dizer que cada boxplot resume um número diferente de pontos. Uma maneira de mostrar isso é tornar a largura do boxplot proporcional ao número de pontos com `varwidth = TRUE`.

Outra abordagem é exibir aproximadamente o mesmo número de pontos em cada bin. Esse é o trabalho de `cut_number()`:

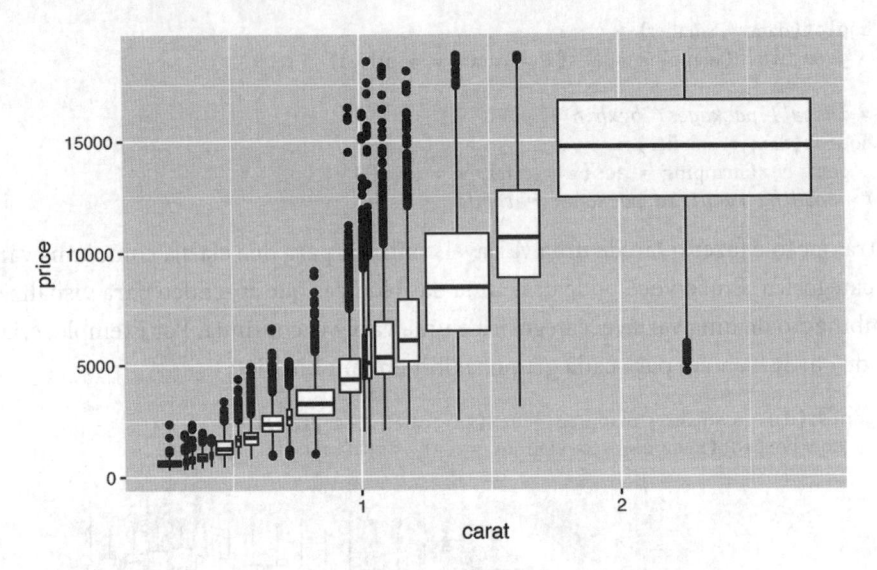

```
ggplot(data = smaller, mapping = aes(x = carat, y = price)) +
  geom_boxplot(mapping = aes(group = cut_number(carat, 20)))
```

Exercícios

1. Em vez de resumir a distribuição condicional com um boxplot, pode-se usar um polígono de frequência. O que você precisa considerar ao usar `cut_width()` *versus* `cut_number()`? Como isso impacta uma visualização da distribuição 2D de `carat` e `price`?

2. Visualize a distribuição de `carat`, particionada por `price`.

3. Como a distribuição de preços de diamantes muito grandes se compara à de diamantes pequenos? É como você esperava, ou isso lhe surpreende?

4. Combine duas das técnicas que você aprendeu para visualizar a distribuição combinada de `cut`, `carat` e `price`.

5. Gráficos bidimensionais revelam pontos fora da curva que não são visíveis em gráficos unidimensionais. Por exemplo, alguns pontos no gráfico a seguir têm uma combinação incomum de valores x e y, que faz os pontos ficarem fora da

curva, mesmo embora seus valores x e y pareçam normais quando examinados separadamente:

```
ggplot(data = diamonds) +
   geom_point(mapping = aes(x = x, y = y)) +
   coord_cartesian(xlim = c(4, 11), ylim = c(4, 11))
```

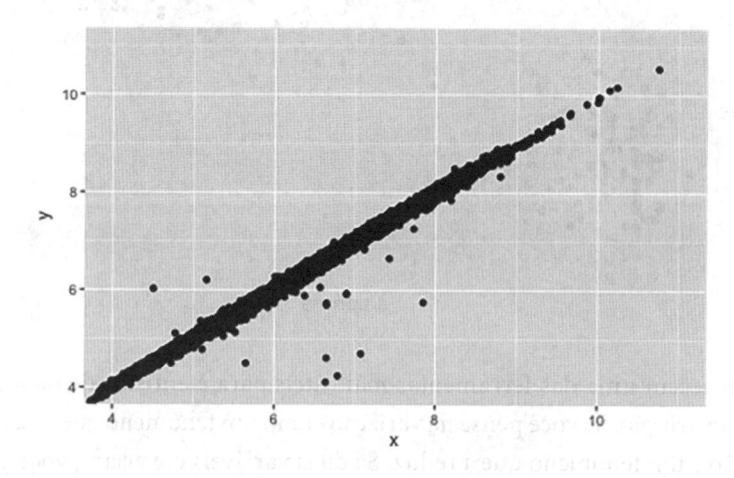

Por que um diagrama de dispersão é uma exibição melhor do que um diagrama de caixa neste caso?

Padrões e Modelos

Padrões em seus dados fornecem pistas sobre interações. Se existe um relacionamento sistemático entre duas variáveis, ele aparecerá como um padrão nos dados. Se você identificar um padrão, pergunte-se:

- Esse padrão poderia ser uma coincidência (isto é, aleatoriedade)?
- Como você pode descrever o relacionamento implicado pelo padrão?
- Qual é a força do relacionamento implicada pelo padrão?
- Que outras variáveis podem afetar o relacionamento?
- O relacionamento muda se você observar subgrupos individuais dos dados?

Um diagrama de dispersão da duração de erupções do Old Faithful *versus* o tempo de espera entre as erupções exibe um padrão: tempos de espera mais longos são associados a erupções mais longas. O diagrama de dispersão também exibe dois clusters que notamos anteriormente:

```
ggplot(data = faithful) +
   geom_point(mapping = aes(x = eruptions, y = waiting))
```

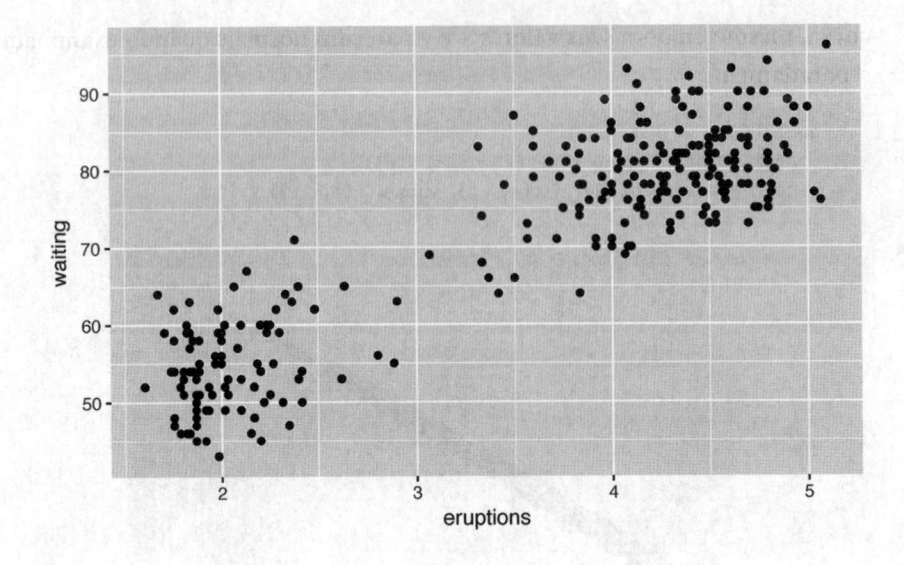

Padrões fornecem uma das ferramentas mais úteis para cientistas de dados, porque revelam a covariação. Se você pensa na variação como um fenômeno que cria incerteza, a covariação é um fenômeno que a reduz. Se duas variáveis covariam, você pode usar os valores de uma variável para fazer previsões melhores sobre os valores da segunda. Se a covariação acontece devido a um relacionamento causal (um caso especial), então você pode usar o valor de uma variável para controlar o valor da segunda.

Modelos são uma ferramenta para extrair padrões dos dados. Por exemplo, considere os dados sobre os diamantes. É difícil entender o relacionamento entre corte e preço, porque corte e quilates e quilates e preço são fortemente relacionados. É possível usar um modelo para remover a relação muito forte entre preço e quilates para que possamos explorar as sutilezas do restante. O código a seguir se encaixa em um modelo que prevê `price` a partir de `carat` e depois calcula o resíduo (a diferença entre o valor previsto e o valor real). O resíduo nos dá uma visão do preço do diamante, uma vez que o efeito de quilate (carat) tenha sido removido:

```
library(modelr)

mod < lm(log(price) ~ log(carat), data = diamonds)

diamonds2 <- diamonds %>%
  add_residuals(mod) %>%
  mutate(resid = exp(resid))
```

```
ggplot(data = diamonds2) +
  geom_point(mapping = aes(x = cut, y = resid))
```

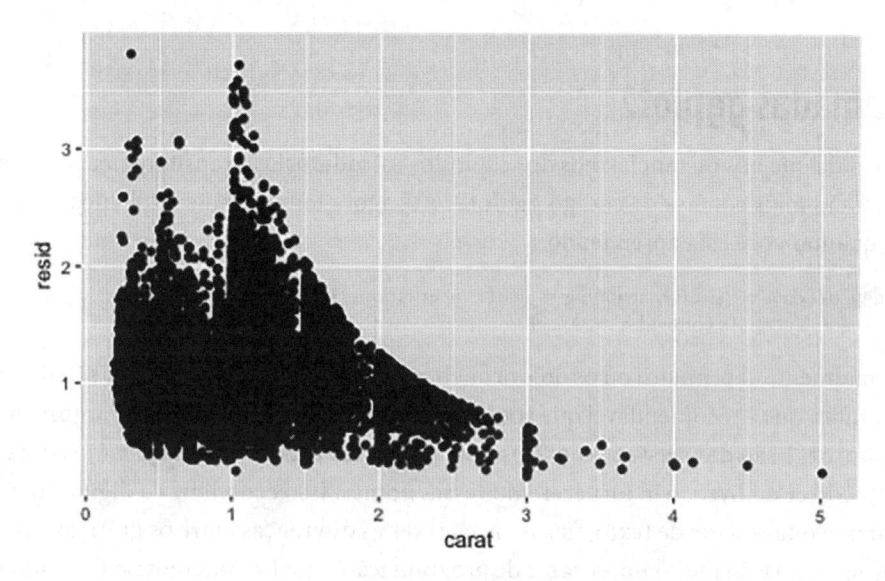

Uma vez que você tenha removido o relacionamento forte entre carat e price, poderá identificar o que espera do relacionamento entre cut e price — com relação ao seu tamanho, diamantes de melhor qualidade são mais caros:

```
ggplot(data = diamonds2) +
  geom_boxplot(mapping = aes(x = cut, y = resid))
```

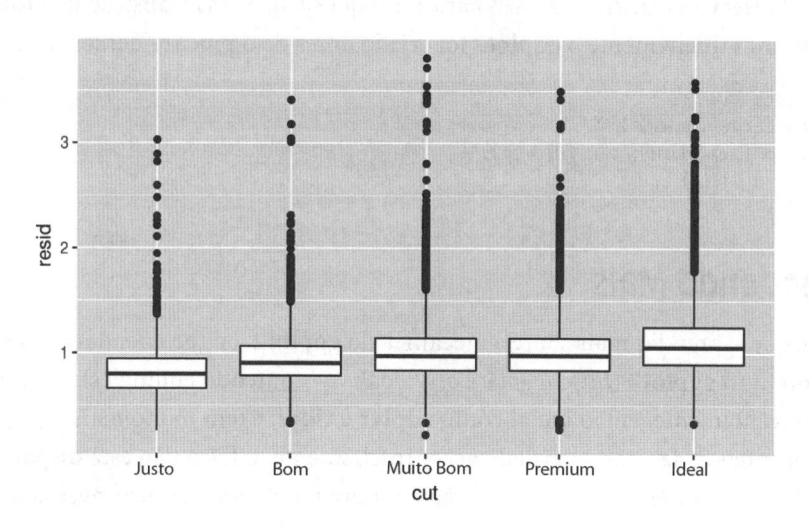

Na parte final do livro, a Parte IV, você aprenderá como funcionam os modelos e o pacote **modelr**. Estamos guardando a modelagem para depois, porque entender o que são modelos e como eles funcionam é mais fácil depois que você tiver as ferramentas de data wrangling e programação em mãos.

Chamadas ggplot2

À medida que nos distanciarmos dos capítulos introdutórios, transitaremos para uma expressão mais concisa de código **ggplot2**. Até agora fomos muito explícitos, o que é útil quando você está aprendendo:

```
ggplot(data = faithful, mapping = aes(x = eruptions)) +
  geom_freqpoly(binwidth = 0.25)
```

Normalmente, o primeiro ou os dois primeiros argumentos de uma função são tão importantes, que é recomendável que você os saiba de cor. Os dois primeiros argumentos de ggplot() são data e mapping, e os dois primeiros argumentos de aes() são x e y. No decorrer do livro, não forneceremos esses nomes. Isso economiza a digitação, e ao reduzir a quantidade de texto, fica mais fácil ver as diferenças entre os gráficos. Essa é uma preocupação muito importante de programação à qual voltaremos no Capítulo 15.

Reescrever o gráfico anterior mais concisamente produz:

```
ggplot(faithful, aes(eruptions)) +
  geom_freqpoly(binwidth = 0.25)
```

Às vezes transformaremos o final de um pipeline de transformação de dados em um gráfico. Observe a transição de %>% para +. Eu queria que essa transição não fosse necessária, mas infelizmente o **ggplot2** foi criado antes de o pipe ser descoberto:

```
diamonds %>%
  count(cut, clarity) %>%
  ggplot(aes(clarity, cut, fill = n)) +
    geom_tile()
```

Aprendendo Mais

Se você quer aprender mais sobre a mecânica do **ggplot2**, eu recomendaria obter uma cópia do livro **ggplot2** (*http://ggplot2.org/ book/* — conteúdo em inglês). Ele foi atualizado recentemente, então inclui código **dplyr** e **tidyr**, e tem muito mais espaço para explorar todas as facetas da visualização. Infelizmente, o livro não está disponível de graça, mas se você tiver alguma conexão com uma universidade, provavelmente conseguirá uma versão eletrônica através do SpringerLink.

Outro recurso útil é o *R Graphics Cookbook*, de Winston Chang. Recomendamos que acesse: *http://www.cookbook-r.com/Graphs/* (conteúdo em inglês).

Sugiro também o *Graphical Data Analysis with R*, de Antony Unwin. Este é um tratamento em tamanho de livro similar ao material abordado neste capítulo, mas tem espaço para se aprofundar em muito mais detalhes.

CAPÍTULO 6
Fluxo de Trabalho: Projetos

Um dia você precisará sair do R, fazer outra coisa, e então voltar à sua análise no dia seguinte. Um dia você estará trabalhando ao mesmo tempo em várias análises que usam R e precisará mantê-las separadas. Um dia você precisará trazer dados externos ao R e enviar resultados numéricos e cálculos do R para o mundo externo. Para lidar com essas situações reais, você precisa tomar duas decisões:

1. O que em sua análise é "real"? Isto é, o que você salvará como seu registro duradouro do que aconteceu?

2. Onde sua análise "vive"?

O que É Real?

Como usuário iniciante em R, não tem problema considerar seu ambiente (isto é, os objetos listados no painel de ambiente) "real". Entretanto, no longo prazo você ficará melhor se considerar seus scripts R como "reais".

Com seus scripts R (e arquivos de dados), você pode recriar o ambiente. É muito mais difícil recriar seus scripts R a partir de seu ambiente! Ou você terá que redigitar boa parte do código de que conseguir lembrar (cometendo erros o tempo todo), ou terá que minar cuidadosamente seu histórico do R.

Para estimular esse comportamento, recomendo que você instrua o RStudio a não preservar sua área de trabalho (workspace) entre as sessões:

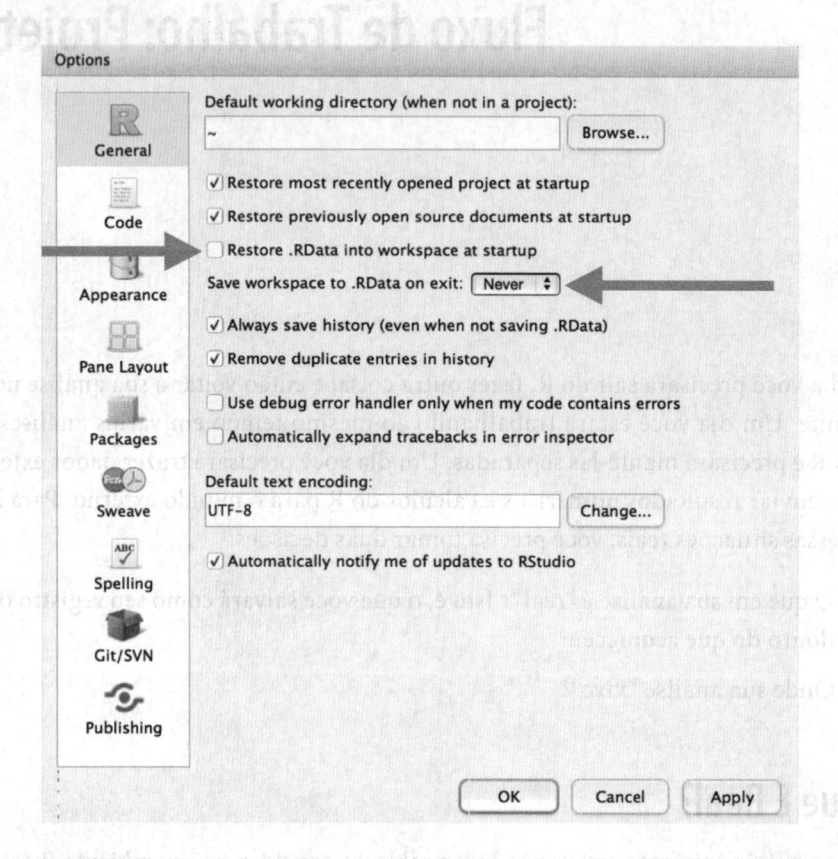

Isso lhe causará certa dor no curto prazo, porque agora, quando você reiniciar o RStudio, ele não lembrará dos resultados do código que você executou da última vez. Mas essa dor de curto prazo lhe salvará da agonia no longo prazo, porque o força a capturar no seu código todas as interações importantes. Não há nada pior do que descobrir, três meses depois do fato, que você só guardou os resultados de um cálculo importante na sua área de trabalho, não o cálculo em si em seu código.

Há um ótimo par de atalhos do teclado que funcionarão juntos para garantir que você capture as partes importantes de seu código no editor:

- Pressione Cmd/Ctrl-Shift-F10 para reiniciar o RStudio.
- Pressione Cmd/Ctrl-Shift-S para voltar ao script atual.

Eu uso esse padrão centenas de vezes por semana.

Onde a Sua Análise Vive?

R tem uma noção poderosa do *diretório de trabalho*. É nele que R busca os arquivos que você pediu para carregar e onde colocará qualquer arquivo que pedir que ele salve. O RStudio mostra seu diretório de trabalho atual no topo do console:

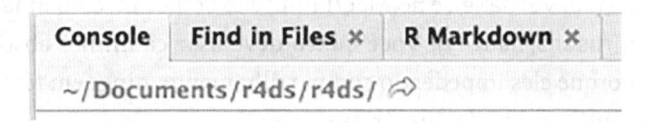

```
Console   Find in Files ×   R Markdown ×
~/Documents/r4ds/r4ds/
```

E você pode imprimir isso em código R executando `getwd()`:

```
getwd()
#> [1] "/Users/hadley/Documents/r4ds/r4ds"
```

Como usuário iniciante em R, está tudo bem deixar que seu diretório inicial, diretório de documentos ou qualquer outro diretório estranho em seu computador seja seu diretório de trabalho de R. Mas você já está no sexto capítulo deste livro e não pode mais ser classificado como iniciante. Muito em breve você deverá evoluir para organizar seus projetos analíticos em diretórios e, ao trabalhar em um projeto, configurar o diretório de trabalho de R para o diretório associado.

Eu não recomendo, mas você também pode configurar o diretório de trabalho dentro do R:

```
setwd("/path/to/my/CoolProject")
```

Mas você nunca deve fazer isso, porque há uma maneira melhor, uma maneira que também o coloca no caminho de administrar seu trabalho em R como um especialista.

Caminhos e Diretórios

Caminhos e diretórios são um pouco complicados, porque há dois estilos básicos de caminhos: Mac/Linux e Windows. Há três formas principais em que eles diferem:

- A diferença mais importante é como você separa os componentes do caminho. Mac e Linux usam barras (por exemplo, `plots/diamonds.pdf`), e Windows usa barras invertidas (por exemplo, `plots\diamonds.pdf`). R pode trabalhar com qualquer tipo (não importa a plataforma que você esteja usando atualmente), mas infelizmente as barras invertidas significam algo específico em R, e para ter uma única barra invertida no caminho você precisa digitar duas barras

invertidas! Isso torna a vida frustrante, então recomendo sempre usar o estilo Linux/Mac com barras normais.
- Caminhos absolutos (isto é, caminhos que apontam para o mesmo lugar, independente de seu diretório de trabalho) são diferentes. No Windows eles começam com uma letra de drive (por exemplo, C:) ou duas barras invertidas (por exemplo, \\servername), e no Mac/Linux eles começam com uma barra "/" (por exemplo, /users/hadley). Você *nunca* deve usar caminhos absolutos em seus scripts, porque eles impedem o compartilhamento: ninguém terá exatamente a mesma configuração de diretórios que você.
- A última e menor diferença é o local para o qual ~ aponta. ~ é um atalho conveniente para seu diretório inicial. O Windows não tem realmente uma noção de um diretório inicial, então, em vez disso, ele aponta para seu diretório de documentos.

Projetos RStudio

Especialistas em R mantêm todos os arquivos associados a um projeto — dados de entrada, scripts R, resultados analíticos, cálculos. Essa é uma prática tão sábia e comum, que o RStudio tem um suporte incorporado para isso via *projects*.

Vamos fazer um projeto para que você use enquanto trabalha no restante deste livro. Clique em File → New Project, e então:

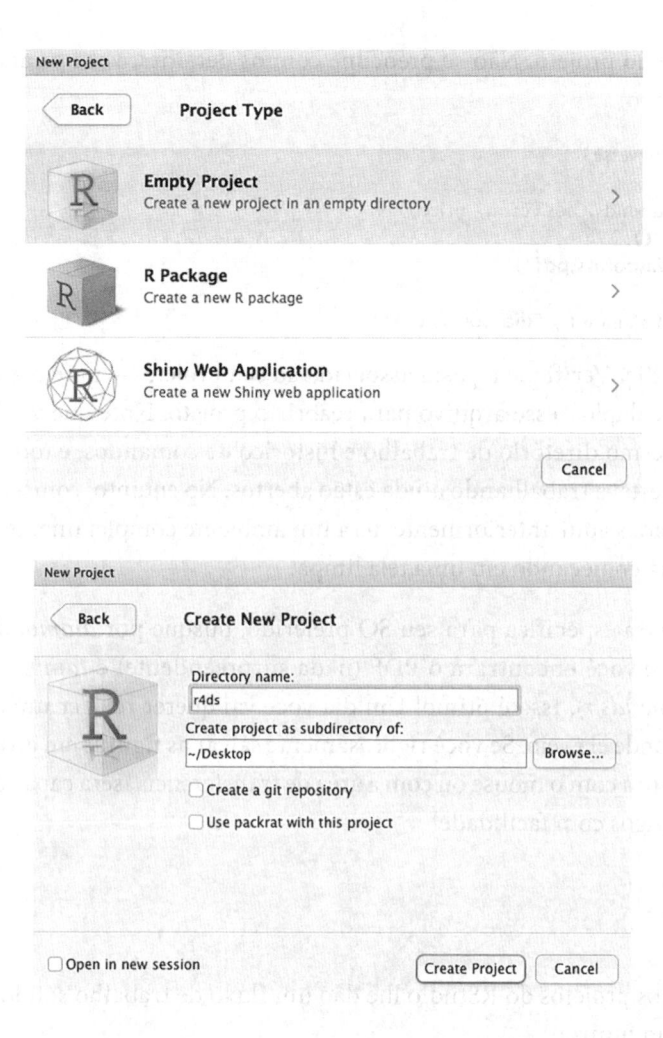

Chame seu projeto de r4ds e pense cuidadosamente em qual *subdiretório* você o colocará. Se não armazená-lo em um local sensato, será difícil de encontrá-lo no futuro!

Uma vez que este processo esteja completo, você terá um novo projeto RStudio só para este livro. Verifique se o diretório "inicial" de seu projeto é seu diretório de trabalho atual:

```
getwd()
#> [1] /Users/hadley/Documents/r4ds/r4ds
```

Sempre que se referir a um arquivo com um caminho relativo, ele procurará por ele aqui.

Agora insira os comandos a seguir no editor de script e salve o arquivo como *diamonds.R*. Em seguida, execute o script completo, que salvará um arquivo PDF e um CSV no seu diretório do projeto. Não se preocupe com os detalhes, você os aprenderá mais adiante no livro:

```
library(tidyverse)

ggplot(diamonds, aes(carat, price)) +
  geom_hex()
ggsave("diamonds.pdf")

write_csv(diamonds, "diamonds.csv")
```

Saia do RStudio. Verifique a pasta associada ao seu projeto — note o arquivo *.Rproj*. Dê um clique duplo nesse arquivo para reabrir o projeto. Note que você volta aonde parou: é o mesmo diretório de trabalho e histórico de comandos, e todos os arquivos em que você estava trabalhando ainda estão abertos. No entanto, como você seguiu as instruções dadas aqui anteriormente, terá um ambiente completamente novo, garantindo que está começando em uma tela limpa.

De sua maneira específica para seu SO preferido, busque por *diamonds.pdf* em seu computador e você encontrará o PDF (nada surpreendente) e *também o script que o criou* (*diamonds.r*). Isso é ótimo! Um dia você vai querer refazer uma figura ou só entender de onde ela veio. Se você rigorosamente salvar as figuras em arquivos *usando código R* e nunca com o mouse ou com a área de transferência, será capaz de reproduzir trabalhos antigos com facilidade!

Resumo

Resumindo, os projetos do RStudio lhe dão um fluxo de trabalho sólido que servirão bem a você no futuro:

- Crie um projeto RStudio para cada projeto de análise de dados.
- Mantenha os arquivos de dados lá. Falaremos sobre carregá-los no R no Capítulo 8.
- Mantenha os scripts lá. Edite-os e execute-os em partes ou como um todo.
- Salve seus resultados (gráficos e dados limpos) lá.
- Use sempre somente caminhos relativos, nunca caminhos absolutos.

Tudo o que você precisa está em um único lugar e claramente separado de todos os outros projetos nos quais está trabalhando.

PARTE II
Wrangle

Nesta parte do livro você aprenderá sobre data wrangling, a arte de colocar seus dados no R de forma útil para visualização e modelagem. O data wrangling é muito importante: sem ele você não consegue trabalhar com seus próprios dados! Há três partes principais nele:

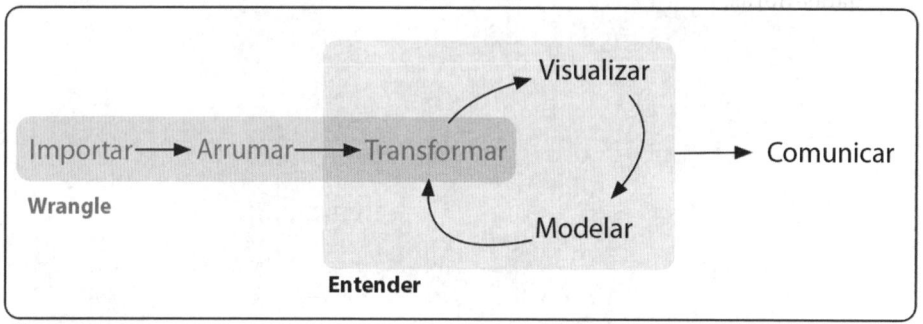

A partir daqui o livro evoluirá da seguinte forma:

- No Capítulo 7 você aprenderá sobre a variante do data frame que usamos aqui: o *tibble*. Aprenderá o que os diferencia dos data frames regulares e como você pode construí-los "à mão".
- No Capítulo 8 saberá como pegar seus dados do disco e colocá-los no R. Focaremos em formatos retangulares de texto simples, mas lhe daremos dicas de pacotes que ajudam com outros tipos de dados.

- No Capítulo 9 você aprenderá sobre a arrumação dos dados, uma maneira consistente de armazená-los que facilita a transformação, a visualização e a modelagem. Conhecerá os princípios inerentes e como colocar seus dados de maneira organizada.

O data wrangling também inclui a transformação de dados, sobre a qual você já aprendeu um pouco. Agora focaremos em novas habilidades para três tipos específicos de dados que você encontrará frequentemente na prática:

- O Capítulo 10 lhe dará ferramentas para trabalhar com múltiplos conjuntos de dados inter-relacionados.

- O Capítulo 11 introduzirá expressões regulares, uma ferramenta poderosa para manipular strings.

- O Capítulo 12 mostrará como o R armazena dados categóricos. Eles são usados quando uma variável tem um conjunto fixo de valores possíveis ou quando você quer usar uma ordem não alfabética de uma string.

- O Capítulo 13 lhe dará as ferramentas-chave para trabalhar com datas e datas-horas.

CAPÍTULO 7
Tibbles com tibble

Introdução

Ao longo deste livro trabalharemos com "tibbles", em vez do data.frame tradicional de R. Tibbles *são* data frames, mas eles ajustam alguns comportamentos antigos para facilitar a vida. O R é uma linguagem antiga, e algumas coisas que eram úteis há 10 ou 20 anos agora atrapalham. É difícil mudar o R base sem estragar o código existente, então a maioria das inovações ocorre em pacotes. Aqui descreveremos o pacote *tibble*, que fornece data frames obstinados que facilitam o trabalho no tidyverse. Na maioria dos lugares usarei os termos tibble e data frame de maneira intercambiável, e quando eu quiser chamar atenção especial para o data frame original do R, vou chamá-lo de data.frame.

Se este capítulo lhe deixar querendo aprender mais sobre tibbles, você pode gostar de vignette("tibble").

Pré-requisitos

Neste capítulo exploraremos o pacote **tibble**, parte do núcleo do tidyverse.

```
library(tidyverse)
```

Criando Tibbles

Quase todas as funções que você usará neste livro produzem tibbles, já que eles são um dos recursos unificadores do tidyverse. A maioria dos outros pacotes R usa data frames regulares, então você pode querer forçar um data frame em um tibble. Para fazer isso, use `as_tibble()`:

```
as_tibble(iris)
#> # A tibble: 150 × 5
#>   Sepal.Length Sepal.Width Petal.Length Petal.Width Species
#>          <dbl>       <dbl>        <dbl>       <dbl>  <fctr>
#> 1          5.1         3.5          1.4         0.2  setosa
#> 2          4.9         3.0          1.4         0.2  setosa
#> 3          4.7         3.2          1.3         0.2  setosa
#> 4          4.6         3.1          1.5         0.2  setosa
#> 5          5.0         3.6          1.4         0.2  setosa
#> 6          5.4         3.9          1.7         0.4  setosa
#> # ... with 144 more rows
```

É possível também criar um novo tibble a partir de vetores individuais com `tibble()`. O `tibble()` reciclará automaticamente as entradas de comprimento 1 e permitirá que você se refira a variáveis que acabou de criar, como mostrado aqui:

```
tibble(
  x = 1:5,
  y = 1,
  z = x ^ 2 + y
)
#> # A tibble: 5 × 3
#>       x     y     z
#>   <int> <dbl> <dbl>
#> 1     1     1     2
#> 2     2     1     5
#> 3     3     1    10
#> 4     4     1    17
#> 5     5     1    26
```

Se você já está familiarizado com `data.frame()`, note que `tibble()` faz muito menos: ele nunca muda o tipo das entradas (por exemplo, nunca converte strings em fatores!), não altera os nomes das variáveis e jamais cria nomes de linhas.

É possível que um tibble tenha nomes de colunas que não sejam nomes de variáveis válidos em R, também conhecidos como nomes *não sintáticos*. Por exemplo, podem não começar com uma letra ou podem conter caracteres incomuns, como um espaço. Para se referir a essas variáveis, você precisa cercá-las com backticks (acentos graves):

```
tb <- tibble(
  `:)` = "smile",
  ` ` = "space",
  `2000` = "number"
)
tb
```

```
#> # A tibble: 1 × 3
#>    `:)`   ` `   `2000`
#>    <chr>  <chr> <chr>
#> 1 smile  space number
```

Você também precisará de backticks ao trabalhar com essas variáveis em outros pacotes, como **ggplot2**, **dplyr** e **tidyr**.

Outra maneira de criar um tibble é com `tribble()`, abreviação de *transposed tibble* (tibble transposto). O `tribble()` é customizado para a entrada de dados por código: headers de colunas são definidos por fórmulas (isto é, começam com ~), e entradas são separadas por vírgulas. Isso possibilita dispor pequenas quantidades de dados de forma fácil de ler:

```
tribble(
  ~x, ~y, ~z,
  #--|--|----
  "a", 2, 3.6,
  "b", 1, 8.5
)
#> # A tibble: 2 × 3
#>    x     y     z
#>    <chr> <dbl> <dbl>
#> 1 a     2     3.6
#> 2 b     1     8.5
```

Eu frequentemente adiciono um comentário (a linha que começa com #) para deixar bem claro onde está o header.

Tibbles *versus* data.frame

Há duas diferenças principais no uso de um tibble *versus* um `data.frame` clássico: impressão e subconjuntos.

Impressão

Tibbles têm um método de impressão refinado, que mostra apenas as 10 primeiras linhas e todas as colunas que cabem na tela. Isso facilita muito o trabalho com dados grandes. Além de seu nome, cada coluna reporta seu tipo, um bom recurso emprestado de `str()`:

```
tibble(
  a = lubridate::now() + runif(1e3) * 86400,
  b = lubridate::today() + runif(1e3) * 30,
  c = 1:1e3,
  d = runif(1e3),
  e = sample(letters, 1e3, replace = TRUE)
)
```

```
#> # A tibble: 1,000 × 5
#>                     a          b     c     d e
#>                 <dttm>      <date> <int> <dbl> <chr>
#> 1 2016-10-10 17:14:14 2016-10-17     1 0.368 h
#> 2 2016-10-11 11:19:24 2016-10-22     2 0.612 n
#> 3 2016-10-11 05:43:03 2016-11-01     3 0.415 l
#> 4 2016-10-10 19:04:20 2016-10-31     4 0.212 x
#> 5 2016-10-10 15:28:37 2016-10-28     5 0.733 a
#> 6 2016-10-11 02:29:34 2016-10-24     6 0.460 v
#> # ... with 994 more rows
```

Tibbles são projetados para que você não sobrecarregue acidentalmente seu console ao imprimir data frames grandes. Mas às vezes você precisa de mais saídas do que a exibição padrão. Há algumas opções que podem ajudar.

Primeiro, você pode fazer print() explicitamente do data frame e controlar o número de linhas (n) e a largura (width) da exibição. width = Inf exibirá todas as colunas:

```
nycflights13::flights %>%
  print(n = 10, width = Inf)
```

Você também pode controlar o comportamento de impressão padrão estabelecendo opções:

- options(tibble.print_max = n, tibble.print_min = m): se mais de m linhas imprimir apenas n linhas. Use options(dplyr.print_min = Inf) para sempre mostrar todas as linhas.
- Use options(tibble.width = Inf) para imprimir sempre todas as colunas, independente da largura da tela.

Você pode ter uma lista completa de opções ao ver a ajuda de pacote com package?tibble.

Uma última opção é usar o visualizador de dados interno do RStudio para obter uma visualização do conjunto de dados completo em uma lista contínua. Isso é frequentemente útil no final de uma longa cadeia de manipulações:

```
nycflights13::flights %>%
  View()
```

Subconjuntos

Até agora, todas as ferramentas que você aprendeu trabalharam com data frames completos. Se você quiser puxar uma única variável, precisa de algumas ferramentas novas, $ e [[. O [[pode extrair por nome ou posição, e o $ só extrai por nome, mas tem um pouco menos de digitação:

```
df <- tibble(
  x = runif(5),
  y = rnorm(5)
)

# Extract by name
df$x
#> [1] 0.434 0.395 0.548 0.762 0.254
df[["x"]]
#> [1] 0.434 0.395 0.548 0.762 0.254

# Extract by position
df[[1]]
#> [1] 0.434 0.395 0.548 0.762 0.254
```

Para usá-los em um pipe, você precisará utilizar o marcador de posição especial .:

```
df %>% .$x
#> [1] 0.434 0.395 0.548 0.762 0.254
df %>% .[["x"]]
#> [1] 0.434 0.395 0.548 0.762 0.254
```

Comparados a um `data.frame`, tibbles são mais rígidos: eles nunca fazem combinações parciais, e gerarão um aviso se a coluna que você está tentando acessar não existir.

Interagindo com Códigos Mais Antigos

Algumas funções mais antigas não funcionam com tibbles. Se você encontrar uma dessas funções, use `as.data.frame()` para transformar um tibble de volta em um `data.frame`:

```
class(as.data.frame(tb))
#> [1] "data.frame"
```

A principal razão de algumas funções mais antigas não funcionarem com tibbles é a função [. Nós não usamos muito [neste livro, porque `dplyr::filter()` e `dplyr::select()` permitem que você resolva os mesmos problemas com um código mais limpo — mas você aprenderá um pouco sobre isso em "Subconjuntos", na página 300. Com data frames do R básico, o [às vezes retorna um data frame, e às vezes retorna um vetor. Com tibbles, o [sempre retorna outro tibble.

Exercícios

1. Como você consegue dizer se um objeto é um tibble? (Dica: tente imprimir `mtcars`, que é um data frame regular.)

2. Compare e contraste as seguintes operações em um `data.frame` e tibble equivalente. Qual é a diferença? Por que os comportamentos do data frame padrão podem lhe causar frustração?

    ```
    df <- data.frame(abc = 1, xyz = "a")
    df$x
    df[, "xyz"]
    df[, c("abc", "xyz")]
    ```

3. Se você tem o nome de uma variável armazenada em um objeto, por exemplo, `var <- "mpg"`, como pode extrair a variável de referência de um tibble?

4. Pratique referir-se a nomes não sintáticos, no data frame a seguir, ao:

    a. Extrair a variável chamada 1.

    b. Plotar um diagrama de dispersão de 1 *versus* 2.

    c. Criar uma nova coluna chamada 3, que é 2 dividido por 1.

    d. Renomear as colunas para one, two e three:

    ```
    annoying <- tibble(
      `1` = 1:10,
      `2` = `1` * 2 + rnorm(length(`1`))
    )
    ```

5. O que `tibble::enframe()` faz? Quando você pode usá-lo?

6. Que opção controla quantos nomes de colunas adicionais são impressos no rodapé de um tibble?

CAPÍTULO 8
Importando Dados com readr

Introdução

Trabalhar com dados fornecidos por pacotes R é uma ótima maneira de aprender as ferramentas de ciência de dados, mas em algum ponto você irá querer parar de aprender e começar a trabalhar com seus próprios dados. Neste capítulo você aprenderá a ler arquivos retangulares de texto simples no R. Aqui apenas arranharemos a superfície da importação de dados, mas muitos dos princípios se traduzirão para outras formas de dados. Terminaremos com algumas dicas de pacotes úteis para outros tipos de dados.

Pré-requisitos

Neste capítulo você aprenderá a carregar arquivos simples em R com o pacote **readr**, que faz parte do núcleo do tidyverse.

```
library(tidyverse)
```

Começando

A maioria das funções de **readr** é focada em transformar arquivos simples em data frames:

- `read_csv()` lê arquivos delimitados por vírgulas, `read_csv2()` lê arquivos separados por ponto e vírgula (comum em países onde a `,` é usada como casa decimal), `read_tsv()` lê arquivos delimitados por tabulações, e `read_delim()` lê arquivos com qualquer delimitador.

- `read_fwf()` lê arquivos de largura fixa. Você pode especificar campos por suas larguras com `fwf_widths()` ou por suas posições com `fwf_positions()`. O `read_table()` lê uma variação comum de arquivos de largura fixa, onde colunas são separadas por espaços em branco.

- `read_log()` lê arquivos de registro do estilo Apache. (Mas confira também **webreadr** [*https://github.com/Ironholds/webreadr* — conteúdo em inglês], que é construído em cima de `read_log()` e fornece muitas outras ferramentas úteis.)

Todas essas funções têm sintaxes parecidas. Uma vez que tenha dominado uma delas, você pode usar as outras com facilidade. No restante deste capítulo focaremos em `read_csv()`. Os arquivos CSV não são só uma das formas mais comuns de armazenamento de dados, mas uma vez que você tenha entendido `read_csv()`, poderá aplicar facilmente seu conhecimento a todas as outras funções em **readr**.

O primeiro argumento de `read_csv()` é o mais importante; é o caminho para o arquivo a ser lido:

```
heights <- read_csv("data/heights.csv")
#> Parsed with column specification:
#> cols(
#>   earn = col_double(),
#>   height = col_double(),
#>   sex = col_character(),
#>   ed = col_integer(),
#>   age = col_integer(),
#>   race = col_character()
#> )
```

Quando você executa `read_csv()`, ele imprime uma especificação de coluna que lhe dá o nome e o tipo de cada uma. Essa é uma parte importante de **readr**, para a qual voltaremos em "Analisando um Arquivo", na página 138.

Você também pode fornecer um arquivo CSV em linha. Isso é útil para experimentar com **readr** e para criar exemplos reprodutíveis para compartilhar com outras pessoas:

```
read_csv("a, b, c
1, 2, 3
4, 5, 6")
#> # A tibble: 2 × 3
#>       a     b     c
#>   <int> <int> <int>
#> 1     1     2     3
#> 2     4     5     6
```

Em ambos os casos, `read_csv()` usa a primeira linha dos dados para nomes de colunas, o que é uma convenção muito comum. Há dois casos em que você pode querer ajustar esse comportamento:

- Às vezes há algumas linhas de metadados no topo do arquivo. Você pode usar `skip = n` para pular as primeiras n linhas, ou usar `comment = "#"` para deixar de lado todas as linhas que começam , por exemplo, com #:

    ```
    read_csv("The first line of metadata
      The second line of metadata
      x, y, z
      1, 2, 3", skip = 2)
    #> # A tibble: 1 × 3
    #>       x     y     z
    #>   <int> <int> <int>
    #> 1     1     2     3

    read_csv("# A comment I want to skip
      x, y, z
      1, 2, 3", comment = "#")
    #> # A tibble: 1 × 3
    #>       x     y     z
    #>   <int> <int> <int>
    #> 1     1     2     3
    ```

- Os dados podem não ter nomes de colunas. Nesse caso, use `col_names = FALSE` para dizer a `read_csv()` para não tratar a primeira linha como cabeçalhos e, em vez disso, rotulá-las sequencialmente de X1 a Xn:

    ```
    read_csv("1, 2, 3\n4, 5, 6", col_names = FALSE)
    #> # A tibble: 2 × 3
    #>      X1    X2    X3
    #>   <int> <int> <int>
    #> 1     1     2     3
    #> 2     4     5     6
    ```

("\n" é um atalho conveniente para adicionar uma nova linha. Você aprenderá mais sobre esse e outros tipos de escape de string em "O Básico sobre Strings", na página 195.)

Alternativamente, você pode passar para `col_names` um vetor de caracteres, que será usado como os nomes das colunas:

```
read_csv("1, 2, 3\n4, 5, 6", col_names = c("x", "y", "z"))
#> # A tibble: 2 × 3
#>       x     y     z
#>   <int> <int> <int>
```

```
#> 1    1    2    3
#> 2    4    5    6
```

Outra opção que normalmente precisa de ajustes é na. Ela especifica o valor (ou valores) usado para representar valores faltantes em seu arquivo:

```
read_csv("a,b,c\n1,2,.", na = ".")
#> # A tibble: 1 × 3
#>       a     b     c
#>   <int> <int> <chr>
#> 1     1     2  <NA>
```

Isso é tudo o que você precisa saber para ler aproximadamente 75% dos arquivos CSV que encontrará na prática. Você também pode adaptar facilmente o que aprendeu para ler arquivos separados por tabulações com read_tsv() e arquivos com larguras fixas com read_fwf(). Para ler arquivos mais desafiadores, será necessário aprender mais sobre como **readr** analisa cada coluna, transformando-as em vetores R.

Comparado ao R Base

Se você já usou R, deve estar pensando em por que não estamos usando read.csv(). Há algumas boas razões para preferirmos funções **readr** às equivalentes do R base:

- Elas normalmente são muito mais rápidas (aproximadamente 10x) que suas equivalentes do R base. Trabalhos de longa duração têm uma barra de progresso, possibilitando acompanhar o que está acontecendo. Se você estiver buscando velocidade bruta, experimente data.table::fread(). Não se encaixa tão bem no tidyverse, mas pode ser bem mais rápida.
- Elas produzem tibbles e não convertem vetores de caracteres em fatores, não usam nomes de linhas nem manipulam os nomes de colunas. Essas são fontes comuns de insatisfação com as funções do R base.
- Elas são mais reprodutíveis. Funções de R base herdam alguns comportamentos de seu sistema operacional e das variáveis do ambiente. Portanto, importar um código que funcione em seu computador pode não funcionar no computador de outra pessoa.

Exercícios

1. Qual função você usaria para ler um arquivo em que os campos são separados por "|"?

2. Além de `file`, `skip` e `comment`, quais outros argumentos `read_csv()` e `read_tsv()` têm em comum?
3. Quais são os argumentos mais importantes de `read_fwf()`?
4. Às vezes, strings em um arquivo CSV contêm vírgulas. Para evitar que causem problemas, elas precisam ser cercadas por um caractere de aspas, como " ou '. Por convenção, `read_csv()` supõe que as aspas serão ", e se você quiser mudá-las, precisará usar `read_delim()`. Quais argumentos você precisa especificar para ler o texto a seguir em um data frame?

    "x, y\n1, 'a, b'"

5. Identifique o que há de errado com cada um dos seguintes arquivos CSV em linha. O que acontece quando você executa o código?

    ```
    read_csv("a, b\n1, 2, 3\n4, 5, 6")
    read_csv("a, b, c\n1, 2\n1, 2, 3, 4")
    read_csv("a, b\n\"1")
    read_csv("a, b\n1, 2\na, b")
    read_csv("a; b\n1; 3")
    ```

Analisando um Vetor

Antes de entrarmos em detalhes de como **readr** lê arquivos do disco, precisamos fazer um desvio para falar sobre as funções `parse_*()`. Essas funções recebem um vetor de caracteres e retornam um vetor mais especializado como um lógico, inteiro ou data:

```
str(parse_logical(c("TRUE", "FALSE", "NA")))
#> logi [1:3] TRUE FALSE NA
str(parse_integer(c("1", "2", "3")))
#> int [1:3] 1 2 3
str(parse_date(c("2010-01-01", "1979-10-14")))
#> Date[1:2], format: "2010-01-01" "1979-10-14"
```

Essas funções são úteis em si, mas também são um bloco de construção importante para **readr**. Uma vez que você tenha aprendido aqui como analisadores individuais trabalham, voltaremos para ver como eles se encaixam para analisar um arquivo completo na próxima seção.

Como todas as funções do tidyverse, as funções `parse_*()` são uniformes. O primeiro argumento é um vetor de caractere para analisar, e o argumento na especifica quais strings devem ser tratadas como faltantes:

```
parse_integer(c("1", "231", ".", "456"), na = ".")
#> [1]   1 231  NA 456
```

Se a análise falhar, você obterá um aviso:

```
x <- parse_integer(c("123", "345", "abc", "123.45"))
#> Warning: 2 parsing failures.
#> row col               expected actual
#>   3  -- an integer               abc
#>   4  -- no trailing characters   .45
```

E as falhas estarão como faltantes na saída:

```
x
#> [1] 123 345  NA  NA
#> attr(,"problems")
#> # A tibble: 2 x 4
#>     row   col             expected actual
#>   <int> <int>                <chr>  <chr>
#> 1     3    NA            an integer   abc
#> 2     4    NA no trailing characters   .45
```

Se houver muitas falhas de análise, você precisará usar **problems()** para obter o conjunto completo. Ele retorna um tibble, que você pode então manipular com **dplyr**:

```
problems(x)
#> # A tibble: 2 x 4
#>     row   col             expected actual
#>   <int> <int>                <chr>  <chr>
#> 1     3    NA            an integer   abc
#> 2     4    NA no trailing characters   .45
```

Usar analisadores é mais uma questão de entender o que está disponível e como lidar com os diferentes tipos de entradas. Há oito analisadores particularmente importantes:

- **parse_logical()** e **parse_integer()** são analisadores lógicos e inteiros, respectivamente. Não há absolutamente nada que possa dar errado com eles, então não os descreverei aqui em mais detalhes.

- **parse_double()** é um analisador numérico estrito, e **parse_number()** é um analisador numérico flexível. Estes são mais complicados do que você esperaria, porque cada lugar do mundo escreve números de maneiras diferentes.

- **parse_character()** parece tão simples que não deveria ser necessário. Mas uma complicação o torna bem importante: codificação de caracteres.

- `parse_factor()` cria fatores, a estrutura de dados que R usa para representar variáveis categóricas com valores fixos e conhecidos.
- `parse_datetime()`, `parse_date()` e `parse_time()` permitem que você analise várias especificações de data e hora. São os mais complicados, porque há muitas maneiras diferentes de escrever datas.

As próximas seções descrevem esses analisadores em mais detalhes.

Números

Analisar um número deveria ser uma coisa fácil, mas há três problemas complicadores:

- Pessoas escrevem números de maneiras diferentes em diversas partes do mundo. Por exemplo, alguns países usam . entre as partes inteira e fracional de um número real, enquanto outros usam ,.
- Números são frequentemente cercados por outros caracteres que fornecem algum contexto, como "$1000" ou "10%".
- Números contêm, constantemente, caracteres de "agrupamento" para facilitar sua leitura, como "1.000.000", e esses caracteres variam por todo o mundo.

Para tratar do primeiro problema, **readr** tem a noção de uma "localização", um objeto que especifica opções de análise que diferem de lugar para lugar. Ao analisar números, a opção mais importante é o caractere que você usa para a marca decimal. Você pode ignorar o valor padrão de . ao criar uma nova localização e estabelecer o argumento `decimal_mark`:

```
parse_double("1.23")
#> [1] 1.23
parse_double("1,23", locale = locale(decimal_mark = ","))
#> [1] 1.23
```

A localização padrão do **readr** é centrada nos Estados Unidos, porque geralmente o R tem sua sede lá (isto é, a documentação do R base é escrita em inglês norte-americano). Uma abordagem alternativa seria tentar adivinhar os padrões de seu sistema operacional. Isso é difícil de fazer bem e, o mais importante, fragiliza seu código: mesmo que funcione em seu computador, pode falhar quando você o enviar por e-mail para um colega em outro país.

`parse_number()` lida com o segundo problema: ele ignora caracteres não numéricos antes e depois de um número. Isso é particularmente útil para moedas e porcentagens, mas também funciona para extrair números inseridos em textos:

```
parse_number("$100")
#> [1] 100
parse_number("20%")
#> [1] 20
parse_number("It cost $123.45")
#> [1] 123
```

O problema final é tratado pela combinação de `parse_number()` e a localização, já que `parse_number()` ignorará a "marca de agrupamento":

```
# Used in America
parse_number("$123,456,789")
#> [1] 1.23e+08

# Used in many parts of Europe
parse_number(
  "123.456.789",
  locale = locale(grouping_mark = ".")
)
#> [1] 1.23e+08

# Used in Switzerland
parse_number(
  "123'456'789",
  locale = locale(grouping_mark = "'")
)
#> [1] 1.23e+08
```

Strings

`parse_character()` deveria ser bem simples — poderia retornar só sua entrada. Infelizmente, a vida não é tão simples, pois há diversas maneiras de representar a mesma string. Para entender o que acontece, precisamos mergulhar nos detalhes de como os computadores representam strings. Em R, podemos obter uma representação subjacente de uma string usando `charToRaw()`:

```
charToRaw("Hadley")
#> [1] 48 61 64 6c 65 79
```

Cada número hexadecimal representa um byte de informação: 48 é H, 61 é a, e assim por diante. O mapeamento de um número hexadecimal para caractere é chamado de codificação, e, neste caso, a codificação é chamada de ASCII. O ASCII faz um ótimo trabalho representando caracteres do inglês, porque é o Código Padrão *Americano* para o Intercâmbio de Informação (*American* Standard Code for Information Interchange).

As coisas complicam para línguas diferentes do inglês. No início da computação havia muitos padrões concorrentes para codificar caracteres em outros idiomas, e para interpretar corretamente uma string você precisava saber ambos, os valores e a codificação. Por exemplo, duas codificações comuns são Latin1 (também conhecida como ISO-8859-1, usada para línguas da Europa Ocidental) e Latin2 (também conhecida como ISO-8859-2, usada para línguas do Leste Europeu). Em Latin1, o byte b1 é "±", mas em Latin2, é um "ą"! Felizmente, hoje há um padrão que é suportado em quase qualquer lugar: o UTF-8. Esse padrão pode codificar praticamente qualquer caractere usado por humanos hoje, bem como muitos símbolos extras (como emojis!).

readr usa UTF-8 em toda parte: ele supõe que seus dados são codificados em UTF-8 quando você os lê, e sempre o utiliza ao escrever. Esse é um bom padrão, mas falhará para dados produzidos por sistemas mais antigos que não entendem UTF-8. Se isso acontecer, suas strings ficarão estranhas quando imprimi-las. Às vezes apenas um ou dois caracteres podem ficar bagunçados; outras vezes você obtém uma completa confusão. Por exemplo:

```
x1 <- "El Ni\xf1o was particularly bad this year"
x2 <- "\x82\xb1\x82\xf1\x82\xc9\x82\xbf\x82\xcd"
```

Para corrigir o problema, você precisa especificar a codificação em `parse_character()`:

```
parse_character(x1, locale = locale(encoding = "Latin1"))
#> [1] "El Niño was particularly bad this year"
parse_character(x2, locale = locale(encoding = "Shift-JIS"))
#> [1] "こんにちは"
```

Como você descobre a codificação correta? Se tiver sorte, ela estará inclusa em algum lugar da documentação dos dados. Infelizmente, esse é um caso raro, então **readr** fornece `guess_encoding()` para ajudá-lo a descobrir. Não é infalível e funciona melhor quando você tem muito texto (diferente do que temos aqui), mas é um lugar razoável para começar. Espere tentar algumas codificações diferentes antes de encontrar a certa:

```
guess_encoding(charToRaw(x1))
#>      encoding confidence
#> 1 ISO-8859-1       0.46
#> 2 ISO-8859-9       0.23
guess_encoding(charToRaw(x2))
```

```
#>   encoding confidence
#> 1   KOI8-R        0.42
```

O primeiro argumento de guess_encoding() pode ser ou um caminho para um arquivo ou, como neste caso, um vetor bruto (útil se as strings já estiverem no R).

Codificações são um tópico rico e complexo, e eu só dei uma passada de leve aqui. Se você quiser aprender mais, recomendo ler a explicação detalhada em *http://kunststube. net/encoding/* (conteúdo em inglês).

Fatores

O R usa fatores para representar variáveis categóricas que têm um conjunto conhecido de valores possíveis. Dê a parse_factor() um vetor de levels conhecidos para gerar um aviso sempre que um valor inesperado for apresentado:

```
fruit <- c("apple", "banana")
parse_factor(c("apple", "banana", "bananana"), levels = fruit)
#> Warning: 1 parsing failure.
#> row col             expected   actual
#>   3 -- value in level set bananana
#> [1] apple  banana <NA>
#> attr(,"problems")
#> # A tibble: 1 × 4
#>     row col             expected actual
#>   <int> <int>              <chr>  <chr>
#> 1     3    NA value in level set bananana
#> Levels: apple banana
```

Mas se você tiver muitas entradas problemáticas, normalmente é mais fácil deixá-las como vetores de caracteres e então usar as ferramentas que você aprenderá nos Capítulos 11 e 12 para limpá-las.

Datas, Data-Horas e Horas

Escolha um dos três analisadores caso queira uma data (o número de dias desde 01-01-1970), uma data-hora (o número de segundos desde a meia-noite de 01-01-1970) ou uma hora (o número de segundos desde a meia-noite). Quando chamado sem nenhum argumento adicional:

- parse_datetime() espera uma data-hora ISO8601. O ISO8601 é um padrão internacional em que os componentes de uma data são organizados do maior para o menor: ano, mês, dia, hora, minuto, segundo.

```
parse_datetime("2010-10-01T2010")
#> [1] "2010-10-01 20:10:00 UTC"

# If time is omitted, it will be set to midnight
parse_datetime("20101010")
#> [1] "2010-10-10 UTC"
```

Esse é o padrão data-hora mais importante. Se você trabalha com datas e horas frequentemente, recomendo que leia *https://pt.wikipedia.org/wiki/ISO_8601*.

- `parse_date()` prevê um ano de quatro dígitos, um - ou /, o mês, um - ou /, e então o dia:

  ```
  parse_date("2010-10-01")
  #> [1] "2010-10-01"
  ```

- `parse_time()` prevê a hora, :, minutos, opcionalmente : e segundos, e um especificador adicional a.m./p.m. (manhã/noite, no sistema de 12h):

  ```
  library(hms)
  parse_time("01:10 am")
  #> 01:10:00
  parse_time("20:10:01")
  #> 20:10:01
  ```

O R base não tem uma classe incorporada muito boa para dados de tempo, então usamos a fornecida pelo pacote **hms**.

Se esses padrões não funcionarem para seus dados, você pode fornecer seu próprio `format` de data-hora, construído pelas seguintes partes:

Ano

%Y (4 dígitos).

%y (2 dígitos; 00-69 → 2000-2069, 70-99 → 1970-1999).

Mês

%m (2 dígitos).

%b (nome abreviado, como "Jan").

%B (nome completo, "Janeiro").

Dia

%d (2 dígitos).

%e (espaço à esquerda opcional).

Hora

%H (formato de hora 0-23).

%I (formato de hora 0-12, deve ser usado com %p).

%p (indicador a.m./p.m.).

%M (minutos).

%S (segundos inteiros).

%OS (segundos reais).

%Z (fuso horário [um nome, por exemplo, America/Chicago]). Nota: cuidado com as abreviações. Se você for norte-americano, note que "EST" é um fuso horário canadense que não tem horário de verão. É o Eastern Standard Time (Zona de Tempo Oriental)! Voltaremos a isso em "Fusos Horários", na página 254.

%z (como offset do UTC, por exemplo, +0800).

Não dígitos

%. (pula um caractere não dígito).

%* (pula qualquer número não dígito).

A melhor maneira de descobrir o formato correto é criar alguns exemplos em um vetor de caractere e testar com uma das funções analisadoras. Por exemplo:

```
parse_date("01/02/15", "%m/%d/%y")
#> [1] "2015-01-02"
parse_date("01/02/15", "%d/%m/%y")
#> [1] "2015-02-01"
parse_date("01/02/15", "%y/%m/%d")
#> [1] "2001-02-15"
```

Se você está usando %b ou %B com nomes de meses em outra língua que não o inglês, precisará configurar o argumento lang para locale(). Veja a lista de idiomas incorporada em date_names_langs(). Se sua língua ainda não estiver inclusa, crie os nomes com date_names():

```
parse_date("1 janvier 2015", "%d %B %Y", locale = locale("fr"))
#> [1] "2015-01-01"
```

Exercícios

1. Quais são os argumentos mais importantes de locale()?

2. O que acontece se você tentar configurar `decimal_mark` e `grouping_mark` com o mesmo caractere? O que acontece com o valor padrão de `grouping_mark` quando você configura `decimal_mark` como ","? O que acontece com o valor padrão de `decimal_mark` quando você configura `grouping_mark` como "."?

3. Eu não discuti as opções `date_format` e `time_format` para `locale()`. O que elas fazem? Construa um exemplo que mostre quando podem ser úteis.

4. Se você mora fora dos Estados Unidos, crie um novo objeto de localização que englobe as configurações para os tipos de arquivo que você mais comumente lê.

5. Qual é a diferença entre `read_csv()` e `read_csv2()`?

6. Quais são as codificações mais usadas na Europa? Quais são as codificações usadas na Ásia? Procure no Google para descobrir.

7. Gere a string de formatação correta para analisar cada uma das datas e horas a seguir:

```
d1 <- "January 1, 2010"
d2 <- "2015-Mar-07"
d3 <- "06-Jun-2017"
d4 <- c("August 19 (2015)", "July 1 (2015)")
d5 <- "12/30/14" # Dec 30, 2014
t1 <- "1705"
t2 <- "11:15:10.12 PM"
```

Analisando um Arquivo

Agora que você aprendeu a analisar vetores individuais, é hora de voltar ao começo e explorar como o **readr** analisa um arquivo. Há duas coisas novas que você aprenderá nesta seção:

- Como **readr** adivinha automaticamente o tipo de cada coluna.
- Como sobrescrever a especificação padrão.

Estratégia

O **readr** usa uma heurística para descobrir o tipo de cada coluna: ele lê as primeiras 1.000 linhas e usa algumas heurísticas (moderadamente conservadoras) para identificar. Você pode emular esse processo com um vetor de caracteres usando `guess_parser()`, que retorna o melhor palpite do **readr**, e `parse_guess()`, que usa esse palpite para analisar a coluna:

```
guess_parser("2010-10-01")
#> [1] "date"
guess_parser("15:01")
#> [1] "time"
guess_parser(c("TRUE", "FALSE"))
#> [1] "logical"
guess_parser(c("1", "5", "9"))
#> [1] "integer"
guess_parser(c("12,352,561"))
#> [1] "number"

str(parse_guess("2010-10-10"))
#>  Date[1:1], format: "2010-10-10"
```

A heurística experimenta cada um dos tipos a seguir, parando quando encontra uma combinação:

lógica

Contém apenas "F", "T", "FALSE" ou "TRUE".

inteiro

Contém apenas caracteres numéricos (e -).

double

Contém apenas doubles válidos (incluindo números como `4.5e-5`).

número

Contém doubles válidos com a marca de agrupamento inserida.

hora

Combina o `time_format` padrão.

data

Combina o `date_format` padrão.

data-hora

Qualquer data ISO8601.

Se nenhuma dessas regras se aplicar, então a coluna ficará como um vetor de strings.

Problemas

Esses padrões nem sempre funcionam para arquivos maiores. Há dois problemas básicos:

- As primeiras 1.000 linhas podem ser um caso especial, e **readr** adivinha um tipo que não é geral o suficiente. Por exemplo, você pode ter uma coluna de doubles que só contém inteiros nas primeiras 1.000 linhas.
- A coluna pode conter vários valores faltantes. Se as primeiras 1.000 linhas contêm apenas NAs, o **readr** achará que é um vetor de caracteres, enquanto você provavelmente quer analisá-la como algo mais específico.

O **readr** contém um CSV desafiador que ilustra ambos os problemas:

```
challenge <- read_csv(readr_example("challenge.csv"))
#> Parsed with column specification:
#> cols(
#>   x = col_integer(),
#>   y = col_character()
#> )
#> Warning: 1000 parsing failures.
#>  row col               expected              actual
#> 1001   x   no trailing characters  .23837975086644292
#> 1002   x   no trailing characters  .41167997173033655
#> 1003   x   no trailing characters  .7460716762579978
#> 1004   x   no trailing characters  .723450553836301
#> 1005   x   no trailing characters  .614524137461558
#> .... ...  ......................  ..................
#> See problems(...) for more details.
```

(Note o uso de `readr_example()`, que encontra o caminho para um dos arquivos incluídos com o pacote.)

Há duas saídas impressas: a especificação de coluna gerada pela observação das primeiras 1.000 linhas e as primeiras cinco falhas de análise. É sempre uma boa ideia destacar explicitamente os `problems()`, para que você possa explorá-los com mais profundidade:

```
problems(challenge)
#> # A tibble: 1,000 × 4
#>     row   col                 expected              actual
#>   <int> <chr>                    <chr>               <chr>
#> 1  1001     x   no trailing characters  .23837975086644292
#> 2  1002     x   no trailing characters  .41167997173033655
#> 3  1003     x   no trailing characters   .7460716762579978
```

```
#> 4  1004     x no trailing characters   .723450553836301
#> 5  1005     x no trailing characters   .614524137461558
#> 6  1006     x no trailing characters   .473980569280684
#> # ... with 994 more rows
```

Uma boa estratégia é trabalhar coluna por coluna até que não haja problema restante. Aqui podemos ver que há vários problemas de análise com a coluna x — há caracteres à direita depois do valor inteiro. Isso sugere que precisamos usar um analisador double.

Para corrigir o chamado, comece copiando e colando a especificação de coluna na sua chamada original:

```
challenge <- read_csv(
  readr_example("challenge.csv"),
  col_types = cols(
    x = col_integer(),
    y = col_character()
  )
)
```

Então você pode ajustar o tipo da coluna x:

```
challenge <- read_csv(
  readr_example("challenge.csv"),
  col_types = cols(
    x = col_double(),
    y = col_character()
  )
)
```

Isso corrige o primeiro problema, mas se olharmos nas últimas linhas, você verá que suas datas estão armazenadas em um vetor de caracteres:

```
tail(challenge)
#> # A tibble: 6 × 2
#>       x    y
#>   <dbl>    <chr>
#> 1 0.805 2019-11-21
#> 2 0.164 2018-03-29
#> 3 0.472 2014-08-04
#> 4 0.718 2015-08-16
#> 5 0.270 2020-02-04
#> 6 0.608 2019-01-06
```

Você pode corrigir isso especificando que y é uma coluna de datas:

```
challenge <- read_csv(
  readr_example("challenge.csv"),
  col_types = cols(
    x = col_double(),
    y = col_date()
```

```
                )
            )
tail(challenge)
#> # A tibble: 6 × 2
#>       x          y
#>     <dbl>     <date>
#> 1   0.805  2019-11-21
#> 2   0.164  2018-03-29
#> 3   0.472  2014-08-04
#> 4   0.718  2015-08-16
#> 5   0.270  2020-02-04
#> 6   0.608  2019-01-06
```

Toda função `parse_xyz()` tem uma função `col_xyz()` correspondente. Você usa `parse_xyz()` quando os dados já estão em um vetor de caracteres no R, e usa `col_xyz()` quando quer dizer ao **readr** como carregar os dados.

Eu recomendo sempre fornecer `col_types`, construindo a partir da impressão fornecida por **readr**. Isso garante que você tenha um script de importação de dados consistente e reprodutível. Se você depender dos palpites padrões e seus dados mudarem, **readr** continuará a lê-los. Se quiser ser realmente rígido, use `stop_for_problems()`: isso causará um erro e paralizará seu script se houver quaisquer problemas de análise.

Outras Estratégias

Há algumas outras estratégias gerais para ajudá-lo a analisar arquivos:

- No exemplo anterior, só tivemos azar: se observarmos só mais uma linha do padrão, poderemos analisar corretamente em uma nova tentativa:

    ```
    challenge2 <- read_csv(
                    readr_example("challenge.csv"),
                    guess_max = 1001
                )
    #> Parsed with column specification:
    #> cols(
    #>   x = col_double(),
    #>   y = col_date(format = "")
    #> )
    challenge2
    #> # A tibble: 2,000 × 2
    #>       x       y
    #>     <dbl>  <date>
    #> 1    404    <NA>
    ```

```
#> 2   4172    <NA>
#> 3   3004    <NA>
#> 4    787    <NA>
#> 5     37    <NA>
#> 6   2332    <NA>
#> # ... with 1,994 more rows
```

- Às vezes é mais fácil diagnosticar problemas se você ler todas as colunas como vetores de caracteres:

    ```
    challenge2 <- read_csv(readr_example("challenge.csv"),
      col_types = cols(.default = col_character())
    )
    ```

    Isso é particularmente útil em conjunção com type_convert(), que aplica as heurísticas de análise às colunas de caracteres em um data frame:

    ```
    df <- tribble(
      ~x,  ~y,
      "1", "1.21",
      "2", "2.32",
      "3", "4.56"
    )
    df
    #> # A tibble: 3 × 2
    #>   x     y
    #>   <chr> <chr>
    #> 1 1     1.21
    #> 2 2     2.32
    #> 3 3     4.56

    # Note the column types
    type_convert(df)
    #> Parsed with column specification:
    #> cols(
    #>   x = col_integer(),
    #>   y = col_double()
    #> )
    #> # A tibble: 3 × 2
    #>       x     y
    #>   <int> <dbl>
    #> 1     1  1.21
    #> 2     2  2.32
    #> 3     3  4.56
    ```

- Se você estiver lendo um arquivo muito grande, talvez queira configurar n_max como um número pequeno, como 10.000 ou 100.000. Isso acelerará suas iterações enquanto elimina problemas comuns.

- Se estiver tendo problemas grandes de análise, talvez seja mais fácil ler um vetor de caracteres de linhas com `read_lines()`, ou até um vetor de caracteres de comprimento 1 com `read_file()`. Dessa forma você pode usar as habilidades de análise de strings — que aprenderá mais tarde — para analisar formatos mais exóticos.

Escrevendo em um Arquivo

O **readr** também vem com duas funções úteis para escrever dados de volta no disco: `write_csv()` e `write_tsv()`. Ambas as funções aumentam as chances de o arquivo de saída ser lido corretamente devido a:

- Sempre codificar strings em UTF-8.
- Salvar datas e datas-horas em formato ISO8601 para que possam ser analisadas facilmente em qualquer lugar.

Se quiser exportar um arquivo CSV para o Excel, use `write_excel_csv()` — ele escreve um caractere especial (uma "marca de ordem de byte") no começo do arquivo, que diz ao Excel que você está usando codificação UTF-8.

Os argumentos mais importantes são `x` (o data frame a ser salvo) e `path` (o local para salvá-lo). Você também pode especificar como os valores faltantes são escritos com `na`, e se você quer `append` (acrescentar) a um arquivo existente:

```
write_csv(challenge, "challenge.csv")
```

Note que a informação sobre tipos é perdida quando você salva em CSV:

```
challenge
#> # A tibble: 2,000 × 2
#>       x      y
#>   <dbl> <date>
#> 1   404   <NA>
#> 2  4172   <NA>
#> 3  3004   <NA>
#> 4   787   <NA>
#> 5    37   <NA>
#> 6  2332   <NA>
#> # ... with 1,994 more rows
write_csv(challenge, "challenge-2.csv")
read_csv("challenge-2.csv")
#> Parsed with column specification:
#> cols(
#>   x = col_double(),
#>   y = col_character()
#> )
```

```
#> # A tibble: 2,000 × 2
#>       x     y
#>   <dbl> <chr>
#> 1   404  <NA>
#> 2  4172  <NA>
#> 3  3004  <NA>
#> 4   787  <NA>
#> 5    37  <NA>
#> 6  2332  <NA>
#> # ... with 1,994 more rows
```

Isso torna os CSVs pouco confiáveis para fazer cache de resultados provisórios — é necessário recriar a especificação de coluna toda vez que carregá-los. Há duas alternativas:

- `write_rds()` e `read_rds()` são wrappers uniformes em torno das funções do R base `readRDS()` e `saveRDS()`. Eles armazenam dados no formato binário customizado do R, chamado RDS:

    ```
    write_rds(challenge, "challenge.rds")
    read_rds("challenge.rds")
    #> # A tibble: 2,000 × 2
    #>       x      y
    #>   <dbl> <date>
    #> 1   404   <NA>
    #> 2  4172   <NA>
    #> 3  3004   <NA>
    #> 4   787   <NA>
    #> 5    37   <NA>
    #> 6  2332   <NA>
    #> # ... with 1,994 more rows
    ```

- O pacote **feather** implementa um formato de arquivo binário rápido que pode ser compartilhado por várias linguagens de programação:

    ```
    library(feather)
    write_feather(challenge, "challenge.feather")
    read_feather("challenge.feather")
    #> # A tibble: 2,000 x 2
    #>       x      y
    #>   <dbl> <date>
    #> 1   404   <NA>
    #> 2  4172   <NA>
    #> 3  3004   <NA>
    #> 4   787   <NA>
    #> 5    37   <NA>
    #> 6  2332   <NA>
    #> # ... with 1,994 more rows
    ```

O **feather** tende a ser mais rápido que o RDS e é utilizável fora de R. O RDS suporta colunas-listas (sobre as quais você aprenderá no Capítulo 20), e o **feather** atualmente não suporta.

Outros Tipos de Dados

Para colocar outros tipos de dados no R, recomendamos começar com os pacotes do tidyverse listados a seguir. Eles certamente não são perfeitos, mas são um bom lugar para começar. Para dados retangulares:

- **haven** lê arquivos SPSS, Stata e SAS.
- **readxl** lê arquivos Excel (*.xls* e *.xlsx*).
- **DBI**, junto de um backend específico de banco de dados (por exemplo, **RMySQL**, **RSQLite**, **RPostgreSQL** etc.), permite executar consultas SQL contra uma base de dados e retorna um data frame.

Para dados hierárquicos, use **jsonlite** (de Jeroen Ooms) para JSON, e **xml2** para XML. Jenny Bryan tem alguns exemplos trabalhados excelentes em: *https://jennybc.github.io/purrr-tutorial/* (conteúdo em inglês).

Para outros tipos de arquivos, tente o manual de importação/exportação de dados R (*https://cran.r-project.org/doc/manuals/r-release/R-data.html*) e o pacote **rio** (*https://github.com/leeper/rio*) — ambos com conteúdo em inglês.

CAPÍTULO 9
Arrumando Dados com tidyr

Introdução

> Famílias felizes são todas iguais; toda família infeliz é infeliz da sua própria maneira.
> — Leo Tolstoy

> Conjuntos de dados arrumados são todos iguais, mas cada conjunto de dados bagunçado é bagunçado de sua própria maneira.
> — Hadley Wickham

Neste capítulo você aprenderá uma maneira consistente de organizar seus dados em R, uma organização chamada *dados tidy* (dados arrumados). Colocar seus dados nesse formato requer algum trabalho inicial, mas esse trabalho vale a pena no longo prazo. Uma vez que tiver os dados tidy e as ferramentas tidy fornecidas pelos pacotes do tidyverse, você passará muito menos tempo manipulando dados de uma representação para outra, possibilitando que passe mais tempo nas questões analíticas em questão.

Este capítulo lhe dará uma introdução prática aos dados tidy e às ferramentas associadas do pacote **tidyr**. Se você quiser aprender mais sobre a teoria inerente, pode gostar do artigo *Tidy Data* (*http://www.jstatsoft.org/v59/i10/papero* — conteúdo em inglês), publicado em *Journal of Statistical Software*.

Pré-requisitos

Neste capítulo focaremos o **tidyr**, um pacote que fornece diversas ferramentas para ajudá-lo a arrumar seus conjuntos de dados bagunçados. O **tidyr** é um membro do núcleo do tidyverse.

```
library(tidyverse)
```

Dados Arrumados (Tidy Data)

Você pode representar os mesmos dados subjacentes de várias maneiras. O exemplo a seguir mostra quatro maneiras diferentes de organizá-los. Cada conjunto de dados exibe os mesmos valores de quatro variáveis, *country* (país), *year* (ano), *population* (população) e *cases* (casos), mas cada um dos conjuntos organiza os valores de uma forma diferente:

```
table1
#> # A tibble: 6 × 4
#>       country  year  cases population
#>         <chr> <int>  <int>      <int>
#> 1 Afeganistão  1999    745   19987071
#> 2 Afeganistão  2000   2666   20595360
#> 3      Brasil  1999  37737  172006362
#> 4      Brasil  2000  80488  174504898
#> 5       China  1999 212258 1272915272
#> 6       China  2000 213766 1280428583
table2
#> # A tibble: 12 × 4
#>       country  year       type    count
#>         <chr> <int>      <chr>    <int>
#> 1 Afeganistão  1999      cases      745
#> 2 Afeganistão  1999 population 19987071
#> 3 Afeganistão  2000      cases     2666
#> 4 Afeganistão  2000 population 20595360
#> 5      Brasil  1999      cases    37737
#> 6      Brasil  1999 population 172006362
#> # ... with 6 more rows
table3
#> # A tibble: 6 × 3
#>       country  year              rate
#> *       <chr> <int>             <chr>
#> 1 Afeganistão  1999       745/19987071
#> 2 Afeganistão  2000      2666/20595360
#> 3      Brasil  1999     37737/172006362
#> 4      Brasil  2000     80488/174504898
#> 5       China  1999 212258/1272915272
#> 6       China  2000 213766/1280428583

# Spread across two tibbles
table4a # cases
#> # A tibble: 3 × 3
#>       country `1999` `2000`
#> *       <chr>  <int>  <int>
#> 1 Afeganistão    745   2666
#> 2      Brasil  37737  80488
#> 3       China 212258 213766
```

```
table4b # population
#> # A tibble: 3 × 3
#>       country      `1999`     `2000`
#> *       <chr>       <int>      <int>
#> 1 Afeganistão    19987071   20595360
#> 2       Brasil   172006362  174504898
#> 3        China  1272915272 1280428583
```

Todas elas são representações dos mesmos dados subjacentes, mas não são igualmente fáceis de usar. Um conjunto de dados, o conjunto de dados arrumados (tidy), será muito mais fácil de se trabalhar dentro do tidyverse.

Há três regras inter-relacionadas que tornam um conjunto de dados tidy:

1. Cada variável deve ter sua própria coluna.
2. Cada observação deve ter sua própria linha.
3. Cada valor deve ter sua própria célula.

A Figura 9-1 mostra as regras visualmente.

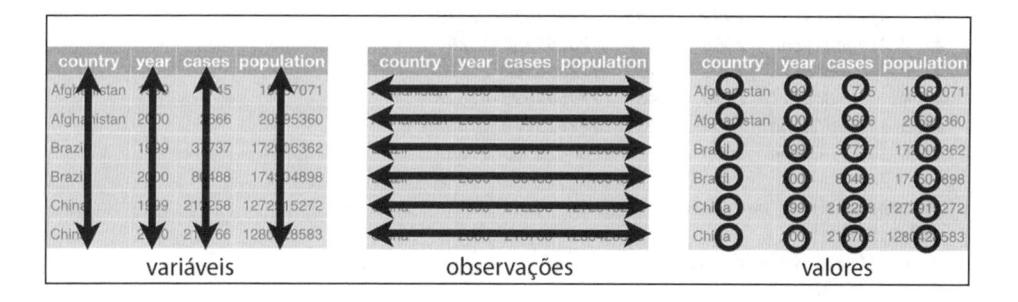

Figura 9-1. As três regras acima tornam um conjunto de dados tidy: variáveis estão em colunas, observações estão em linhas e valores estão em células.

Essas três regras são inter-relacionadas porque é impossível satisfazer apenas duas das três. Esse inter-relacionamento leva a um conjunto ainda mais simples de instruções práticas:

1. Coloque cada conjunto de dados em um tibble.
2. Coloque cada variável em uma coluna.

Nesse exemplo, apenas `table1` é tidy. É a única representação onde cada coluna é uma variável.

Por que garantir que seus dados estejam arrumados? Há duas vantagens principais:

- Há uma vantagem geral em escolher uma maneira consistente de armazenar dados. Se você tem uma estrutura de dados consistente, é mais fácil aprender as ferramentas que trabalham com eles, pois elas têm uma uniformidade inerente.
- Há uma vantagem específica em colocar variáveis em colunas, porque isso permite que a natureza vetorizada de R brilhe. Como você aprendeu em "Funções Úteis de Criação", na página 56, e em "Funções Úteis de Resumo", na página 66, a maioria das funções incorporadas de R trabalha com vetores de valores. Isso faz a transformação de dados tidy ficar particularmente natural.

dplyr, **ggplot2** e todos os outros pacotes no tidyverse são projetados para trabalhar com dados arrumados. Eis alguns pequenos exemplos mostrando como você pode trabalhar com table1:

```
# Compute rate per 10,000
table1 %>%
  mutate(rate = cases / population * 10000)
#> # A tibble: 6 × 5
#>       country  year  cases population   rate
#>         <chr> <int>  <int>      <int>  <dbl>
#> 1 Afeganistão  1999    745   19987071  0.373
#> 2 Afeganistão  2000   2666   20595360  1.294
#> 3      Brasil  1999  37737  172006362  2.194
#> 4      Brasil  2000  80488  174504898  4.612
#> 5       China  1999 212258 1272915272  1.667
#> 6       China  2000 213766 1280428583  1.669

# Compute cases per year
table1 %>%
  count(year, wt = cases)
#> # A tibble: 2 × 2
#>    year      n
#>   <int>  <int>
#> 1  1999 250740
#> 2  2000 296920

# Visualize changes over time
library(ggplot2)
ggplot(table1, aes(year, cases)) +
  geom_line(aes(group = country), color = "grey50") +
  geom_point(aes(color = country))
```

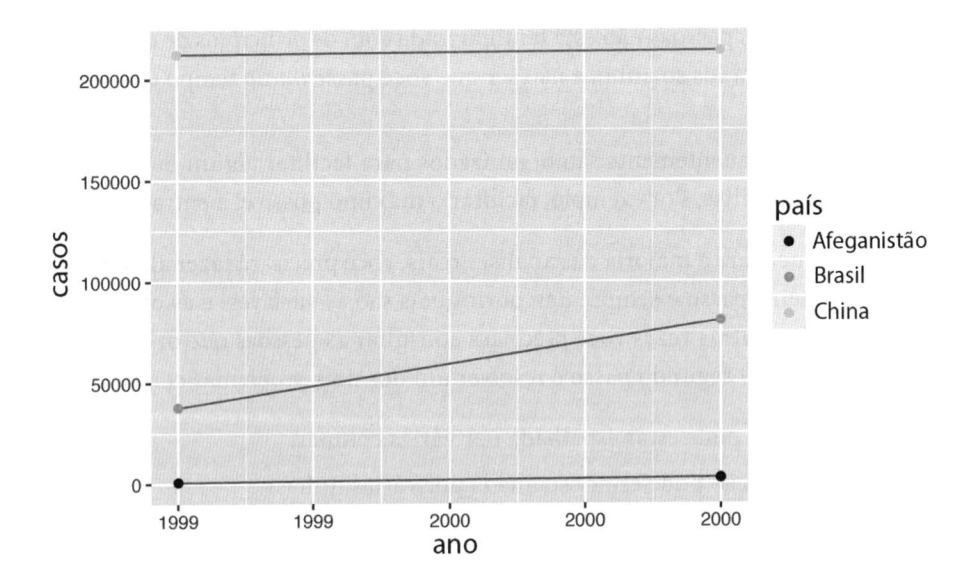

Exercícios

1. Usando a prosa, descreva como as variáveis e as observações estão organizadas em cada uma das tabelas de exemplo.

2. Calcule o `rate` para `table2` e `table4a` + `table4b`. Você precisará realizar quatro operações:

   a. Extraia o número de casos de TB por país por ano.

   b. Extraia a população correspondente por país por ano.

   c. Divida os casos por população e multiplique por 10.000.

   d. Armazene no local adequado.

   Com qual representação é mais fácil trabalhar? Com qual é mais difícil? Por quê?

3. Recrie o gráfico mostrando a mudança nos casos com o passar do tempo usando `table2`, em vez de `table1`. O que você precisa fazer primeiro?

Espalhando e Reunindo

Os princípios dos dados arrumados (tidy data) parecem tão óbvios que você pode se perguntar se algum dia encontrará um conjunto de dados que não esteja arrumado. Infelizmente, no entanto, a maioria dos dados que você encontrará não estará arrumado. Há duas razões principais:

- A maioria das pessoas não está familiarizada com os princípios de dados tidy, e é difícil derivá-los sozinho, a não ser que você passe *muito* tempo trabalhando com dados.
- Os dados frequentemente são organizados para facilitar algum outro uso que não seja a análise. Por exemplo, facilitar o máximo possível a entrada.

Isso significa que, para a maioria das análises reais, você precisará fazer alguma arrumação. O primeiro passo é sempre descobrir quais são as variáveis e as observações. Às vezes é fácil, e outras vezes você precisará consultar as pessoas que originalmente geraram os dados. O segundo passo é resolver um dos dois problemas comuns:

- Uma variável pode estar espalhada por várias colunas.
- Uma observação pode estar espalhada por várias linhas.

Normalmente um conjunto de dados só sofrerá de um desses problemas; ele só apresentará ambos se você tiver muito azar! Para corrigir esses problemas, você precisará das duas funções mais importantes do **tidyr**: gather() e spread().

Reunindo

Um problema comum é ter um conjunto de dados em que alguns dos nomes de colunas não são nomes de variáveis, mas *valores* de uma variável. Veja table4a; os nomes das colunas 1999 e 2000 representam valores da variável year, e cada linha representa duas observações, não uma:

```
table4a
#> # A tibble: 3 × 3
#>     country `1999` `2000`
#> *     <chr>  <int>  <int>
#> 1 Afeganistão    745   2666
#> 2      Brasil  37737  80488
#> 3       China 212258 213766
```

Para arrumar um conjunto de dados como esse, você precisa *reunir* essas colunas em um novo par de variáveis. Para descrever essa operação, precisamos de três parâmetros:

- O conjunto de colunas que representa valores, não variáveis. Nesse exemplo, são as colunas 1999 e 2000.

- O nome da variável cujos valores formam os nomes das colunas. Eu a chamo de key, e aqui é year.
- O nome da variável cujos valores estão espalhados pelas células. Eu a chamo de value, e aqui é o número de cases.

Juntos, esses parâmetros geram a chamada para gather():

```
table4a %>%
  gather(`1999`, `2000`, key = "year", value = "cases")
#> # A tibble: 6 × 3
#>      country  year  cases
#>        <chr> <chr>  <int>
#> 1 Afeganistão  1999    745
#> 2      Brasil  1999  37737
#> 3       China  1999 212258
#> 4 Afeganistão  2000   2666
#> 5      Brasil  2000  80488
#> 6       China  2000 213766
```

As colunas a serem reunidas são especificadas com a notação de estilo dplyr::select(). Aqui há apenas duas colunas, então nós as listamos individualmente. Note que "1999" e "2000" são nomes não sintáticos, então temos que cercá-los por backticks (acentos graves). Para refrescar sua memória sobre as outras maneiras de selecionar colunas, veja "Selecionar Colunas com select()", na página 51.

No resultado final, as colunas reunidas são deixadas de lado, e obtemos as novas colunas key e value. Fora isso, os relacionamentos entre as variáveis originais são preservados. Visualmente, isso é exibido na Figura 9-2. Podemos usar gather() para arrumar a table4b de maneira similar. A única diferença é a variável armazenada nos valores das células:

```
table4b %>%
  gather(`1999`, `2000`, key = "year", value = "population")
#> # A tibble: 6 × 3
#>      country  year population
#>        <chr> <chr>      <int>
#> 1 Afeganistão  1999   19987071
#> 2      Brasil  1999  172006362
#> 3       China  1999 1272915272
#> 4 Afeganistão  2000   20595360
#> 5      Brasil  2000  174504898
#> 6       China  2000 1280428583
```

country	year	cases		country	1999	2000
Afeganistão	1999	745		Afeganistão	745	2666
Afeganistão	2000	2666		Brasil	37737	80488
Brasil	1999	37737		China	212258	213766
Brasil	2000	80488				table4
China	1999	212258				
China	2000	213766				

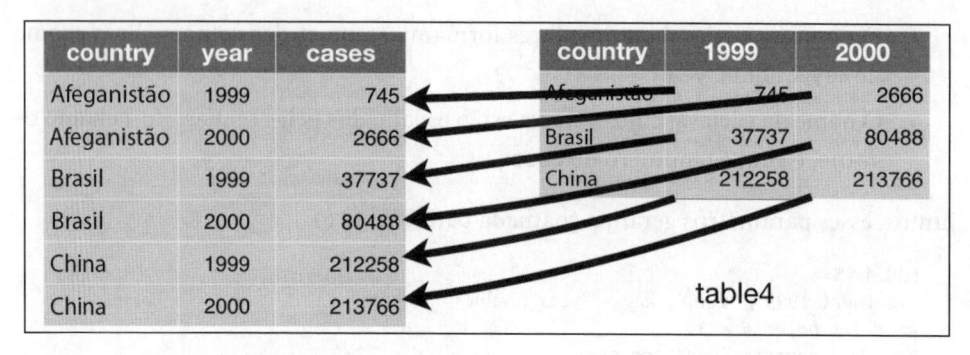

Figura 9-2. Reunindo table4 de forma tidy.

Para combinar as versões tidy de table4a e table4b em um único tibble, precisamos usar dplyr::left_join(), sobre o qual você aprenderá no Capítulo 10:

```
tidy4a <- table4a %>%
  gather(`1999`, `2000`, key = "year", value = "cases")
tidy4b <- table4b %>%
  gather(`1999`, `2000`, key = "year", value = "population")
left_join(tidy4a, tidy4b)
#> Joining, by = c("country", "year")
#> # A tibble: 6 x 4
#>       country  year  cases population
#>         <chr> <chr>  <int>      <int>
#> 1 Afghanistan  1999    745   19987071
#> 2      Brazil  1999  37737  172006362
#> 3       China  1999 212258 1272915272
#> 4 Afghanistan  2000   2666   20595360
#> 5      Brazil  2000  80488  174504898
#> 6       China  2000 213766 1280428583
```

Espalhando

Espalhar é o oposto de reunir. Você faz isso quando uma observação está espalhada por várias linhas. Por exemplo, veja a table2 — uma observação é um país em um ano, mas cada observação está espalhada por duas linhas:

```
table2
#> # A tibble: 12 x 4
#>       country  year       type      count
#>         <chr> <int>      <chr>      <int>
#> 1 Afghanistan  1999      cases        745
#> 2 Afghanistan  1999 population   19987071
#> 3 Afghanistan  2000      cases       2666
#> 4 Afghanistan  2000 population   20595360
#> 5      Brazil  1999      cases      37737
#> 6      Brazil  1999 population  172006362
#> # ... with 6 more rows
```

Para arrumar isso, primeiro analisamos a representação de maneira similar a `gather()`. Desta vez, no entanto, só precisamos de dois parâmetros:

- A coluna que contém os nomes de variáveis, a coluna key. Aqui é type.
- A coluna que contém valores forma múltiplas variáveis, a coluna value. Aqui é count.

Uma vez que você tenha entendido isso, podemos usar `spread()`, como mostrado programaticamente aqui e visualmente na Figura 9-3:

```
spread(table2, key = type, value = count)
#> # A tibble: 6 × 4
#>       country  year   cases population
#> *       <chr> <int>   <int>      <int>
#> 1 Afghanistan  1999     745   19987071
#> 2 Afghanistan  2000    2666   20595360
#> 3      Brazil  1999   37737  172006362
#> 4      Brazil  2000   80488  174504898
#> 5       China  1999  212258 1272915272
#> 6       China  2000  213766 1280428583
```

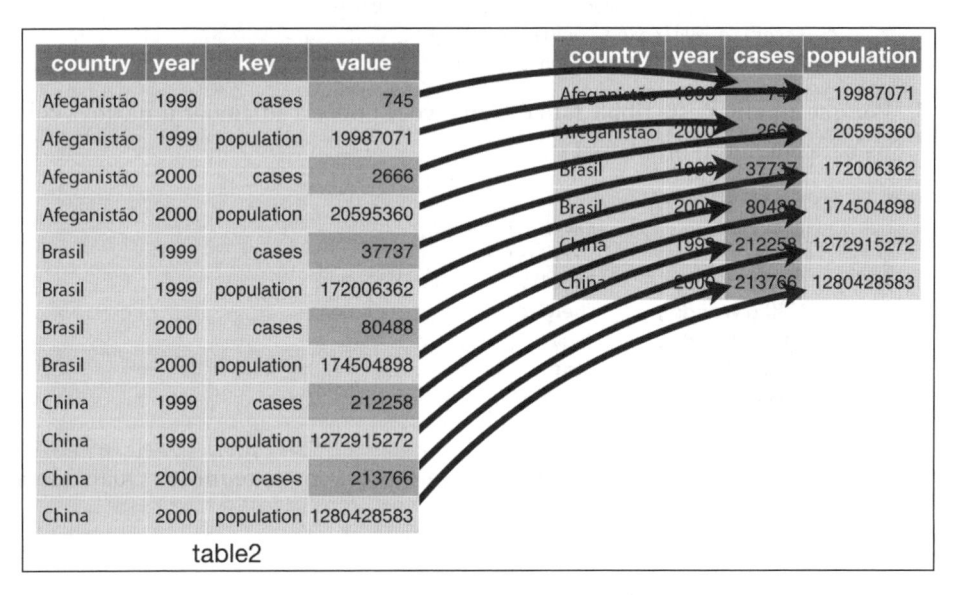

Figura 9-3. Espalhar table2 torna-a tidy.

Como você deve ter adivinhado dos argumentos comuns de key e value, `spread()` e `gather()` são complementos. `gather()` torna as tabelas amplas mais estreitas e longas, e`spread()` torna as tabelas longas mais curtas e largas.

Exercícios

1. Por que `gather()` e `spread()` não são perfeitamente simétricos? Considere cuidadosamente o exemplo a seguir:

    ```
    stocks <- tibble(
      year   = c(2015, 2015, 2016, 2016),
      half   = c(   1,    2,    1,    2),
      return = c(1.88, 0.59, 0.92, 0.17)
    )
    stocks %>%
      spread(year, return) %>%
      gather("year", "return", `2015`:`2016`)
    ```

    (Dica: observe os tipos de variáveis e pense sobre *nomes* de colunas.)

    Ambos `spread()` e `gather()` têm um argumento `convert`. O que ele faz?

2. Por que este código falha?

    ```
    table4a %>%
      gather(1999, 2000, key = "year", value = "cases")
    #> Error in eval(expr, envir, enclos):
    #> Position must be between 0 and n
    ```

3. Por que espalhar este tibble falha? Como você poderia adicionar uma nova coluna para corrigir o problema?

    ```
    people <- tribble(
      ~name,             ~key,        ~value,
      #-----------------/------------/------
      "Phillip Woods",   "age",           45,
      "Phillip Woods",   "height",       186,
      "Phillip Woods",   "age",           50,
      "Jessica Cordero", "age",           37,
      "Jessica Cordero", "height",       156
    )
    ```

4. Arrume este tibble simples. Você precisa espalhá-lo ou reuni-lo? Quais são as variáveis?

    ```
    preg <- tribble(
      ~pregnant, ~male, ~female,
      "yes",     NA,    10,
      "no",      20,    12
    )
    ```

Separando e Unindo

Até agora você aprendeu a arrumar `table2` e `table4`, mas não a `table3`. A `table3` tem um problema diferente: uma coluna (`rate`) que contém duas variáveis (`cases` e `population`). Para corrigir esse problema, precisaremos da função `separate()`. Você também aprenderá sobre o complemento de `separate()`: `unite()`, que você usa se uma única variável estiver espalhada por várias colunas.

Separar

`separate()` separa uma coluna em várias outras ao dividir sempre que um caractere separador aparece. Veja a `table3`:

```
table3
#> # A tibble: 6 × 3
#>       country  year            rate
#> *       <chr> <int>           <chr>
#> 1 Afghanistan  1999      745/19987071
#> 2 Afghanistan  2000     2666/20595360
#> 3       Brazil 1999    37737/172006362
#> 4       Brazil 2000    80488/174504898
#> 5        China 1999  212258/1272915272
#> 6        China 2000  213766/1280428583
```

A coluna `rate` contém ambas as variáveis, `cases` e `population`, e precisamos separá-la em duas variáveis. `separate()` recebe o nome da coluna a ser separada e os nomes das colunas que surgirão, como mostrado na Figura 9-4 e no código a seguir:

```
table3 %>%
  separate(rate, into = c("cases", "population"))
#> # A tibble: 6 × 4
#>       country  year  cases population
#> *       <chr> <int>  <chr>      <chr>
#> 1 Afghanistan  1999    745   19987071
#> 2 Afghanistan  2000   2666   20595360
#> 3       Brazil 1999  37737  172006362
#> 4       Brazil 2000  80488  174504898
#> 5        China 1999 212258 1272915272
#> 6        China 2000 213766 1280428583
```

country	year	rate
Afeganistão	1999	745 / 19987071
Afeganistão	2000	2666 / 20595360
Brasil	1999	37737 / 172006362
Brasil	2000	80488 / 174504898
China	1999	212258 / 1272915272
China	2000	213766 / 1280428583

country	year	cases	population
Afeganistão	1999	745	19987071
Afeganistão	2000	2666	20595360
Brasil	1999	37737	172006362
Brasil	2000	80488	174504898
China	1999	212258	1272915272
China	2000	213766	1280428583

table3

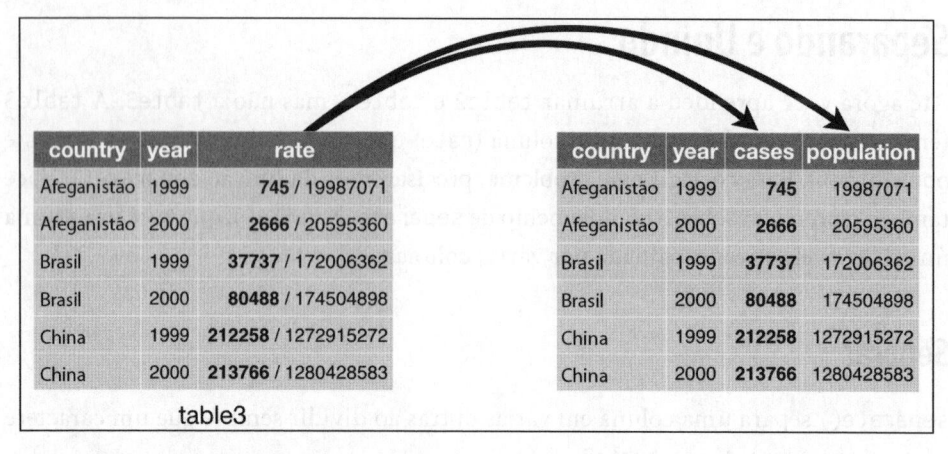

Figura 9-4. Separar table3 torna-a tidy.

Por padrão, `separate()` separará valores sempre que vir um caractere não alfanumérico (isto é, um caractere que não seja um número ou uma letra). Por exemplo, no código anterior, `separate()` separa os valores de rate nos caracteres de barra. Se você quiser usar um caractere específico para separar uma coluna, pode passar o caractere para o argumento `sep` de `separate()`. Por exemplo, poderíamos reescrever o código anterior como:

```
table3 %>%
  separate(rate, into = c("cases", "population"), sep = "/")
```

(Formalmente, `sep` é uma expressão regular, sobre a qual você aprenderá mais no Capítulo 11.)

Observe atentamente os tipos de coluna. Você notará que `case` e `population` são colunas de caracteres. Esse é o comportamento padrão em `separate()`: ele deixa o tipo de coluna como ele é. Aqui, no entanto, isso não é muito útil, já que eles são realmente números. Podemos pedir que `separate()` tente converter para tipos melhores usando `convert = TRUE`:

```
table3 %>%
  separate(
    rate,
    into = c("cases", "population"),
    convert = TRUE
  )
#> # A tibble: 6 × 4
#>       country  year cases population
#> *       <chr> <int> <int>      <int>
#> 1 Afghanistan  1999   745   19987071
#> 2 Afghanistan  2000  2666   20595360
#> 3      Brazil  1999 37737  172006362
#> 4      Brazil  2000 80488  174504898
```

```
#> 5      China 1999 212258 1272915272
#> 6      China 2000 213766 1280428583
```

Você também pode passar um vetor de inteiros para sep. O separate() interpretará os inteiros como posições nas quais separar. Valores positivos começam em 1 na extrema esquerda das strings, e valores negativos começam em −1 na extrema direita das strings. Ao usar inteiros para separar strings, o comprimento de sep deve ser um número menor que o número de nomes em into.

Você pode usar esse arranjo para separar os dois últimos dígitos de cada ano. Isso torna os dados menos arrumados, mas é útil em outros casos, como você verá em breve:

```
table3 %>%
  separate(year, into = c("century", "year"), sep = 2)
#> # A tibble: 6 × 4
#>     country century year      rate
#> *      <chr>   <chr> <chr>     <chr>
#> 1 Afghanistan    19    99      745/19987071
#> 2 Afghanistan    20    00     2666/20595360
#> 3      Brazil    19    99    37737/172006362
#> 4      Brazil    20    00    80488/174504898
#> 5       China    19    99   212258/1272915272
#> 6       China    20    00   213766/1280428583
```

Unir

unite() é o inverso de separate(): ele combina várias colunas em uma única. Você precisará dele com muito menos frequência do que separate(), mas ainda é uma ferramenta útil para se ter no bolso.

Podemos usar unite() para recombinar as colunas *century* e *year* que criamos no último exemplo. Os dados estão salvos como tidyr::table5. O unite() recebe um data frame, o nome da nova variável a ser criada e um conjunto de colunas a serem combinadas, novamente especificadas em dplyr::select(). O resultado é exibido na Figura 9-5 e no código a seguir:

```
table5 %>%
  unite(new, century, year)
#> # A tibble: 6 × 3
#>     country   new           rate
#> *      <chr> <chr>         <chr>
#> 1 Afghanistan 19_99      745/19987071
#> 2 Afghanistan 20_00     2666/20595360
#> 3      Brazil 19_99    37737/172006362
#> 4      Brazil 20_00    80488/174504898
```

```
#> 5      China 19_99 212258/1272915272
#> 6      China 20_00 213766/1280428583
```

country	year	rate		country	century	year	rate
Afeganistão	1999	745 / 19987071		Afeganistão	19	99	745 / 19987071
Afeganistão	2000	2666 / 20595360		Afeganistão	20	0	2666 / 20595360
Brasil	1999	37737 / 172006362		Brasil	19	99	37737 / 172006362
Brasil	2000	80488 / 174504898		Brasil	20	0	80488 / 174504898
China	1999	212258 / 1272915272		China	19	99	212258 / 1272915272
China	2000	213766 / 1280428583		China	20	0	213766 / 1280428583

table6

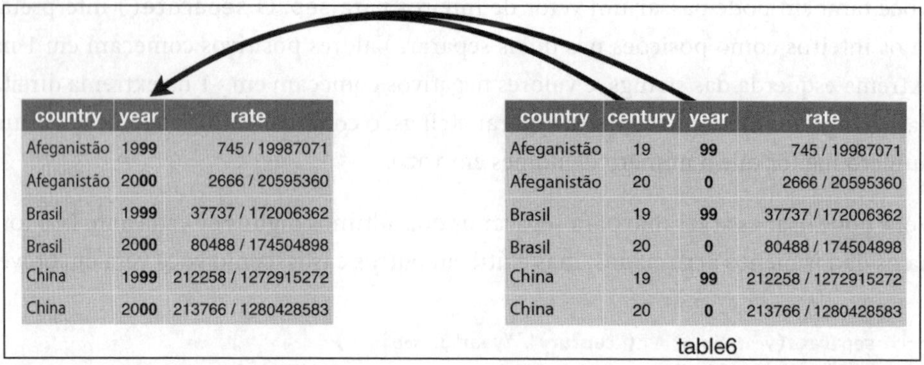

Figura 9-5. Unir table5 torna-a tidy.

Nesse caso precisamos usar também o argumento sep. O padrão colocará um underscore (_) entre os valores de colunas diferentes. Aqui nós não queremos nenhum separador, então usamos "":

```
table5 %>%
  unite(new, century, year, sep = "")
#> # A tibble: 6 × 3
#>       country     new                rate
#> *       <chr>   <chr>               <chr>
#> 1 Afghanistan    1999          745/19987071
#> 2 Afghanistan    2000         2666/20595360
#> 3       Brazil   1999        37737/172006362
#> 4       Brazil   2000        80488/174504898
#> 5        China   1999      212258/1272915272
#> 6        China   2000      213766/1280428583
```

Exercícios

1. O que os argumentos extra e fill fazem em separate()? Experimente as várias opções para os dois conjuntos de dados de brinquedos a seguir:

   ```
   tibble(x = c("a,b,c", "d,e,f,g", "h,i,j")) %>%
     separate(x, c("one", "two", "three"))

   tibble(x = c("a,b,c", "d,e", "f,g,i")) %>%
     separate(x, c("one", "two", "three"))
   ```

2. unite() e separate() têm um argumento remove. O que ele faz? Por que você o configuraria como FALSE?

3. Compare e contraste `separate()` e `extract()`. Por que há três variações de separação (por posição, por separador e com grupos), mas apenas uma união?

Valores Faltantes

Mudar a representação de um conjunto de dados traz à tona uma importante sutileza dos valores faltantes. Surpreendentemente, um valor pode estar faltando de uma de duas maneiras possíveis:

- *Explicitamente*, isto é, sinalizado com NA.
- *Implicitamente*, isto é, simplesmente não presente nos dados.

Vamos ilustrar essa ideia com um conjunto de dados muito simples:

```
stocks <- tibble(
    year    = c(2015, 2015, 2015, 2015, 2016, 2016, 2016),
    qtr     = c(   1,    2,    3,    4,    2,    3,    4),
    return  = c(1.88, 0.59, 0.35,   NA, 0.92, 0.17, 2.66)
)
```

Há dois valores faltantes nesse conjunto de dados:

- O retorno do quarto trimestre de 2015 está faltando explicitamente, porque a célula onde seu valor deveria estar contém um NA.
- O retorno do primeiro trimestre de 2016 está faltando implicitamente, porque simplesmente não aparece no conjunto de dados.

Uma maneira de pensar sobre a diferença é com este koan zen: um valor faltante explícito é a presença de uma ausência; um valor faltante implícito é a ausência de uma presença.

A maneira pela qual um conjunto de dados é representado pode tornar explícitos os valores implícitos. Por exemplo, podemos tornar explícito o valor faltante implícito ao colocar os anos nas colunas:

```
stocks %>%
    spread(year, return)
#> # A tibble: 4 × 3
#>     qtr  `2015` `2016`
#> *  <dbl>  <dbl>  <dbl>
#> 1     1    1.88     NA
#> 2     2    0.59   0.92
#> 3     3    0.35   0.17
#> 4     4      NA   2.66
```

Como esses valores faltantes explícitos podem não ser importantes em outras representações dos dados, você pode configurar na.rm = TRUE em gather() para tornar implícitos os valores faltantes explícitos:

```
stocks %>%
  spread(year, return) %>%
  gather(year, return, `2015`:`2016`, na.rm = TRUE)
#> # A tibble: 6 × 3
#>     qtr year  return
#> * <dbl> <chr>  <dbl>
#> 1     1 2015    1.88
#> 2     2 2015    0.59
#> 3     3 2015    0.35
#> 4     2 2016    0.92
#> 5     3 2016    0.17
#> 6     4 2016    2.66
```

Outra ferramenta importante para tornar explícitos os valores faltantes em dados tidy é complete():

```
stocks %>%
  complete(year, qtr)
#> # A tibble: 8 × 3
#>    year   qtr return
#>   <dbl> <dbl>  <dbl>
#> 1  2015     1   1.88
#> 2  2015     2   0.59
#> 3  2015     3   0.35
#> 4  2015     4     NA
#> 5  2016     1     NA
#> 6  2016     2   0.92
#> # ... with 2 more rows
```

complete() recebe um conjunto de colunas e encontra todas as combinações únicas. Ele então garante que o conjunto de dados original contém todos esses valores, preenchendo NAs explícitos onde for necessário.

Há outra ferramenta importante que você deve conhecer para trabalhar com valores faltantes. Às vezes, quando uma fonte de dados foi primariamente usada para a entrada de dados, valores faltantes indicam que o valor anterior deve ser levado adiante:

```
treatment <- tribble(
  ~ person,            ~ treatment, ~response,
  "Derrick Whitmore",  1,           7,
  NA,                  2,           10,
  NA,                  3,           9,
  "Katherine Burke",   1,           4
)
```

Você pode preencher esses valores faltantes com fill(). Ele recebe um conjunto de colunas onde você quer que os valores faltantes sejam substituídos pelo valor não faltante mais recente (às vezes chamado de última observação levada adiante):

```
treatment %>%
  fill(person)
#> # A tibble: 4 × 3
#>             person treatment response
#>              <chr>     <dbl>    <dbl>
#> 1 Derrick Whitmore         1        7
#> 2 Derrick Whitmore         2       10
#> 3 Derrick Whitmore         3        9
#> 4   Katherine Burke        1        4
```

Exercícios

1. Compare e contraste os argumentos fill de spread() e complete().
2. O que o argumento de direção de fill() faz?

Estudo de Caso

Para terminar o capítulo, vamos reunir tudo o que você aprendeu para tratar de um problema realista de arrumação de dados. O conjunto de dados tidyr::who contém casos de tuberculose (TB) separados por ano, país, idade, gênero e método de diagnose. Os dados vêm do *2014 World Health Organization Global Tuberculosis Report*, disponível em: *http://www.who.int/tb/country/data/download/en/* (conteúdo em inglês).

Há uma riqueza de informações epidemiológicas neste conjunto de dados, mas é desafiador trabalhar com os dados na forma em que são fornecidos:

```
who
#> # A tibble: 7,240 × 60
#>       country  iso2  iso3  year new_sp_m014 new_sp_m1524
#>         <chr> <chr> <chr> <int>       <int>        <int>
#> 1 Afghanistan    AF   AFG  1980          NA           NA
#> 2 Afghanistan    AF   AFG  1981          NA           NA
#> 3 Afghanistan    AF   AFG  1982          NA           NA
#> 4 Afghanistan    AF   AFG  1983          NA           NA
#> 5 Afghanistan    AF   AFG  1984          NA           NA
#> 6 Afghanistan    AF   AFG  1985          NA           NA
#> # ... with 7,234 more rows, and 54 more variables:
#> #   new_sp_m2534 <int>, new_sp_m3544 <int>,
#> #   new_sp_m4554 <int>, new_sp_m5564 <int>,
```

```
#> #   new_sp_m65 <int>, new_sp_f014 <int>,
#> #   new_sp_f1524 <int>, new_sp_f2534 <int>,
#> #   new_sp_f3544 <int>, new_sp_f4554 <int>,
#> #   new_sp_f5564 <int>, new_sp_f65 <int>,
#> #   new_sn_m014 <int>, new_sn_m1524 <int>,
#> #   new_sn_m2534 <int>, new_sn_m3544 <int>,
#> #   new_sn_m4554 <int>, new_sn_m5564 <int>,
#> #   new_sn_m65 <int>, new_sn_f014 <int>,
#> #   new_sn_f1524 <int>, new_sn_f2534 <int>,
#> #   new_sn_f3544 <int>, new_sn_f4554 <int>,
#> #   new_sn_f5564 <int>, new_sn_f65 <int>,
#> #   new_ep_m014 <int>, new_ep_m1524 <int>,
#> #   new_ep_m2534 <int>, new_ep_m3544 <int>,
#> #   new_ep_m4554 <int>, new_ep_m5564 <int>,
#> #   new_ep_m65 <int>, new_ep_f014 <int>,
#> #   new_ep_f1524 <int>, new_ep_f2534 <int>,
#> #   new_ep_f3544 <int>, new_ep_f4554 <int>,
#> #   new_ep_f5564 <int>, new_ep_f65 <int>,
#> #   newrel_m014 <int>, newrel_m1524 <int>,
#> #   newrel_m2534 <int>, newrel_m3544 <int>,
#> #   newrel_m4554 <int>, newrel_m5564 <int>,
#> #   newrel_m65 <int>, newrel_f014 <int>,
#> #   newrel_f1524 <int>, newrel_f2534 <int>,
#> #   newrel_f3544 <int>, newrel_f4554 <int>,
#> #   newrel_f5564 <int>, newrel_f65 <int>
```

Esse é um conjunto de dados real bem típico. Ele contém colunas redundantes, códigos estranhos de variáveis e muitos valores faltantes. Resumindo, who é bagunçado, e precisaremos de vários passos para arrumá-lo. Como **dplyr**, o **tidyr** é projetado para que cada função faça uma única coisa muito bem. Em situações reais, isso significa que você normalmente precisa juntar vários verbos em um pipeline.

O melhor lugar para começar é quase sempre reunindo as colunas que não são variáveis. Vamos dar uma olhada no que temos:

- Parece que country, iso2 e iso3 são três variáveis que redundantemente especificam o país.
- year também é claramente uma variável.
- Nós ainda não sabemos o que são todas as outras colunas, mas dada a estrutura dos nomes de variáveis (por exemplo, new_sp_m014, new_ep_m014, new_ep_f014), provavelmente são valores, não variáveis.

Então precisamos reunir todas as colunas de new_sp_m014 até newrel_f65. Não sabemos, contudo, o que esses valores representam, então lhe daremos o nome genérico "key". Nós sabemos que as células representam a contagem de casos, então usaremos a variável cases. Há vários valores faltantes na representação atual, então, por enquanto, usaremos na.rm só para podermos focar nos valores que são apresentados:

```
who1 <- who %>%
  gather(
    new_sp_m014:newrel_f65, key = "key",
    value = "cases",
    na.rm = TRUE
  )
who1
#> # A tibble: 76,046 × 6
#>       country  iso2  iso3  year         key cases
#> *       <chr> <chr> <chr> <int>       <chr> <int>
#> 1 Afghanistan    AF   AFG  1997 new_sp_m014     0
#> 2 Afghanistan    AF   AFG  1998 new_sp_m014    30
#> 3 Afghanistan    AF   AFG  1999 new_sp_m014     8
#> 4 Afghanistan    AF   AFG  2000 new_sp_m014    52
#> 5 Afghanistan    AF   AFG  2001 new_sp_m014   129
#> 6 Afghanistan    AF   AFG  2002 new_sp_m014    90
#> # ... with 7.604e+04 more rows
```

Podemos conseguir algumas dicas da estrutura dos valores na nova coluna key ao contá-los:

```
who1 %>%
  count(key)
#> # A tibble: 56 × 2
#>           key     n
#>         <chr> <int>
#> 1  new_ep_f014  1032
#> 2 new_ep_f1524  1021
#> 3 new_ep_f2534  1021
#> 4 new_ep_f3544  1021
#> 5 new_ep_f4554  1017
#> 6 new_ep_f5564  1017
#> # ... with 50 more rows
```

Você até pode ser capaz de analisar isso sozinho com um pouco de raciocínio e experimentação, mas felizmente nós temos o dicionário de dados por perto. Ele nos diz:

1. As primeiras três letras de cada coluna denotam se a coluna contém casos novos ou antigos de TB. Nesse conjunto de dados, cada uma delas contém novos casos.

2. As duas letras seguintes descrevem o tipo de TB:

    - rel é para casos de relapsidade.

- ep é para casos de TB extrapulmonar.
- sn é para casos de TB pulmonar que não poderiam ser diagnosticados por uma amostra pulmonar (amostra negativa).
- sp é para casos de TB pulmonar que poderiam ser diagnosticados por uma amostra pulmonar (amostra positiva).

3. A sexta letra dá o gênero dos pacientes de TB. O conjunto de dados agrupa casos por homens (m) e mulheres (f).
4. O restante dos números dá a faixa etária. O conjunto de dados agrupa os casos em sete faixas etárias:

    - 014 = 0–14 anos
    - 1524 = 15–24 anos
    - 2534 = 25–34 anos
    - 3544 = 35–44 anos
    - 4554 = 45–54 anos
    - 5564 = 55–64 anos
    - 65 = 65 ou mais

Precisamos fazer uma pequena correção no formato dos nomes de colunas: infelizmente os nomes são levemente inconsistentes, porque, em vez de new_rel, temos newrel (é difícil identificar isso aqui, mas se você não fizer a correção, teremos erros nos passos subsequentes). Você aprenderá sobre str_replace() no Capítulo 11, mas a ideia básica é bem simples: substitua os caracteres "newrel" por "new_rel". Isso torna consistentes todos os nomes de variáveis:

```
who2 <- who1 %>%
  mutate(key = stringr::str_replace(key, "newrel", "new_rel"))
who2
#> # A tibble: 76,046 × 6
#>       country iso2  iso3   year         key cases
#>         <chr> <chr> <chr>  <int>       <chr> <int>
#> 1 Afghanistan    AF   AFG   1997 new_sp_m014     0
#> 2 Afghanistan    AF   AFG   1998 new_sp_m014    30
#> 3 Afghanistan    AF   AFG   1999 new_sp_m014     8
#> 4 Afghanistan    AF   AFG   2000 new_sp_m014    52
#> 5 Afghanistan    AF   AFG   2001 new_sp_m014   129
#> 6 Afghanistan    AF   AFG   2002 new_sp_m014    90
#> # ... with 7.604e+04 more rows
```

Podemos separar os valores em cada código com duas passagens de `separate()`. A primeira passagem separará os códigos em cada underscore:

```
who3 <- who2 %>%
  separate(key, c("new", "type", "sexage"), sep = "_")
who3
#> # A tibble: 76,046 × 8
#>     country iso2 iso3 year new type sexage cases
#>     <chr>   <chr> <chr> <int> <chr> <chr> <chr> <int>
#> 1 Afghanistan AF   AFG  1997  new   sp    m014     0
#> 2 Afghanistan AF   AFG  1998  new   sp    m014    30
#> 3 Afghanistan AF   AFG  1999  new   sp    m014     8
#> 4 Afghanistan AF   AFG  2000  new   sp    m014    52
#> 5 Afghanistan AF   AFG  2001  new   sp    m014   129
#> 6 Afghanistan AF   AFG  2002  new   sp    m014    90
#> # ... with 7.604e+04 more rows
```

Depois podemos deixar de lado a coluna `new`, porque ela é constante neste conjunto de dados. Enquanto estamos deixando colunas de lado, vamos deixar de lado também `iso2` e `iso3`, já que são redundantes:

```
who3 %>%
  count(new)
#> # A tibble: 1 × 2
#>    new      n
#>    <chr> <int>
#> 1  new  76046
who4 <- who3 %>%
  select(-new, -iso2, -iso3)
```

Em seguida vamos separar **sexage** em **sex** e **age** ao separar depois do primeiro caractere:

```
who5 <- who4 %>%
  separate(sexage, c("sex", "age"), sep = 1)
who5
#> # A tibble: 76,046 × 6
#>     country year type sex age cases
#>     <chr>   <int> <chr> <chr> <chr> <int>
#> 1 Afghanistan 1997 sp   m    014     0
#> 2 Afghanistan 1998 sp   m    014    30
#> 3 Afghanistan 1999 sp   m    014     8
#> 4 Afghanistan 2000 sp   m    014    52
#> 5 Afghanistan 2001 sp   m    014   129
#> 6 Afghanistan 2002 sp   m    014    90
#> # ... with 7.604e+04 more rows
```

O conjunto de dados `who` agora está arrumado!

Mostrei um pedaço do código de cada vez, atribuindo cada resultado provisório a uma nova variável. Normalmente não é assim que você trabalharia interativamente. Em vez disso, você construiria gradualmente um pipe complexo:

```
who %>%
  gather(code, value, new_sp_m014:newrel_f65, na.rm = TRUE) %>%
  mutate(
    code = stringr::str_replace(code, "newrel", "new_rel")
  ) %>%
  separate(code, c("new", "var", "sexage")) %>%
  select(-new, -iso2, -iso3) %>%
  separate(sexage, c("sex", "age"), sep = 1)
```

Exercícios

1. Neste estudo de caso eu configuro `na.rm = TRUE` só para facilitar a verificação de que tínhamos os valores corretos. Isso é razoável? Pense sobre como os valores faltantes são representados nesse conjunto de dados. Há valores faltantes implícitos? Qual é a diferença entre um NA e zero?

2. O que acontece se você negligenciar o passo `mutate()`? (`mutate(key = stringr::str_replace(key, "newrel", "new_rel"))`)?

3. Afirmei que `iso2` e `iso3` eram redundantes com `country`. Confirme essa afirmação.

4. Para cada país, ano e gênero, calcule o número total de casos de TB. Faça uma visualização informativa dos dados.

Dados Desarrumados (Não Tidy)

Antes de seguirmos para outros tópicos, vale a pena falar brevemente sobre dados desarrumados. Anteriormente neste capítulo eu usei o termo pejorativo "bagunçados" para me referir a dados desarrumados. Essa é uma simplificação extrema: há várias estruturas de dados úteis e bem fundamentadas que não são dados tidy. Há duas razões principais para usar outras estruturas de dados:

- Representações alternativas podem ter desempenho substancial ou vantagens de espaço.

- Campos especializados evoluíram suas próprias convenções para armazenar dados que podem ser bem diferentes das convenções de dados tidy.

Nenhuma dessas razões significa que você precisará de algo diferente de um tibble (ou data frame). Se seus dados se encaixam naturalmente em uma estrutura retangular composta de observações e variáveis, acho que dados tidy deveriam ser sua escolha padrão. Mas há boas razões para usar outras estruturas; dados tidy não são a única maneira. Se você quiser aprender mais sobre dados não tidy, recomendo este post ponderado do blog de Jeff Leek (*http://simplystatistics.org/2016/02/17/non-tidydata/* — conteúdo em inglês).

CAPÍTULO 10
Dados Relacionais com dplyr

Introdução

É raro que a análise de dados envolva uma única tabela de dados. Normalmente você tem muitas tabelas e deve combiná-las para responder às perguntas que lhe interessam. Coletivamente, várias tabelas de dados são chamadas de *dados relacionais,* porque são as relações, não apenas os conjuntos de dados individuais, que são importantes.

Relações são sempre definidas entre um par de tabelas. Todas as outras relações são construídas a partir desta ideia simples: as relações de três ou mais tabelas são sempre uma propriedade das relações entre cada par. Às vezes, ambos os elementos de um par podem ser a mesma tabela! Isso é necessário se, por exemplo, você tiver uma tabela de pessoas e cada pessoa tiver uma referência a seus pais.

Para trabalhar com dados relacionais, você precisa de verbos que funcionem com pares de tabelas. Há três famílias de verbos projetados com os quais você pode trabalhar:

- *Mutating joins*, que adiciona novas variáveis a um data frame a partir de observações correspondentes em outro.
- *Filtering joins*, que filtra observações de um data frame baseado em se elas combinam ou não com uma observação em outra tabela.
- *Set operations*, que trata observações como se fossem um conjunto de elementos.

O lugar mais comum de se encontrar dados relacionais é em um sistema de gerenciamento de banco de dados *relacional* (ou SGBDR), um termo que engloba quase todos os bancos de dados modernos. Se você já usou um banco de dados antes, provavelmente já usou SQL. Se sim, achará os conceitos deste capítulo familiares, embora sua expressão em **dplyr** seja um pouco diferente. Geralmente o **dplyr** é um pouco mais fácil de usar do que SQL, porque o **dplyr** é especializado em fazer análise de dados: ele facilita as operações comuns de análise de dados, às custas de dificultar a realização de outras coisas que não são comumente necessárias para a análise de dados.

Pré-requisitos

Exploraremos dados relacionais de **nycflights13** usando os verbos de duas tabelas do **dplyr**.

```
library(tidyverse)
library(nycflights13)
```

nycflights13

Usaremos o pacote **nycflights13** para aprender sobre dados relacionais. O **nycflights13** contém quatro tibbles que estão relacionados à tabela `flights` que você usou no Capítulo 3:

- `airlines` (linhas aéreas) lhe permite procurar o nome completo da operadora a partir do seu código abreviado:

    ```
    airlines
    #> # A tibble: 16 × 2
    #>   carrier                     name
    #>     <chr>                    <chr>
    #> 1      9E       Endeavor Air Inc.
    #> 2      AA   American Airlines Inc.
    #> 3      AS      Alaska Airlines Inc.
    #> 4      B6             JetBlue Airways
    #> 5      DL      Delta Air Lines Inc.
    #> 6      EV  ExpressJet Airlines Inc.
    #> # ... with 10 more rows
    ```

- `airports` (aeroportos) lhe dá informações sobre cada aeroporto, identificado pelo código `faa` do aeroporto:

```
airports
#> # A tibble: 1,396 × 7
#>     faa                              name   lat   lon
#>   <chr>                             <chr> <dbl> <dbl>
#> 1  04G                   Lansdowne Airport  41.1 -80.6
#> 2  06A       Moton Field Municipal Airport  32.5 -85.7
#> 3  06C                 Schaumburg Regional  42.0 -88.1
#> 4  06N                     Randall Airport  41.4 -74.4
#> 5  09J               Jekyll Island Airport  31.1 -81.4
#> 6  0A9     Elizabethton Municipal Airport  36.4 -82.2
#> # ... with 1,390 more rows, and 3 more variables:
#> #   alt <int>, tz <dbl>, dst <chr>
```

- `planes` (aviões) lhe dá informações sobre cada avião, identificados por seus `tailnum`:

```
planes
#> # A tibble: 3,322 × 9
#>   tailnum  year                     type
#>     <chr> <int>                    <chr>
#> 1  N10156  2004 Fixed wing multi engine
#> 2  N102UW  1998 Fixed wing multi engine
#> 3  N103US  1999 Fixed wing multi engine
#> 4  N104UW  1999 Fixed wing multi engine
#> 5  N10575  2002 Fixed wing multi engine
#> 6  N105UW  1999 Fixed wing multi engine
#> # ... with 3,316 more rows, and 6 more variables:
#> #   manufacturer <chr>, model <chr>, engines <int>,
#> #   seats <int>, speed <int>, engine <chr>
```

- `weather` (clima) lhe dá o clima de cada aeroporto de Nova York por hora:

```
weather
#> # A tibble: 26,130 × 15
#>   origin  year month   day  hour  temp  dewp humid
#>    <chr> <dbl> <dbl> <int> <int> <dbl> <dbl> <dbl>
#> 1    EWR  2013     1     1     0  37.0  21.9  54.0
#> 2    EWR  2013     1     1     1  37.0  21.9  54.0
#> 3    EWR  2013     1     1     2  37.9  21.9  52.1
#> 4    EWR  2013     1     1     3  37.9  23.0  54.5
#> 5    EWR  2013     1     1     4  37.9  24.1  57.0
#> 6    EWR  2013     1     1     6  39.0  26.1  59.4
#> # ... with 2.612e+04 more rows, and 7 more variables:
#> #   wind_dir <dbl>, wind_speed <dbl>, wind_gust <dbl>,
#> #   precip <dbl>, pressure <dbl>, visib <dbl>,
#> #   time_hour <dttm>
```

Uma maneira de mostrar os relacionamentos entre as diferentes tabelas é com um desenho:

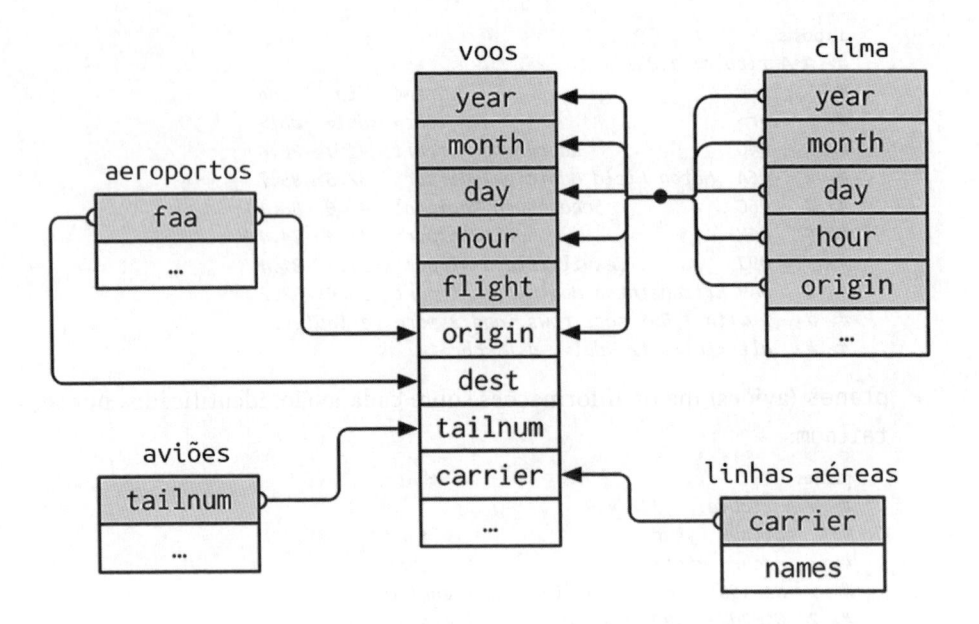

```
                            voos                    clima
                          ┌────────┐              ┌────────┐
                          │ year   │◄────────────►│ year   │
                          │ month  │◄────────────►│ month  │
         aeroportos       │ day    │◄──────●─────►│ day    │
         ┌────────┐       │ hour   │◄────────────►│ hour   │
         │ faa    │◄──┐   │ flight │         ┌───►│ origin │
         │ ...    │   │   │ origin │◄────────┘    │ ...    │
         └────────┘   └──►│ dest   │              └────────┘
                       ┌─►│ tailnum│
          aviões       │  │ carrier│◄───┐    linhas aéreas
         ┌────────┐    │  │ ...    │    │    ┌────────┐
         │ tailnum│◄───┘  └────────┘    └───►│ carrier│
         │ ...    │                          │ names  │
         └────────┘                          └────────┘
```

Esse diagrama é um pouco desanimador, mas é simples, comparado com alguns que você verá por aí! A chave para entender diagramas como esse é se lembrar de que cada relação sempre diz respeito a um par de tabelas. Você não precisa entender a coisa toda, basta compreender a cadeia de relações entre as tabelas em que está interessado.

Para **nycflights13**:

- `flights` se conecta a `planes` por meio de uma única variável, `tailnum`.
- `flights` se conecta a `airlines` por meio da variável `carrier`.
- `flights` se conecta a `airports` de duas maneiras: por meio das variáveis `origin` e `dest`.
- `flights` se conecta a `weather` por meio de `origin` (localização), e `year`, `month`, `day` e `hour` (hora).

Exercícios

1. Imagine que você quisesse desenhar (aproximadamente) a rota que cada avião faz de sua origem ao seu destino. De quais variáveis você precisaria? Quais tabelas você precisaria combinar?

2. Eu esqueci de desenhar o relacionamento entre `weather` e `airports`. Qual é o relacionamento e como ele deveria aparecer no diagrama?

3. `weather` só contém informações dos aeroportos de origem (NYC). Se contivesse registro de clima para todos os aeroportos dos Estados Unidos, qual relação adicional definiria com `flights`?
4. Nós sabemos que alguns dias do ano são "especiais", e menos pessoas que o normal viajam nesse período. Como você poderia representar esses dados como um data frame? Quais seriam as chaves primárias dessa tabela? Como ela se conectaria às tabelas existentes?

Chaves (keys)

As variáveis usadas para conectar cada par de tabelas são chamadas de *chaves* (keys). Uma chave é uma variável (ou conjunto de variáveis) que identifica unicamente uma observação. Em casos simples, uma única variável é suficiente para identificar uma observação. Por exemplo, cada avião é unicamente identificado por seu `tailnum`. Em outros casos, diversas variáveis podem ser necessárias. Por exemplo, para identificar uma observação em `weather` você precisa de cinco variáveis: `year`, `month`, `day`, `hour` e `origin`.

Há dois tipos de chaves:

- Uma *primary key* (chave primária) identifica unicamente uma observação em sua própria tabela. Por exemplo, `planes$tailnum` é uma chave primária porque identifica somente cada avião na tabela `planes`.
- Uma *foreign key* (chave estrangeira) identifica unicamente uma observação em outra tabela. Por exemplo, `flights$tailnum` é uma chave estrangeira porque aparece na tabela `flights`, onde combina cada voo com um único avião.

Uma variável pode ser ambos, uma primary key *e* uma foreign key. Por exemplo, `origin` faz parte da primary key `weather`, e também é uma foreign key para a tabela `airport`.

Uma vez que você tenha identificado as primary keys em suas tabelas, é uma boa prática verificar se elas realmente identificam unicamente cada observação. Uma maneira de realizar isso é fazer `count()` das primary keys e procurar entradas onde `n` seja maior do que um:

```
planes %>%
  count(tailnum) %>%
  filter(n > 1)
#> # A tibble: 0 × 2
#> # ... with 2 variables: tailnum <chr>, n <int>
```

```
weather %>%
  count(year, month, day, hour, origin) %>%
  filter(n > 1)
#> Source: local data frame [0 x 6]
#> Groups: year, month, day, hour [0]
#>
#> # ... with 6 variables: year <dbl>, month <dbl>, day <int>,
#> #   hour <int>, origin <chr>, n <int>
```

Às vezes uma tabela não tem uma primary key explícita: cada linha é uma observação, mas nenhuma combinação de variáveis a identifica confiavelmente. Por exemplo, qual é a primary key da tabela `flights`? Você pode achar que seria a data mais o número de voo ou da cauda, mas nenhuma delas é única:

```
flights %>%
  count(year, month, day, flight) %>%
  filter(n > 1)
#> Source: local data frame [29,768 x 5]
#> Groups: year, month, day [365]
#>
#>    year month   day flight     n
#>   <int> <int> <int>  <int> <int>
#> 1  2013     1     1      1     2
#> 2  2013     1     1      3     2
#> 3  2013     1     1      4     2
#> 4  2013     1     1     11     3
#> 5  2013     1     1     15     2
#> 6  2013     1     1     21     2
#> # ... with 2.976e+04 more rows

flights %>%
  count(year, month, day, tailnum) %>%
  filter(n > 1)
#> Source: local data frame [64,928 x 5]
#> Groups: year, month, day [365]
#>
#>    year month   day tailnum     n
#>   <int> <int> <int>   <chr> <int>
#> 1  2013     1     1  N0EGMQ     2
#> 2  2013     1     1  N11189     2
#> 3  2013     1     1  N11536     2
#> 4  2013     1     1  N11544     3
#> 5  2013     1     1  N11551     2
#> 6  2013     1     1  N12540     2
#> # ... with 6.492e+04 more rows
```

Ao começar a trabalhar com esses dados, eu inocentemente assumi que cada número de voo seria usado apenas uma vez por dia: isso tornaria muito mais fácil a comunicação de problemas com um voo específico. Infelizmente, esse não é o caso! Se uma tabela não tem uma primary key, às vezes é útil adicionar uma com `mutate()` e `row_number()`. Isso facilita combinar observações se você fez algumas filtragens e quer verificar nos dados originais. Isso é chamado de *surrogate key* (chave substituta).

Uma primary key e uma foreign key correspondente em outra tabela formam uma *relação*. Relações normalmente são de um para muitos. Por exemplo: cada voo tem um avião, mas cada avião tem muitos voos. Em outros dados, você ocasionalmente vê um relacionamento de 1 para 1. Talvez pense nisso como um caso especial de 1 para muitos. Você pode modelar relações muitos para muitos com uma relação muitos para 1 mais uma relação 1 para muitos. Por exemplo, nesses dados há um relacionamento muitos para muitos entre linhas aéreas e aeroportos: cada linha aérea voa para muitos aeroportos; cada aeroporto comporta muitas linhas aéreas.

Exercícios

1. Adicione uma surrogate key para `flights`.
2. Identifique as keys nos conjuntos de dados a seguir:
    a. `Lahman::Batting`
    b. `babynames::babynames`
    c. `nasaweather::atmos`
    d. `fueleconomy::vehicles`
    e. `ggplot2::diamonds`

    (Você pode precisar instalar alguns pacotes e ler algumas documentações.)

3. Desenhe um diagrama ilustrando as conexões entre as tabelas `Batting`, `Master` e `Salaries` no pacote **Lahman**. Desenhe outro diagrama que mostre o relacionamento entre `Master`, `Managers` e `AwardsManagers`.

    Como você caracterizaria o relacionamento entre as tabelas `Batting`, `Pitching` e `Fielding`?

Mutating Joins

A primeira ferramenta que veremos para combinar um par de tabelas é o *mutating join*. Um mutating join permite que você combine variáveis de duas tabelas. Primeiro ele combina observações por suas keys, depois copia as variáveis de uma tabela para a outra.

Como `mutate()`, as funções join adicionam variáveis à direita, então, se você já tem diversas variáveis, as novas não serão impressas. Para estes exemplos, facilitaremos a visualização do que está acontecendo criando um conjunto de dados mais limitado:

```
flights2 <- flights %>%
  select(year:day, hour, origin, dest, tailnum, carrier)
flights2
#> # A tibble: 336,776 × 8
#>    year month   day  hour origin  dest  tailnum carrier
#>   <int> <int> <int> <dbl>  <chr> <chr>    <chr>   <chr>
#> 1  2013     1     1     5    EWR   IAH   N14228      UA
#> 2  2013     1     1     5    LGA   IAH   N24211      UA
#> 3  2013     1     1     5    JFK   MIA   N619AA      AA
#> 4  2013     1     1     5    JFK   BQN   N804JB      B6
#> 5  2013     1     1     6    LGA   ATL   N668DN      DL
#> 6  2013     1     1     5    EWR   ORD   N39463      UA
#> # ... with 3.368e+05 more rows
```

(Lembre-se, quando estiver no RStudio, você também pode usar `View()` para evitar esse problema.)

Imagine que você quer adicionar o nome completo da linha aérea aos dados `flights2`. Você pode combinar os data frames `airlines` e `flights2` com `left_join()`:

```
flights2 %>%
  select(-origin, -dest) %>%
  left_join(airlines, by = "carrier")
#> # A tibble: 336,776 × 7
#>    year month   day  hour tailnum carrier
#>   <int> <int> <int> <dbl>   <chr>   <chr>
#> 1  2013     1     1     5  N14228      UA
#> 2  2013     1     1     5  N24211      UA
#> 3  2013     1     1     5  N619AA      AA
#> 4  2013     1     1     5  N804JB      B6
#> 5  2013     1     1     6  N668DN      DL
#> 6  2013     1     1     5  N39463      UA
#> # ... with 3.368e+05 more rows, and 1 more variable:
#> #   name <chr>
```

O resultado de juntar as linhas aéreas em `flights2` é uma variável adicional: `name`. É por isso que eu chamo esse tipo de join de mutating join. Neste caso, você poderia ter chegado ao mesmo resultado usando `mutate()` e a criação de subconjuntos básica do R:

```
flights2 %>%
  select(-origin, -dest) %>%
  mutate(name = airlines$name[match(carrier, airlines$carrier)])
#> # A tibble: 336,776 x 7
#>    year month   day  hour tailnum carrier
#>   <int> <int> <int> <dbl>   <chr>   <chr>
#> 1  2013     1     1     5  N14228      UA
#> 2  2013     1     1     5  N24211      UA
#> 3  2013     1     1     5  N619AA      AA
#> 4  2013     1     1     5  N804JB      B6
#> 5  2013     1     1     6  N668DN      DL
#> 6  2013     1     1     5  N39463      UA
#> # ... with 3.368e+05 more rows, and 1 more variable:
#> #   name <chr>
```

Mas isso é difícil de generalizar quando você precisa combinar muitas variáveis e se requer uma leitura atenta para descobrir a intenção geral.

As seções a seguir explicam, em detalhes, como os mutating joins funcionam. Você começará aprendendo uma representação visual útil de joins. Depois usaremos isso para explicar as quatro funções de mutating joins: o inner join e os três outer joins. Ao trabalhar com dados reais, keys nem sempre identificam observações de modo único, então falaremos a seguir sobre o que acontece quando não há uma combinação única. Finalmente, você aprenderá como dizer ao **dplyr** quais variáveis são as keys para um dado join.

Entendendo Joins

Para ajudá-lo a aprender como funcionam os joins, usarei uma representação visual:

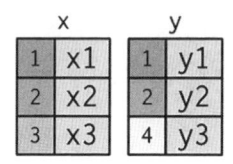

	x			y
1	x1		1	y1
2	x2		2	y2
3	x3		4	y3

```
x <- tribble(
  ~key, ~val_x,
     1, "x1",
     2, "x2",
     3, "x3"
)
```

```
y <- tribble(
  ~key, ~val_y,
     1, "y1",
     2, "y2",
     4, "y3"
)
```

A coluna numérica representa a variável "key": estas são usadas para combinar as linhas entre as tabelas. A coluna cinza representa a coluna "value", que é levada junto. Nestes exemplos mostrarei uma única variável key e uma única variável value, mas a ideia pode ser generalizada de maneira direta para várias keys e vários valores.

Um join é uma maneira de conectar cada coluna em x a zero, uma ou mais linhas em y. O diagrama a seguir mostra cada combinação em potencial como uma intersecção de um par de linhas:

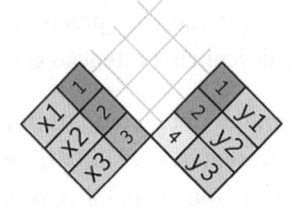

(Se você observar atentamente, pode notar que mudamos a ordem das colunas key e value em x. Isso foi feito para enfatizar que joins faz combinações com base na key; value é apenas carregada junto.)

Em um join de verdade, as combinações serão indicadas por pontos. O número de pontos = o número de combinações = o número de linhas na saída.

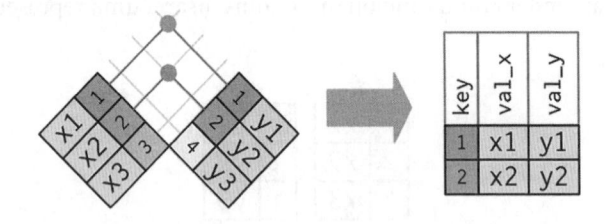

Inner Join

O tipo mais simples de join é o *inner join*. Ele combina pares de observações sempre que suas keys forem iguais:

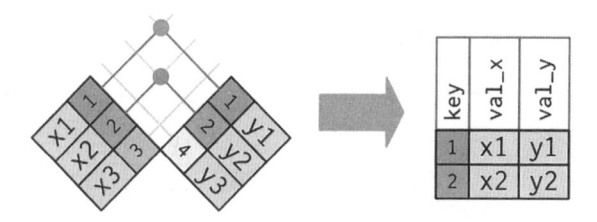

(Para ser preciso, este é um inner *equijoin*, porque as keys são combinadas usando-se o operador de igualdade. Já que a maioria dos joins são equijoins, nós normalmente deixamos essa especificação de lado.)

A saída de um inner join é um novo data frame que contém a key, os valores x e os valores y. Nós usamos by para dizer ao **dplyr** qual variável é a key:

```
x %>%
  inner_join(y, by = "key")
#> # A tibble: 2 × 3
#>     key val_x val_y
#>   <dbl> <chr> <chr>
#> 1     1    x1    y1
#> 2     2    x2    y2
```

A propriedade mais importante de um inner join é dizer quais linhas não combinadas não são incluídas no resultado. Isso significa que, geralmente, inner joins normalmente não são adequados para usar em análises, porque é fácil demais perder observações.

Outer Joins

Um inner join mantém as observações que aparecem em ambas as tabelas. Já um *outer join* mantém as que aparecem em pelo menos uma das tabelas. Há três tipos de outer joins:

- Um *left join* mantém todas as observações em x.
- Um *right join* mantém todas as observações em y.
- Um *full join* mantém todas as observações em x e y.

Esses joins funcionam ao adicionar-se uma observação "virtual" a cada tabela. Essa observação tem uma key que sempre combina (se nenhuma outra key combinar) e um valor preenchido com NA.

Graficamente fica assim:

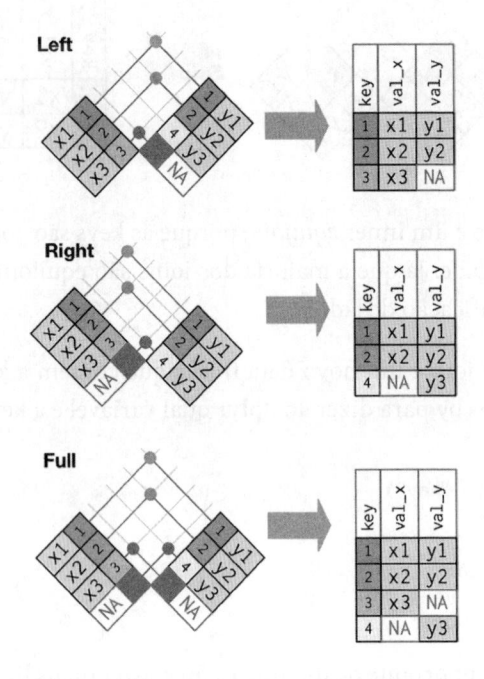

[Diagramas Left, Right, Full join com tabelas resultantes:
- Left: key 1 x1 y1 / 2 x2 y2 / 3 x3 NA
- Right: key 1 x1 y1 / 2 x2 y2 / 4 NA y3
- Full: key 1 x1 y1 / 2 x2 y2 / 3 x3 NA / 4 NA y3]

O join mais usado é o left join: você o utilizará sempre que procurar por dados adicionais de outra tabela, pois ele preserva as observações originais mesmo quando não há uma combinação. O left join deve ser seu join padrão: use-o, a não ser que você tenha uma razão forte para preferir um dos outros.

Outra maneira de representar tipos diferentes de joins é com um diagrama de Venn:

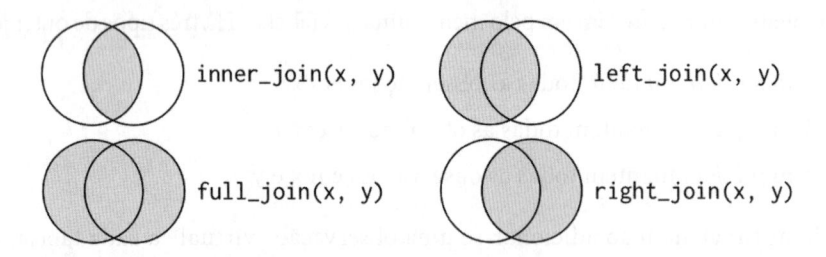

[Diagramas de Venn: inner_join(x, y), left_join(x, y), full_join(x, y), right_join(x, y)]

Contudo, essa não é uma representação muito boa. Pode ajudá-lo a se lembrar sobre qual join preserva as observações em qual tabela, mas sofre de uma grande limitação: um diagrama de Venn não consegue mostrar o que acontece quando as keys não identificam uma observação de modo único.

Keys Duplicadas

Até agora, todos os diagramas supuseram que as keys são únicas. Mas esse nem sempre é o caso. Esta seção explica o que acontece quando elas não são únicas. Há duas possibilidades:

- Uma tabela tem keys duplicadas. Isso é útil quando você quer adicionar uma informação adicional, já que normalmente há um relacionamento um para muitos:

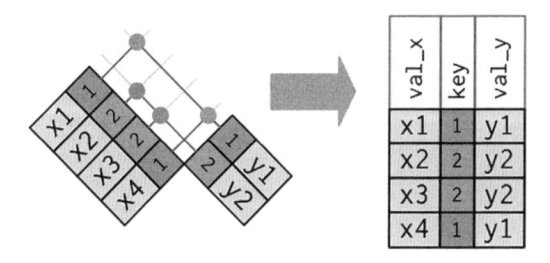

Note que coloquei a coluna key em uma posição levemente diferente na saída. Isso reflete que a key é uma primary key em y e uma foreign key em x:

```
x <- tribble(
  ~key, ~val_x,
     1, "x1",
     2, "x2",
     2, "x3",
     1, "x4"
)
y <- tribble(
  ~key, ~val_y,
     1, "y1",
     2, "y2"
)
left_join(x, y, by = "key")
#> # A tibble: 4 × 3
#>     key val_x val_y
#>   <dbl> <chr> <chr>
#> 1     1 x1    y1
#> 2     2 x2    y2
#> 3     2 x3    y2
#> 4     1 x4    y1
```

- Ambas as tabelas têm keys duplicadas. Isso normalmente é um erro, porque em nenhuma tabela as keys identificam uma observação de modo único. Quando você faz join de keys duplicadas, obtém todas as combinações possíveis, o produto Cartesiano:

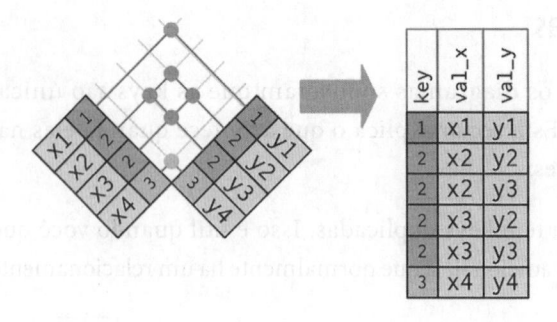

```
x <- tribble(
  ~key, ~val_x,
     1, "x1",
     2, "x2",
     2, "x3",
     3, "x4"
)
y <- tribble(
  ~key, ~val_y,
     1, "y1",
     2, "y2",
     2, "y3",
     3, "y4"
)
left_join(x, y, by = "key")
#> # A tibble: 6 × 3
#>     key val_x val_y
#>   <dbl> <chr> <chr>
#> 1     1    x1    y1
#> 2     2    x2    y2
#> 3     2    x2    y3
#> 4     2    x3    y2
#> 5     2    x3    y3
#> 6     3    x4    y4
```

Definindo as Colunas Key

Até agora, os pares de tabelas sempre foram juntados por uma única variável, e essa variável tem o mesmo nome em ambas as tabelas. Essa restrição foi codificada por by = "key". Você pode usar outros valores para que by conecte as tabelas de outros jeitos:

- O padrão, by = NULL, usa todas as variáveis que aparecem em ambas as tabelas, o chamado *natural* join. Por exemplo, as tabelas de voos e clima se combinam em suas variáveis comuns: year, month, day, hour e origin:

```
flights2 %>%
  left_join(weather)
#> Joining, by = c("year", "month", "day", "hour",
#>   "origin")
#> # A tibble: 336,776 × 18
#>    year month   day  hour origin dest  tailnum
#>   <dbl> <dbl> <int> <dbl> <chr>  <chr> <chr>
#> 1  2013     1     1     5 EWR    IAH   N14228
#> 2  2013     1     1     5 LGA    IAH   N24211
#> 3  2013     1     1     5 JFK    MIA   N619AA
#> 4  2013     1     1     5 JFK    BQN   N804JB
#> 5  2013     1     1     6 LGA    ATL   N668DN
#> 6  2013     1     1     5 EWR    ORD   N39463
#> # ... with 3.368e+05 more rows, and 11 more variables:
#> #   carrier <chr>, temp <dbl>, dewp <dbl>,
#> #   humid <dbl>, wind_dir <dbl>, wind_speed <dbl>,
#> #   wind_gust <dbl>, precip <dbl>, pressure <dbl>,
#> #   visib <dbl>, time_hour <dttm>
```

- Um vetor de caractere, by = "x". É como um natural join, mas usa apenas algumas das variáveis em comum. Por exemplo, flights e planes têm variáveis year, mas significam coisas diferentes, então só queremos fazer join por tailnum:

```
flights2 %>%
  left_join(planes, by = "tailnum")
#> # A tibble: 336,776 × 16
#>   year.x month   day  hour origin dest  tailnum
#>    <int> <int> <int> <dbl> <chr>  <chr> <chr>
#> 1   2013     1     1     5 EWR    IAH   N14228
#> 2   2013     1     1     5 LGA    IAH   N24211
#> 3   2013     1     1     5 JFK    MIA   N619AA
#> 4   2013     1     1     5 JFK    BQN   N804JB
#> 5   2013     1     1     6 LGA    ATL   N668DN
#> 6   2013     1     1     5 EWR    ORD   N39463
#> # ... with 3.368e+05 more rows, and 9 more variables:
#> #   carrier <chr>, year.y <int>, type <chr>,
#> #   manufacturer <chr>, model <chr>, engines <int>,
#> #   seats <int>, speed <int>, engine <chr>
```

Note que as variáveis year (que aparecem em ambos os data frames de entrada, mas não são restringidas por igualdade) são desambiguadas na saída com um sufixo.

- Um vetor de caracteres nomeado: by = c("a" = "b"). Isso combinará a variável a na tabela x à variável b na tabela y. As variáveis de x serão usadas na saída.

Por exemplo, se quisermos desenhar um mapa, precisaremos combinar os dados de voo aos dados de aeroportos, que contêm a localização (lat e long) de cada aeroporto. Cada voo tem um aeroporto de origem e de destino, então precisaremos especificar a quais queremos fazer join:

```
flights2 %>%
  left_join(airports, c("dest" = "faa"))
#> # A tibble: 336,776 × 14
#>    year month   day  hour origin dest  tailnum
#>   <int> <int> <int> <dbl>  <chr> <chr>   <chr>
#> 1  2013     1     1     5    EWR  IAH  N14228
#> 2  2013     1     1     5    LGA  IAH  N24211
#> 3  2013     1     1     5    JFK  MIA  N619AA
#> 4  2013     1     1     5    JFK  BQN  N804JB
#> 5  2013     1     1     6    LGA  ATL  N668DN
#> 6  2013     1     1     5    EWR  ORD  N39463
#> # ... with 3.368e+05 more rows, and 7 more variables:
#> #   carrier <chr>, name <chr>, lat <dbl>, lon <dbl>,
#> #   alt <int>, tz <dbl>, dst <chr>

flights2 %>%
  left_join(airports, c("origin" = "faa"))
#> # A tibble: 336,776 × 14
#>    year month   day  hour origin dest  tailnum
#>   <int> <int> <int> <dbl>  <chr> <chr>   <chr>
#> 1  2013     1     1     5    EWR  IAH  N14228
#> 2  2013     1     1     5    LGA  IAH  N24211
#> 3  2013     1     1     5    JFK  MIA  N619AA
#> 4  2013     1     1     5    JFK  BQN  N804JB
#> 5  2013     1     1     6    LGA  ATL  N668DN
#> 6  2013     1     1     5    EWR  ORD  N39463
#> # ... with 3.368e+05 more rows, and 7 more variables:
#> #   carrier <chr>, name <chr>, lat <dbl>, lon <dbl>,
#> #   alt <int>, tz <dbl>, dst <chr>
```

Exercícios

1. Calcule o atraso médio por destino, depois faça join no data frame airports para que possa exibir a distribuição espacial de atrasos. Eis uma maneira fácil de desenhar um mapa dos Estados Unidos:

```
airports %>%
  semi_join(flights, c("faa" = "dest")) %>%
  ggplot(aes(lon, lat)) +
    borders("state") +
```

```
        geom_point() +
        coord_quickmap()
```

(Não se preocupe se você não entender o que semi_join() faz — você aprenderá isso em seguida.)

Você pode querer usar size ou color dos pontos para exibir o atraso médio para cada aeroporto.

2. Adicione a localização da origem e destino (isto é, lat e lon) para flights.
3. Há um relacionamento entre a idade de um avião e seus atrasos?
4. Quais condições climáticas tornam mais provável haver um atraso?
5. O que aconteceu em 13 de junho de 2013? Exiba o padrão espacial de atrasos e, então, use o Google para fazer uma referência cruzada com o clima.

Outras Implementações

base::merge() pode realizar todos os quatro tipos de mutating join:

dplyr	merge
inner_join(x, y)	merge(x, y)
left_join(x, y)	merge(x, y, all.x = TRUE)
right_join(x, y)	merge(x, y, all.y = TRUE),
full_join(x, y)	merge(x, y, all.x = TRUE, all.y = TRUE)

As vantagens dos verbos específicos do **dplyr** é que eles transmitem mais claramente a intenção do seu código: a diferença entre os joins é muito importante, mas fica oculta nos argumentos de merge(). Os joins do **dplyr** são consideravelmente mais rápidos e não bagunçam a ordem das linhas.

O SQL é a inspiração para as convenções do **dplyr**, então a tradução é direta:

dplyr	SQL
inner_join(x, y, by = "z")	SELECT * FROM x INNER JOIN y USING (z)
left_join(x, y, by = "z")	SELECT * FROM x LEFT OUTER JOIN y USING (z)

dplyr	SQL
right_join(x, y, by = "z")	SELECT * FROM x RIGHT OUTER JOIN y USING (z)
full_join(x, y, by = "z")	SELECT * FROM x FULL OUTER JOIN y USING (z)

Note que "INNER" e "OUTER" são opcionais e frequentemente omitidos.

Fazer join em variáveis diferentes entre as tabelas, por exemplo, inner_join(x, y, by = c("a" = "b")), usa uma sintaxe levemente diferente em SQL: SELECT * FROM x INNER JOIN y ON x.a = y.b. Como essa sintaxe sugere, o SQL suporta uma gama mais ampla de tipos de join do que **dplyr,** porque você pode conectar as tabelas usando restrições diferentes da igualdade (às vezes chamadas de não-equijoins).

Filtering Joins

Filtering joins combinam observações do mesmo modo que mutating joins, mas afetam as observações, não as variáveis. Há dois tipos:

- semi_join(x, y) *mantém* todas as observações em x que tenham uma combinação em y.
- anti_join(x, y) *deixa de lado* todas as observações em x que tenham uma combinação em y.

Semijoins são úteis para combinar tabelas de resumo filtradas com as linhas originais. Por exemplo, imagine que você tenha descoberto os top 10 destinos mais populares:

```
top_dest <- flights %>%
  count(dest, sort = TRUE) %>%
  head(10)
top_dest
#> # A tibble: 10 × 2
#>   dest      n
#>   <chr> <int>
#> 1   ORD 17283
#> 2   ATL 17215
#> 3   LAX 16174
#> 4   BOS 15508
#> 5   MCO 14082
#> 6   CLT 14064
#> # ... with 4 more rows
```

Agora você quer descobrir cada voo que foi para um desses destinos. Você mesmo poderia construir um filtro:

```
flights %>%
  filter(dest %in% top_dest$dest)
#> # A tibble: 141,145 × 19
#>    year month   day dep_time sched_dep_time dep_delay
#>   <int> <int> <int>    <int>          <int>     <dbl>
#> 1  2013     1     1      542            540         2
#> 2  2013     1     1      554            600        -6
#> 3  2013     1     1      554            558        -4
#> 4  2013     1     1      555            600        -5
#> 5  2013     1     1      557            600        -3
#> 6  2013     1     1      558            600        -2
#> # ... with 1.411e+05 more rows, and 12 more variables:
#> #   arr_time <int>, sched_arr_time <int>, arr_delay <dbl>,
#> #   carrier <chr>, flight <int>, tailnum <chr>, origin <chr>,
#> #   dest <chr>, air_time <dbl>, distance <dbl>, hour <dbl>,
#> #   minute <dbl>, time_hour <dttm>
```

Mas é difícil estender essa abordagem para múltiplas variáveis. Por exemplo, imagine que você tenha descoberto os 10 dias com os atrasos médios mais altos. Como você construiria a declaração de filtro que usasse `year`, `month` e `day` para combiná-la de volta com `flights`?

Você pode usar um semijoin — que conecta as duas tabelas como um mutating join —, mas em vez de adicionar novas colunas, ele só mantém as linhas em x que têm uma combinação em y:

```
flights %>%
  semi_join(top_dest)
#> Joining, by = "dest"
#> # A tibble: 141,145 × 19
#>    year month   day dep_time sched_dep_time dep_delay
#>   <int> <int> <int>    <int>          <int>     <dbl>
#> 1  2013     1     1      554            558        -4
#> 2  2013     1     1      558            600        -2
#> 3  2013     1     1      608            600         8
#> 4  2013     1     1      629            630        -1
#> 5  2013     1     1      656            700        -4
#> 6  2013     1     1      709            700         9
#> # ... with 1.411e+05 more rows, and 13 more variables:
#> #   arr_time <int>, sched_arr_time <int>, arr_delay <dbl>,
#> #   carrier <chr>, flight <int>, tailnum <chr>, origin <chr>,
#> #   dest <chr>, air_time <dbl>, distance <dbl>, hour <dbl>,
#> #   minute <dbl>, time_hour <dttm>
```

Graficamente, um semijoin fica parecido com isto:

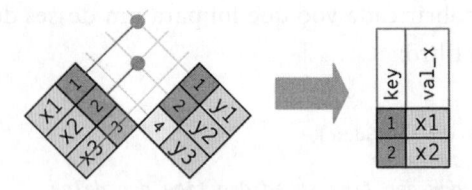

A existência de somente uma combinação é importante; não importa qual observação está combinada. Isso significa que filtering joins nunca duplicam linhas, como os mutating joins fazem:

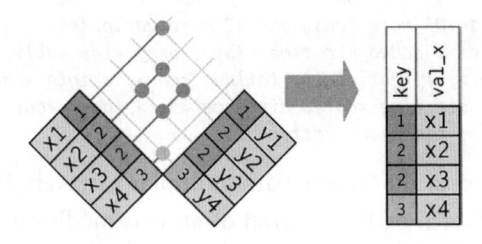

O inverso de um semijoin é um antijoin. Um antijoin mantém as linhas que *não* têm uma combinação:

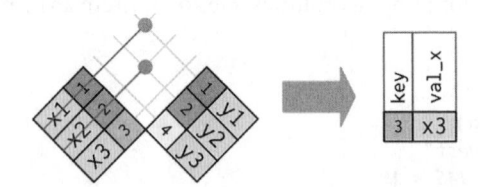

Antijoins são úteis para diagnosticar combinações erradas de join. Por exemplo, ao conectar `flights` e `planes`, você pode estar interessado em saber que existem muitos `flights` que não têm uma correspondência em `planes`:

```
flights %>%
  anti_join(planes, by = "tailnum") %>%
  count(tailnum, sort = TRUE)
#> # A tibble: 722 × 2
#>   tailnum     n
#>     <chr> <int>
#> 1    <NA>  2512
#> 2   N725MQ  575
#> 3   N722MQ  513
#> 4   N723MQ  507
#> 5   N713MQ  483
```

```
#> 6 N735MQ    396
#> # ... with 716 more rows
```

Exercícios

1. O que significa para um voo ter um `tailnum` faltante? O que os números de cauda que não têm um registro correspondente em `planes` têm em comum? (Dica: uma variável explica aproximadamente 90% dos problemas.)

2. Filtre os voos para exibir apenas aqueles que fizeram pelo menos 100 rotas.

3. Combine `fueleconomy::vehicles` e `fueleconomy::common` para encontrar apenas os registros para os modelos mais comuns.

4. Encontre as 48 horas (no curso de um ano inteiro) que tiveram os piores atrasos. Faça as referências cruzadas com os dados de `weather`. Você consegue ver algum padrão?

5. O que `anti_join(flights, airports, by = c("dest" = "faa"))` lhe diz? O que `anti_join(airports, flights, by = c("faa" = "dest"))` lhe diz?

6. Você pode esperar que haja um relacionamento implícito entre avião e linha aérea, visto que cada avião é conduzido por uma única linha aérea. Confirme ou rejeite essa hipótese usando as ferramenas que você aprendeu na seção anterior.

Problemas de Joins

Os dados com os quais você trabalhou neste capítulo foram limpos para que você tenha a menor quantidade de problemas possível. Seus próprios dados provavelmente não serão tão bons. Há, entretanto, algumas coisas que você pode fazer com seus próprios dados para que seus joins sejam realizados tranquilamente:

1. Comece identificando as variáveis que formam a primary key em cada tabela. Normalmente você deveria fazer isso com base em sua compreensão dos dados, não empiricamente buscando uma combinação de variáveis que lhe deem um identificador único. Se você só procurar variáveis sem pensar sobre o que elas significam, pode ter (azar) sorte e encontrar uma combinação que seja única em seus dados atuais, mas o relacionamento pode não ser verdadeiro no geral.

Por exemplo, a altitude e a longitude identificam unicamente cada aeroporto, mas não são bons identificadores!

```
airports %>% count(alt, lon) %>% filter(n > 1)
#> Source: local data frame [0 x 3]
#> Groups: alt [0]
#>
#> # ... with 3 variables: alt <int>, lon <dbl>, n <int>
```

2. Verifique para que não esteja faltando nenhuma variável na primary key!
3. Confira para que suas foreign keys combinem com as primary keys em outra tabela. A melhor maneira de fazer isso é com um `anti_join()`. É comum que as keys não combinem por causa de erros de entrada de dados. Frequentemente corrigir isso é muito trabalhoso.

Se você tiver keys faltantes, precisará ser cuidadoso com o uso de inner e outer joins, considerando cuidadosamente se você quer ou não deixar de lado as linhas que não têm combinações.

Esteja ciente de que simplesmente conferir o número de linhas antes e depois do join não é o suficiente para garantir que seu join foi realizado tranquilamente. Se você tem um inner join com keys duplicadas em ambas as tabelas, poderá dar azar, já que o número de linhas deixadas de lado pode ser exatamente igual ao número de linhas duplicadas!

Operações de Conjuntos

O último tipo de verbo para duas tabelas são as operação de conjunto. Normalmente eu os utilizo com menos frequência, mas são ocasionalmente úteis quando você quer separar um único filtro complexo em partes mais simples. Todas essas operações funcionam com uma linha completa, comparando os valores de cada variável. Elas esperam que as entradas de x e y tenham as mesmas variáveis e tratem as observações como conjuntos:

intersect(x, y)
    Retorna apenas observações em ambos, x e y.

union(x, y)
    Retorna observações únicas em x e y.

setdiff(x, y)
    Retorna observações em x, mas não em y.

Dados estes dados simples:

```
df1 <- tribble(
  ~x, ~y,
   1,  1,
   2,  1
)
df2 <- tribble(
  ~x, ~y,
   1,  1,
   1,  2
)
```

As quatro possibilidades são:

```
intersect(df1, df2)
#> # A tibble: 1 × 2
#>       x     y
#>   <dbl> <dbl>
#> 1     1     1

# Note that we get 3 rows, not 4
union(df1, df2)
#> # A tibble: 3 × 2
#>       x     y
#>   <dbl> <dbl>
#> 1     1     2
#> 2     2     1
#> 3     1     1

setdiff(df1, df2)
#> # A tibble: 1 × 2
#>       x     y
#>   <dbl> <dbl>
#> 1     2     1

setdiff(df2, df1)
#> # A tibble: 1 × 2
#>       x     y
#>   <dbl> <dbl>
#> 1     1     2
```

CAPÍTULO 11
Strings com stringr

Introdução

Este capítulo apresenta você à manipulação de strings em R. Você aprenderá o básico sobre como funcionam as strings e como criá-las à mão, mas o foco será em expressões regulares, ou *regexps*. Expressões regulares são úteis, porque as strings normalmente contêm dados desestruturados ou semiestruturados, e regexps são uma linguagem concisa para descrever padrões em strings. Quando você vir uma regexp pela primeira vez, achará que um gato andou pelo seu teclado, mas à medida que sua compreensão melhorar, elas logo começarão a fazer sentido.

Pré-requisitos

Este capítulo focará no pacote **stringr** para manipulação de strings. O **stringr** não faz parte do núcleo do tidyverse, porque nem sempre temos dados textuais, então precisamos carregá-lo explicitamente.

```
library(tidyverse)
library(stringr)
```

O Básico de String

Você pode criar strings com aspas simples ou duplas. Diferente de outras linguagens, não há diferença no comportamento. Eu recomendo sempre usar ", a não ser que você queira criar uma string que contenha várias ":

```
string1 <- "This is a string"
string2 <- 'To put a "quote" inside a string, use single quotes'
```

Se você esquecer de fechar as aspas, verá +, o caractere de continuação:

```
> "This is a string without a closing quote
+
+
+ HELP I'M STUCK
```

Se isso acontecer, pressione Esc e tente novamente!

Para incluir aspas literais simples ou duplas em uma string, você pode usar \ para "escapá-la":

```
double_quote <- "\"" # or '"'
single_quote <- '\'' # or "'"
```

Isso significa que, se quiser incluir uma barra invertida literal, precisará dobrá-la: "\\".

Tenha cuidado para que a representação impressa de uma string não seja a mesma que a própria string, pois a representação impressa mostra os escapes. Para ver conteúdos brutos da string, use `writeLines()`:

```
x <- c("\"", "\\")
x
#> [1] "\"" "\\"
writeLines(x)
#> "
#> \
```

Há um punhado de outros caracteres especiais. Os mais comuns são "\n", newline, e "\t", tab, mas você pode ver a lista completa pedindo ajuda em ?'"' ou ?"'". Às vezes também será possível ver strings como "\u00b5", que é uma maneira de escrever caracteres que não pertencem ao inglês que funciona em todas as plataformas:

```
x <- "\u00b5"
x
#> [1] "µ"
```

Múltiplas strings são frequentemente armazenadas em um vetor de caracteres, que você cria com `c()`:

```
c("one", "two", "three")
#> [1] "one"   "two"   "three"
```

Comprimento de String

O R base contém muitas funções para trabalhar com strings, mas vamos evitá-las porque podem ser inconsistentes, o que as torna difíceis de lembrar. Em vez disso, usaremos funções do **stringr**. Essas têm nomes mais intuitivos, e todas começam com str_. Por exemplo, str_length() lhe diz o número de caracteres em uma string:

```
str_length(c("a", "R for data science", NA))
#> [1]  1 18 NA
```

O prefixo str_ em comum é particularmente útil se você usa o RStudio, porque digitar str_ acionará o autocompletar, permitindo que veja todas as funções do **stringr**:

```
>  ◇ str_c              {stringr}
>  ● str_conv           {stringr}
>  ● str_count          {stringr}
>  ● str_detect         {stringr}
>  ● str_dup            {stringr}
>  ● str_extract        {stringr}
>  ● str_extract_all    {stringr}
> str_|
```

str_c(..., sep = "", collapse = NULL)

To understand how str_c works, you need to imagine that you are building up a matrix of strings. Each input argument forms a column, and is expanded to the length of the longest argument, using the usual recyling rules. The sep string is inserted between each column. If collapse is NULL each row is collapsed into a single string. If non-NULL that string is inserted at the end of each row, and the entire matrix collapsed to a single string.

Press F1 for additional help

Combinando Strings

Para combinar duas ou mais strings, use str_c():

```
str_c("x", "y")
#> [1] "xy"
str_c("x", "y", "z")
#> [1] "xyz"
```

Use o argumento sep para controlar como elas são separadas:

```
str_c("x", "y", sep = ",")
#> [1] "x,y"
```

Como a maioria das outras funções em R, valores faltantes são contagiosos. Se você quer que sejam impressos como "NA", use str_replace_na():

```
x <- c("abc", NA)
str_c("|-", x, "-|")
#> [1] "|-abc-|" NA
str_c("|-", str_replace_na(x), "-|")
#> [1] "|-abc-|" "|-NA-|"
```

Como mostrado no código anterior, str_c() é vetorizada e recicla automaticamente os vetores mais curtos para o mesmo comprimento dos mais longos:

```
str_c("prefix-", c("a", "b", "c"), "-suffx")
#> [1] "prefix-a-suffix" "prefix-b-suffix" "prefix-c-suffix"
```

Objetos de comprimento 0 são deixados de lado silenciosamente. Isso é particularmente útil em conjunção com if:

```
name <- "Hadley"
time_of_day <- "morning"
birthday <- FALSE

str_c(
  "Good ", time_of_day, " ", name,
  if (birthday) " and HAPPY BIRTHDAY",
  "."
)
#> [1] "Good morning Hadley."
```

Para colapsar um vetor de strings em uma única string, use collapse:

```
str_c(c("x", "y", "z"), collapse = ",")
#> [1] "x, y, z"
```

Subconjuntos de Strings

Você pode extrair partes de uma string usando str_sub(). Assim como a string, str_sub() recebe os argumentos start e end, que dão a posição (inclusiva) da substring:

```
x <- c("Apple", "Banana", "Pear")
str_sub(x, 1, 3)
#> [1] "App" "Ban" "Pea"

# negative numbers count backwards from end
str_sub(x, -3, -1)
#> [1] "ple" "ana" "ear"
```

Note que str_sub() não falhará se a string for curta demais. Ela só retornará o máximo possível:

```
str_sub("a", 1, 5)
#> [1] "a"
```

Você também pode usar o formulário de atribuição de str_sub() para modificar strings:

```
str_sub(x, 1, 1) <- str_to_lower(str_sub(x, 1, 1))
x
#> [1] "apple" "banana" "pear"
```

Localizações

Anteriormente usei `str_to_lower()` para mudar o texto para letras minúsculas. Você também pode usar `str_to_upper()` ou `str_to_title()`. Contudo, mudar a tipografia é mais complicado do que pode parecer em um primeiro momento, porque línguas diferentes têm regras diferentes para essas mudanças. Você pode escolher um conjunto de regras para usar especificando uma localização:

```
# Turkish has two i's: with and without a dot, and it
# has a different rule for capitalizing them:
str_to_upper(c("i", "ı"))
#> [1] "I" "I"
str_to_upper(c("i", "ı"), locale = "tr")
#> [1] "İ" "I"
```

A localização é especificada como um código de língua ISO 639, que é uma abreviação de duas ou três letras. Se você ainda não sabe o código da sua língua, a Wikipedia (*http://bit.ly/ISO639-1* — conteúdo em inglês) tem uma boa lista. Se você deixar a localização em branco, a localização atual será utilizada, como fornecida pelo sistema operacional.

Outra operação importante que é afetada pela localização é a classificação. As funções `order()` e `sort()` do R base classificam strings usando a localização atual. Caso queira um comportamento robusto entre computadores diferentes, use `str_sort()` e `str_order()`, que recebem um argumento `locale` adicional:

```
x <- c("apple", "eggplant", "banana")

str_sort(x, locale = "en")  # English
#> [1] "apple"    "banana"   "eggplant"

str_sort(x, locale = "haw") # Hawaiian
#> [1] "apple"    "eggplant" "banana"
```

Exercícios

1. Em códigos que não usam **stringr**, você verá, com frequência, `paste()` e `paste0()`. Qual é a diferença entre as duas funções? Elas são equivalentes a quais funções **stringr**? Como as funções diferem ao lidar com NA?

2. Em suas próprias palavras, descreva a diferença entre os argumentos `sep` e `collapse` para `str_c()`.

3. Use str_length() e str_sub() para extrair o caractere do meio de uma string. O que você fará se a string tiver um número par de caracteres?
4. O que str_wrap() faz? Quando você pode querer usá-la?
5. O que str_trim() faz? Qual é o oposto de str_trim()?
6. Escreva uma função que transforme (por exemplo) um vetor c("a", "b", "c") na string a, b, and c. Pense cuidadosamente sobre o que ela deve fazer se lhe for dado um vetor de comprimento 0, 1 ou 2.

Combinando Padrões com Expressões Regulares

Regexps são uma linguagem bem concisa que permite que você descreva padrões em strings. Elas demoram um pouco para ser entendidas, mas uma vez que consiga, você as achará extremamente úteis.

Para aprender expressões regulares, usaremos str_view() e str_view_all(). Essas funções recebem um vetor de caracteres e uma expressão regular, e lhe mostram como eles combinam. Começaremos com expressões regulares bem simples, e então gradualmente as tornaremos cada vez mais complicadas. Uma vez que você tenha dominado a combinação de padrões, aprenderá a aplicar essas ideias com várias funções **stringr**.

Combinações Básicas

Os padrões mais simples combinam strings exatas:

```
x <- c("apple", "banana", "pear")
str_view(x, "an")
```

apple
b<mark>an</mark>ana
pear

O próximo passo em complexidade é ., que combina qualquer caractere (exceto um newline):

```
str_view(x, ".a.")
```

apple
<mark>ban</mark>ana
<mark>pear</mark>

Mas se "." combina qualquer caractere, como você combina o caractere "."? Você precisa usar um "escape" para dizer à expressão regular que você quer combinar com ele exatamente, não usar seu comportamento especial. Como as strings, as regexps usam a barra invertida, \, para escapar do comportamento especial. Então, para combinar um ., você precisa da regexp \.. Infelizmente, isso cria um problema. Nós usamos strings para representar expressões regulares, e \ também é usado como um símbolo de escape em strings. Então, para criar a expressão regular \. precisamos da string "\\.":

```
# To create the regular expression, we need \\
dot <- "\\."

# But the expression itself only contains one:
writeLines(dot)
#> \.

# And this tells R to look for an explicit .
str_view(c("abc", "a.c", "bef"), "a\\.c")
```

> abc
>
> a.c
>
> bef

Se \ é usada como um caractere de escape em expressões regulares, como você combina uma \ literal? Bem, será preciso escapar criando a expressão regular \\. Para criar essa expressão regular você precisa usar uma string, que também precisa escapar \. Isso significa que para combinar uma \ literal, você precisa escrever "\\\\"— quatro barras invertidas para combinar uma!

```
x <- "a\\b"
writeLines(x)
#> a\b

str_view(x, "\\\\")
```

> a\b

Neste livro escreverei expressões regulares como \. e strings que representam expressões regulares como "\\.".

Exercícios

1. Explique por que cada uma dessas strings não combina com uma \: "\", "\\", "\\\".

2. Como você combina a sequência "'\?

3. Com quais padrões a expressão regular \..\..\.. combinará? Como você a representaria como uma string?

Âncoras

Por padrão, expressões regulares combinarão qualquer parte de uma string. Muitas vezes é útil *ancorar* a expressão regular para que ela combine a partir do começo ou do fim da string. Você pode usar:

- ^ para combinar o começo da string.
- $ para combinar o fim da string.

```
x <- c("apple", "banana", "pear")
str_view(x, "^a")
```

> apple
> banana
> pear

```
str_view(x, "a$")
```

> apple
> banana
> pear

Para lembrar qual é qual, tente esse mneumônico que aprendi com Evan Misshula (*http://bit.ly/EvanMisshula* — conteúdo em inglês): se você começa com potência (^), termina com dinheiro ($).

Para forçar uma expressão regular a combinar apenas com uma string completa, ancore-a com ambos, ^ e $:

```
x <- c("apple pie", "apple", "apple cake")
str_view(x, "apple")
```

> apple pie
> apple
> apple cake

```
str_view(x, "^apple$")
```

```
apple pie
apple
apple cake
```

Você também pode combinar o limite entre palavras com \b. Eu não uso isso com frequência em R, mas às vezes uso quando estou fazendo uma pesquisa no RStudio e quero encontrar o nome de uma função que seja componente de outras funções. Por exemplo, procuro por \bsum\b para evitar combinar com summarize, summary, rowsum, e assim por diante.

Exercícios

1. Como você combinaria a string literal "$^$"?
2. Dado o *corpus* de palavras comuns em stringr::words, crie expressões regulares que encontrem todas as palavras que:

    a. Comecem com "y".

    c. Terminem com "x".

    d. Tenham exatamente 3 letras de comprimento. (Não trapaceie usando str_length()!)

    e. Tenha sete letras ou mais.

    Já que essa lista é longa, você pode querer usar o argumento match para str_view() para exibir apenas as palavras que combinem ou não combinem.

Classes de Caracteres e Alternativas

Há vários padrões especiais que combinam com mais de um caractere. Você já viu ., que combina com qualquer caractere, exceto newline. Há quatro outras ferramentas úteis:

- \d combina qualquer dígito.
- \s combina qualquer espaço em branco (por exemplo, espaço, tab, newline).
- [abc] combina a, b ou c.
- [^abc] combina qualquer coisa, exceto a, b ou c.

Lembre-se, para criar uma expressão regular contendo \d ou \s, você precisará escapar a \ para a string, então você digitará "\\d" ou "\\s".

Você pode usar *alternância* para escolher entre uma ou mais alternativas de padrões. Por exemplo, abc|d..f combinará com "abc" ou "deaf". Note que a precedência por | é baixa, para que abc|xyz combine com abc ou xyz, e não abcyz ou abxyz. Como com expressões matemáticas, se a precedência ficar confusa, use parênteses para deixar claro o que você quer:

```
str_view(c("grey", "gray"), "gr(e|a)y")
```

grey

gray

Exercícios

1. Crie expressões regulares para encontrar todas as palavras que:

    a. Comecem com uma vogal.

    b. Contenham apenas consoantes. (Dica: pense sobre combinar "não" vogais.)

    c. Terminem com ed, mas não com eed.

    d. Terminem com ing ou ize.

5. Verifique empiricamente a regra "i antes de e exceto depois de c."

6. O "q" é sempre seguido por um "u"?

7. Escreva uma expessão regular que combine com uma palavra se ela provavelmente for escrita em inglês britânico, não em inglês norte-americano.

8. Crie uma expressão regular que combinará com números de telefone, como comumente escritos em seu país.

Repetição

O próximo degrau no poder envolve controlar quantas vezes um padrão é combinado:

- ?: 0 ou 1
- +: 1 ou mais
- *: 0 ou mais

```
x <- "1888 is the longest year in Roman numerals: MDCCCLXXXVIII"
str_view(x, "CC?")
```

```
1888 is the longest year in Roman numerals: MDCCCLXXXVIII
```

```
str_view(x, "CC+")
```

```
1888 is the longest year in Roman numerals: MDCCCLXXXVIII
```

```
str_view(x, 'C[LX]+')
```

```
1888 is the longest year in Roman numerals: MDCCCLXXXVIII
```

Note que a precedência desses operadores é alta, então você pode escrever colou?r para combinar tanto com a escrita norte-americana quanto com a britânica. Isso significa que a maioria dos usos precisará de parênteses, como bana(na)+.

Você também pode especificar o número de combinações precisamente:

- {n}: exatamente n
- {n,}: n ou mais
- {,m}: no máximo m
- {n,m}: entre n e m

```
str_view(x, "C{2}")
```

```
1888 is the longest year in Roman numerals: MDCCCLXXXVIII
```

```
str_view(x, "C{2,}")
```

```
1888 is the longest year in Roman numerals: MDCCCLXXXVIII
```

```
str_view(x, "C{2,3}")
```

```
1888 is the longest year in Roman numerals: MDCCCLXXXVIII
```

Por padrão, essas combinações são "gananciosas": elas combinarão com a string mais longa possível. Você pode torná-las "preguiçosas", combinando com a string mais curta possível, colocando um ? depois delas. Esse é um recurso avançado de expressões regulares, mas é útil saber que ele existe:

```
str_view(x, 'C{2,3}?')
```

```
1888 is the longest year in Roman numerals: MDCCCLXXXVIII
```

```
str_view(x, 'C[LX]+?')
```

1888 is the longest year in Roman numerals: MDCCCLXXXVIII

Exercícios

1. Descreva os equivalentes de ?, +, e * na forma {m,n}.

2. Descreva em palavras com o que essas expressões regulares combinam (leia cuidadosamente para verificar se estou usando uma expressão regular ou uma string que define uma expressão regular):

    a. ^.*$

    c. "\\{.+\\}"

    d. \d{4}-\d{2}-\d{2}

    e. "\\\\{4}"

6. Crie expressões regulares para encontrar todas as palavras que:

    a. Comecem com três consoantes.

    g. Tenham três ou mais vogais seguidas.

    h. Tenham dois ou mais pares seguidos de vogal-consoante.

9. Resolva a cruzadinha de regexp para iniciantes em *https://regexcrossword.com/challenges/beginner* (conteúdo em inglês).

Agrupamentos e Backreferences

Anteriormente você aprendeu sobre os parênteses como uma maneira de desambiguar expressões complexas. Eles também definem "grupos" aos quais você pode referir com *backreferences*, como \1, \2 etc. Por exemplo, a expressão regular a seguir encontra todas as frutas que têm um par de letras repetido:

```
str_view(fruit, "(..)\\1", match = TRUE)
```

banana
coconut
cucumber
jujube
papaya
salal berry

(Em breve você verá também como elas são úteis em conjunção com `str_match()`.)

Exercícios

1. Descreva em palavras com o que essas expressões regulares combinarão:
   a. `(.)\1\1`
   b. `"(.)(.)\\2\\1"`
   c. `(..)\1`
   d. `"(.).\\1.\\1"`
   e. `"(.)(.)(.).*\\3\\2\\1"`

6. Construa expressões regulares para combinar palavras que:
   a. Comecem e terminem com o mesmo caractere.
   g. Contenham um par de letras repetido (por exemplo, "church" contém "ch" duas vezes).
   h. Contenham uma letra repetida em pelo menos três lugares (por exemplo, "eleven" contém três "e").

Ferramentas

Agora que você aprendeu o básico das expressões regulares, é hora de saber como aplicá-las em problemas reais. Nesta seção você aprenderá uma grande variedade de funções **stringr** que lhe permitem:

- Determinar quais strings combinam com um padrão.
- Encontrar as posições das combinações.
- Extrair o conteúdo das combinações.
- Substituir combinações por novos valores.
- Separar uma string com base em uma combinação.

Um aviso antes de continuarmos: como as expressões regulares são muito poderosas, é fácil tentar resolver qualquer problema com uma única expressão regular. Nas palavras de Jamie Zawinski:

> Algumas pessoas, quando confrontadas por um problema, pensam "Eu sei, vou usar expressões regulares". Agora elas têm dois problemas.

Como uma advertência, confira esse expressão regular que verifica se um endereço de e-mail é válido:

```
(?:(?:\r\n)?[ \t])*(?:(?:(?:[^()<>@,;:\\".\[\] \000-\031]+(?:(?:(?:\r\n)?[ \t])+|\Z|(?=[\["()<>@,;:\\".\
[\]]))|"(?:[^\"\r\\]|\\.|(?:(?:\r\n)?[ \t]))*"(?:(?:\r\n)?[ \t])*)(?:\.(?:(?:\r\n)?[ \t])*(?:[^()<>@,;:\
\".\[\] \000-\031]+(?:(?:(?:\r\n)?[ \t])+|\Z|(?=[\["()<>@,;:\\".\[\]]))|"(?:[^\"\r\\]|\\.|(?:(?:\r\n)?
[ \t]))*"(?:(?:\r\n)?[ \t])*))*@(?:(?:\r\n)?[ \t])*(?:[^()<>@,;:\\".\[\] \000-\031]+(?:(?:(?:\r\n)?[ \t])
+|\Z|(?=[\["()<>@,;:\\".\[\]]))|\[([^\[\]\r\\]|\\.)*\](?:(?:\r\n)?[ \t])*)(?:\.(?:(?:\r\n)?[ \t])*(?:
[^()<>@,;:\\".\[\] \000-\031]+(?:(?:(?:\r\n)?[ \t])+|\Z|(?=[\["()<>@,;:\\".\[\]]))|\[([^\[\]\r\\]|\\.)*\]
(?:(?:\r\n)?[ \t])*))*|(?:[^()<>@,;:\\".\[\] \000-\031]+(?:(?:(?:\r\n)?[ \t])+|\Z|(?=[\["()<>@,;:\\".\
[\]]))|"(?:[^\"\r\\]|\\.|(?:(?:\r\n)?[ \t]))*"(?:(?:\r\n)?[ \t])*)*\<(?:(?:\r\n)?[ \t])*(?:@(?:[^()<>@,;:
\\".\[\] \000-\031]+(?:(?:(?:\r\n)?[ \t])+|\Z|(?=[\["()<>@,;:\\".\[\]]))|\[([^\[\]\r\\]|\\.)*\](?:(?:
\r\n)?[ \t])*)(?:\.(?:(?:\r\n)?[ \t])*(?:[^()<>@,;:\\".\[\] \000-\031]+(?:(?:(?:\r\n)?[ \t])+|\Z|(?=[\
["()<>@,;:\\".\[\]]))|\[([^\[\]\r\\]|\\.)*\](?:(?:\r\n)?[ \t])*))*(?:,@(?:(?:\r\n)?[ \t])*(?:[^()<>@,;:\
\".\[\] \000-\031]+(?:(?:(?:\r\n)?[ \t])+|\Z|(?=[\["()<>@,;:\\".\[\]]))|\[([^\[\]\r\\]|\\.)*\](?:(?:
\r\n)?[ \t])*)(?:\.(?:(?:\r\n)?[ \t])*(?:[^()<>@,;:\\".\[\] \000-\031]+(?:(?:(?:\r\n)?[ \t])+|\Z|(?=[\
["()<>@,;:\\".\[\]]))|\[([^\[\]\r\\]|\\.)*\](?:(?:\r\n)?[ \t])*))*)*:(?:(?:\r\n)?[ \t])*)?(?:[^()<>@,;:\
\".\[\] \000-\031]+(?:(?:(?:\r\n)?[ \t])+|\Z|(?=[\["()<>@,;:\\".\[\]]))|"(?:[^\"\r\\]|\\.|(?:(?:\r\n)?
[ \t]))*"(?:(?:\r\n)?[ \t])*)(?:\.(?:(?:\r\n)?[ \t])*(?:[^()<>@,;:\\".\[\] \000-\031]+(?:(?:(?:\r\n)?
[ \t])+|\Z|(?=[\["()<>@,;:\\".\[\]]))|"(?:[^\"\r\\]|\\.|(?:(?:\r\n)?[ \t]))*"(?:(?:\r\n)?[ \t])*))*@(?:
(?:\r\n)?[ \t])*(?:[^()<>@,;:\\".\[\] \000-\031]+(?:(?:(?:\r\n)?[ \t])+|\Z|(?=[\["()<>@,;:\\".\[\]]))|\
[([^\[\]\r\\]|\\.)*\](?:(?:\r\n)?[ \t])*)(?:\.(?:(?:\r\n)?[ \t])*(?:[^()<>@,;:\\".\[\] \000-\031]+(?:
(?:(?:\r\n)?[ \t])+|\Z|(?=[\["()<>@,;:\\".\[\]]))|\[([^\[\]\r\\]|\\.)*\](?:(?:\r\n)?[ \t])*))*\>(?:(?:\r\n)?
[ \t])*)|(?:[^()<>@,;:\\".\[\] \000-\031]+(?:(?:(?:\r\n)?[ \t])+|\Z|(?=[\["()<>@,;:\\".\[\]]))|"(?:
[^\"\r\\]|\\.|(?:(?:\r\n)?[ \t]))*"(?:(?:\r\n)?[ \t]))*:(?:(?:\r\n)?[ \t])*(?:(?:(?:[^()<>@,;:\\".\[\]
\000-\031]+(?:(?:(?:\r\n)?[ \t])+|\Z|(?=[\["()<>@,;:\\".\[\]]))|"(?:[^\"\r\\]|\\.|(?:(?:\r\n)?
[ \t]))*"(?:(?:\r\n)?[ \t])*)(?:\.(?:(?:\r\n)?[ \t])*(?:[^()<>@,;:\\".\[\] \000-\031]+(?:(?:(?:\r\n)?
[ \t])+|\Z|(?=[\["()<>@,;:\\".\[\]]))|"(?:[^\"\r\\]|\\.|(?:(?:\r\n)?[ \t]))*"(?:(?:\r\n)?[ \t])*))*@(?:
(?:\r\n)?[ \t])*(?:[^()<>@,;:\\".\[\] \000-\031]+(?:(?:(?:\r\n)?[ \t])+|\Z|(?=[\["()<>@,;:\\".\[\]]))|\
[([^\[\]\r\\]|\\.)*\](?:(?:\r\n)?[ \t])*)(?:\.(?:(?:\r\n)?[ \t])*(?:[^()<>@,;:\\".\[\] \000-\031]+(?:
(?:(?:\r\n)?[ \t])+|\Z|(?=[\["()<>@,;:\\".\[\]]))|\[([^\[\]\r\\]|\\.)*\](?:(?:\r\n)?[ \t])*))*|(?:[^()<>@,;:
\\".\[\] \000-\031]+(?:(?:(?:\r\n)?[ \t])+|\Z|(?=[\["()<>@,;:\\".\[\]]))|"(?:[^\"\r\\]|\\.|(?:(?:\r\n)?
[ \t]))*"(?:(?:\r\n)?[ \t])*)*\<(?:(?:\r\n)?[ \t])*(?:@(?:[^()<>@,;:\\".\[\] \000-\031]+(?:(?:(?:\r\n)?
[ \t])+|\Z|(?=[\["()<>@,;:\\".\[\]]))|\[([^\[\]\r\\]|\\.)*\](?:(?:\r\n)?[ \t])*)(?:\.(?:(?:\r\n)?
[ \t])*(?:[^()<>@,;:\\".\[\] \000-\031]+(?:(?:(?:\r\n)?[ \t])+|\Z|(?=[\["()<>@,;:\\".\[\]]))|\[([^\[\]\r\
\]|\\.)*\](?:(?:\r\n)?[ \t])*))*(?:,@(?:(?:\r\n)?[ \t])*(?:[^()<>@,;:\\".\[\] \000-\031]+(?:(?:(?:\r\n)?
[ \t])+|\Z|(?=[\["()<>@,;:\\".\[\]]))|\[([^\[\]\r\\]|\\.)*\](?:(?:\r\n)?[ \t])*)(?:\.(?:(?:\r\n)?[ \t])*
(?:[^()<>@,;:\\".\[\] \000-\031]+(?:(?:(?:\r\n)?[ \t])+|\Z|(?=[\["()<>@,;:\\".\[\]]))|\[([^\[\]\r\\
]|\\.)*\](?:(?:\r\n)?[ \t])*))*)*:(?:(?:\r\n)?[ \t])*)?(?:[^()<>@,;:\\".\[\] \000-\031]+(?:(?:(?:\r\n)?
[ \t])+|\Z|(?=[\["()<>@,;:\\".\[\]]))|"(?:[^\"\r\\]|\\.|(?:(?:\r\n)?[ \t]))*"(?:(?:\r\n)?[ \t])*)(?:\.(?:
(?:\r\n)?[ \t])*(?:[^()<>@,;:\\".\[\] \000-\031]+(?:(?:(?:\r\n)?[ \t])+|\Z|(?=[\["()<>@,;:\\".\
[\]]))|"(?:[^\"\r\\]|\\.|(?:(?:\r\n)?[ \t]))*"(?:(?:\r\n)?[ \t])*))*@(?:(?:\r\n)?[ \t])*(?:[^()<>@,;:\\".
\[\] \000-\031]+(?:(?:(?:\r\n)?[ \t])+|\Z|(?=[\["()<>@,;:\\".\[\]]))|\[([^\[\]\r\\]|\\.)*\](?:(?:\r\n)?
[ \t])*)(?:\.(?:(?:\r\n)?[ \t])*(?:[^()<>@,;:\\".\[\] \000-\031]+(?:(?:(?:\r\n)?[ \t])+|\Z|(?=[\["()<>@,;:\
\".\[\]]))|\[([^\[\]\r\\]|\\.)*\](?:(?:\r\n)?[ \t])*))*\>(?:(?:\r\n)?[ \t])*)(?:,\s*(?:(?:[^()<>@,;:\\
".\[\] \000-\031]+(?:(?:(?:\r\n)?[ \t])+|\Z|(?=[\["()<>@,;:\\".\[\]]))|"(?:[^\"\r\\]|\\.|(?:(?:\r\n)?
[ \t]))*"(?:(?:\r\n)?[ \t])*)(?:\.(?:(?:\r\n)?[ \t])*(?:[^()<>@,;:\\".\[\] \000-\031]+(?:(?:(?:\r\n)?
[ \t])+|\Z|(?=[\["()<>@,;:\\".\[\]]))|"(?:[^\"\r\\]|\\.|(?:(?:\r\n)?[ \t]))*"(?:(?:\r\n)?[ \t])*))*@(?:
(?:\r\n)?[ \t])*(?:[^()<>@,;:\\".\[\] \000-\031]+(?:(?:(?:\r\n)?[ \t])+|\Z|(?=[\["()<>@,;:\\".\[\]]))|\[([^\
[\]\r\\]|\\.)*\](?:(?:\r\n)?[ \t])*)(?:\.(?:(?:\r\n)?[ \t])*(?:[^()<>@,;:\\".\[\] \000-
\031]+(?:(?:(?:\r\n)?[ \t])+|\Z|(?=[\["()<>@,;:\\".\[\]]))|\[([^\[\]\r\\]|\\.)*\](?:(?:\r\n)?[ \t])*))*|
(?:[^()<>@,;:\\".\[\] \000-\031]+(?:(?:(?:\r\n)?[ \t])+|\Z|(?=[\["()<>@,;:\\".\[\]]))|"(?:[^\"\r\\]|\\.|
(?:(?:\r\n)?[ \t]))*"(?:(?:\r\n)?[ \t])*)*\<(?:(?:\r\n)?[ \t])*(?:@(?:[^()<>@,;:\\".\[\] \000-\031]+(?:
(?:(?:\r\n)?[ \t])+|\Z|(?=[\["()<>@,;:\\".\[\]]))|\[([^\[\]\r\\]|\\.)*\](?:(?:\r\n)?[ \t])*)(?:\.(?:(?:\r\n)?
[ \t])*(?:[^()<>@,;:\\".\[\] \000-\031]+(?:(?:(?:\r\n)?[ \t])+|\Z|(?=[\["()<>@,;:\\".\[\]]))|\[([^\[\]\r\
\]|\\.)*\](?:(?:\r\n)?[ \t])*))*(?:,@(?:(?:\r\n)?[ \t])*(?:[^()<>@,;:\\".\[\] \000-\031]+(?:(?:(?:\r\n)?
[ \t])+|\Z|(?=[\["()<>@,;:\\".\[\]]))|\[([^\[\]\r\\]|\\.)*\](?:(?:\r\n)?[ \t])*)(?:\.(?:(?:\r\n)?[ \t])*
(?:[^()<>@,;:\\".\[\] \000-\031]+(?:(?:(?:\r\n)?[ \t])+|\Z|(?=[\["()<>@,;:\\".\[\]]))|\[([^\[\]\r\\
]|\\.)*\](?:(?:\r\n)?[ \t])*))*)*:(?:(?:\r\n)?[ \t])*)?(?:[^()<>@,;:\\".\[\] \000-\031]+(?:(?:(?:\r\n)?
[ \t])+|\Z|(?=[\["()<>@,;:\\".\[\]]))|"(?:[^\"\r\\]|\\.|(?:(?:\r\n)?[ \t]))*"(?:(?:\r\n)?[ \t])*)(?:\.(?:
(?:\r\n)?[ \t])*(?:[^()<>@,;:\\".\[\] \000-\031]+(?:(?:(?:\r\n)?[ \t])+|\Z|(?=[\["()<>@,;:\\".\
[\]]))|"(?:[^\"\r\\]|\\.|(?:(?:\r\n)?[ \t]))*"(?:(?:\r\n)?[ \t])*))*@(?:(?:\r\n)?[ \t])*(?:[^()<>@,;:\\".
\[\] \000-\031]+(?:(?:(?:\r\n)?[ \t])+|\Z|(?=[\["()<>@,;:\\".\[\]]))|\[([^\[\]\r\\]|\\.)*\](?:(?:\r\n)?
[ \t])*)(?:\.(?:(?:\r\n)?[ \t])*(?:[^()<>@,;:\\".\[\] \000-\031]+(?:(?:(?:\r\n)?[ \t])+|\Z|(?=[\
["()<>@,;:\\".\[\]]))|\[([^\[\]\r\\]|\\.)*\](?:(?:\r\n)?[ \t])*))*\>(?:(?:\r\n)?[ \t])*))*)?;\s*)
```

Isso é, de certa forma, um exemplo patológico (porque endereços de e-mail são, na verdade, surpreendentemene complexos), mas é usado em códigos reais. Para mais detalhes, veja a discussão no stackoverflow (*http://stackoverflow.com/a/201378* — conteúdo em inglês).

Não se esqueça de que você está em uma linguagem de programação e tem outras ferramentas à sua disposição. Em vez de criar uma expressão regular complexa, muitas vezes é mais fácil desenvolver uma série de regexps mais simples. Se você ficar preso tentando criar uma única regexp que resolva seu problema, afaste-se e pense se poderia desmembrar o problema em pedaços menores, resolvendo cada desafio antes de seguir para o próximo.

Detectar Combinações

Para determinar se um vetor de caracteres combina com um padrão, use str_detect(). Ela retorna um vetor lógico do mesmo comprimento que a entrada:

```
x <- c("apple", "banana", "pear")
str_detect(x, "e")
#> [1]  TRUE FALSE  TRUE
```

Lembre-se de que quando você usa um vetor lógico em um contexto numérico, FALSE se torna 0 e TRUE se torna 1. Isso torna sum() e mean() úteis, se você quiser responder perguntas sobre combinações em um vetor maior:

```
# How many common words start with t?
sum(str_detect(words, "^t"))
#> [1] 65
# What proportion of common words end with a vowel?
mean(str_detect(words, "[aeiou]$"))
#> [1] 0.277
```

Quando você tem condições lógicas complexas (por exemplo, combinar a ou b, mas não c a não ser que d), muitas vezes é mais fácil combinar múltiplas chamadas str_detect() com operadores lógicos, em vez de tentar criar uma única expressão regular. Por exemplo, aqui estão duas maneiras de encontrar todas as palavras que não contêm nenhuma vogal:

```
# Find all words containing at least one vowel, and negate
no_vowels_1 <- !str_detect(words, "[aeiou]")
# Find all words consisting only of consonants (non-vowels)
no_vowels_2 <- str_detect(words, "^[^aeiou]+$")
identical(no_vowels_1, no_vowels_2)
#> [1] TRUE
```

Os resultados são idênticos, mas eu acho que a primeira abordagem é significativamente mais fácil de entender. Se sua expressão regular ficar complicada demais, tente separá-la em pedaços menores, dando a cada pedaço um nome e, então, combinando os pedaços com operações lógicas.

Um uso comum de str_detect() é selecionar os elementos que combinam com um padrão. Você pode fazer isso com subconjuntos lógicos ou com o conveniente wrapper str_subset():

```
words[str_detect(words, "x$")]
#> [1] "box" "sex" "six" "tax"
str_subset(words, "x$")
#> [1] "box" "sex" "six" "tax"
```

Normalmente, no entanto, suas strings serão uma coluna de um data frame e você vai querer usar `filter`:

```
df <- tibble(
  word = words,
  i = seq_along(word)
)
df %>%
  filter(str_detect(words, "x$"))
#> # A tibble: 4 × 2
#>   word      i
#>   <chr> <int>
#> 1 box     108
#> 2 sex     747
#> 3 six     772
#> 4 tax     841
```

Uma variação de `str_detect()` é `str_count()`: em vez de um simples sim ou não, ela lhe diz quantas combinações existem em uma string:

```
x <- c("apple", "banana", "pear")
str_count(x, "a")
#> [1] 1 3 1

# On average, how many vowels per word?
mean(str_count(words, "[aeiou]"))
#> [1] 1.99
```

É natural usar `str_count()` com `mutate()`:

```
df %>%
  mutate(
    vowels = str_count(word, "[aeiou]"),
    consonants = str_count(word, "[^aeiou]")
  )
#> # A tibble: 980 × 4
#>   word          i vowels consonants
#>   <chr>     <int>  <int>      <int>
#> 1 a             1      1          0
#> 2 able          2      2          2
#> 3 about         3      3          2
#> 4 absolute      4      4          4
#> 5 accept        5      2          4
#> 6 account       6      3          4
#> # ... with 974 more rows
```

abababa

Note que as combinações nunca se sobrepõem. Por exemplo, em "abababa", quantas vezes o padrão "aba" combinará? Expressões regulares dizem duas, não três:

```
str_count("abababa", "aba")
#> [1] 2
str_view_all("abababa", "aba")
```

abababa

Note o uso de str_view_all(). Como você aprenderá em breve, funções **stringr** vêm em pares: uma função trabalha com uma única combinação, e a outra, com todas as combinações. A segunda função terá o sufixo _all.

Exercícios

1. Para cada um dos desafios a seguir, tente resolver a questão usando uma expressão regular e uma combinação de múltiplas chamadas str_detect():

    a. Encontre todas as palavras que comecem ou terminem com x.

    b. Encontre todas as palavras que comecem com uma vogal e terminem com uma consoante.

    c. Há alguma palavra que contenha pelo menos uma de cada uma das cinco vogais diferentes?

    d. Qual palavra tem o maior número de vogais? Qual palava tem a maior proporção de vogais? (Dica: qual é o denominador?)

Extrair Combinações

Para extrair o texto de uma combinação, use str_extract(). Para mostrar, precisaremos de um exemplo mais complicado. Utilizarei as frases de Harvard (*http://bit.ly/Harvard-sentences* — conteúdo em inglês), que foram projetadas para testar sistemas VOIP, mas também são úteis para praticar regexes. Elas são fornecidas em stringr::sentences:

```
length(sentences)
#> [1] 720
head(sentences)
#> [1] "The birch canoe slid on the smooth planks."
#> [2] "Glue the sheet to the dark blue background."
```

```
#> [3] "It's easy to tell the depth of a well."
#> [4] "These days a chicken leg is a rare dish."
#> [5] "Rice is often served in round bowls."
#> [6] "The juice of lemons makes fine punch."
```

Imagine que queiramos encontrar todas as frases que contenham uma cor. Primeiro criamos um vetor de nomes de cores, e então o transformamos em uma única expressão regular:

```
colors <- c(
  "red", "orange", "yellow", "green", "blue", "purple"
)
color_match <- str_c(colors, collapse = "|")
color_match
#> [1] "red|orange|yellow|green|blue|purple"
```

Agora podemos selecionar as frases que contêm uma cor e, então, extrair a cor para descobrir qual é:

```
has_color <- str_subset(sentences, color_match)
matches <- str_extract(has_color, color_match)
head(matches)
#> [1] "blue" "blue" "red"  "red"  "red"  "blue"
```

Note que `str_extract()` só extrai a primeira combinação. Podemos ver isso mais facilmente selecionando primeiro todas as frases que têm mais de uma combinação:

```
more <- sentences[str_count(sentences, color_match) > 1]
str_view_all(more, color_match)
```

> It is hard to erase blue or red ink.
> The green light in the brown box flickered.
> The sky in the west is tinged with orange red.

```
str_extract(more, color_match)
#> [1] "blue"   "green"  "orange"
```

> It is hard to erase blue or red ink.
> The green light in the brown box flickered.
> The sky in the west is tinged with orange red.

Esse é um padrão comum para funções **stringr**, porque trabalhar com uma única combinação lhe permite usar estruturas de dados muito mais simples. Para obter todas as combinações, use `str_extract_all()`. Ela retornará uma lista:

```
str_extract_all(more, color_match)
#> [[1]]
#> [1] "blue" "red"
```

```
#> 
#> [[2]]
#> [1] "green" "red"
#> 
#> [[3]]
#> [1] "orange" "red"
```

Você aprenderá mais sobre listas em "Vetores Recursivos (Listas)", na página 302, e no Capítulo 17.

Se você usar simplify = TRUE, o str_extract_all() retornará uma matriz com combinações curtas expandidas ao mesmo comprimento da mais longa:

```
str_extract_all(more, color_match, simplify = TRUE)
#>      [,1]     [,2]
#> [1,] "blue"   "red"
#> [2,] "green"  "red"
#> [3,] "orange" "red"

x <- c("a", "a b", "a b c")
str_extract_all(x, "[a-z]", simplify = TRUE)
#>      [,1] [,2] [,3]
#> [1,] "a"  ""   ""
#> [2,] "a"  "b"  ""
#> [3,] "a"  "b"  "c"
```

Exercícios

1. No exemplo anterior, talvez tenha notado que a expressão regular combinou "flickered", que não é uma cor. Modifique a regex para corrigir o problema.

2. Dos dados das frases de Harvard, extraia:

    a. A primeira palavra de cada frase.

    c. Todas as palavras terminadas em ing.

    d. Todos os plurais.

Combinações Agrupadas

Anteriormente neste capítulo nós falamos sobre o uso de parênteses para esclarecer a precedência e para backreferences ao fazer combinações. Você também pode usar os parênteses para extrair partes de uma combinação complexa. Por exemplo, imagine que queiramos extrair substantivos das frases. Como uma heurística, procuraremos por qualquer palavra que venha depois de um "a" ou "the". Definir uma "palavra" em uma expressão regular é um pouco complicado, então aqui eu uso uma aproximação simples — uma sequência de pelo menos um caractere que não seja um espaço:

```
noun <- "(a|the) ([^ ]+)"

has_noun <- sentences %>%
  str_subset(noun) %>%
  head(10)
has_noun %>%
  str_extract(noun)
#> [1] "the smooth" "the sheet"  "the depth"  "a chicken"
#> [5] "the parked" "the sun"    "the huge"   "the ball"
#> [9] "the woman"  "a helps"
```

str_extract() nos dá a combinação completa; str_match() dá cada componente individual. Em vez de um vetor de caracteres, ela retorna uma matriz, com uma coluna para a combinação completa seguida por uma coluna para cada grupo:

```
has_noun %>%
  str_match(noun)
#>       [,1]          [,2]   [,3]
#>  [1,] "the smooth"  "the"  "smooth"
#>  [2,] "the sheet"   "the"  "sheet"
#>  [3,] "the depth"   "the"  "depth"
#>  [4,] "a chicken"   "a"    "chicken"
#>  [5,] "the parked"  "the"  "parked"
#>  [6,] "the sun"     "the"  "sun"
#>  [7,] "the huge"    "the"  "huge"
#>  [8,] "the ball"    "the"  "ball"
#>  [9,] "the woman"   "the"  "woman"
#> [10,] "a helps"     "a"    "helps"
```

(Sem surpresas, nossa heurística para detectar nomes é ruim, e também escolhe adjetivos como smooth e parked.)

Se seus dados estiverem em um tibble, muitas vezes é mais fácil usar tidyr::extract(). Funciona como str_match(), mas requer que você nomeie as combinações, que são, então, colocadas em novas colunas:

```
tibble(sentence = sentences) %>%
  tidyr::extract(
    sentence, c("article", "noun"), "(a|the) ([^ ]+)",
    remove = FALSE
  )
#> # A tibble: 720 × 3
#>                                              sentence article    noun
#>                                                 <chr>   <chr>   <chr>
#> 1   The birch canoe slid on the smooth planks.            the  smooth
#> 2   Glue the sheet to the dark blue background.           the   sheet
#> 3        It's easy to tell the depth of a well.           the   depth
```

```
#> 4     These days a chicken leg is a rare dish.        a chicken
#> 5            Rice is often served in round bowls.   <NA>     <NA>
#> 6            The juice of lemons makes fine punch.  <NA>     <NA>
#> # ... with 714 more rows
```

Assim como str_extract(), se você quiser todas as combinações para cada string, precisará de str_match_all().

Exercícios

1. Encontre todas as palavras que vêm depois de um "número", como "one", "two", "three" etc. Retire tanto o número quanto a palavra.

2. Encontre todas as contrações. Separe as partes antes e depois do apóstrofo.

Substituindo Combinações

str_replace() e str_replace_all() permitem que você substitua combinações com novas strings. O uso mais simples é substituir um padrão por uma string fixa:

```
x <- c("apple", "pear", "banana")
str_replace(x, "[aeiou]", "-")
#> [1] "-pple"   "p-ar"    "b-nana"
str_replace_all(x, "[aeiou]", "-")
#> [1] "-ppl-"   "p--r"    "b-n-n-"
```

Com str_replace_all() você pode realizar várias substituições fornecendo um vetor nomeado:

```
x <- c("1 house", "2 cars", "3 people")
str_replace_all(x, c("1" = "one", "2" = "two", "3" = "three"))
#> [1] "one house"   "two cars"    "three people"
```

Em vez de substituir por uma string fixa, você pode usar backreferences para inserir componentes da combinação. No código a seguir, eu inverto a ordem da segunda e da terceira palavra:

```
sentences %>%
  str_replace("([^ ]+) ([^ ]+) ([^ ]+)", "\\1 \\3 \\2") %>%
  head(5)
#> [1] "The canoe birch slid on the smooth planks."
#> [2] "Glue sheet the to the dark blue background."
#> [3] "It's to easy tell the depth of a well."
#> [4] "These a days chicken leg is a rare dish."
#> [5] "Rice often is served in round bowls."
```

Exercícios

1. Substitua todas as barras em uma string por barras invertidas.
2. Implemente uma versão simples de `str_to_lower()` usando `replace_all()`.
3. Troque as primeiras e as últimas letras em `words`. Quais dessas strings ainda são palavras?

Separar

Use `str_split()` para separar uma string em partes. Por exemplo, poderíamos separar as frases em palavras:

```
sentences %>%
  head(5) %>%
  str_split(" ")
#> [[1]]
#> [1] "The"     "birch"   "canoe"   "slid"    "on"      "the"
#> [7] "smooth"  "planks."
#>
#> [[2]]
#> [1] "Glue"    "the"     "sheet"   "to"
#> [5] "the"    "dark"    "blue"    "background."
#>
#> [[3]]
#> [1] "It's"    "easy"    "to"      "tell"    "the"     "depth"   "of"
#> [8] "a"      "well."
#>
#> [[4]]
#> [1] "These"   "days"    "a"       "chicken" "leg"     "is"
#> [7] "a"      "rare"    "dish."
#>
#> [[5]]
#> [1] "Rice"    "is"      "often"   "served"  "in"      "round"
#> [7] "bowls."
```

Como cada componente pode conter um número diferente de partes, isso retorna uma lista. Se você está trabalhando com um vetor de comprimento 1, o mais fácil é simplesmente extrair o primeiro elemento da lista:

```
"a|b|c|d" %>%
  str_split("\\|") %>%
  .[[1]]
#> [1] "a" "b" "c" "d"
```

Caso contrário, como as outras funções **stringr** que retornam uma lista, você pode usar `simplify = TRUE` para retornar uma matriz:

```
sentences %>%
  head(5) %>%
  str_split(" ", simplify = TRUE)
#>      [,1]     [,2]     [,3]     [,4]     [,5]      [,6]    [,7]
#> [1,] "The"    "birch"  "canoe"  "slid"   "on"      "the"   "smooth"
#> [2,] "Glue"   "the"    "sheet"  "to"     "the"     "dark"  "blue"
#> [3,] "It's"   "easy"   "to"     "tell"   "the"     "depth" "of"
#> [4,] "These"  "days"   "a"      "chicken" "leg"    "is"    "a"
#> [5,] "Rice"   "is"     "often"  "served" "in"      "round" "bowls."
#>      [,8]             [,9]
#> [1,] "planks."        ""
#> [2,] "background."    ""
#> [3,] "a"              "well."
#> [4,] "rare"           "dish."
#> [5,] ""               ""
```

Você também pode pedir um número máximo de partes:

```
fields <- c("Name: Hadley", "Country: NZ", "Age: 35")
fields %>% str_split(":", n = 2, simplify = TRUE)
#>      [,1]       [,2]
#> [1,] "Name"     " Hadley"
#> [2,] "Country"  " NZ"
#> [3,] "Age"      " 35"
```

Em vez de separar strings por padrões, é possível também separá-las pelos limites (boundary()) de caracteres, linhas, frases e palavras:

```
x <- "This is a sentence.  This is another sentence."
str_view_all(x, boundary("word"))
```

This is a sentence. This is another sentence.

```
str_split(x, " ")[[1]]
#> [1] "This"     "is"       "a"        "sentence." ""
#> [6]           "This"
#> [7] "is"       "another"  "sentence."
str_split(x, boundary("word"))[[1]]
#> [1] "This"     "is"       "a"        "sentence"  "This"
#> [6] "is"
#> [7] "another"  "sentence"
```

Exercícios

1. Separe uma string como "apples, pears, and bananas" em componentes individuais.

2. Por que é melhor separar por boundary("word") do que " "?

3. Separar com uma string vazia ("") faz o quê? Experimente, e depois leia a documentação.

Encontrar Combinações

str_locate() e str_locate_all() lhe dão as posições inicial e final de cada combinação. Essas são particularmente úteis quando nenhuma das outras funções faz exatamente o que você quer. Você pode usar str_locate() para encontrar o padrão de combinação e str_sub() para extraí-los e/ou modificá-los.

Outros Tipos de Padrões

Quando você usa como padrão uma string, ela é automaticamente envolvida em uma chamada para regex():

```
# The regular call:
str_view(fruit, "nana")
# Is shorthand for
str_view(fruit, regex("nana"))
```

Você pode usar outros argumentos de regex() para controlar os detalhes da combinação:

- ignore_case = TRUE permite que os caracteres combinem ou com suas formas em caixa-alta ou em caixa-baixa. Sempre usará a localização atual:

    ```
    bananas <- c("banana", "Banana", "BANANA")
    str_view(bananas, "banana")
    ```

    banana
    Banana
    BANANA

    str_view(bananas, regex("banana", ignore_case = TRUE))

- multiline = TRUE permite que ^ e $ combinem com o início e o fim de cada linha, em vez de o início e o fim da string completa:

    ```
    x <- "Line 1\nLine 2\nLine 3"
    str_extract_all(x, "^Line")[[1]]
    #> [1] "Line"
    str_extract_all(x, regex("^Line", multiline = TRUE))[[1]]
    #> [1] "Line" "Line" "Line"
    ```

- `comments = TRUE` permite que você use comentários e espaço em branco para tornar as expressões regulares complexas mais compreensíveis. Espaços são ignorados, como tudo depois de #. Para combinar um espaço literal, você precisa escapá-lo: `"\\ "`.

  ```
  phone <- regex("
    \\(?     # optional opening parens
    (\\d{3}) # area code
    [)- ]?   # optional closing parens, dash, or space
    (\\d{3}) # another three numbers
    [ -]?    # optional space or dash
    (\\d{3}) # three more numbers
  ", comments = TRUE)
  
  str_match("514-791-8141", phone)
  #>      [,1]          [,2]  [,3]  [,4]
  #> [1,] "514-791-814" "514" "791" "814"
  ```

- `dotall = TRUE` permite que `.` combine com tudo, incluindo `\n`.

Há três outras funções que você pode usar no lugar de `regex()`:

- `fixed()` combina exatamente a sequência especificada de bytes. Ela ignora todas as expressões regulares e opera em um nível muito baixo. Isso permite que você evite escapadas complexas e pode ser muito mais rápido do que expressões regulares. O microbenchmark a seguir mostra que é cerca de 3x mais rápido para um exemplo simples:

  ```
  microbenchmark::microbenchmark(
    fixed = str_detect(sentences, fixed("the")),
    regex = str_detect(sentences, "the"),
    times = 20
  )
  #> Unit: microseconds
  #>  expr min  lq mean median  uq max neval cld
  #> fixed 116 117  136    120 125 389    20   a
  #> regex 333 337  346    338 342 467    20   b
  ```

  Tenha cuidado ao usar `fixed()` com dados que não pertencem ao inglês. Isso é problemático, porque frequentemente há várias maneiras de representar o mesmo caractere. Por exemplo, há duas formas para definir "á": ou como um caractere único ou como um "a" mais um acento:

  ```
  a1 <- "\u00e1"
  a2 <- "a\u0301"
  c(a1, a2)
  #> [1] "á" "á"
  ```

```
a1 == a2
#> [1] FALSE
```

Elas são idênticas, mas como são definidas de forma diferente, `fixed()` não encontra uma combinação. Em seu lugar você pode usar `coll()`, definida a seguir, para respeitar as regras de comparação de caráter humano:

```
str_detect(a1, fixed(a2))
#> [1] FALSE
str_detect(a1, coll(a2))
#> [1] TRUE
```

- `coll()` compara strings usando regras de *coll*ation. Isso é útil para fazer combinação insensível à caixa. Note que `coll()` recebe um parâmetro `locale`, que controla quais regras são usadas para comparar caracteres. Infelizmente, partes diferentes do mundo usam regras diferentes!

```
# That means you also need to be aware of the difference
# when doing case-insensitive matches:
i <- c("I", "İ", "i", "ı")
i
#> [1] "I" "İ" "i" "ı"

str_subset(i, coll("i", ignore_case = TRUE))
#> [1] "I" "i"
str_subset(
  i,
  coll("i", ignore_case = TRUE, locale = "tr")
)
#> [1] "İ" "i"
```

Tanto `fixed()` quanto `regex()` têm argumentos `ignore_case`, mas não permitem que você escolha a localização: elas sempre usam a localização padrão. Você pode conferir isso com o código a seguir (mais sobre **stringi** na sequência):

```
stringi::stri_locale_info()
#> $Language
#> [1] "en"
#>
#> $Country
#> [1] "US"
#>
#> $Variant
#> [1] ""
#>
#> $Name
#> [1] "en_US"
```

A desvantagem de `coll()` é a velocidade, pois as regras para reconhecer quais caracteres são os mesmos são complicadas, e `coll()` é relativamente lenta comparada a `regex()` e `fixed()`.

- Como viu com `str_split()`, você pode utilizar `boundary()` para combinar limites. Também pode usá-la com as outras funções:

    ```
    x <- "This is a sentence."
    str_view_all(x, boundary("word"))
    ```

    This is a sentence.

    ```
    str_extract_all(x, boundary("word"))
    #> [[1]]
    #> [1] "This"     "is"      "a"        "sentence"
    ```

Exercícios

1. Como você encontraria todas as strings contendo \ com `regex()` *versus* com `fixed()`?
2. Quais são as cinco palavras mais comuns em `sentences`?

Outros Usos para Expressões Regulares

Há duas funções úteis no R base que também usam expressões regulares:

- `apropos()` busca todos os objetos disponíveis no ambiente global. Isso é útil se você não consegue se lembrar bem do nome da função:

    ```
    apropos("replace")
    #> [1] "%+replace%"   "replace"         "replace_na"
    #> [4] "str_replace"  "str_replace_all" "str_replace_na"
    #> [7] "theme_replace"
    ```

- `dir()` lista todos os arquivos em um diretório. O argumento `pattern` recebe uma expressão regular e só retorna nomes de arquivos que combinem com o padrão. Por exemplo, você pode encontrar todos os arquivos de R Markdown em um diretório atual com:

    ```
    head(dir(pattern = "\\.Rmd$"))
    #> [1] "communicate-plots.Rmd" "communicate.Rmd"
    ```

```
#> [3] "datetimes.Rmd" "EDA.Rmd"
#> [5] "explore.Rmd" "factors.Rmd"
```

(Se você fica mais confortável com "globs" como *.Rmd, pode convertê-los a expressões regulares com `glob2rx()`).

stringi

O **stringr** é construído sobre o pacote **stringi**. O **stringr** é útil quando você está aprendendo, porque expõe um conjunto mínimo de funções que foram cuidadosamente escolhidas para lidar com as funções mais comuns de manipulação de strings. O **stringi**, por outro lado, é projetado para ser mais abrangente. Ele contém quase todas as funções de que você pode um dia precisar: o **stringi** tem 234 funções para as 42 de **stringr**.

Se um dia estiver lutando para fazer algo em **stringr**, vale a pena dar uma olhada em **stringi**. Os pacotes funcionam de maneira muito similar, então você deverá ser capaz de traduzir seu conhecimento de **stringr** de maneira natural. A principal diferença é o prefixo: `str_` *versus* `stri_`.

Exercícios

1. Encontre as funções de **stringi** que:

    a. Contem o número de palavras.

    b. Encontrem strings duplicadas.

    c. Gerem texto aleatório.

4. Como você controla a lingugem que `stri_sort()` usa para fazer classificação?

CAPÍTULO 12
Fatores com forcats

Introdução

Em R, fatores são usados para trabalhar com variáveis categóricas, que têm um conjunto fixo e conhecido de valores possíveis. Eles também são úteis quando você quer exibir vetores de caracteres em ordem não alfabética.

Historicamente, era muito mais fácil trabalhar com fatores do que com caracteres. Como resultado, muitas das funções no R base convertem automaticamente caracteres em fatores. Isso significa que fatores normalmente surgem em lugares onde não são realmente úteis. Felizmente, você não precisa se preocupar com isso no tidyverse, e pode focar em situações em que os fatores são genuinamente úteis.

Para mais contexto histórico sobre fatores, recomendo *stringsAsFactors: An unauthorized biography* (*http://bit.ly/stringsfactorsbio* — conteúdo em inglês), de Roger Peng, e *stringsAsFactors = <sigh>* (*http://bit.ly/stringsfactor sigh* — conteúdo em inglês), de Thomas Lumley.

Pré-requisitos

Para trabalhar com fatores, usaremos o pacote **forcats**, que fornece ferramentas para lidar com variáveis *cat*egóricas (e é um anagrama de factors!). Ele fornece uma gama ampla de funções auxiliares para trabalhar com fatores. **forcats** não faz parte do núcleo do tidyverse, então precisamos carregá-lo especificamente.

```
library(tidyverse)
library(forcats)
```

Criando Fatores

Imagine que você tenha uma variável que registre o mês:

```
x1 <- c("Dec", "Apr", "Jan", "Mar")
```

Usar uma string para registrar essa variável gera dois problemas:

1. Há apenas 12 meses possíveis, e não há nada que lhe salve de erros de digitação:

    ```
    x2 <- c("Dec", "Apr", "Jam", "Mar")
    ```

2. Não dá para ordenar de maneira útil:

    ```
    sort(x1)
    #> [1] "Apr" "Dec" "Jan" "Mar"
    ```

Você pode corrigir ambos os problemas com um fator. Para criar um fator, você deve começar criando uma lista dos *níveis* válidos:

```
month_levels <- c(
  "Jan", "Feb", "Mar", "Apr", "May", "Jun",
  "Jul", "Aug", "Sep", "Oct", "Nov", "Dec"
)
```

Agora você pode criar um fator:

```
y1 <- factor(x1, levels = month_levels)
y1
#> [1] Dec Apr Jan Mar
#> Levels: Jan Feb Mar Apr May Jun Jul Aug Sep Oct Nov Dec
sort(y1)
#> [1] Jan Mar Apr Dec
#> Levels: Jan Feb Mar Apr May Jun Jul Aug Sep Oct Nov Dec
```

E quaisquer valores que não estiverem no conjunto serão silenciosamente convertidos a NA:

```
y2 <- factor(x2, levels = month_levels)
y2
#> [1] Dec  Apr  <NA> Mar
#> Levels: Jan Feb Mar Apr May Jun Jul Aug Sep Oct Nov Dec
```

Se você quiser um erro, pode usar `readr::parse_factor()`:

```
y2 <- parse_factor(x2, levels = month_levels)
#> Warning: 1 parsing failure.
#> row col               expected actual
#>   3  -- value in level set    Jam
```

Se você omitir os níveis, eles serão retirados dos dados em ordem alfabética:

```
factor(x1)
#> [1] Dec Apr Jan Mar
#> Levels: Apr Dec Jan Mar
```

Às vezes você vai preferir que a ordem dos níveis combine com a ordem da primeira aparição nos dados. É possível fazer isso ao criar o fator configurando os níveis como unique(x), ou depois do fator, com fct_inorder():

```
f1 <- factor(x1, levels = unique(x1))
f1
#> [1] Dec Apr Jan Mar
#> Levels: Dec Apr Jan Mar

f2 <- x1 %>% factor() %>% fct_inorder()
f2
#> [1] Dec Apr Jan Mar
#> Levels: Dec Apr Jan Mar
```

Se algum dia você precisar acessar diretamente o conjunto de níveis válidos, poderá fazer isso com levels():

```
levels(f2)
#> [1] "Dec" "Apr" "Jan" "Mar"
```

General Social Survey

No decorrer do capítulo focaremos em `forcats::gss_cat` : uma amostra de dados do General Social Survey (*http://gss.norc.org* — conteúdo em inglês), que é uma pesquisa norte-americana de longa duração conduzida pela organização independente de pesquisas NORC da Universidade de Chicago. A pesquisa tem milhares de perguntas, então em `gss_cat` eu selecionei um punhado que ilustrará alguns desafios comuns que você encontrará ao trabalhar com fatores:

```
gss_cat
#> # A tibble: 21,483 × 9
#>    year    marital          age  race     rincome
#>    <int>         <fctr> <int> <fctr>          <fctr>
#> 1  2000 Never married   26 White  $8000 to 9999
#> 2  2000       Divorced   48 White  $8000 to 9999
#> 3  2000        Widowed   67 White Not applicable
#> 4  2000 Never married   39 White Not applicable
#> 5  2000       Divorced   25 White Not applicable
#> 6  2000        Married   25 White $20000 - 24999
#> # ... with 2.148e+04 more rows, and 4 more variables:
#> #   partyid <fctr>, relig <fctr>, denom <fctr>, tvhours <int>
```

(Lembre-se: já que esse conjunto de dados é fornecido por um pacote, você pode obter mais informações sobre as variáveis com ?gss_cat.)

Quando os fatores são armazenados em um tibble, não é possível ver tão facilmente seus níveis. Uma maneira de vê-los é com count():

```
gss_cat %>%
  count(race)
#> # A tibble: 3 × 2
#>    race      n
#>    <fctr> <int>
#> 1  Other  1959
#> 2  Black  3129
#> 3  White 16395
```

Ou com um gráfico de barras:

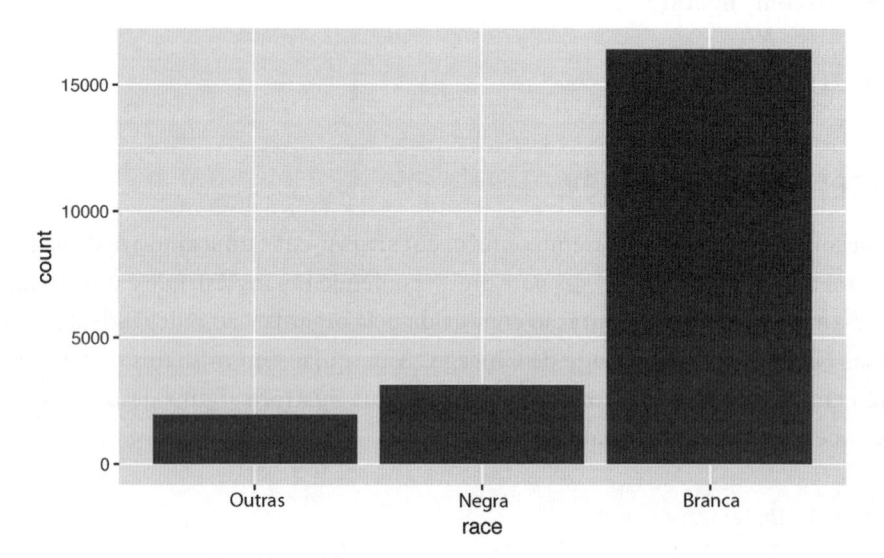

```
ggplot(gss_cat, aes(race)) +
  geom_bar()
```

Por padrão, o **ggplot2** deixará de lado os níveis que não têm nenhum valor. Você pode forçar sua exibição com:

```
ggplot(gss_cat, aes(race)) +
  geom_bar() +
  scale_x_discrete(drop = FALSE)
```

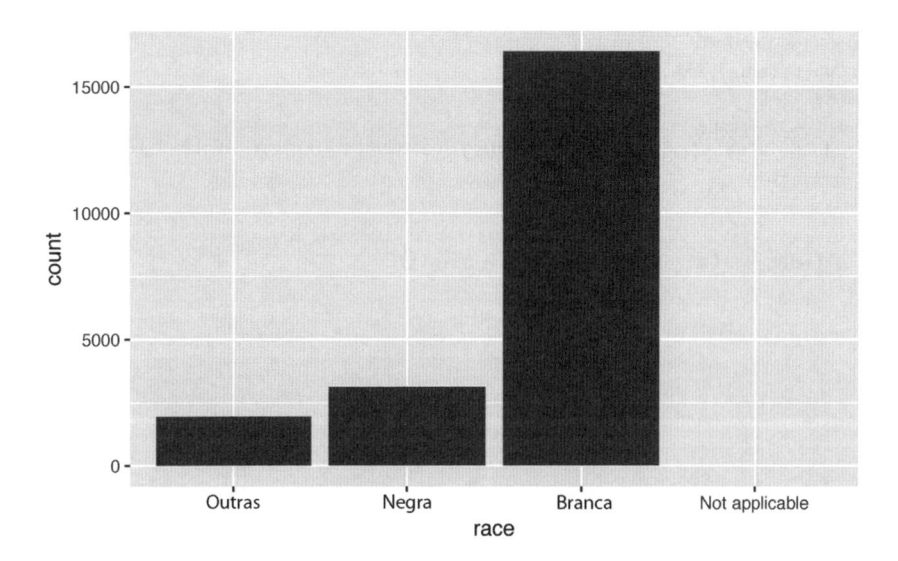

Esses níveis representam valores válidos que simplesmente não ocorrem nesse conjunto de dados. Infelizmente, o **dplyr** não tem uma opção drop, mas terá no futuro.

Ao trabalhar com fatores, as duas operações mais comuns são mudar a ordem dos níveis e alterar os valores dos níveis. Essas operações são descritas nas próximas seções.

Exercícios

1. Explore a distribuição de rincome (reported income — renda relatada). O que torna o gráfico de barra padrão tão difícil de entender? Como você melhoraria o gráfico?
2. Qual é a relig mais comum nessa pesquisa? Qual é a partyid mais comum?
3. A qual relig é aplicada denom (denominação)? Como você pode descobrir isso com uma tabela? E com uma visualização?

Modificando a Ordem dos Fatores

Muitas vezes é útil mudar a ordem dos níveis dos fatores em uma visualização. Por exemplo, imagine que você queira explorar o número médio de horas por dia passadas assistindo TV entre as religiões:

```
relig <- gss_cat %>%
  group_by(relig) %>%
  summarize(
    age = mean(age, na.rm = TRUE),
    tvhours = mean(tvhours, na.rm = TRUE),
    n = n()
  )

ggplot(relig, aes(tvhours, relig)) + geom_point()
```

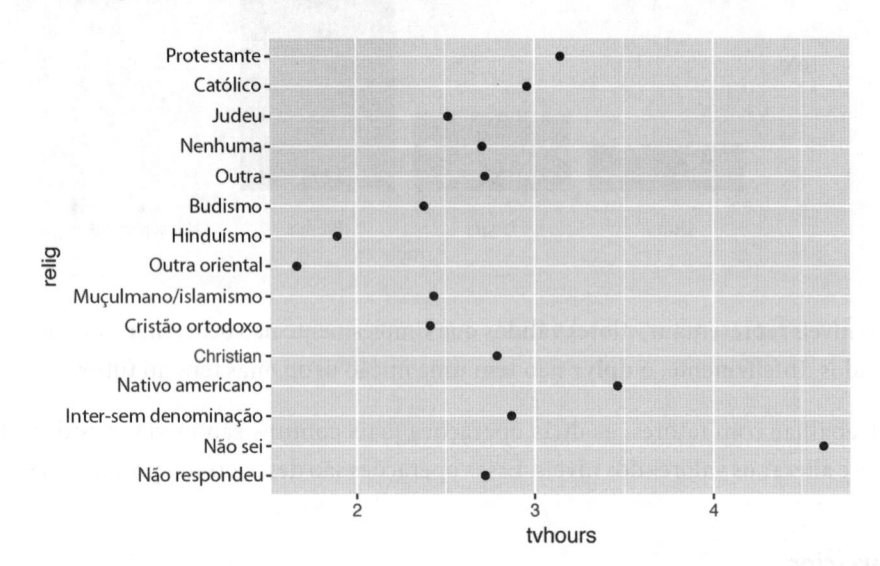

É difícil interpretar esse gráfico, porque não há um padrão geral. Podemos melhorá-lo reordenando os níveis de relig usando fct_reorder(). A fct_reorder() recebe três argumentos:

- f, o fator cujos níveis você quer modificar.
- x, um vetor numérico que você quer usar para reordenar os níveis.
- Opcionalmente, fun, uma função que é usada se houver múltiplos valores de x para cada valor de f. O valor padrão é median.

```
ggplot(relig, aes(tvhours, fct_reorder(relig, tvhours))) +
  geom_point()
```

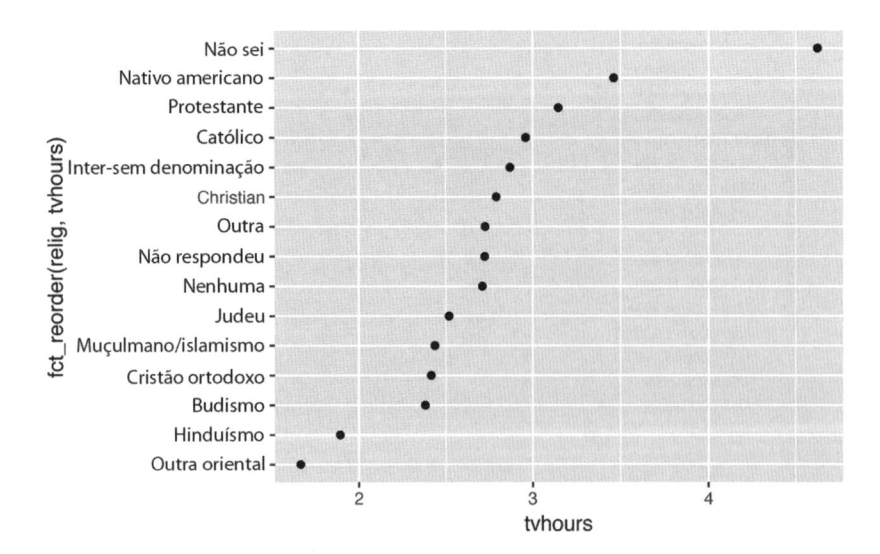

Reordenar as religiões facilita muito visualizar que as pessoas na categoria "Don't Know" assistem muito mais TV, e que o Hinduísmo e outras religiões orientais assistem bem menos.

À medida que você começa a fazer transformações mais complicadas, eu recomendo movê-las do `aes()` e colocá-las em um passo `mutate()` separado. Por exemplo, poderia reescrever o gráfico anterior como:

```
relig %>%
  mutate(relig = fct_reorder(relig, tvhours)) %>%
  ggplot(aes(tvhours, relig)) +
    geom_point()
```

E se criássemos um gráfico similar observando como a média de idade varia pelo nível de renda relatado?

```
rincome <- gss_cat %>%
  group_by(rincome) %>%
  summarize(
    age = mean(age, na.rm = TRUE),
    tvhours = mean(tvhours, na.rm = TRUE),
    n = n()
  )

ggplot(
  rincome, fct_reorder(rincome, age))
  aes(age,
) + geom_point()
```

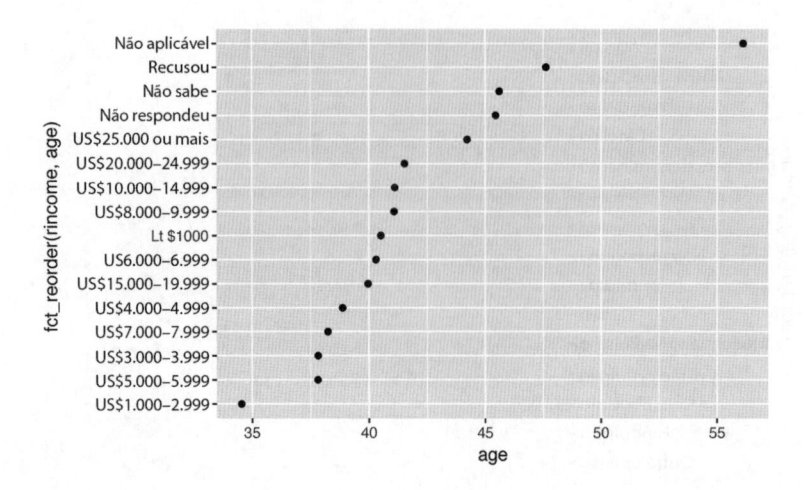

Aqui, reordenar os níveis arbitrariamente não é uma boa ideia! Isso porque `rincome` já tem uma ordem consistente com a qual não devemos mexer. Reserve `fct_reorder()` para fatores cujos níveis sejam arbitrariamente ordenados.

No entanto, faz sentido colocar "Not applicable" na frente dos outros níveis especiais. Você pode usar `fct_relevel()`. Ela pega um fator, `f`, e depois qualquer número de níveis que você queira mover para a frente da fila:

```
ggplot(
  rincome,
  aes(age, fct_relevel(rincome, "Not applicable"))
) +
  geom_point()
```

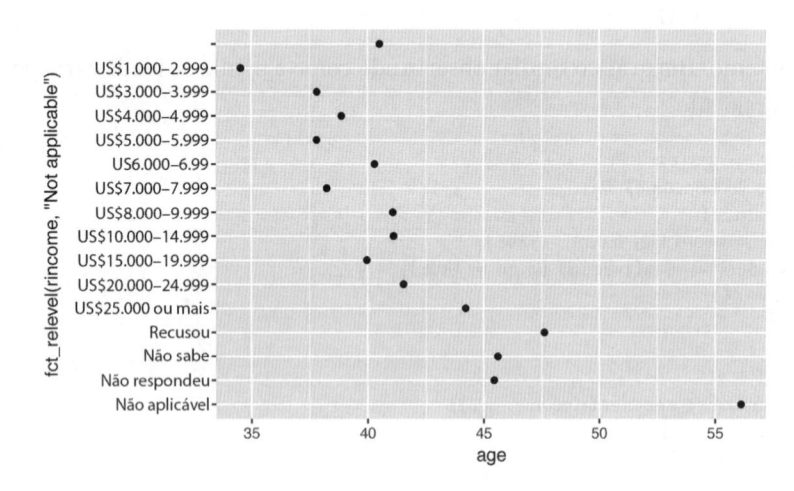

Por que você acha que a idade média para "Not applicable" é tão alta?

Outro tipo de reordenação é útil quando você está colorindo as linhas de um gráfico. A fct_reorder2() reordena o fator pelos valores y associados com os maiores valores x. Isso facilita a leitura do gráfico porque as cores das linhas se alinham com a legenda:

```
by_age <- gss_cat %>%
  filter(!is.na(age)) %>%
  group_by(age, marital) %>%
  count() %>%
  mutate(prop = n / sum(n))

ggplot(by_age, aes(age, prop, color = marital)) +
  geom_line(na.rm = TRUE)

ggplot(
  by_age,
  aes(age, prop, color = fct_reorder2(marital, age, prop))
) +
  geom_line() +
  labs(color = "marital")
```

Finalmente, para gráficos de barra, você pode usar fct_infreq() para ordenar os níveis em frequência crescente: esse é o tipo mais simples de reordenação, porque não precisa de nenhuma variável extra. Poderá combinar com fct_rev():

```
gss_cat %>%
  mutate(marital = marital %>% fct_infreq() %>% fct_rev()) %>%
  ggplot(aes(marital)) +
    geom_bar()
```

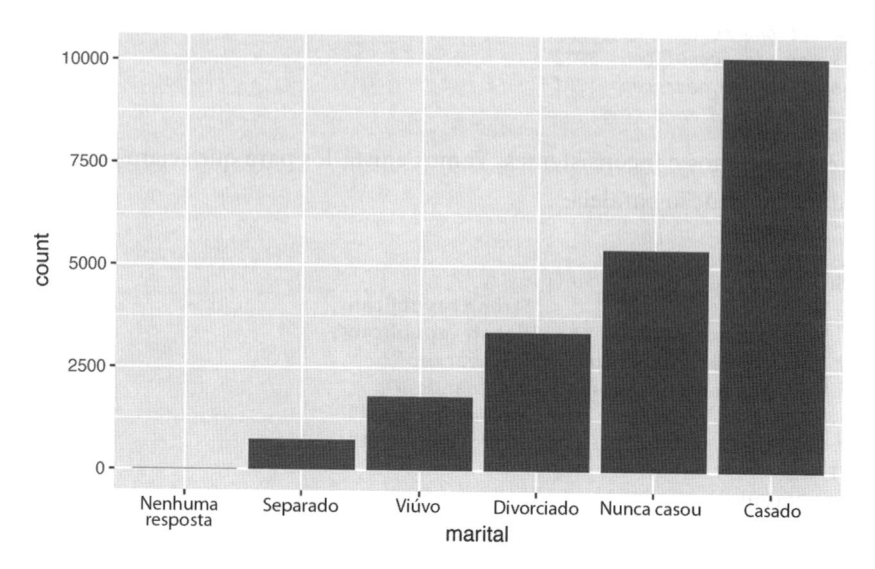

Exercícios

1. Há alguns números suspeitosamente altos em tvhours. A média é um bom resumo?

2. Para cada fator em gss_cat, identifique se a ordem dos níveis é arbitrária ou com princípios.

3. Por que mover "Not applicable" para a frente dos níveis o move para a parte de baixo do gráfico?

Modificando Níveis de Fatores

Mais poderoso do que mudar as ordens dos níveis é mudar seus valores. Isso permite que você esclareça legendas para publicação e colapse níveis para exibições de alto nível. A ferramenta mais geral e poderosa é fct_recode(). Ela permite recodificar, ou mudar, o valor de cada nível. Por exemplo, veja gss_cat$partyid:

```
gss_cat %>% count(partyid)
#> # A tibble: 10 × 2
#>             partyid     n
#>              <fctr> <int>
#> 1         No answer   154
#> 2        Don't know     1
#> 3       Other party   393
#> 4 Strong republican  2314
#> 5 Not str republican 3032
#> 6       Ind,near rep  1791
#> # ... with 4 more rows
```

Os níveis são curtos e inconsistentes. Vamos ajustá-los para que sejam mais longos e usem uma construção paralela:

```
gss_cat %>%
  mutate(partyid = fct_recode(partyid,
    "Republican, strong"    = "Strong republican",
    "Republican, weak"      = "Not str republican",
    "Independent, near rep" = "Ind,near rep",
    "Independent, near dem" = "Ind,near dem",
    "Democrat, weak"        = "Not str democrat",
    "Democrat, strong"      = "Strong democrat"
  )) %>%
  count(partyid)
#> # A tibble: 10 × 2
#>             partyid     n
#>              <fctr> <int>
#> 1         No answer   154
```

```
#>  2                 Don't know     1
#>  3                Other party   393
#>  4          Republican, strong  2314
#>  5           Republican, weak   3032
#>  6 Independent, near rep       1791
#>  # ... with 4 more rows
```

`fct_recode()` deixará os níveis que não são explicitamente mencionados como estão e o avisará se você se referir acidentalmente a um nível que não existe.

Para combinar grupos, você pode atribuir múltiplos níveis antigos ao mesmo nível novo:

```
gss_cat %>%
  mutate(partyid = fct_recode(partyid,
    "Republican, strong"    = "Strong republican",
    "Republican, weak"      = "Not str republican",
    "Independent, near rep" = "Ind,near rep",
    "Independent, near dem" = "Ind,near dem",
    "Democrat, weak"        = "Not str democrat",
    "Democrat, strong"      = "Strong democrat",
    "Other"                 = "No answer",
    "Other"                 = "Don't know",
    "Other"                 = "Other party"
  )) %>%
  count(partyid)
#> # A tibble: 8 x 2
#>                  partyid     n
#>                   <fctr> <int>
#> 1                  Other   548
#> 2     Republican, strong  2314
#> 3      Republican, weak   3032
#> 4 Independent, near rep   1791
#> 5            Independent  4119
#> 6 Independent, near dem   2499
#> # ... with 2 more rows
```

Essa técnica deve ser usada com cuidado: se agrupar categorias que sejam realmente diferentes, acabará com resultados enganadores.

Se você quiser colapsar vários níveis, `fct_collapse()` é uma variante útil de `fct_recode()`. Para cada nova variável, você pode fornecer um vetor de níveis antigos:

```
gss_cat %>%
  mutate(partyid = fct_collapse(partyid,
    other = c("No answer","Don't know","Other party"),
    rep = c("Strong republican","Not str republican"),
    ind = c("Ind,near rep","Independent","Ind,near dem"),
```

```
    dem = c("Not str democrat", "Strong democrat")
  )) %>%
  count(partyid)
#> # A tibble: 4 × 2
#>   partyid     n
#>    <fctr> <int>
#> 1   other   548
#> 2     rep  5346
#> 3     ind  8409
#> 4     dem  7180
```

Às vezes você só quer juntar todos os grupos pequenos para simplificar um gráfico ou tabela. Esse é um trabalho para `fct_lump()`:

```
gss_cat %>%
  mutate(relig = fct_lump(relig)) %>%
  count(relig)
#> # A tibble: 2 × 2
#>        relig     n
#>       <fctr> <int>
#> 1 Protestant 10846
#> 2      Other 10637
```

O comportamento padrão é juntar progressivamente os grupos pequenos, garantindo que o agregado ainda seja o menor grupo. Neste caso, não é muito útil: é verdade que a maioria dos norte-americanos nessa pesquisa são protestantes, mas provavelmente colapsamos demais.

Em vez disso, queremos usar o parâmetro n para especificar quantos grupos (excluindo outros) queremos manter:

```
gss_cat %>%
  mutate(relig = fct_lump(relig, n = 10)) %>%
  count(relig, sort = TRUE) %>%
  print(n = Inf)
#> # A tibble: 10 × 2
#>                   relig     n
#>                  <fctr> <int>
#> 1            Protestant 10846
#> 2              Catholic  5124
#> 3                  None  3523
#> 4             Christian   689
#> 5                 Other   458
#> 6                Jewish   388
#> 7              Buddhism   147
#> 8  Inter-nondenominational  109
#> 9          Moslem/islam   104
#> 10   Orthodox-christian    95
```

Exercícios

1. Como a proporção de pessoas identificadas como Democratas, Republicanos e Independentes mudou ao longo do tempo?

2. Como você poderia colapsar `rincome` em um conjunto pequeno de categorias?

CAPÍTULO 13
Datas e Horas com lubridate

Introdução

Este capítulo mostra como trabalhar com datas e horas em R. À primeira vista, datas e horas parecem simples. Você as usa o tempo todo, diariamente, e elas não parecem causar muita confusão. Contudo, quanto mais você aprende sobre datas e horas, mais complicadas elas parecem ficar. Para aquecer, tente estas três perguntas aparentemente simples:

- Todos os anos têm 365 dias?
- Todos os dias têm 24 horas?
- Todos os minutos têm 60 segundos?

Tenho certeza de que você sabe que nem todo ano tem 365 dias, mas conhece a regra completa para determinar se um ano é bissexto? (Ela tem três partes.) Talvez se lembre de que muitas partes do mundo usam o horário de verão, então alguns dias têm 23 horas e outros têm 25. Você pode não saber que alguns minutos têm 61 segundos porque, de vez em quando, alguns segundos bissextos são adicionados, pois a rotação da terra está gradualmente desacelerando.

Datas e horas são difíceis, porque têm que conciliar dois fenômenos físicos (a rotação da Terra e sua órbita ao redor do Sol) com toda uma série de fenômenos geopolíticos;,incluindo meses, fusos horários e horários de verão. Este capítulo não o ensinará cada detalhe sobre datas e horas, mas lhe dará uma base sólida de habilidades práticas que o ajudarão com desafios comuns de análises de dados.

Pré-requisitos

Este capítulo focará no pacote **lubridate**, que facilita o trabalho com datas e horas em R. O **lubridate** não faz parte do núcleo do tidyverse, porque você só precisa dele quando trabalha com datas/horas. Também precisaremos do **nycflights13** para dados de prática.

```
library(tidyverse)

library(lubridate)
library(nycflights13)
```

Criando Data/Horas

Há três tipos de dados de data/hora que se referem a um instante no tempo:

- Uma *data*. Tibbles a imprimem como `<date>`.
- Uma *hora* dentro de um dia. Tibbles a imprimem como `<time>`.
- Uma *data-hora* é uma data mais uma hora: identifica unicamente um instante no tempo (normalmente o segundo mais próximo). Tibbles a imprimem como `<dttm>`. Em outros locais do R ela é chamada POSIXct, mas não acho que seja um nome muito útil.

Aqui focaremos apenas em datas e datas-horas, já que R não tem uma classe nativa para armazenar horas. Se você precisar de uma, pode usar o pacote **hms**.

Use sempre o tipo de dados mais simples possível que funcione para suas necessidades. Isso significa que, se você puder usar uma data, em vez de uma data-hora, use. Datas-horas são substancialmente mais complicadas por causa da necessidade de lidar com fusos horários, aos quais voltaremos no final do capítulo.

Para obter a data ou a data-hora atual, você pode usar `today()` ou `now()`:

```
today()
#> [1] "2016-10-10"
now()
#> [1] "2016-10-10 15:19:39 PDT"
```

Caso contrário, há três maneiras de criar uma data/hora:

- A partir de uma string.
- A partir de componentes individuais de data-hora.
- A partir de um objeto data/hora existente.

Elas funcionam como descrito a seguir.

A Partir de Strings

Dados de data/hora normalmente vêm como strings. Você viu uma abordagem para analisar strings em data-horas em "Datas, Datas-Horas e Horas", na página 134. Outra abordagem é usar as funções auxiliares fornecidas por **lubridate**. Elas elaboram o formato automaticamente, uma vez que você tenha especificado a ordem do componente. Para usá-las, identifique a ordem em que ano, mês e dia aparecem em suas datas, então organize "y", "m" e "d" na mesma ordem. Isso lhe dá o nome da função **lubridate** que analisará seus dados. Por exemplo:

```
ymd("2017-01-31")
#> [1] "2017-01-31"
mdy("January 31st, 2017")
#> [1] "2017-01-31"
dmy("31-Jan-2017")
#> [1] "2017-01-31"
```

Essas funções também recebem números sem aspas. Essa é a maneira mais concisa de criar um único objeto data/hora, como você pode precisar ao filtrar dados de data/hora. A ymd() é curta e sem ambiguidade:

```
ymd(20170131)
#> [1] "2017-01-31"
```

ymd() cria datas. Para criar uma data-hora, adicione um underscore e um ou mais de "h", "m" e "s" ao nome da função analisadora:

```
ymd_hms("2017-01-31 20:11:59")
#> [1] "2017-01-31 20:11:59 UTC"
mdy_hm("01/31/2017 08:01")
#> [1] "2017-01-31 08:01:00 UTC"
```

Você também pode forçar a criação de uma data-hora a partir de uma data fornecendo um fuso horário:

```
ymd(20170131, tz = "UTC")
#> [1] "2017-01-31 UTC"
```

A Partir de Componentes Individuais

Às vezes você terá componentes individuais de data-hora espalhados por várias colunas, em vez de uma única string. Justamente o que temos nos dados de voo:

```
flights %>%
  select(year, month, day, hour, minute)
#> # A tibble: 336,776 × 5
#>    year month   day  hour minute
#>   <int> <int> <int> <dbl>  <dbl>
#> 1  2013     1     1     5     15
#> 2  2013     1     1     5     29
#> 3  2013     1     1     5     40
#> 4  2013     1     1     5     45
#> 5  2013     1     1     6      0
#> 6  2013     1     1     5     58
#> # ... with 3.368e+05 more rows
```

Para criar uma data/hora a partir desse tipo de entrada, use make_date() para datas ou make_datetime() para datas-horas:

```
flights %>%
  select(year, month, day, hour, minute) %>%
  mutate(
    departure = make_datetime(year, month, day, hour, minute)
  )
#> # A tibble: 336,776 × 6
#>    year month   day  hour minute           departure
#>   <int> <int> <int> <dbl>  <dbl>              <dttm>
#> 1  2013     1     1     5     15 2013-01-01 05:15:00
#> 2  2013     1     1     5     29 2013-01-01 05:29:00
#> 3  2013     1     1     5     40 2013-01-01 05:40:00
#> 4  2013     1     1     5     45 2013-01-01 05:45:00
#> 5  2013     1     1     6      0 2013-01-01 06:00:00
#> 6  2013     1     1     5     58 2013-01-01 05:58:00
#> # ... with 3.368e+05 more rows
```

Faremos a mesma coisa para cada uma das quatro colunas de horas em flights. As horas são representadas em um formato levemente estranho, então use aritmética modular para puxar os componentes de hora e minuto. Uma vez que eu tenha criado as variáveis de data-hora, foco as variáveis que exploraremos no restante do capítulo:

```
make_datetime_100 <- function(year, month, day, time) {
  make_datetime(year, month, day, time %/% 100, time %% 100)
}

flights_dt <- flights %>%
  filter(!is.na(dep_time), !is.na(arr_time)) %>%
```

```
  mutate(
    dep_time = make_datetime_100(year, month, day, dep_time),
    arr_time = make_datetime_100(year, month, day, arr_time),
    sched_dep_time = make_datetime_100(
      year, month, day, sched_dep_time
    ),
    sched_arr_time = make_datetime_100(
      year, month, day, sched_arr_time
    )
  ) %>%
  select(origin, dest, ends_with("delay"), ends_with("time"))

flights_dt
#> # A tibble: 328,063 × 9
#>   origin  dest dep_delay arr_delay            dep_time
#>    <chr> <chr>     <dbl>     <dbl>              <dttm>
#> 1    EWR   IAH         2        11 2013-01-01 05:17:00
#> 2    LGA   IAH         4        20 2013-01-01 05:33:00
#> 3    JFK   MIA         2        33 2013-01-01 05:42:00
#> 4    JFK   BQN        -1       -18 2013-01-01 05:44:00
#> 5    LGA   ATL        -6       -25 2013-01-01 05:54:00
#> 6    EWR   ORD        -4        12 2013-01-01 05:54:00
#> # ... with 3.281e+05 more rows, and 4 more variables:
#> #   sched_dep_time <dttm>, arr_time <dttm>,
#> #   sched_arr_time <dttm>, air_time <dbl>
```

Com esses dados, posso visualizar a distribuição de horas de decolagem por todo o ano:

```
flights_dt %>%
  ggplot(aes(dep_time)) +
  geom_freqpoly(binwidth = 86400) # 86400 seconds = 1 day
```

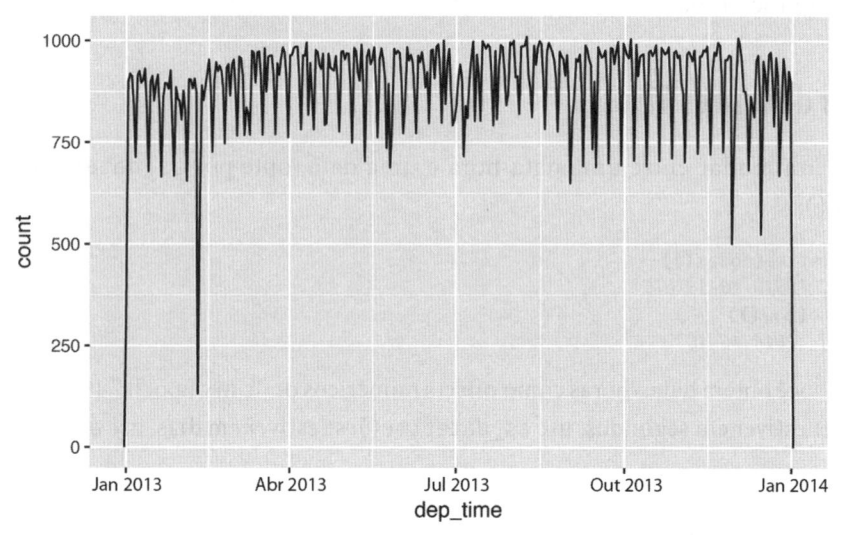

Ou em um único dia:

```
flights_dt %>%
  filter(dep_time < ymd(20130102)) %>%
  ggplot(aes(dep_time)) +
  geom_freqpoly(binwidth = 600) # 600 s = 10 minutes
```

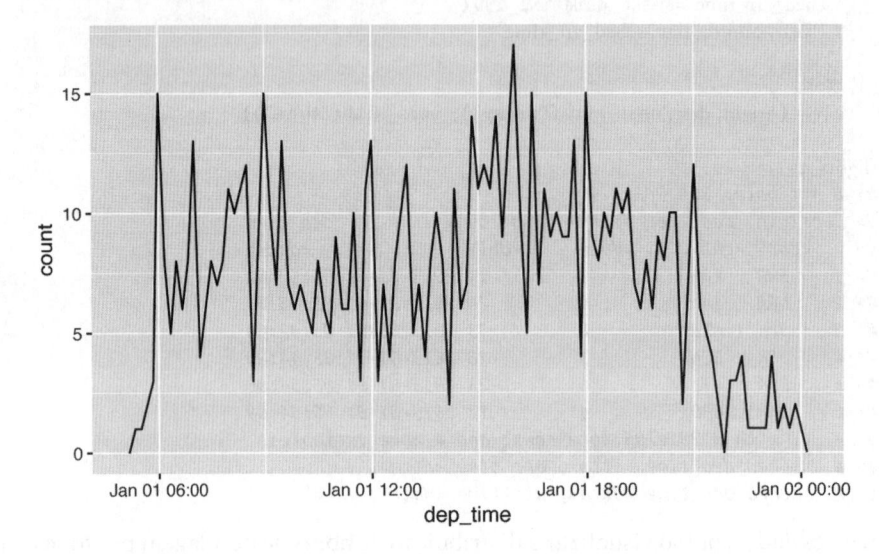

Note que quando você usa datas-horas em um contexto numérico (como em um histograma), 1 significa 1 segundo, então um binwidth de 86400 significa 1 dia. Para datas, 1 significa 1 dia.

A Partir de Outros Tipos

Caso queira mudar entre uma data-hora e uma data, opte por `as_datetime()` e `as_date()`:

```
as_datetime(today())
#> [1] "2016-10-10 UTC"
as_date(now())
#> [1] "2016-10-10"
```

Às vezes você obterá datas/horas como offsets numéricos de "Unix Epoch," 1970-01-01. Se o offset estiver em segundos, use `as_datetime()`; se estiver em dias, use `as_date()`:

```
as_datetime(60 * 60 * 10)
#> [1] "1970-01-01 10:00:00 UTC"
as_date(365 * 10 + 2)
#> [1] "1980-01-01"
```

Exercícios

1. O que acontece se você analisar uma string que contenha datas inválidas?

   ymd(c("2010-10-10", "bananas"))

2. O que o argumento `tzone` para `today()` faz? Por que ele é importante?

3. Use a função adequada de **lubridate** para analisar cada uma das datas a seguir:

   ```
   d1 <- "January 1, 2010"
   d2 <- "2015-Mar-07"
   d3 <- "06-Jun-2017"
   d4 <- c("August 19 (2015)", "July 1 (2015)")
   d5 <- "12/30/14" # Dec 30, 2014
   ```

Componentes de Data-Hora

Agora que você sabe como colocar dados de data-hora nas estruturas de dados de data-hora do R, vamos explorar o que é possível fazer com eles. Esta seção focará nas funções de acesso que permitem que você obtenha e configure componentes individuais. A próxima seção observará como a aritmética funciona com data-hora.

Obtendo Componentes

Você pode puxar partes individuais da data com as funções de acesso `year()`, `month()`, `mday()` (dia do mês), `yday()` (dia do ano), `wday()` (dia da semana), `hour()`, `minute()` e `second()`:

```
datetime <- ymd_hms("2016-07-08 12:34:56")

year(datetime)
#> [1] 2016
month(datetime)
#> [1] 7
mday(datetime)
#> [1] 8

yday(datetime)
#> [1] 190
wday(datetime)
#> [1] 6
```

Para month() e wday() você pode configurar label = TRUE para retornar o nome abreviado do mês ou do dia da semana. Configure abbr = FALSE para retornar o nome completo:

```
month(datetime, label = TRUE)
#> [1] Jul
#> 12 Levels: Jan < Feb < Mar < Apr < May < Jun < ... < Dec
wday(datetime, label = TRUE, abbr = FALSE)
#> [1] Friday
#> 7 Levels: Sunday < Monday < Tuesday < ... < Saturday
```

Podemos usar wday() para descobrir quais voos decolam mais durante a semana do que no final de semana:

```
flights_dt %>%
  mutate(wday = wday(dep_time, label = TRUE)) %>%
  ggplot(aes(x = wday)) +
    geom_bar()
```

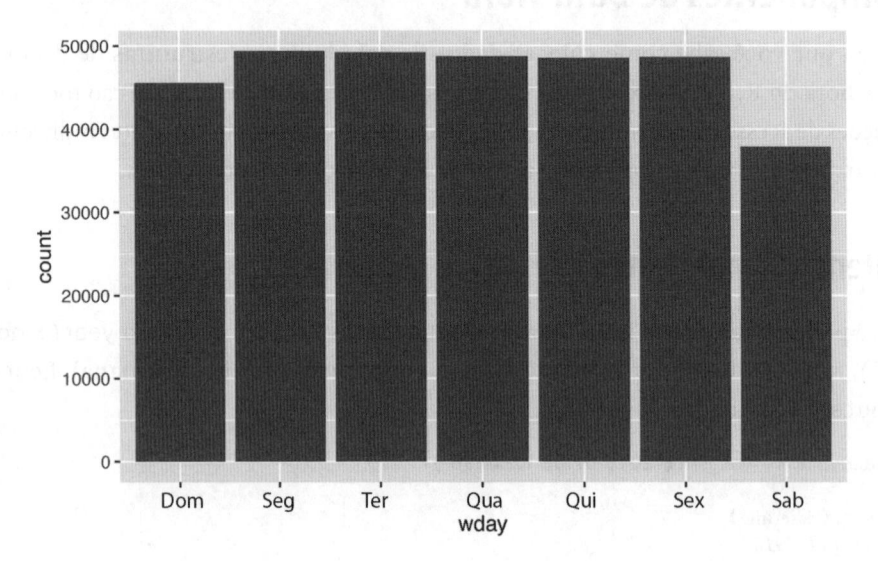

Há um padrão interessante se olharmos o atraso médio de decolagem por minuto dentro de uma hora. Parece que os aviões decolando nos minutos 20–30 e 50–60 têm atrasos muito mais baixos do que o restante da hora!

```
flights_dt %>%
  mutate(minute = minute(dep_time)) %>%
  group_by(minute) %>%
  summarize(
    avg_delay = mean(arr_delay, na.rm = TRUE),
    n = n()) %>%
  ggplot(aes(minute, avg_delay)) +
    geom_line()
```

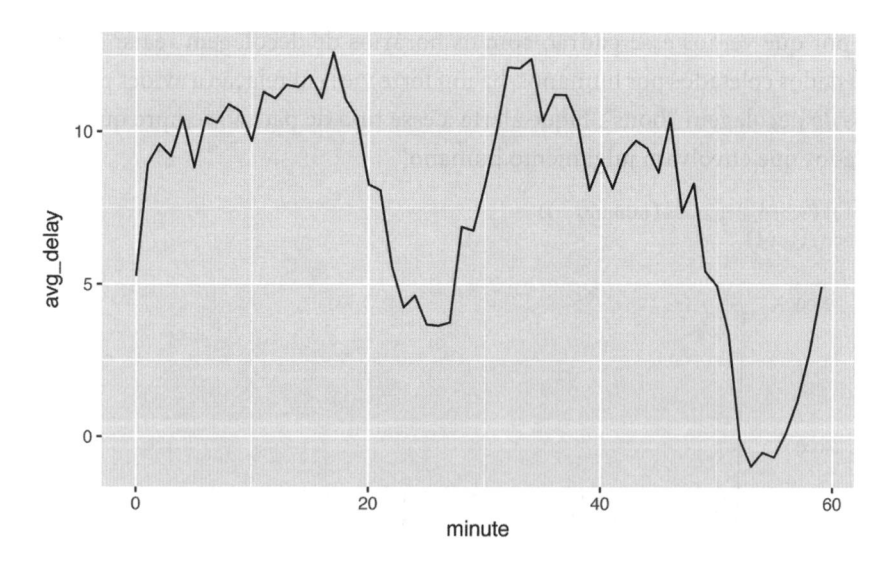

Curiosamente, se olharmos o horário de decolagem *agendado*, não veremos um padrão tão forte:

```
sched_dep <- flights_dt %>%
  mutate(minute = minute(sched_dep_time)) %>%
  group_by(minute) %>%
  summarize(
    avg_delay = mean(arr_delay, na.rm = TRUE),
    n = n())

ggplot(sched_dep, aes(minute, avg_delay)) +
  geom_line()
```

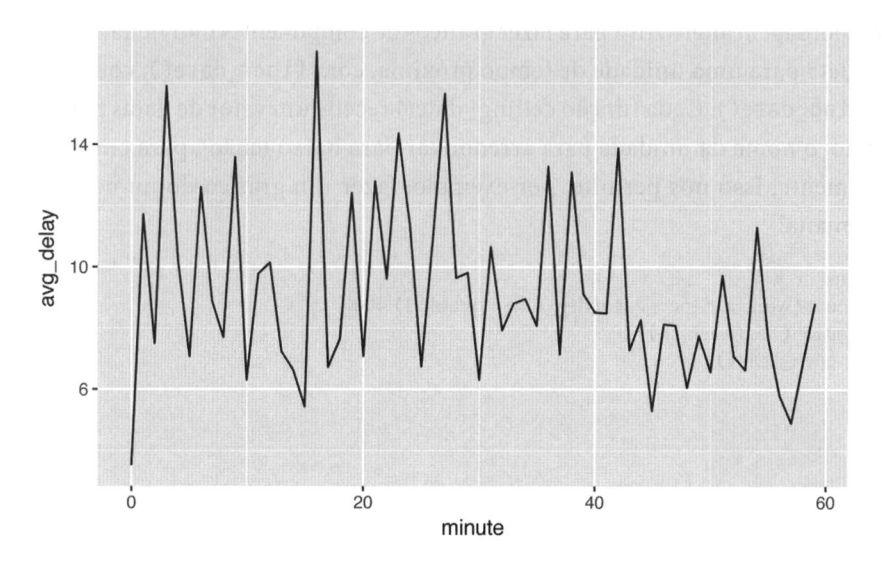

Então por que vemos esse padrão com os horários de decolagem reais? Bem, como muitos dados coletados por humanos, há um forte viés em relação a aviões partindo em tempos de decolagem "bons". Fique alerta a esse tipo de padrão sempre que trabalhar com dados que envolvam julgamento humano!

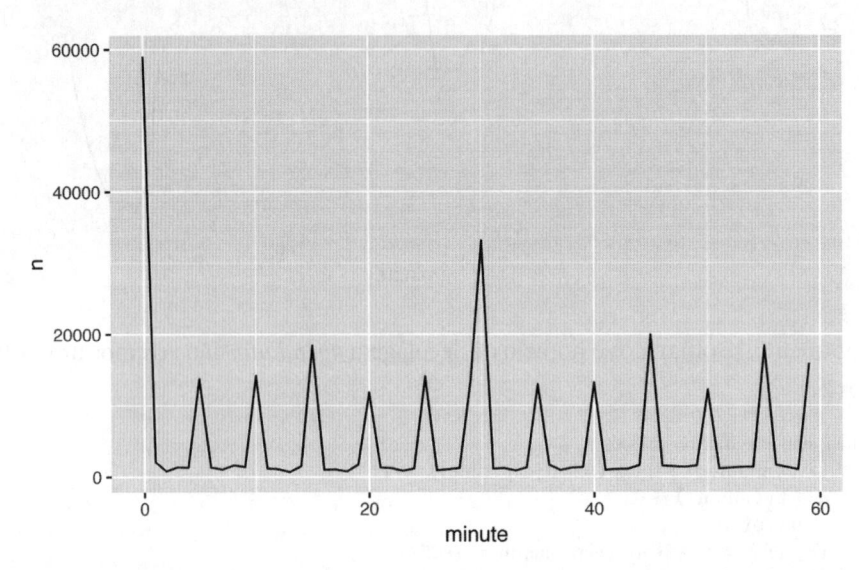

```
ggplot(sched_dep, aes(minute, n)) +
  geom_line()
```

Arredondando

Uma abordagem alternativa para fazer gráficos de componentes individuais é arredondar a data para uma unidade de tempo próxima, com `floor_date()`, `round_date()` e `ceiling_date()`. Cada função ceiling_date() recebe um vetor de datas para ajustar e, então, o nome da unidade para arredondar para baixo (chão), para cima (teto) ou diretamente. Isso nos permite, por exemplo, fazer um gráfico do número de voos por semana:

```
flights_dt %>%
  count(week = floor_date(dep_time, "week")) %>%
  ggplot(aes(week, n)) +
    geom_line()
```

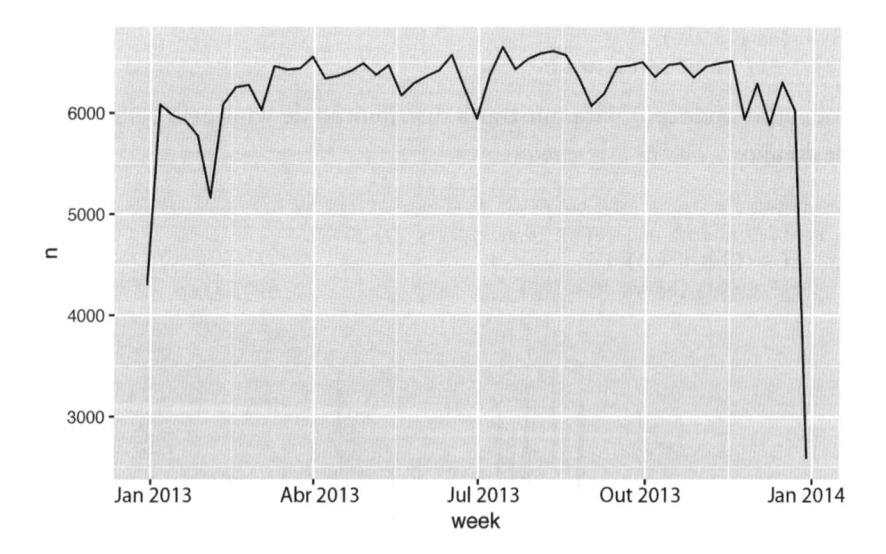

Calcular a diferença entre dados arredondados e não arredondados pode ser particularmente útil.

Configurando Componentes

Você também pode usar cada função de acesso para configurar os componentes de uma data/hora:

```
(datetime <- ymd_hms("2016-07-08 12:34:56"))
#> [1] "2016-07-08 12:34:56 UTC"

year(datetime) <- 2020
datetime
#> [1] "2020-07-08 12:34:56 UTC"
month(datetime) <- 01
datetime
#> [1] "2020-01-08 12:34:56 UTC"
hour(datetime) <- hour(datetime) + 1
```

Alternativamente, em vez de modificar no local, você pode criar uma nova data-hora com update(). Isso também permite que você configure vários valores ao mesmo tempo:

```
update(datetime, year = 2020, month = 2, mday = 2, hour = 2)
#> [1] "2020-02-02 02:34:56 UTC"
```

Se os valores forem grandes demais, eles rolarão:

```
ymd("2015-02-01") %>%
  update(mday = 30)
#> [1] "2015-03-02"
ymd("2015-02-01") %>%
```

```
update(hour = 400)
#> [1] "2015-02-17 16:00:00 UTC"
```

Você pode usar `update()` para mostrar a distribuição de voos pelo curso do dia em cada dia do ano:

```
flights_dt %>%
  mutate(dep_hour = update(dep_time, yday = 1)) %>%
  ggplot(aes(dep_hour)) +
    geom_freqpoly(binwidth = 300)
```

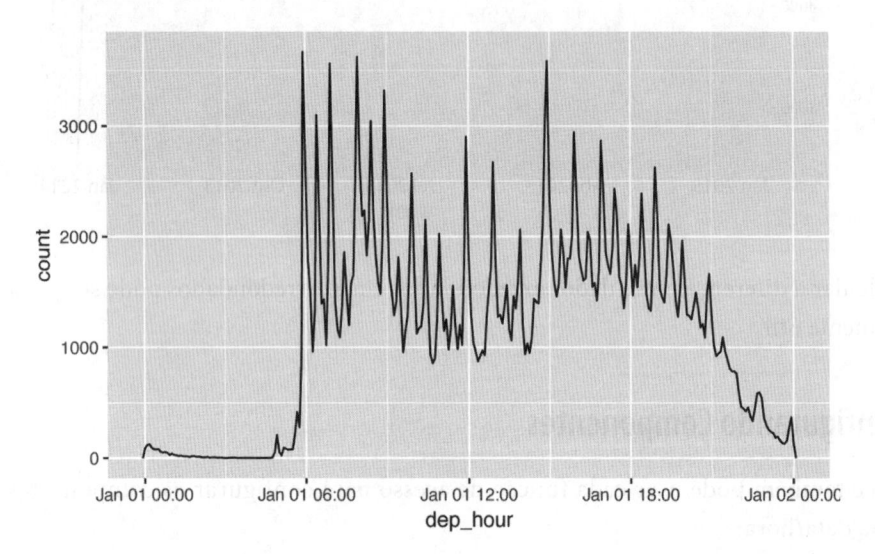

Configurar componentes maiores de uma data como uma constante é uma técnica poderosa que te permite explorar padrões nos componentes menores.

Exercícios

1. Como a distribuição dos tempos de voo dentro de um dia mudam ao longo do curso do ano?

2. Compare `dep_time`, `sched_dep_time` e `dep_delay`. São consistentes? Explique suas descobertas.

3. Compare `air_time` com a duração entre a partida e a chegada. Explique seus resultados. (Dica: considere a localização do aeroporto.)

4. Como o tempo médio de atraso muda ao longo do dia? Você deveria usar `dep_time` ou `sched_dep_time`? Por quê?

5. Em que dia da semana você deve partir se quiser minimizar a chance de um atraso?

6. O que torna as distribuições de `diamonds$carat` e `flights$sched_dep_time` similares?

7. Confirme minha hipótese de que partidas antecipadas nos minutos 20-30 e 50-60 são causadas por voos agendados que saem cedo. Dica: crie uma variável binária que lhe diga se houve atraso ou não.

Intervalos de Tempo

A seguir você aprenderá sobre como funciona a aritmética com datas, incluindo subtração, adição e divisão. Durante o caminho você aprenderá sobre três classes importantes que representam intervalos de tempo:

- *Durações*, que representam um número exato de segundos.
- *Períodos*, que representam unidades humanas como semanas e meses.
- *Intervalos*, que representam um ponto de início e fim.

Durações

Em R, quando você subtrai duas datas, obtém um objeto difftime:

```
# How old is Hadley?
h_age <- today() - ymd(19791014)
h_age
#> Time difference of 13511 days
```

Um objeto de classe difftime registra o intervalo de tempo de segundos, minutos, horas, dias ou semanas. Essa ambiguidade pode fazer com que os difftimes sejam duros de se trabalhar, então **lubridate** fornece uma alternativa que sempre usa segundos — a *duração*:

```
as.duration(h_age)
#> [1] "1167350400s (~36.99 years)"
```

Durações vêm com um monte de construtores convenientes:

```
dseconds(15)
#> [1] "15s"
dminutes(10)
#> [1] "600s (~10 minutes)"
dhours(c(12, 24))
#> [1] "43200s (~12 hours)" "86400s (~1 days)"
ddays(0:5)
#> [1] "0s"                 "86400s (~1 days)"
#> [3] "172800s (~2 days)"  "259200s (~3 days)"
```

```
#> [5] "345600s (~4 days)" "432000s (~5 days)"
dweeks(3)
#> [1] "1814400s (~3 weeks)"
dyears(1)
#> [1] "31536000s (~52.14 weeks)"
```

Durações sempre registram o intervalo de tempo em segundos. Unidades maiores são criadas pela conversão de minutos, horas, dias, semanas e anos em segundos pela taxa padrão (60 segundos em um minuto, 60 minutos em uma hora, 24 horas em um dia, 7 dias em uma semana, 365 dias em um ano).

Você pode adicionar e multiplicar durações:

```
2 * dyears(1)
#> [1] "63072000s (~2 years)"
dyears(1) + dweeks(12) + dhours(15)
#> [1] "38847600s (~1.23 years)"
```

Pode também adicionar e subtrair durações de dias:

```
tomorrow <- today() + ddays(1)
last_year <- today() - dyears(1)
```

Contudo, como as durações representam um número exato de segundos, às vezes você pode obter um resultado inesperado:

```
one_pm <- ymd_hms(
  "2016-03-12 13:00:00",
  tz = "America/New_York"
)

one_pm
#> [1] "2016-03-12 13:00:00 EST"
one_pm + ddays(1)
#> [1] "2016-03-13 14:00:00 EDT"
```

Por que um dia depois das 13h em 12 de março é 14h em 13 de março? Se você observar cuidadosamente a data, poderá notar inclusive que os fusos horários mudaram. Por causa do horário de verão, 12 de março tem só 23 horas, então, se adicionarmos um dia inteiro de segundos, acabaremos com um horário diferente.

Períodos

Para resolver esse problema, **lubridate** fornece *períodos*. Períodos são intervalos de tempo, mas não têm um comprimento fixo em segundos. Em vez disso, eles funcionam com tempos "humanos", como dias e meses. Isso permite que funcionem de modo mais intuitivo:

```
one_pm
#> [1] "2016-03-12 13:00:00 EST"
one_pm + days(1)
#> [1] "2016-03-13 13:00:00 EDT"
```

Como as durações, os períodos podem ser criados com um número de funções construtoras amigáveis:

```
seconds(15)
#> [1] "15S"
minutes(10)
#> [1] "10M 0S"
hours(c(12, 24))
#> [1] "12H 0M 0S" "24H 0M 0S"
days(7)
#> [1] "7d 0H 0M 0S"
months(1:6)
#> [1] "1m 0d 0H 0M 0S" "2m 0d 0H 0M 0S" "3m 0d 0H 0M 0S"
#> [4] "4m 0d 0H 0M 0S" "5m 0d 0H 0M 0S" "6m 0d 0H 0M 0S"
weeks(3)
#> [1] "21d 0H 0M 0S"
years(1)
#> [1] "1y 0m 0d 0H 0M 0S"
```

Você pode adicionar e multiplicar períodos:

```
10 * (months(6) + days(1))
#> [1] "60m 10d 0H 0M 0S"
days(50) + hours(25) + minutes(2)
#> [1] "50d 25H 2M 0S"
```

E, claro, adicioná-los a datas. Comparados com durações, períodos têm mais propensão de fazer o que você espera:

```
# A leap year
ymd("2016-01-01") + dyears(1)
#> [1] "2016-12-31"
ymd("2016-01-01") + years(1)
#> [1] "2017-01-01"

# Daylight Savings Time
one_pm + ddays(1)
#> [1] "2016-03-13 14:00:00 EDT"
one_pm + days(1)
#> [1] "2016-03-13 13:00:00 EDT"
```

Vamos usar períodos para corrigir uma estranheza relacionada às nossas datas de voos. Alguns aviões parecem ter chegado em seu destino *antes* de partirem da cidade de Nova York:

```
flights_dt %>%
  filter(arr_time < dep_time)
```

```
#> # A tibble: 10,633 × 9
#>   origin  dest dep_delay arr_delay          dep_time
#>   <chr>  <chr>     <dbl>     <dbl>            <dttm>
#> 1   EWR   BQN         9        -4 2013-01-01 19:29:00
#> 2   JFK   DFW        59        NA 2013-01-01 19:39:00
#> 3   EWR   TPA        -2         9 2013-01-01 20:58:00
#> 4   EWR   SJU        -6       -12 2013-01-01 21:02:00
#> 5   EWR   SFO        11       -14 2013-01-01 21:08:00
#> 6   LGA   FLL       -10        -2 2013-01-01 21:20:00
#> # ... with 1.063e+04 more rows, and 4 more variables:
#> #   sched_dep_time <dttm>, arr_time <dttm>,
#> #   sched_arr_time <dttm>, air_time <dbl>
```

Esses são voos noturnos. Nós usamos as mesmas informações de datas tanto para os horários de partida quanto para os de chegada, mas esses voos chegaram no dia seguinte. Podemos corrigir isso adicionando days(1) à hora de chegada de cada voo noturno:

```
flights_dt <- flights_dt %>%
  mutate(
    overnight = arr_time < dep_time,
    arr_time = arr_time + days(overnight * 1),
    sched_arr_time = sched_arr_time + days(overnight * 1)
  )
```

Agora todos os nossos voos obedecem às leis da física:

```
flights_dt %>%
  filter(overnight, arr_time < dep_time)
#> # A tibble: 0 × 10
#> # ... with 10 variables: origin <chr>, dest <chr>,
#> #   dep_delay <dbl>, arr_delay <dbl>, dep_time <dttm>,
#> #   sched_dep_time <dttm>, arr_time <dttm>,
#> #   sched_arr_time <dttm>, air_time <dbl>, overnight <lgl>
```

Intervalos

É óbvio o que dyears(1) / ddays(365) deve retornar: primeiro, porque durações são sempre representadas por um número de segundos; segundo, porque a duração de um ano é definida como o valor de 365 dias em segundos.

O que years(1) / days(1) deveria retornar? Bem, se o ano era 2015, deve retornar 365, mas se era 2016, deve retornar 366! Não há informação suficiente para que **lubridate** dê uma única resposta clara. O que ele faz, então, é dar uma estimativa com um aviso:

```
years(1) / days(1)
#> estimate only: convert to intervals for accuracy
#> [1] 365
```

Se você quer uma medida mais exata, precisará usar um *intervalo*. Um intervalo é a duração com um ponto inicial, para que você possa determinar exatamente o comprimento que ele tem:

```
next_year <- today() + years(1)
(today() %--% next_year) / ddays(1)
#> [1] 365
```

Para descobrir quantos períodos caem em um intervalo, use divisão de inteiros:

```
(today() %--% next_year) %/% days(1)
#> [1] 365
```

Resumo

Como você escolhe entre duração, períodos e intervalos? Como sempre, opte pela estrutura de dados mais simples que resolva seu problema. Se você só se preocupa com o tempo físico, use uma duração; se precisar adicionar tempo humano, utilize um período; se precisar descobrir quanto tempo tem um intervalo de tempo em unidades humanas, use um intervalo.

A Figura 13-1 resume as operações aritméticas permitidas entre os diferentes tipos de dados.

	date	date time	duration	period	interval	number
date	-		- +	- +		- +
date time		-	- +	- +		- +
duration	- +	- +	- + /			- + × /
period	- +	- +		- +		- + × /
interval			/	/		
number	- +	- +	- + ×	- + ×	- + ×	- + × /

Figura 13-1. As operações aritméticas permitidas entre pares de classes data/hora.

Exercícios

1. Por que há `months()` mas não `dmonths()`?
2. Explique `days(overnight * 1)` para alguém que acabou de começar a aprender R. Como isso funciona?

3. Crie um vetor de datas dando o primeiro dia de cada mês em 2015. Crie um vetor de datas dando o primeiro dia de cada mês no ano *atual*.

4. Escreva uma função que, dado o seu aniversário (como uma data), retorne quantos anos você tem.

5. Por que `(today() %--% (today() + years(1)) / months(1)` não funciona?

Fusos Horários

Fusos horários são um tópico extremamente complicado por causa de sua interação com entidades geopolíticas. Felizmente, não precisamos entrar nos detalhes, pois não são tão importantes para a análise de dados, mas há alguns desafios que precisaremos atacar de frente.

O primeiro deles é que nomes cotidianos de fusos horários tendem a ser ambíguos. Por exemplo, se você é norte-americano, provavelmente está familiarizado com EST, ou Eastern Standard Time. Contudo, a Austrália e o Canadá também têm EST! Para evitar confusões, R usa o padrão internacional IANA de fusos horários: um esquema de nomeação consistente com "/", normalmente na forma "<continente>/<cidade>" (há algumas exceções, porque nem toda cidade fica em um continente). Exemplos incluem "America/New_York," "Europe/Paris" e "Pacific/Auckland."

Você pode se perguntar por que os fusos horários usam uma cidade, quando normalmente se pensa neles associados a um país ou região dentro de um país. Isso porque a base de dados IANA precisa registrar décadas de regras de fusos horários. No decorrer de décadas, países mudam de nomes (ou se separam) com bastante frequência, mas nomes de cidades tendem a permanecer iguais. Outro problema é que o nome precisa refletir não só o comportamento atual, mas também o histórico completo. Por exemplo, há fusos horários para "America/New_York" e para "America/Detroit". Ambas cidades usam, atualmente, o Eastern Standard Time, mas em 1969–1972, Michigan (o estado em que está Detroit) não seguiu o horário de verão, então precisa de um nome diferente. Vale a pena ler a base de dados bruta de fusos horários (disponível em *http://www.iana.org/time-zones* — conteúdo em inglês) só para conhecer algumas dessas histórias!

Você pode descobrir qual fuso horário o R acha que é o seu com `Sys.timezone()`:

```
Sys.timezone()
#> [1] "America/Los_Angeles"
```

(Se R não sabe, você obterá um NA.)

E veja a lista completa de todos os nomes de fusos horários com OlsonNames():

```
length(OlsonNames())
#> [1] 589
head(OlsonNames())
#> [1] "Africa/Abidjan"     "Africa/Accra"
#> [3] "Africa/Addis_Ababa" "Africa/Algiers"
#> [5] "Africa/Asmara"      "Africa/Asmera"
```

Em R, os fusos horários são um atributo de data-hora que só controla a impressão. Por exemplo, esses três objetos representam o mesmo instante no tempo:

```
(x1 <- ymd_hms("2015-06-01 12:00:00", tz = "America/New_York"))
#> [1] "2015-06-01 12:00:00 EDT"
(x2 <- ymd_hms("2015-06-01 18:00:00", tz = "Europe/Copenhagen"))
#> [1] "2015-06-01 18:00:00 CEST"
(x3 <- ymd_hms("2015-06-02 04:00:00", tz = "Pacific/Auckland"))
#> [1] "2015-06-02 04:00:00 NZST"
```

Você pode verificar que são a mesma coisa usando a subtração:

```
x1 - x2
#> Time difference of 0 secs
x1 - x3
#> Time difference of 0 secs
```

A não ser que seja especificado, o **lubridate** sempre usa o UTC (Tempo Universal Coordenado): o fuso horário padrão usado pela comunidade científica e aproximadamente equivalente ao seu predecessor GMT (Tempo Médio de Greenwich). Ele não tem horário de verão, o que o torna uma representação conveniente para cálculos. Operações que combinam data-horas, como c(), frequentemente deixarão o fuso horário de lado. Nesse caso, as datas-horas serão exibidas em seu fuso horário local:

```
x4 <- c(x1, x2, x3)
x4
#> [1] "2015-06-01 09:00:00 PDT" "2015-06-01 09:00:00 PDT"
#> [3] "2015-06-01 09:00:00 PDT"
```

Você pode alterar o fuso horário de duas maneiras:

- Mantenha o instante no tempo igual e mude como ele é exibido. Use isso quando o instante estiver correto, mas você quer uma exibição mais natural:

```
x4a <- with_tz(x4, tzone = "Australia/Lord_Howe")
x4a
#> [1] "2015-06-02 02:30:00 LHST"
#> [2] "2015-06-02 02:30:00 LHST"
#> [3] "2015-06-02 02:30:00 LHST"
x4a - x4
#> Time differences in secs
#> [1] 0 0 0
```

(Isso também ilustra outro desafio de fusos horários: eles não são todos offsets de horas inteiras!)

- Mude o instante subjacente no tempo. Use isso quando tiver um instante que tenha sido rotulado com o fuso horário incorreto e você precisar corrigi-lo:

```
x4b <- force_tz(x4, tzone = "Australia/Lord_Howe")
x4b
#> [1] "2015-06-01 09:00:00 LHST"
#> [2] "2015-06-01 09:00:00 LHST"
#> [3] "2015-06-01 09:00:00 LHST"
x4b - x4
#> Time differences in hours
#> [1] -17.5 -17.5 -17.5
```

PARTE III
Programar

Nesta parte do livro você aperfeiçoará suas habilidades de programação. Programar é uma habilidade transversal necessária para todo o trabalho de ciência de dados: é preciso usar um computador para fazer ciência de dados; você não pode fazê-la na sua cabeça ou com papel e lápis.

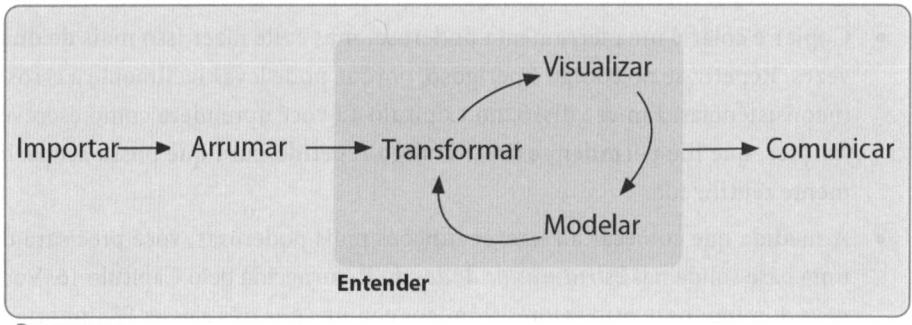

```
Importar → Arrumar → Transformar → Visualizar → Modelar → Comunicar
                           Entender
Programar
```

A programação produz o código, e o código é uma ferramenta de comunicação. Obviamente, o código diz ao computador o que você quer que ele faça. Mas também comunica significado a outros seres humanos. Pensar sobre o código como um veículo de comunicação é importante, pois cada projeto que você faz é fundamentalmente colaborativo. Mesmo que não esteja trabalhando com outras pessoas, você definitivamente trabalhará com seu futuro eu! Escrever um código claro é importante para que outros (como seu futuro eu) possam entender por que você lidou com a análise da maneira como o fez. Isso significa que melhorar na programação também envolve melhorar na comunicação. Com o tempo, você desejará que seu código não seja só mais fácil de escrever, mas mais fácil para que os outros leiam.

Escrever código é, de muitas maneiras, similar a escrever prosa. Um paralelo que eu acho particularmente útil é que em ambos os casos reescrever é a chave para a clareza. A primeira expressão de suas ideias provavelmente não será particularmente clara, e você pode precisar reescrever várias vezes. Depois de resolver um desafio de análise de dados, muitas vezes vale a pena olhar para seu código e pensar se é óbvio ou não o que fez. Se você gastar um mínimo de tempo reescrevendo seu código enquanto as ideias estão frescas, economizará futuramente muito tempo tentando recriar o que seu código fez. Mas isso não significa que você deva reescrever todas as funções: é necessário equilibrar o que precisa alcançar agora com a economia de tempo no longo prazo. (Quanto mais você reescreve suas funções, mais clara sua primeira tentativa se tornará.)

Nos próximos quatro capítulos você aprenderá habilidades que te possibilitarão lidar com novos programas e resolver problemas existentes com maior clareza e facilidade:

- No Capítulo 14 você mergulhará fundo no *pipe*, %>%, e aprenderá mais sobre como ele funciona, quais são as alternativas e quando não usá-lo.
- Copiar e colar é uma ferramenta poderosa, mas evite fazer isso mais de duas vezes. Repetir-se no código é perigoso, porque pode levar facilmente a erros e inconsistências. Em vez disso, no Capítulo 15 você aprenderá como escrever *funções*, que lhe permitem extrair código repetido para que possa ser facilmente reutilizado.
- À medida que começar a escrever funções mais poderosas, você precisará de uma base sólida nas *estruturas de dados* do R, fornecida pelo Capítulo 16. Você deve dominar os quatro vetores atômicos comuns e as três classes S3 importantes construídas em cima deles e entender os mistérios da lista e do data frame.
- Funções extraem código repetido, mas muitas vezes será necessário repetir as mesmas ações em entradas diferentes. Você precisa de ferramentas para *iteração* que lhe permitam fazer coisas similares repetidamente. Essas ferramentas incluem loops for e programação funcional, sobre os quais aprenderá no Capítulo 17.

Aprendendo Mais

O objetivo desses capítulos é ensiná-lo o mínimo que precisa saber sobre programação para praticar ciência de dados, o que acaba sendo uma quantidade razoável. Uma vez que tenha dominado o material deste livro, acredito que você deveria investir mais em suas habilidades de programação. Aprender mais sobre programação é um investimento de longo prazo: ele não se paga imediatamente, mas com o passar do tempo permitirá que você resolva novos problemas mais rapidamente e reutilize seus insights de problemas anteriores em novos cenários.

Para aprender mais você precisa estudar R como uma linguagem de programação, não apenas como um ambiente interativo para ciência de dados. Nós escrevemos dois livros que o ajudarão com isso:

- *Hands-On Programming with R* (Programação Prática com R — em tradução livre), por Garrett Grolemund. Essa é uma introdução ao R como uma linguagem de programação e é um ótimo lugar para começar se R for sua primeira linguagem de programação. Trata-se de um material similar a esses capítulos, mas com um estilo diferente e exemplos de motivação diferentes (baseados em um cassino). É um complemento útil se você achar que esses quatro capítulos passaram rápido demais.

- *Advanced R* (R Avançado — em tradução livre), por Hadley Wickham. Este mergulha nos detalhes da linguagem de programação R. É um ótimo lugar para começar caso já tenha experiência em programação. Pode ser considerado um ótimo passo adiante, uma vez que tenha internalizado as ideias destes capítulos. Para mais, recomendamos que acesse: *http://adv-r.had.co.nz* (conteúdo em inglês).

CAPÍTULO 14
Pipes com magrittr

Introdução

Pipes são uma ferramenta poderosa para expressar claramente uma sequência de múltiplas operações. Até agora você as tem usado sem saber como funcionam, ou quais são as alternativas. Agora, neste capítulo, é hora de explorar o pipe em mais detalhes. Você aprenderá as alternativas ao pipe, quando não se deve usá-lo e algumas ferramentas úteis relacionadas.

Pré-requisitos

O pipe, %>%, vem do pacote **magrittr** de Stefan Milton Bache. Pacotes no tidyverse carregam %>% para você automaticamente, portanto normalmente não precisará carregar o **magrittr** explicitamente. Aqui, no entanto, estamos focando em piping, e não carregaremos outros pacotes, então precisamos carregá-lo explicitamente.

```
library(magrittr)
```

Alternativas ao Piping

A ideia do pipe é ajudá-lo a escrever código de uma maneira que seja mais fácil de ler e entender. Para saber por que o pipe é tão útil, exploraremos várias maneiras de escrever o mesmo código. Vamos usar o código para contar a história de um coelhinho chamado Foo Foo:

Little bunny Foo Foo   (Coelhinho Foo Foo)
Went hopping through the forest (Saiu pulando pela floresta)
Scooping up the field mice   (Pegando os ratos do campo)
And bopping them on the head   (E batendo na cabeça deles) (tradução livre)

Esse é um poema infantil popular acompanhado de ações com as mãos.

Começaremos definindo um objeto para representar o coelhinho Foo Foo:

```
foo_foo <- little_bunny()
```

Usaremos uma função para cada verbo-chave: hop(), scoop() e bop(). Utilizando esse objeto e esses verbos, há (pelo menos) quatro maneiras para recontar a história em código:

- Salvar cada passo intermediário como um novo objeto.
- Sobrescrever o objeto original muitas vezes.
- Compor funções.
- Usar o pipe.

Trabalharemos com cada abordagem, mostrando a você o código e falando sobre as vantagens e desvantagens.

Passos Intermediários

A abordagem mais simples é salvar cada passo como um novo objeto:

```
foo_foo_1 <- hop(foo_foo, through = forest)
foo_foo_2 <- scoop(foo_foo_1, up = field_mice)
foo_foo_3 <- bop(foo_foo_2, on = head)
```

A principal desvantagem é que essa forma o força a nomear cada elemento intermediário. Se há nomes naturais, é uma boa ideia usá-los. Mas muitas vezes, como neste exemplo, não há nomes naturais, então você adiciona sufixos numéricos para tornar os nomes únicos. Isso leva a dois problemas:

- O código fica entulhado com nomes insignificantes.
- Você tem que incrementar o sufixo cuidadosamente em cada linha.

Sempre que escrevo código assim, invariavelmente uso o número errado em uma linha e depois passo 10 minutos coçando a cabeça e tentando descobrir o que deu errado no meu código.

Pode ser também uma preocupação para você que essa forma crie muitas cópias dos seus dados e ocupe muita memória. Surpreendentemente, não é esse o caso. Primeiro, note que se preocupar proativamente com a memória não é uma maneira útil de gastar seu tempo: preocupe-se com isso quando for realmente um problema (isto é, você ficou sem memória), não antes. Segundo, R não é burro e compartilhará colunas entre data frames onde for possível. Vamos dar uma olhada em um pipeline de manipulação de dados real em que adicionamos uma nova coluna para `ggplot2::diamonds`:

```
diamonds <- ggplot2::diamonds
diamonds2 <- diamonds %>%
  dplyr::mutate(price_per_carat = price / carat)

pryr::object_size(diamonds)
#> 3.46 MB
pryr::object_size(diamonds2)
#> 3.89 MB
pryr::object_size(diamonds, diamonds2)
#> 3.89 MB
```

`pryr::object_size()` dá a memória ocupada por todos os seus argumentos. Os resultados parecem contraintuitivos à primeira vista:

- `diamonds` ocupa 3.46 MB.
- `diamonds2` ocupa 3.89 MB.
- `diamonds` e `diamonds2` juntos ocupam 3.89 MB!

Como pode ser isso? Bem, `diamonds2` tem 10 colunas em comum com `diamonds`: não há necessidade de duplicar todos esses dados, então os dois data frames têm variáveis em comum. Essas variáveis só serão copiadas se você modificar uma delas. No exemplo a seguir modificamos um único valor de `diamonds$carat`. Isso significa que a variável `carat` não pode mais ser compartilhada entre os dois data frames, e uma cópia deve ser feita. O tamanho de cada data frame não mudou, mas o tamanho coletivo aumenta:

```
diamonds$carat[1] <- NA
pryr::object_size(diamonds)
#> 3.46 MB
pryr::object_size(diamonds2)
#> 3.89 MB
pryr::object_size(diamonds, diamonds2)
#> 4.32 MB
```

(Note que usamos pryr::object_size() aqui, e não object.size(). O object.size() só recebe um único objeto, então não pode calcular como os dados são compartilhados por vários objetos.)

Sobrescrever o Original

Em vez de criar objetos intermediários em cada passo, poderíamos sobrescrever o objeto original:

```
foo_foo <- hop(foo_foo, through = forest)
foo_foo <- scoop(foo_foo, up = field_mice)
foo_foo <- bop(foo_foo, on = head)
```

Isso significa menos digitação (e menos pensamento), portanto, é menos provável que você cometa erros. Contudo, há dois problemas:

- Depurar é doloroso. Se você cometer um erro, precisará reexecutar o pipeline completo desde o início.
- A repetição do objeto sendo transformado (nós escrevemos foo_foo seis vezes!) obscurece o que muda em cada linha.

Composição de Função

Outra abordagem é abandonar a atribuição e juntar chamadas de função:

```
bop(
  scoop(
    hop(foo_foo, through = forest),
    up = field_mice
  ),
  on = head
)
```

Aqui a desvantagem é ter que ler de dentro para fora, da direita para a esquerda, e o fato de que os argumentos acabam espalhados (sugestivamente chamado de problema do sanduíche Dagwood [*https://en.wikipedia.org/wiki/Dagwood_sandwich*]). Resumindo, esse código é difícil para a aplicação humana.

Usar o Pipe

Finalmente, podemos usar o pipe:

```
foo_foo %>%
  hop(through = forest) %>%
```

```
scoop(up = field_mouse) %>%
bop(on = head)
```

Essa é a minha forma favorita, porque foca nos verbos, não nos substantivos. Você pode ler essa série de composições de funções como se fosse um conjunto de ações imperativas. Foo Foo pula, depois pega, depois bate. A desvantagem, é claro, é que você precisa estar familiarizado com o pipe. Se nunca viu %>% antes, não terá ideia do que esse código faz. Felizmente, a maioria das pessoas pega a ideia bem rapidamente, então, quando compartilhar seu código com outras pessoas que não estão familiarizadas com o pipe, você poderá ensiná-las facilmente.

O pipe funciona realizando uma "transformação lexical": nos bastidores, o **magrittr** remonta o código no pipe a uma forma que funcione ao sobrescrever um objeto intermediário. Quando você executa um pipe como o anterior, o **magrittr** faz algo assim:

```
my_pipe <- function(.) {
  . <- hop(., through = forest)
  . <- scoop(., up = field_mice)
  bop(., on = head)
}
my_pipe(foo_foo)
```

Isso significa que o pipe não funcionará para duas classes de funções:

- Funções que usem o ambiente atual. Por exemplo, `assign()` criará uma nova variável com o dado nome no ambiente atual:

  ```
  assign("x", 10)
  x
  #> [1] 10

  "x" %>% assign(100)
  x
  #> [1] 10
  ```

  O uso de `assign` com o pipe não funciona porque ele a atribui a um ambiente temporário usado por %>%. Se você quer usar `assign` com o pipe, deverá ser explícito sobre o ambiente:

  ```
  env <- environment()
  "x" %>% assign(100, envir = env)
  x
  #> [1] 100
  ```

  Outras funções com esse problema incluem `get()` e `load()`.

- Funções que usam avaliação preguiçosa (*lazy evaluation*). Em R, argumentos de funções são calculados apenas quando a função os utiliza, não antes de chamar a função. O pipe calcula um elemento de cada vez, logo, você não pode depender desse comportamento.

Um lugar em que isso é um problema é `tryCatch()`, que o permite capturar e lidar com erros:

```
tryCatch(stop("!"), error = function(e) "An error")
#> [1] "An error"

stop("!") %>%
  tryCatch(error = function(e) "An error")
#> Error in eval(expr, envir, enclos): !
```

Há uma classe de funções relativamente ampla com esse comportamento, incluindo `try()`, `suppressMessages()` e `suppressWarnings()` em base R.

Quando Não Usar o Pipe

O pipe é uma ferramenta poderosa, mas não é a única à sua disposição, e não resolve todos os problemas! Pipes são mais úteis para reescrever uma sequência linear relativamente curta de operações. Sugiro que busque outra ferramenta quando:

- Seus pipes forem maiores que (digamos) 10 passos. Nesse caso, crie objetos intermediários com nomes significativos. Isso facilitará o debug, pois você poderá verificar mais facilmente os resultados intermediários, e isso facilita a compreensão de seu código, visto que os nomes das variáveis podem ajudar a comunicar a intenção.

- Você tem várias entradas e saídas. Se não há um objeto primário sendo transformado, mas dois ou mais objetos sendo combinados, não use o pipe.

- Você está começando a pensar sobre um gráfico direcionado com uma estrutura complexa de dependência. Pipes são fundamentalmente lineares, e expressar relacionamentos complexos com eles normalmente produz códigos confusos.

Outras Ferramentas do magrittr

Todos os pacotes do tidyverse disponibilizam automaticamente %>%, portanto, você normalmente não precisa carregar o **magrittr** explicitamente. Contudo, há algumas outras ferramentas úteis dentro de **magrittr** que você pode querer experimentar:

- Ao trabalhar com pipes mais complexos, às vezes é útil chamar uma função pelos seus efeitos colaterais. Talvez você queira imprimir o objeto atual ou fazer um gráfico dele ou salvá-lo no disco. Muitas vezes tais funções não retornam nada, terminando efetivamente o pipe.

Para contornar esse problema, você pode usar o "tee" pipe. %T>% funciona como %>% exceto que ele retorna o lado esquerdo em vez do lado direito. Ele é chamado "tee" por causa de seu pipe em formato literal de T::

```
rnorm(100) %>%
  matrix(ncol = 2) %>%
  plot() %>%
  str()
#> NULL
```

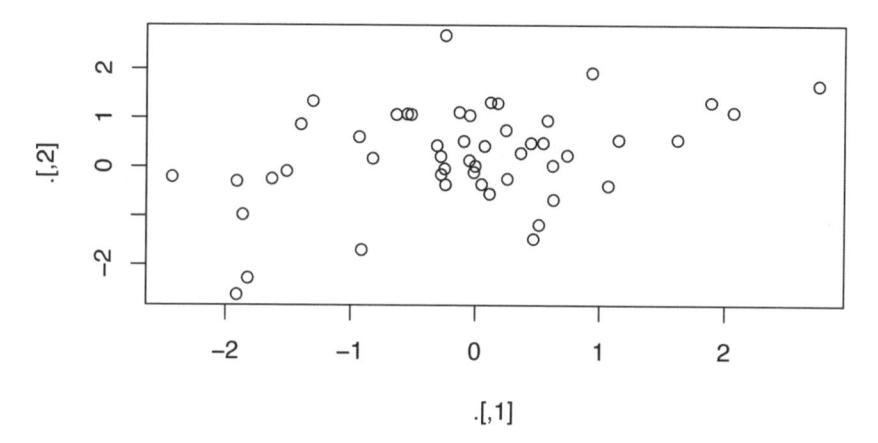

```
rnorm(100) %>%
  matrix(ncol = 2) %T>%
  plot() %>%
  str()
#> num [1:50, 1:2] -0.387 -0.785 -1.057 -0.796 -1.756 ...
```

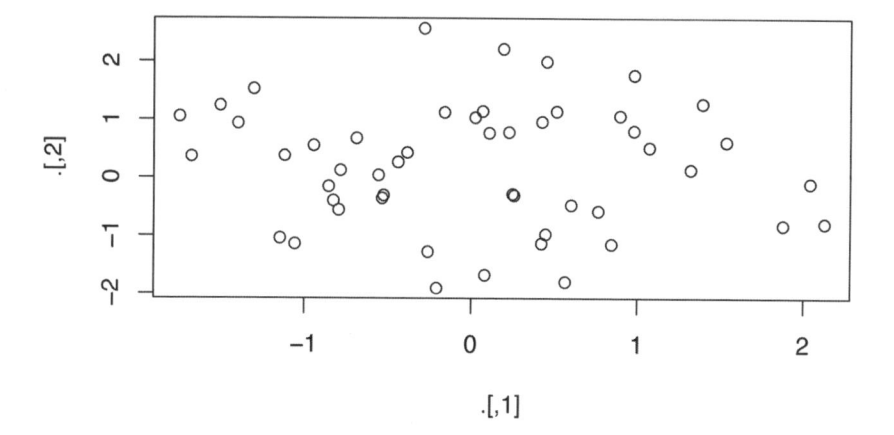

- Se você estiver trabalhando com funções que não têm uma API baseada em data frame (isto é, você passa vetores individuais para elas, não um data frame e expressões a serem avaliadas no contexto daquele data frame), pode achar %$% útil. Ele "explode" as variáveis no data frame para que você possa referir-se a elas explicitamente. Isso é útil ao trabalhar com muitas funções no R base:

    ```
    mtcars %$%
      cor(disp, mpg)
    #> [1] -0.848
    ```

- Para atribuição, o **magrittr** fornece o operador %<>% , que te permite substituir código como:

    ```
    mtcars <- mtcars %>%
      transform(cyl = cyl * 2)
    ```

  por:

    ```
    mtcars %<>% transform(cyl = cyl * 2)
    ```

  Eu não sou fã desse operador porque acho que atribuição é uma operação tão especial que deve sempre ficar claro quando ela ocorre. Na minha opinião, um pouco de duplicação (isto é, repetir o nome do objeto duas vezes) não apresenta problemas se com isso deixamos a atribuição mais explícita.

CAPÍTULO 15
Funções

Introdução

Uma das melhores maneiras de ampliar seu alcance como cientista de dados é escrever funções, pois elas permitem que você automatize tarefas comuns de maneira mais poderosa e abrangente do que apenas copiar e colar. Escrever uma função apresenta três grandes vantagens sobre usar copiar e colar:

- Você pode dar um nome evocativo à função que facilite o entendimento do seu código.

- À medida que as exigências mudam, você só precisa atualizar o código em um lugar, em vez de em vários.

- Você elimina a chance de cometer erros incidentais quando copia e cola (isto é, atualizar o nome de uma variável em um lugar, mas não em outro).

Escrever boas funções é uma jornada para a vida toda. Mesmo depois de usar R por muitos anos, eu ainda aprendo novas técnicas e maneiras mais eficientes de abordar velhos problemas. O objetivo deste capítulo não é ensiná-lo todos os detalhes esotéricos de funções, mas fazê-lo começar com alguns conselhos pragmáticos que podem ser aplicados imediatamente.

Além dos conselhos práticos para escrever funções, este capítulo também lhe dá algumas sugestões sobre como estilizar seu código. Um bom estilo de código é como uma pontuação correta. Vocêpodeviversemela, mas ela realmente facilita a leitura! Assim como os estilos de pontuação, há muitas variações possíveis. Aqui apresentamos o estilo que usamos em nosso código, mas o mais importante é ser consistente.

Pré-requisitos

O foco deste capítulo está em escrever funções em base R, sendo assim, você não precisa de nenhum pacote extra.

Quando Você Deveria Escrever uma Função?

Considere escrever uma função sempre que copiar e colar um bloco de código mais de duas vezes (isto é, você agora tem três cópias do mesmo código). Por exemplo, dê uma olhada neste código. O que ele faz?

```
df <- tibble::tibble(
  a = rnorm(10),
  b = rnorm(10),
  c = rnorm(10),
  d = rnorm(10)
)

df$a <- (df$a - min(df$a, na.rm = TRUE)) /
  (max(df$a, na.rm = TRUE) - min(df$a, na.rm = TRUE))
df$b <- (df$b - min(df$b, na.rm = TRUE)) /
  (max(df$b, na.rm = TRUE) - min(df$a, na.rm = TRUE))
df$c <- (df$c - min(df$c, na.rm = TRUE)) /
  (max(df$c, na.rm = TRUE) - min(df$c, na.rm = TRUE))
df$d <- (df$d - min(df$d, na.rm = TRUE)) /
  (max(df$d, na.rm = TRUE) - min(df$d, na.rm = TRUE))
```

Você pode ser capaz de descobrir que ele recalcula cada coluna para ter uma variação de 0 a 1. Mas você encontrou o erro? Eu cometi um erro ao copiar e colar o código para df$b: esqueci de mudar um a para um b. Extrair código repetido de uma função é uma boa ideia, porque previne que você cometa esse tipo de erro.

Para escrever uma função, é necessário primeiro analisar o código. Quantas entradas ele tem?

```
(df$a - min(df$a, na.rm = TRUE)) /
  (max(df$a, na.rm = TRUE) - min(df$a, na.rm = TRUE))
```

Este código tem apenas uma entrada: df$a. (Se está surpreso por TRUE não ser uma entrada, você pode explorar o porquê no próximo exercício.) Para deixar as entradas mais claras, reescreva o código usando variáveis temporárias com nomes gerais. Aqui, este código só requer um único vetor numérico, então o chamaremos de x:

```
x <- df$a
(x - min(x, na.rm = TRUE)) /
```

```
(max(x, na.rm = TRUE) - min(x, na.rm = TRUE))
#> [1] 0.289 0.751 0.000 0.678 0.853 1.000 0.172 0.611 0.612
#> [10] 0.601
```

Há certa duplicação neste código. Estamos calculando três vezes a variação dos dados, mas faz sentido fazer isso nesta etapa:

```
rng <- range(x, na.rm = TRUE)
(x - rng[1]) / (rng[2] - rng[1])
#> [1] 0.289 0.751 0.000 0.678 0.853 1.000 0.172 0.611 0.612
#> [10] 0.601
```

Extrair cálculos intermediários de variáveis nomeadas é uma boa prática, pois deixa mais claro o que o código está fazendo. Agora que simplifiquei o código, e verifiquei que ainda funciona, posso transformá-lo em uma função:

```
rescale01 <- function(x) {
  rng <- range(x, na.rm = TRUE)
  (x - rng[1]) / (rng[2] - rng[1])
}
rescale01(c(0, 5, 10))
#> [1] 0.0 0.5 1.0
```

Há três passos-chave para criar uma nova função:

1. Escolher um *nome* para a função. Aqui usei `rescale01` porque essa função recalcula um vetor para que fique entre 0 e 1.

2. Listar as entradas, ou *argumentos*, para a função dentro de `function`. Aqui temos apenas um argumento. Se tivéssemos mais, a chamada ficaria parecida com `function(x, y, z)`.

3. Colocar o código que desenvolveu no *corpo* da função, um bloco { que vem imediatamente após `function(...)`.

Vale ressaltar que eu só fiz a função depois de ter descoberto como fazê-la funcionar com uma entrada simples. É mais fácil começar escrevendo código e transformá-lo em uma função; é mais difícil criar uma função e depois tentar fazê-la funcionar.

Neste ponto, é aconselhável verificar sua função com algumas entradas diferentes:

```
rescale01(c(-10, 0, 10))
#> [1] 0.0 0.5 1.0
rescale01(c(1, 2, 3, NA, 5))
#> [1] 0.00 0.25 0.50   NA 1.00
```

À medida que você escreve funções repetidas vezes, vai querer finalmente converter esses testes informais e interativos em testes formais automatizados. Esse processo é chamado de teste de unidade. Infelizmente, isso está além do escopo deste livro, mas você pode aprender sobre ele em *http://r-pkgs.had.co.nz/tests.html* (conteúdo em inglês).

Podemos simplificar o exemplo original agora que temos uma função:

```
df$a <- rescale01(df$a)
df$b <- rescale01(df$b)
df$c <- rescale01(df$c)
df$d <- rescale01(df$d)
```

Comparado ao original, esse código é mais fácil de entender, e com isso eliminamos uma classe de erros de copiar e colar. Ainda há bastante duplicação, já que estamos fazendo a mesma coisa em várias colunas. Aprenderemos como eliminar essa duplicação no Capítulo 17, uma vez que você tenha aprendido mais sobre as estruturas de dados de R no Capítulo 16.

Outra vantagem das funções é que, se nossas exigências mudarem, só precisaremos fazer a mudança em um local. Por exemplo, podemos descobrir que algumas de nossas variáveis incluem valores infinitos, e `rescale01()` falha:

```
x <- c(1:10, Inf)
rescale01(x)
#> [1]  0  0  0  0  0  0  0  0  0  0 NaN
```

Como extraímos o código para uma função, só precisamos fazer a correção em um lugar:

```
rescale01 <- function(x) {
  rng <- range(x, na.rm = TRUE, finite = TRUE)
  (x - rng[1]) / (rng[2] - rng[1])
}
rescale01(x)
#> [1] 0.000 0.111 0.222 0.333 0.444 0.556 0.667 0.778 0.889
#> [10] 1.000   Inf
```

Essa é uma parte importante do princípio "não se repita" (ou DRY, do inglês "do not repeat yourself"). Quanto mais repetição houver em seu código, mais lugares você terá que lembrar de atualizar quando as coisas mudarem (e elas sempre mudam!), e maior será sua propensão de criar bugs com o tempo.

Exercícios

1. Por que TRUE não é um parâmetro para `rescale01()`? O que aconteceria se x contivesse um único valor faltante e `na.rm` fosse FALSE?

2. Na segunda variante de `rescale01()`, valores infinitos não são alterados. Reescreva `rescale01()` para que `-Inf` seja mapeado para 0 e `Inf` seja mapeado para 1.

3. Pratique transformar os seguintes fragmentos de códigos em funções. Pense sobre o que cada função faz. Como você a chamaria? De quantos argumentos precisa? Você consegue reescrevê-la para que seja mais expressiva ou menos duplicativa?

    ```
    mean(is.na(x))

    x / sum(x, na.rm = TRUE)

    sd(x, na.rm = TRUE) / mean(x, na.rm = TRUE)
    ```

4. Siga *http://nicercode.github.io/intro/writing-functions.html* (conteúdo em inglês) para escrever suas próprias funções a fim de calcular a variação e a inclinação de um vetor numérico.

5. Escreva `both_na()`, uma função que recebe dois vetores de mesmo comprimento e retorna o número de posições que têm um NA em ambos os vetores.

6. O que as funções a seguir fazem? Por que são úteis, mesmo embora sejam tão curtas?

    ```
    is_directory <- function(x) file.info(x) $isdir
    is_readable <- function(x) file.access(x, 4) == 0
    ```

7. Leia a letra completa (*http://bit.ly/littlebunnyfoofoo* — conteúdo em inglês) de "Little Bunny Foo Foo". Há bastante duplicação nessa música. Estenda o exemplo de piping inicial para recriar a música completa, e use funções para reduzir a duplicação.

Funções São para Humanos e Computadores

É importante lembrar que funções não são apenas para computadores, mas também para humanos. O R não liga para o nome de suas funções ou quais comentários elas contêm, mas isso é importante para os leitores humanos. Esta seção discute alguns pontos que você deveria levar em conta ao escrever funções compreensíveis para humanos.

O nome de uma função é importante. Idealmente, ele deve ser curto, mas evocar claramente o que a função faz. Isso é difícil! Mas é melhor ser claro do que ser curto, já que o autocompletar do RStudio facilita a digitação de nomes longos.

Geralmente, nomes de funções devem ser verbos, e argumentos devem ser substantivos. Há algumas exceções: tudo bem usar substantivos se a função calcular um substantivo muito conhecido (isto é, `mean()` é melhor que `compute_mean()`), ou acessa alguma propriedade de um objeto (isto é, `coef()` é melhor que `get_coefficients()`). Um bom sinal de que um substantivo seria uma escolha melhor é se você estiver usando um verbo muito amplo, como "get" (obter), "compute" (calcular), "calculate" (calcular) ou "determine" (determinar). Use seu melhor julgamento e não tenha medo de renomear uma função se pensar em um nome melhor mais tarde:

```
# Too short
f()

# Not a verb, or descriptive
my_awesome_function()

# Long, but clear
impute_missing()
collapse_years()
```

Se o nome de sua função for composto de várias palavras, recomento usar o "snake_case", onde cada palavra iniciada em letra minúscula é separada por um underscore. O camelCase é uma alternativa popular. Não importa muito qual você escolha, o importante é ser consistente: escolha um e mantenha-se com ele. O próprio R não é muito consistente, mas não há nada que possamos fazer sobre isso. Certifique-se de não cair na mesma armadilha e torne seu código o mais estável possível:

```
# Never do this!
col_mins <- function(x, y) {}
rowMaxes <- function(y, x) {}
```

Se você tem uma família de funções que fazem coisas similares, certifique-se de que elas tenham nomes e argumentos consistentes. Use um prefixo comum para indicar que estão conectadas. Desse modo é melhor do que um sufixo comum, porque o autocompletar permite que você digite o prefixo e veja todos os membros da família:

```
# Good
input_select()
input_checkbox()
input_text()
```

```
# Not so good
select_input()
checkbox_input()
text_input()
```

Um bom exemplo desse design é o pacote **stringr**: se você não lembra exatamente de qual função precisa, pode digitar `str_` e refrescar sua memória.

Onde for possível, evite substituir funções e variáveis existentes. É impossível fazer isso no geral, pois muitos nomes já foram usados por outros pacotes, mas evitar os nomes mais comuns do R base evitará confusões:

```
# Don't do this!
T <- FALSE
c <- 10
mean <- function(x) sum(x)
```

Use comentários, linhas começando com #, para explicar o "porquê" de seu código. Você geralmente deve evitar comentários que explicam o "o que" ou o "como". Se não consegue entender o que o código faz com uma leitura, você deve pensar sobre como reescrevê-lo mais claramente. Você precisa adicionar algumas variáveis intermediárias com nomes úteis? Precisa separar um subcomponente de uma função maior para que possa nomeá-lo? Entretanto, seu código nunca pode capturar o raciocínio por trás de suas decisões: por que você escolheu essa abordagem, em vez de uma alternativa? O que mais você tentou que não funcionou? É uma ótima ideia capturar esse tipo de pensamento em um comentário.

Outro uso importante de comentários é o de separar seu arquivo em pedaços facilmente legíveis. Use linhas longas de - ou = para facilitar a visualização das quebras:

```
# Load data ---------------------------------------

# Plot data ---------------------------------------
```

O RStudio fornece um atalho de teclado para criar esses cabeçalhos (Cmd/Ctrl-Shift-R) e os exibirá no drop-down de navegação do código, na parte inferior esquerda do editor:

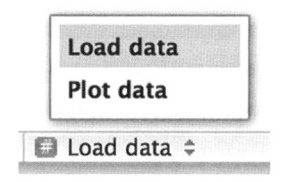

Exercícios

1. Leia o código-fonte para cada uma das três funções a seguir, descubra o que elas fazem e então dê ideias de nomes melhores:

   ```
   f1 <- function(string, prefix) {
     substr(string, 1, nchar(prefix)) == prefix
   }
   f2 <- function(x) {
     if (length(x) <= 1) return(NULL)
     x[ -length(x)]
   }
   f3 <- function(x, y) {
     rep(y, length.out = length(x))
   }
   ```

2. Pegue uma função que você tenha escrito recentemente e passe cinco minutos pensando em nomes melhores para ela e para seus argumentos.

3. Compare e contraste rnorm() e MASS::mvrnorm(). Como você poderia torná-las mais consistentes?

4. Construa um argumento sobre por que norm_r(), norm_d() etc. seriam melhores do que rnorm(), dnorm(). Construa um argumento para o caso oposto.

Execução Condicional

Uma declaração if permite que você execute um código condicionalmente. Ela se parece com isso:

```
if(condition) {
  # code executed when condition is TRUE
} else {
  # code executed when condition is FALSE
}
```

Para obter ajuda sobre if você precisa cercá-lo por apóstrofos: ?`if`. A ajuda não é particularmente útil se você não for um programador experiente, mas, pelo menos, saberá como encontrá-la!

Aqui está uma função simples que usa uma declaração if. O objetivo dessa função é retornar um vetor lógico descrevendo se o elemento de um vetor está ou não nomeado:

```
has_name <- function(x) {
  nms <- names(x)
  if (is.null(nms)) {
    rep(FALSE, length(x))
```

```
  } else {
    !is.na(nms) & nms != ""
  }
}
```

Essa função se aproveita da regra padrão de retorno: uma função retorna o último valor que calculou. Aqui isso é um dos dois ramos da declaração if.

Condições

A condition (condição) deve ser avaliada como TRUE ou FALSE. Se for um vetor, você receberá uma mensagem de aviso; se for um NA, obterá um erro. Fique atento a essas mensagens em seu próprio código:

```
if (c(TRUE, FALSE)) {}
#> Warning in if (c(TRUE, FALSE)) {:
#> the condition has length > 1 and only the
#> first element will be used
#> NULL

if (NA) {}
#> Error in if (NA) {: missing value where TRUE/FALSE needed
```

Você pode usar || (or) e && (and) para combinar múltiplas expressões lógicas. Esses operadores são de "curto-circuito": assim que || vê o primeiro TRUE, ele retorna TRUE sem calcular mais nada. Assim que && vê o primeiro FALSE, ele retorna FALSE. Nunca use | ou & em uma declaração if: elas são operações vetorizadas que se aplicam a múltiplos valores (é por isso que são utilizadas em filter()). Se você tiver um vetor lógico, pode usar any() ou all() para colapsar em um único valor.

Tenha cuidado ao testar por igualdade. O == é vetorizado, o que significa que é fácil obter mais de uma saída. Verifique se o comprimento já é 1, colapse com all() ou any(), ou use o identical() não vetorizado. O identical() é bem rígido: sempre retorna ou um único valor TRUE ou um único FALSE, e não força tipos. Isso significa que você precisa ter cuidado quando comparar inteiros e doubles:

```
identical(0L, 0)
#> [1] FALSE
```

Você também precisa estar ciente dos números de ponto flutuante:

```
x <- sqrt(2) ^ 2
x
#> [1] 2
```

```
x == 2
#> [1] FALSE
x - 2
#> [1] 4.44e-16
```

Em seu lugar, use `dplyr::near()` para comparações, como descrito em "Comparações", na página 46.

E lembre-se, `x == NA` não faz nada útil!

Múltiplas Condições

Você pode encadear várias declarações `if`:

```
if (this) {
  # do that
} else if (that) {
  # do something else
} else {
  #
}
```

Mas se você acabar com uma série muito longa de declarações `if`, deve considerar reescrever. Uma técnica útil é a função `switch()`. Ela te permite avaliar o código selecionado com base na posição ou no nome:

```
#> function(x, y, op) {
#>   switch(op,
#>     plus = x + y,
#>     minus = x - y,
#>     times = x * y,
#>     divide = x / y,
#>     stop("Unknown op!")
#>   )
#> }
```

Outra função útil que pode muitas vezes eliminar cadeias grandes de declarações `if` é `cut()`. Ela é usada para dividir variáveis contínuas.

Estilo de Código

Tanto `if` quanto `function` devem (quase) sempre ser seguidas por chaves (`{}`), e os conteúdos devem ser indentados por dois espaços. Isso facilita a visualização da hierarquia em seu código ao ler rapidamente a margem esquerda.

Uma chave de abertura nunca deve ter sua própria linha e precisa ser sempre seguida por uma nova linha. Uma chave de fechamento deve ter invariavelmente sua própria linha, a não ser que seja seguida por `else`. Sempre indente o código dentro de chaves:

```
# Good
if (y < 0 && debug) {
  message("Y is negative")
}

if (y == 0) {
  log(x)
} else {
  y ^ x
}

# Bad
if (y < 0 && debug)
message("Y is negative")

if (y == 0) {
  log(x)
}
else {
  y ^ x
}
```

Tudo bem deixar as chaves de lado se você tiver uma declaração `if` muito pequena e que caiba em uma linha:

```
y <- 10
x <- if (y < 20) "Too low" else "Too high"
```

Eu recomendo isso apenas para declarações `if` muito breves. Caso contrário, a forma completa é mais fácil de ler:

```
if (y < 20) {
  x <- "Too low"
} else {
  x <- "Too high"
}
```

Exercícios

1. Qual é a diferença entre `if` e `ifelse()`? Leia cuidadosamente a ajuda e construa três exemplos que ilustrem as principais diferenças.

2. Escreva uma função que diga "good morning", "good afternoon", ou "good evening", dependendo da hora do dia. (Dica: use um argumento de tempo padrão de `lubridate::now()`. Isso facilitará testar sua função.)

3. Implemente uma função `fizzbuzz`. Ela recebe um único número como entrada. Se o número for divisível por três, retorna um "fizz". Se for divisível por cinco, retorna "buzz". Se for divisível por três e cinco, retorna "fizzbuzz". Caso contrário, retorna o número. Certifique-se de escrever o código antes de criar a função.

4. Como você poderia usar `cut()` para simplificar esse conjunto de declarações if-else agrupadas?

```
if (temp <= 0) {
  "freezing"
} else if (temp <= 10) {
  "cold"
} else if (temp <= 20) {
  "cool"
} else if (temp <= 30) {
  "warm"
} else {
  "hot"
}
```

Como você mudaria a chamada de `cut()` se eu usasse <, em vez de <=? Qual é a outra vantagem principal de `cut()` para esse problema? (Dica: o que acontece se você tem muitos valores em `temp`?)

5. O que ocorre se você usar `switch()` com valores numéricos? O que esta chamada de `switch()` faz? O que acontece se x for "e"?

```
switch(x,
  a = ,
  b = "ab",
  c = ,
  d = "cd"
)
```

Experimente, depois leia cuidadosamente a documentação.

Argumentos de Funções

Os argumentos para uma função normalmente caem em dois conjuntos amplos: um conjunto fornece os *dados* sobre os quais calcular, e o outro fornece argumentos que controlam os *detalhes* do cálculo. Por exemplo:

- Em `log()`, os dados são x, e o detalhe é a `base` do logaritmo.

- Em mean(), os dados são x, e os detalhes são quantos dados aparar das pontas (trim) e como lidar com os valores faltantes (na.rm).
- Em t.test(), os dados são x e y, e os detalhes do teste são alternative, mu, paired, var.equal e conf.level.
- Em str_c() você pode fornecer qualquer número de strings para ..., e os detalhes da concatenação são controlados por sep e collapse.

Geralmente os argumentos de dados devem vir primeiro. Argumentos de detalhes vão no fim e normalmente devem ter valores padrão. Você especifica o valor padrão da mesma maneira que chama uma função com um argumento nomeado:

```
# Compute confidence interval around
# mean using normal approximation
mean_c <- function(x, conf = 0.95) {
  se <- sd(x) / sqrt(length(x))
  alpha <- 1 - conf
  mean(x) + se * qnorm(c(alpha / 2, 1 - alpha / 2))
}

x <- runif(100)
mean_ci(x)
#> [1] 0.498 0.610
mean_ci(x, conf = 0.99)
#> [1] 0.480 0.628
```

O valor padrão deve quase sempre ser o valor mais comum. As poucas exceções a essa regra têm a ver com segurança. Por exemplo, faz sentido que na.rm seja FALSE por padrão, porque valores faltantes são importantes. Mesmo embora na.rm = TRUE seja o que você normalmente coloca em seu código, não é aconselhável ignorar silenciosamente os valores faltantes como padrão.

Quando você chama uma função, normalmente omite os nomes dos argumentos de dados, pois eles são usados muito comumente. Se você substituir o valor padrão de um argumento de detalhe, deve usar o nome completo:

```
# Good
mean(1:10, na.rm = TRUE)

# Bad
mean(x = 1:10, , FALSE)
mean(, TRUE, x = c(1:10, NA))
```

Você pode se referir a um argumento por seu prefixo único (por exemplo, `mean(x, n = TRUE)`), mas isso geralmente é evitado, dadas as possibilidades de confusão.

Note que quando você chama uma função, deve sempre colocar um espaço em volta de = em chamadas de função, e pôr um espaço depois de uma vírgula, não antes. Usar espaço em branco facilita a leitura rápida dos componentes importantes da função:

```
# Good
average <- mean(feet / 12 + inches, na.rm = TRUE)

# Bad
average<-mean(feet /12+inches, na.rm=TRUE)
```

Escolhendo Nomes

Os nomes dos argumentos também são importantes. O R não se importa, mas os leitores de seu código (incluindo seu futuro eu!) se importarão. Geralmente, você deve optar por nomes mais longos e descritivos, mas há um punhado de nomes bem curtos muito comuns. Vale a pena memorizá-los:

- `x, y, z`: vetores.
- `w`: um vetor de pesos.
- `df`: um data frame.
- `i, j`: índices numéricos (normalmente, linhas e colunas).
- `n`: comprimento ou número de linhas.
- `p`: número de colunas.

Caso contrário, considere usar nomes de argumentos de funções existentes no R. Por exemplo, use `na.rm` para determinar se valores faltantes devem ser removidos.

Verificando Valores

À medida que você começa a escrever mais funções, chegará finalmente ao ponto em que não se lembra exatamente de como sua função funciona. A essa altura é fácil chamá-la com entradas inválidas. Para evitar esse problema, muitas vezes é útil explicitar as restrições. Por exemplo, imagine que você tenha escrito algumas funções para calcular estatísticas resumidas ponderadas:

```
wt_mean <- function(x, w) {
  sum(x * w) / sum(x)
}
wt_var <- function(x, w) {
  mu <- wt_mean(x, w)
  sum(w * (x - mu) ^ 2) / sum(w)
}
wt_sd <- function(x, w) {
  sqrt(wt_var(x, w))
}
```

O que acontece se x e w não tiverem o mesmo comprimento?

```
wt_mean(1:6, 1:3)
#> [1] 2.19
```

Nesse caso, por causa das regras de reciclagem de vetor de R, não obteremos um erro.

É uma boa prática verificar pré-condições importantes e lançar um erro (com stop()), se não forem verdadeiras:

```
wt_mean <- function(x, w) {
  if (length(x) != length(w)) {
    stop("`x` and `w` must be the same length", call. = FALSE)
  }
  sum(w * x) / sum(x)
}
```

Tenha cuidado para não levar isso longe demais. Há um trade-off entre quanto tempo você passa tornando sua função robusta *versus* quanto tempo passa escrevendo-a. Por exemplo, se você também adicionou um argumento na.rm, eu provavelmente não o verificaria com cuidado:

```
wt_mean <- function(x, w, na.rm = FALSE) {
  if (!is.logical(na.rm)) {
    stop("`na.rm` must be logical")
  }
  if (length(na.rm) != 1) {
    stop("`na.rm` must be length 1")
  }
  if (length(x) != length(w)) {
    stop("`x` and `w` must be the same length", call. = FALSE)
  }
  
  if (na.rm) {
    miss <- is.na(x) | is.na(w)
    x <- x[!miss]
    w <- w[!miss]
  }
  sum(w * x) / sum(x)
}
```

É muito trabalho extra para pouco ganho adicional. Um compromisso útil é o stopifnot() incorporado; ele verifica se cada argumento é TRUE e produz uma mensagem de erro genérica se não forem:

```
wt_mean <- function(x, w, na.rm = FALSE) {
  stopifnot(is.logical(na.rm), length(na.rm) == 1)
  stopifnot(length(x) == length(w))

  if (na.rm) {
    miss <- is.na(x) | is.na(w)
    x <- x[!miss]
    w <- w[!miss]
  }
  sum(w * x) / sum(x)
}
wt_mean(1:6, 6:1, na.rm = "foo")
#> Error: is.logical(na.rm) is not TRUE
```

Note que ao usar stopifnot() você garante o que deve ser verdadeiro, em vez de verificar o que pode estar errado.

Reticências (...)

Muitas funções em R recebem um número arbitrário de entradas:

```
sum(1, 2, 3, 4, 5, 6, 7, 8, 9, 10)
#> [1] 55
stringr::str_c("a", "b", "c", "d", "e", "f")
#> [1] "abcdef"
```

Como essas funções funcionam? Elas dependem de um argumento especial: ... (reticências). Esse argumento especial captura qualquer número de argumentos que não forem combinados de outra forma.

É útil porque você pode então enviar essas ... para outra função. Esse é um catch-all útil se sua função for primariamente um wrapper ao redor de outra função. Por exemplo, eu normalmente crio essas funções auxiliares que envolvem str_c():

```
commas <- function(...) stringr::str_c(..., collapse = ", ")
commas(letters[1:10])
#> [1] "a, b, c, d, e, f, g, h, i, j"

rule <- function(..., pad = "-") {
  title <- paste0(...)
  width <- getOption("width") - nchar(title) - 5
  cat(title, " ", stringr::str_dup(pad, width), "\n", sep = "")
}
rule("Important output")
#> Important output ----------------------------------------
```

Aqui ... permite que eu encaminhe quaisquer argumentos com os quais eu não queira lidar para str_c(). É uma técnica muito conveniente. Mas ela tem um preço: quaisquer argumentos escritos errado não levantarão um erro. Isso facilita que erros de digitação passem despercebidos.

```
x <- c(1, 2)
sum(x, na.mr = TRUE)
#> [1] 4
```

Se você quer apenas capturar os valores de ..., use list(...).

Avaliação Preguiçosa (Lazy Evaluation)

Argumentos em R são avaliados preguiçosamente: não são calculados até que sejam necessários. Isso significa que se nunca forem usados, nunca serão chamados. Essa é uma propriedade importante de R como linguagem de programação, mas geralmente não é relevante quando você está escrevendo suas próprias funções para análise de dados. Você pode ler mais sobre avaliação preguiçosa em *http://adv-r.had.co.nz/Functions.html#lazy-evaluation* (conteúdo em inglês).

Exercícios

1. O que commas(letters, collapse = "-") fazem? Por quê?
2. Seria bom se você pudesse fornecer vários caracteres ao argumento pad, por exemplo, rule("Title", pad = "-+"). Por que isso não funciona atualmente? Como você poderia corrigir isso?
3. O que o argumento trim para mean() faz? Quando você pode usá-lo?
4. O valor padrão para o argumento method para cor() é c("pearson", "kendall", "spearman"). O que isso significa? Qual valor é usado por padrão?

Retorno de Valores

Descobrir o que sua função deve retornar normalmente é algo direto: em primeiro lugar, foi para isso que você criou a função! Há duas coisas que você deve considerar ao retornar um valor:

- Retornar antes facilita a leitura da sua função?
- Você consegue deixar sua função passível de um pipe?

Declarações Explícitas de Retorno

O valor retornado pela função normalmente é a última declaração que ela avalia, mas você pode escolher retornar mais cedo usando `return()`. Penso que seja melhor usar `return()` para sinalizar que você pode retornar antes com uma solução mais simples. Normalmente a razão para fazer isso é o fato de as entradas estarem vazias:

```
complicated_function <- function(x, y, z) {
  if (length(x) == 0 || length(y) == 0) {
    return(0)
  }

  # Complicated code here
}
```

Outra razão é porque você tem uma declaração `if` com um bloco complexo e um bloco simples. Por exemplo, você pode escrever uma declaração `if` assim:

```
f <- function() {
  if (x) {
    # Do
    # something
    # that
    # takes
    # many
    # lines
    # to
    # express
  } else {
    # return something short
  }
}
```

Mas se o bloco for muito longo, ao chegar no `else`, já terá esquecido da `condition`. Uma maneira de reescrever isso é usar um retorno antecipado para o caso simples:

```
f <- function() {
  if(!x) {
    return(something_short)
  }

  # Do
  # something
  # that
  # takes
  # many
  # lines
```

```
    # to
    # express
}
```

Essa ação tende a facilitar o entendimento do código, visto que não é necessário tanto contexto para entendê-lo.

Escrevendo Funções Passíveis de Pipe

Se você quer escrever suas próprias funções passíveis de pipe, é importante pensar no valor de retorno. Há dois tipos principais de funções desse tipo: transformação e efeito colateral.

Em funções de *transformação*, há um objeto "primário" claro que é passado como um primeiro argumento, e uma versão modificada é retornada pela função. Por exemplo, os objetos-chave para **dplyr** e **tidyr** são data frames. Se você puder identificar qual é o tipo de objeto para seu domínio, descobrirá que suas funções operam com o pipe.

Funções de *efeito colateral* são primariamente chamadas para realizar uma ação, como desenhar um gráfico ou salvar um arquivo, não transformar um objeto. Essas funções devem retornar "invisivelmente" o primeiro argumento, portanto não são exibidas por padrão, mas ainda podem ser usadas em um pipeline. Por exemplo, esta função simples imprime o número de valores faltantes em um data frame:

```
show_missings <- function(df) {
  n <- sum(is.na(df))
  cat("Missing values: ", n, "\n", sep = "")

  invisible(df)
}
```

Se a chamarmos interativamente, a `invisible()` significa que a entrada df não é impressa:

```
show_missings(mtcars)
#> Missing values: 0
```

Mas ainda está lá, só não é impressa por padrão:

```
x <- show_missings(mtcars)
#> Missing values: 0
class(x)
#> [1] "data.frame"
dim(x)
#> [1] 32 11
```

E ainda podemos usá-la em um pipe:

```
mtcars %>%
  show_missings() %>%
  mutate(mpg = ifelse(mpg < 20, NA, mpg)) %>%
  show_missings()
#> Missing values: 0
#> Missing values: 18
```

Ambiente

O último componente de uma função é seu ambiente. Não é algo que você precise entender profundamente quando começa a escrever funções. Contudo, é importante saber um pouco sobre ambientes, porque eles são cruciais para o funcionamento das funções. O ambiente de uma função controla como o R encontra o valor associado a um nome. Por exemplo, veja esta função:

```
f <- function(x) {
  x + y
}
```

Em muitas linguagens de programação, isso seria um erro, porque y não é definido dentro da função. Em R, este é um código válido, pois R usa *escopo lexical* para encontrar o valor associado a um nome. Já que y não está definido dentro da função, R procurará no *ambiente* onde a função foi definida:

```
y <- 100
f(10)
#> [1] 110

y <- 1000
f(10)
#> [1] 1010
```

Esse comportamento parece uma receita para bugs, e realmente você deveria evitar criar funções como esta deliberadamente, mas em geral não causa muitos problemas (especialmente se você reiniciar R regularmente para obter uma lousa em branco).

A vantagem desse comportamento é que, do ponto de vista de uma linguagem, permite que o R seja muito consistente. Cada nome é examinado usando o mesmo conjunto de regras. Para f(), isso inclui o comportamento de dois elementos que podem ser inesperados para você: { e +. Isso permite que você faça coisas desonestas como:

```
`+` <- function(x, y) {
  if(runif(1) < 0.1) {
    sum(x, y)
  } else {
    sum(x, y) * 1.1
  }
}
table(replicate(1000, 1 + 2))
#>
#>   3 3.3
#> 100 900
rm(`+`)
```

Esse é um fenômeno comum em R. O R impõe poucos limites ao seu poder. Nele é possível fazer diversas coisas inviáveis em outras linguagens de programação. Você pode realizar muitas ações que em 99% das vezes são extremamente não recomendadas (como substituir o funcionamento da adição!). Mas esse poder e essa flexibilidade são o que possibilita ferramentas como **ggplot2** e **dplyr**. Aprender como fazer o melhor uso dessa flexibilidade está além do escopo deste livro, mas você pode saber mais em Advanced R (*http://adv-r.had.co.nz* — conteúdo em inglês).

CAPÍTULO 16
Vetores

Introdução

Até agora focamos em tibbles e pacotes que funcionam com eles. Mas à medida que você começar a escrever suas próprias funções e mergulhar mais fundo no R, precisará aprender sobre vetores, os objetos que sustentam os tibbles. Se você aprendeu R de maneira mais tradicional, provavelmente já está familiarizado com vetores, já que a maioria dos recursos em R começa com vetores e vai caminhando até os tibbles. Pessoalmente, acredito ser melhor começar com tibbles, porque são imediatamente úteis, e então voltar até os componentes básicos.

Vetores são particularmente importantes, já que a maioria das funções que você escreverá funcionará com eles. É possível escrever funções que funcionem com tibbles (como em **ggplot2**, **dplyr** e **tidyr**), mas as ferramentas de que precisará para escrever tais funções atualmente são idiossincráticas e imaturas. Tenho trabalhado em uma abordagem melhor, *https://github.com/hadley/lazyeval* (conteúdo em inglês), mas talvez ela não esteja pronta a tempo para a publicação do livro. Mesmo quando estiver pronta, você ainda precisará entender vetores, e isso facilitará escrever uma camada user-friendly por cima.

Pré-requisitos

O foco deste capítulo está nas estruturas de dados de base R, então não é essencial carregar nenhum pacote. No entanto, usaremos apenas algumas funções do pacote **purrr** para evitar inconsistências no R base.

```
library(tidyverse)
#> Loading tidyverse: ggplot2
#> Loading tidyverse: tibble
#> Loading tidyverse: tidyr
#> Loading tidyverse: readr
#> Loading tidyverse: purrr
#> Loading tidyverse: dplyr
#> Conflicts with tidy packages --------------------------------
#> filter(): dplyr, stats
#> lag():    dplyr, stats
```

O Básico de Vetores

Há dois tipos de vetores:

- Vetores *atômicos*, do qual há seis tipos: *logical*, *integer*, *double*, *character*, *complex* e *raw*. Vetores integer e double são coletivamente conhecidos como vetores *numéricos*.

- *Listas*, que são às vezes chamadas de vetores recursivos, porque as listas podem conter outras listas.

A principal diferença entre vetores atômicos e listas é que os vetores atômicos são *homogêneos*, enquanto as listas podem ser *heterogêneas*. Há outro objeto relacionado: NULL. O NULL é frequentemente usado para representar a ausência de um vetor (ao contrário de NA, que é usado para demonstrar a falta de um valor em um vetor). O NULL normalmente se comporta como um vetor de comprimento 0. A Figura 16-1 resume os inter-relacionamentos.

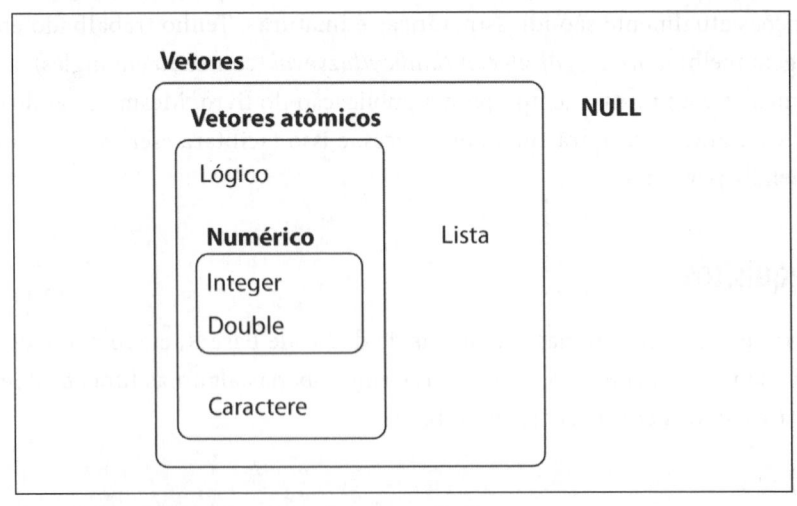

Figura 16-1. A hierarquia dos tipos de vetores de R.

Cada vetor tem duas propriedades principais:

- Seu *tipo*, que você pode determinar com `typeof()`:
  ```
  typeof(letters)
  #> [1] "character"
  typeof(1:10)
  #> [1] "integer"
  ```

- Seu *comprimento*, que você pode determinar com `length()`:
  ```
  x <- list("a","b", 1:10)
  length(x)
  #> [1] 3
  ```

Vetores também podem conter metadados adicionais arbitrários na forma de atributos. Esses atributos são usados para criar *vetores aumentados*, que se baseiam em comportamento adicional. Há quatro tipos importantes de vetores aumentados:

- Fatores que são construídos sobre vetores integer.
- Datas e datas-horas, que são construídos sobre vetores numéricos.
- Data frames e tibbles, que são construídos sobre listas.

Este capítulo apresentará você a esses importantes vetores, dos mais simples aos mais complicados. Iniciaremos com vetores atômicos, em seguida apresentaremos listas e terminaremos com vetores aumentados.

Tipos Importantes de Vetores Atômicos

Os quatro tipos mais importantes de vetores atômicos são logical, integer, double e character. Raw e complex raramente são usados durante análises de dados, então não falarei sobre eles aqui.

Lógicos

Vetores lógicos são o tipo mais simples de vetores atômicos, porque só podem receber três valores possíveis: FALSE, TRUE e NA. Normalmente são construídos com operadores de comparação, como descrito em "Comparações", na página 46. Você também pode criá-los à mão com `c()`:

```
1:10 %% 3 == 0
#>  [1] FALSE FALSE  TRUE FALSE FALSE
#>  [2]  TRUE FALSE FALSE  TRUE FALSE
```

```
c(TRUE, TRUE, FALSE, NA)
#> [1] TRUE  TRUE  FALSE    NA
```

Numéricos

Vetores integer e double são conhecidos coletivamente como vetores numéricos. Em R, números são doubles por padrão. Para torná-lo um integer, coloque um L depois do número:

```
typeof(1)
#> [1] "double"
typeof(1L)
#> [1] "integer"
1.5L
#> [1] 1.5
```

A distinção entre integers e doubles normalmente não é importante, mas há duas diferenças importantes das quais você deve ficar ciente:

- Doubles são aproximações. Eles representam números de ponto flutuante que nem sempre podem ser precisamente representados por uma quantidade fixa de memória. Isso significa que você deve considerar todos os doubles como aproximações. Por exemplo, qual é o quadrado da raiz quadrada de 2?

    ```
    x <- sqrt(2) ^ 2
    x
    #> [1] 2
    x - 2
    #> [1] 4.44e-16
    ```

    Esse comportamento é comum ao trabalhar com números de ponto flutuante: a maioria dos cálculos inclui algum erro de aproximação. Em vez de comparar números de ponto flutuante com ==, você deve usar dplyr::near(), que permite alguma tolerância numérica.

- Integers têm um valor especial, NA, enquanto doubles têm quatro: NA, NaN, Inf e -Inf. Todos os três valores especiais podem surgir durante a divisão:

    ```
    c(-1, 0, 1) / 0
    #> [1] -Inf  NaN  Inf
    ```

    Evite usar == para verificar esses outros valores especiais. Em vez disso, use as funções auxiliares is.finite(), is.infinite() e is.nan():

	0	Inf	NA	NaN
is.finite()	x			
is.infinite()		x		
is.na()			x	x
is.nan()				x

Caractere

Vetores de caracteres são o tipo mais complexo de vetores atômicos, porque cada elemento de um vetor de caracteres é uma string, e uma string pode conter uma quantidade arbitrária de dados.

Você já aprendeu muito sobre como trabalhar com strings no Capítulo 11. Aqui eu quero mencionar um recurso importante da implementação subjacente das strings: o R usa um pool global de strings. Isso significa que cada string individual só é armazenada uma vez na memória, e cada uso da string aponta para essa representação. Isso reduz a quantidade de memória necessária para strings duplicadas. Veja esse comportamento na prática com `pryr::object_size()`:

```
x <- "This is a reasonably long string."
pryr::object_size(x)
#> 136 B

y <- rep(x, 1000)
pryr::object_size(y)
#> 8.13 kB
```

y não ocupa 1000x tanta memória quanto x, porque cada elemento de y é só um ponteiro para aquela mesma string. Um ponteiro tem 8 bytes, então 1000 ponteiros para uma string de 136 B tem 8 * 1000 + 136 = 8,13 kB.

Valores Faltantes

Note que cada tipo de vetor atômico tem seu próprio valor faltante:

```
NA               # logical
#> [1] NA
NA_integer_      # integer
#> [1] NA
NA_real_         # double
#> [1] NA
NA_character_    # character
#> [1] NA
```

Normalmente você não precisa saber sobre esses tipos diferentes, porque sempre pode usar NA, e ele será convertido para o tipo correto usando as regras de coerção implícitas descritas a seguir. Contudo, há algumas funções que são rígidas sobre suas entradas, então é útil ter esse conhecimento na manga para que você possa ser específico quando necessário.

Exercícios

1. Descreva a diferença entre is.finite(x) e !is.infinite(x).
2. Leia o código-fonte de dplyr::near() (Dica: para ver o código-fonte, retire os ()). Como ele funciona?
3. Um vetor lógico pode receber três valores possíveis. Quantos valores possíveis um vetor integer pode receber? Quantos valores possíveis um double pode receber? Use o Google para pesquisar.
4. Pense em pelo menos quatro funções que permitem que você converta um double em um integer. Como elas diferem? Seja preciso.
5. Quais funções do pacote **readr** possibilitam que você transforme uma string em um vetor lógico, integer ou double?

Usando Vetores Atômicos

Agora que você entende os diferentes tipos de vetores atômicos, é necessário rever algumas das ferramentas importantes para trabalhar com eles. Elas incluem:

- Como converter de um tipo para o outro, e quando isso acontece automaticamente.
- Como dizer se um objeto é um tipo específico de vetor.
- O que acontece quando você trabalha com vetores de comprimentos diferentes.
- Como nomear os elementos de um vetor.
- Como retirar os elementos do seu interesse.

Coerção

Há duas maneiras de converter, ou coagir, um tipo de vetor para outro:

- A coerção explícita acontece quando você chama uma função como as.logical(), as.integer(), as.double() ou as.character(). Sempre que você estiver usando a coerção explícita, deve verificar se pode fazer a correção antes, para que o vetor nunca tenha o tipo errado em primeiro lugar. Por exemplo, você pode precisar ajustar sua especificação col_types do **readr**.
- A coerção implícita acontece quando você usa um vetor em um contexto específico que espera um certo tipo de vetor. Por exemplo, quando você usa um vetor lógico com uma função de resumo numérico, ou quando usa um vetor double onde se espera um vetor integer.

Como a coerção explícita raramente é usada, e é muito fácil de entender, focarei a coerção implícita.

Você já viu o tipo mais importante de coerção implícita: usar um vetor lógico em um contexto numérico. Neste caso, TRUE é convertido para 1, e FALSE é convertido para 0. Isso significa que a soma de um vetor lógico é o número de verdadeiros, e sua média é a proporção de verdadeiros:

```
x <- sample(20, 100, replace = TRUE)
y <- x > 10
sum(y)  # how many are greater than 10?
#> [1] 44
mean(y) # what proportion are greater than 10?
#> [1] 0.44
```

Você pode visualizar alguns códigos (normalmente mais antigos) que dependem de coerção implícita na direção oposta, de integer para lógico:

```
if (length(x)) {
  # do something
}
```

Neste caso, 0 é convertido para FALSE, e todo o resto é convertido para TRUE. Acho que isso dificulta o entendimento de seu código, e por isso não recomendo. Em vez disso, seja explícito: length(x) > 0.

Também é importante entender o que acontece quando você tenta criar um vetor contendo vários tipos com c() — o tipo mais complexo sempre ganha:

```
typeof(c(TRUE, 1L))
#> [1] "integer"
typeof(c(1L, 1.5))
```

```
#> [1] "double"
typeof(c(1.5,"a"))
#> [1] "character"
```

Um vetor atômico não pode ter uma mistura de tipos diferentes, pois o tipo é uma propriedade do vetor completo, não de elementos individuais. Se você precisar de uma mistura de vários tipos no mesmo vetor, deve usar uma lista, sobre a qual aprenderá em breve.

Funções de Teste

Às vezes você deseja fazer coisas diferentes com base no tipo do vetor. Uma opção é usar typeof(). Outra é usar uma função de teste que retorne TRUE ou FALSE. O R base fornece muitas funções como is.vector() e is.atomic(), mas elas frequentemente retornam resultados surpreendentes. Em vez disso, é mais seguro usar as funções is_* fornecidas por **purrr**, que estão resumidas na tabela a seguir.

	lgl	int	dbl	chr	list
is_logical()	x				
is_integer()		x			
is_double()			x		
is_numeric()		x	x		
is_character()				x	
is_atomic()	x	x	x	x	
is_list()					x
is_vector()	x	x	x	x	x

Cada afirmação vem com uma versão "scalar", como is_scalar_atomic(), que verifica se o comprimento é 1. Isso é útil, por exemplo, se você quer verificar se um argumento da sua função é um valor lógico individual.

Escalares e Regras de Reciclagem

Assim como coagir implicitamente os tipos dos vetores para serem compatíveis, o R também coage implicitamente o comprimento dos vetores. Isso é chamado de *reciclagem* de vetor, pois o vetor mais curto é repetido, ou reciclado, para o mesmo comprimento do vetor mais longo.

Isso geralmente é mais útil quando você está misturando vetores e "escalares". Eu coloco escalares entre aspas porque o R, na verdade, não tem escalares: em vez disso, um único número é um vetor de comprimento 1. Como não há escalares, a maioria das funções internas é *vetorizada*, significando que operarão em um vetor de números. É por isso, por exemplo, que este código funciona:

```
sample(10) + 100
#> [1] 109 108 104 102 103 110 106 107 105 101
runif(10) > 0.5
#> [1] TRUE TRUE FALSE TRUE TRUE TRUE FALSE TRUE TRUE
#> [10] TRUE
```

Em R, as operações matemáticas básicas funcionam com vetores. Isso significa que você nunca deve precisar realizar uma iteração explícita ao fazer cálculos matemáticos simples.

É intuitivo o que deve acontecer se adicionar dois vetores de mesmo comprimento, ou um vetor e um "escalar", mas o que acontece se você adicionar dois vetores de comprimentos diferentes?

```
1:10 + 1:2
#> [1] 2 4 4 6 6 8 8 10 10 12
```

Aqui o R expandirá o vetor mais curto para o mesmo comprimento do mais longo, chamado de reciclagem. Isso é silencioso, exceto quando o comprimento do mais longo não é um integer múltiplo do comprimento do mais curto:

```
1:10 + 1:3
#> Warning in 1:10 + 1:3:
#> longer object length is not a multiple of shorter
#> object length
#> [1] 2 4 6 5 7 9 8 10 12 11
```

A reciclagem de vetores pode ser usada para criar um código muito sucinto e inteligente, mas ela também pode ocultar problemas silenciosamente. Por essa razão, as funções vetorizadas no tidyverse lançarão erros quando você reciclar qualquer coisa diferente de um escalar. Caso queira reciclar, precisará fazer você mesmo com rep():

```
tibble(x =1:4, y = 1:2)
#> Error: Variables must be length 1 or 4.
#> Problem variables: 'y'

tibble(x = 1:4, y = rep(1:2, 2))
#> # A tibble: 4 × 2
#>       x     y
#>   <int> <int>
#> 1     1     1
#> 2     2     2
#> 3     3     1
#> 4     4     2
```

```
tibble(x = 1:4, y = rep(1:2, each = 2))
#> # A tibble: 4 × 2
#>       x     y
#>   <int> <int>
#> 1     1     1
#> 2     2     1
#> 3     3     2
#> 4     4     2
```

Nomeando Vetores

Todos os tipos de vetores podem ser nomeados, inclusive durante a criação, com c():

```
c(x = 1, y = 2, z = 4)
#> x y z
#> 1 2 4
```

Ou depois do fato, com purrr::set_names():

```
set_names(1:3, c("a", "b", "c"))
#> a b c
#> 1 2 3
```

Vetores nomeados são mais úteis para criar subconjuntos, como descrito a seguir.

Subconjuntos

Até agora usamos dplyr::filter() para filtrar as linhas em um tibble. O filter() só funciona com tibble, então precisaremos de uma nova ferramenta para vetores: [. O [é a função de subconjuntos, e é chamada assim x[a]. Há quatro tipos de ações com as quais você pode fazer subconjuntos de um vetor:

- Um vetor numérico contendo apenas integers. Os integers devem ser ou todos positivos, ou todos negativos, ou zero.

  Fazer subconjuntos com integers positivos mantém os elementos nessas posições:

  ```
  x <- c("one", "two", "three", "four", "five")
  x[c(3, 2, 5)]
  #> [1] "three" "two"   "five"
  ```

  Ao repetir uma posição, você pode realmente fazer uma saída maior que uma entrada:

  ```
  x[c(1, 1, 5, 5, 5, 2)]
  #> [1] "one"  "one"  "five" "five" "five" "two"
  ```

Valores negativos deixam de lado os elementos das posições especificadas:

```
x[c(-1,-3,-5)]
#> [1] "two"  "four"
```

É um erro misturar valores positivos e negativos:

```
x[c(1,-1)]
#> Error in x[c(1, -1)]:
#> only 0's may be mixed with negative subscripts
```

A mensagem de erro menciona fazer subconjuntos com zero, o que não retorna valores:

```
x[0]
#> character(0)
```

Isso não é frequentemente útil, mas pode ser, caso queira criar estruturas de dados incomuns para testar suas funções.

- Fazer subconjuntos com um vetor lógico mantém todos os valores correspondentes a um valor TRUE. Isso é frequentemente mais produtivo em conjunção com as funções de comparação:

    ```
    x <- c(10,3,NA,5,8,1,NA)
    
    # All non-missing values of x
    x[!is.na(x)]
    #> [1] 10  3  5  8  1
    
    # All even (or missing!) values of x
    x[x %% 2 == 0]
    #> [1] 10 NA  8 NA
    ```

- Se você tem um vetor nomeado, pode criar um subconjunto dele com um vetor de caracteres:

    ```
    x <- c(abc = 1, def = 2, xyz = 5)
    x[c("xyz","def")]
    #> xyz def
    #>   5   2
    ```

    Como com integers positivos, você também pode usar um vetor de caracteres para duplicar entradas individuais.

- O tipo mais simples de subconjunto é o nada, x[], que retorna o x completo. Isso não é útil para fazer subconjuntos de vetores, mas é ao fazer subconjuntos de matrizes (e outras estruturas de alta dimensão), porque lhe permite selecionar todas as linhas ou colunas, deixando o índice em branco. Por exemplo, se x é 2D, x[1,] seleciona a primeira linha e todas as colunas, e x[, -1] seleciona todas as linhas e todas as colunas, exceto a primeira.

Para aprender mais sobre as aplicações de subconjuntos, leia o capítulo "Subsetting" (Subconjuntos, em tradução livre), de *Advanced R* (*http://bit.ly/subsetadvR* — conteúdo em inglês).

Há uma variação importante de [chamada [[. O [[só extrai um único elemento, e sempre deixa os nomes de lado. É uma boa ideia usá-lo sempre que você quiser deixar claro que está extraindo um único item, como em um loop for. A distinção entre [e [[é mais importante para listas, como veremos em breve.

Exercícios

1. O que mean(is.na(x)) lhe diz sobre um vetor x? E sum(!is.finite(x))?
2. Leia cuidadosamente a documentação de is.vector(). O que ele realmente testa? Por que is.atomic() não concorda com as definições de vetores atômicos acima?
3. Compare e contraste setNames() com purrr::set_names().
4. Crie funções que recebam um vetor como entrada e retornem:

    a. O último valor. Você deveria usar [ou [[?

    b. Os elementos das posições pares.

    c. Cada elemento, exceto o último valor.

    d. Apenas números pares (e nenhum valor faltante).

5. Por que x[-which(x > 0)] não é o mesmo que x[x <= 0]?
6. O que acontece quando você faz um subconjunto com um integer positivo que é maior do que o comprimento do vetor? O que acontece quando você faz um subconjunto com um nome que não existe?

Vetores Recursivos (Listas)

Listas são um passo a mais na complexidade em relação aos vetores atômicos, pois podem conter outras listas. Isso as torna adequadas para representar estruturas hierárquicas ou em árvore. Você cria uma lista com list():

```
x <- list(1, 2, 3)
x
#> [[1]]
```

```
#> [1] 1
#>
#> [[2]]
#> [1] 2
#>
#> [[3]]
#> [1] 3
```

Uma ferramenta muito útil para trabalhar com listas é str(), porque ela foca na *estrutura*, não nos conteúdos:

```
str(x)
#> List of 3
#>  $ : num 1
#>  $ : num 2
#>  $ : num 3

x_named <- list(a = 1, b = 2, c = 3)
str(x_named)
#> List of 3
#>  $ a: num 1
#>  $ b: num 2
#>  $ c: num 3
```

Diferente de vetores atômicos, lists() podem conter uma mistura de objetos:

```
y <- list("a", 1L, 1.5, TRUE)
str(y)
#> List of 4
#>  $ : chr "a"
#>  $ : int 1
#>  $ : num 1.5
#>  $ : logi TRUE
```

Listas podem até conter outras listas!

```
z <- list(list(1, 2), list(3, 4))
str(z)
#> List of 2
#>  $ :List of 2
#>   ..$ : num 1
#>   ..$ : num 2
#>  $ :List of 2
#>   ..$ : num 3
#>   ..$ : num 4
```

Visualizando Listas

Para explicar funções mais complicadas de manipulação de listas, é útil ter uma representação visual de listas. Por exemplo:

```
x1 <- list(c(1, 2), c(3, 4))
x2 <- list(list(1, 2), list(3, 4))
x3 <- list(1, list(2, list(3)))
```

Vou desenhá-las como a seguir.

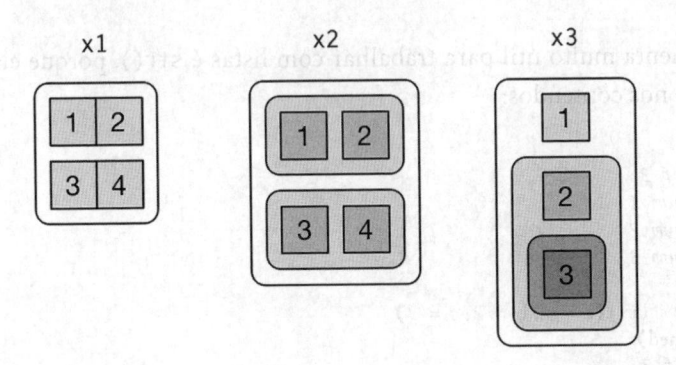

Há três princípios:

- Listas têm cantos arredondados. Vetores atômicos têm cantos quadrados.
- Filhos são desenhados dentro dos pais e têm um fundo levemente mais escuro, para facilitar a visualização da hierarquia.
- A orientação dos filhos (isto é, linhas ou colunas) não é importante, então escolherei uma orientação de linha ou coluna para economizar espaço ou para ilustrar uma propriedade importante no exemplo.

Subconjuntos

Há três maneiras de fazer subconjuntos de uma lista, que ilustrarei com a:

```
a <- list(a = 1:3, b = "a string", c = pi, d = list(-1, -5))
```

- [extrai uma sublista. O resultado sempre será uma lista:
    ```
    str(a[1:2])
    #> List of 2
    #>  $ a: int [1:3] 1 2 3
    #>  $ b: chr "a string"
    str(a[4])
    #> List of 1
    #>  $ d:List of 2
    #>   ..$ : num -1
    #>   ..$ : num -5
    ```
    Assim como ocorre com vetores, você pode criar um subconjunto usando um vetor lógico, ou de inteiros ou de caracteres.

- [[extrai um único componente de uma lista. Ele remove um nível da hierarquia da lista:

    ```
    str(y[[1]])
    #> chr "a"
    str(y[[4]])
    #> logi TRUE
    ```

- $ é um atalho para retirar elementos nomeados de uma lista. Ele funciona de maneira similar a [[, exceto que você não precisa usar aspas:

    ```
    a$a
    #> [1] 1 2 3
    a[["a"]]
    #> [1] 1 2 3
    ```

A distinção entre [e [[é realmente importante para listas, porque [[examina a lista, enquanto [retorna uma nova lista menor. Compare o código anterior e a saída com a representação visual na Figura 16-2.

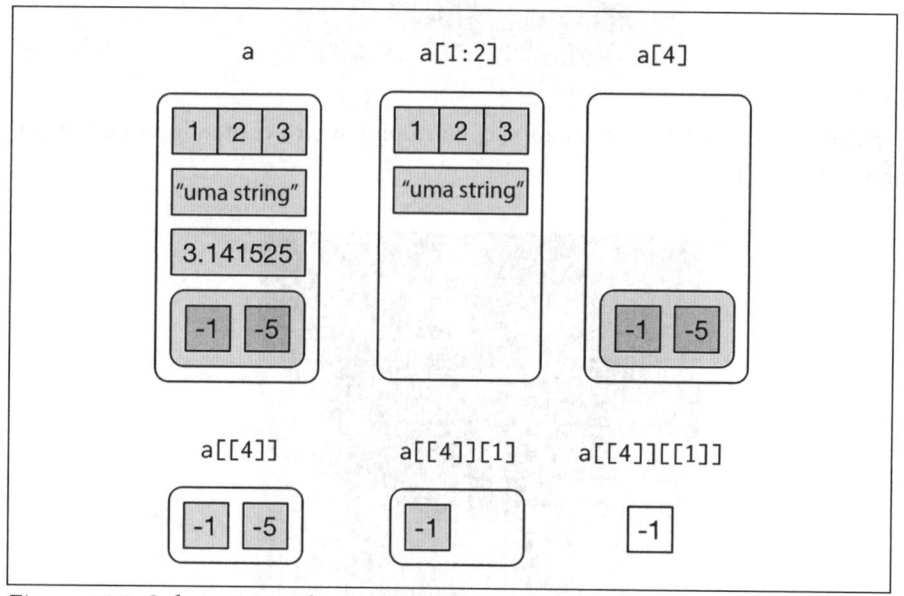

Figura 16-2. Subconjuntos de uma lista, visualmente.

Listas de Condimentos

A diferença entre [e [[é muito importante, mas é fácil se confundir. Para ajudá-lo a lembrar, deixe-me mostrar a você um pimenteiro incomum:

Se esse pimenteiro é sua lista x, então x[1] é um pimenteiro contendo um único pacotinho de pimenta:

x[2] seria igual, mas conteria o segundo pacotinho. x[1:2] seria um pimenteiro contendo dois pacotinhos de pimenta.

x[[1]] é:

Se você quisesse obter o conteúdo do pacotinho de pimenta, precisaria de x[[1]][[1]]:

Exercícios

1. Desenhe as seguintes listas como conjuntos agrupados:

    a. `list(a, b, list(c, d), list(e, f))`

    b. `list(list(list(list(list(list(a))))))`

3. O que acontece se você fizer um subconjunto de um tibble como se estivesse fazendo um subconjunto de uma lista? Quais são as principais diferenças entre uma lista e um tibble?

Atributos

Qualquer vetor pode conter metadados adicionais arbitrários por meio de seus *atributos*. Você pode pensar nos atributos como uma lista nomeada de vetores que podem ser anexados a qualquer objeto. Pode também obter e configurar valores individuais de atributos com `attr()` ou ver todos de uma vez com `attributes()`:

```
x <- 1:10
attr(x, "greeting")
#> NULL
attr(x, "greeting") <- "Hi!"
attr(x, "farewell") <- "Bye!"
attributes(x)
#> $greeting
#> [1] "Hi!"
#>
#> $farewell
#> [1] "Bye!"
```

Há três atributos muito importantes que são usados para implementar partes fundamentais de R:

- *Nomes* são usados para nomear os elementos de um vetor.
- *Dimensões* (dims, para abreviar) fazem o vetor se comportar como uma matriz ou array.
- *Classe* é usada para implementar o sistema orientado a objetos S3.

Você viu nomes anteriormente, e nós não tratamos de dimensões porque não usamos matrizes neste livro. Ainda falta descrever a classe, que controla como as *funções genéricas* funcionam. Funções genéricas são a chave para a programação orientada a objetos em R, pois fazem as funções se comportarem de maneira diferente para diferentes classes de entrada. Uma discussão detalhada de programação orientada a objetos está além do escopo deste livro, mas você pode ler mais sobre isso em *Advanced R* (*http://bit.ly/ OOproadvR* — conteúdo em inglês).

Veja como é uma função genérica típica:

```
as.Date
#> function (x, ...)
#> UseMethod("as.Date")
#> <bytecode: 0x7fa61e0590d8>
#> <environment: namespace:base>
```

A chamada para "UseMethod" significa que essa é uma função genérica, e ela chamará um *método* específico, uma função, com base nas classes do primeiro argumento. (Todos os métodos são funções; nem todas as funções são métodos.) É possível listar todos os métodos de uma genérica com `methods()`:

```
methods("as.Date")
#> [1] as.Date.character as.Date.date    as.Date.dates
#> [4] as.Date.default   as.Date.factor  as.Date.numeric
#> [7] as.Date.POSIXct   as.Date.POSIXlt
#> see '?methods' for accessing help and source code
```

Por exemplo, se x for um vetor de caracteres, as.Date() chamará as.Date.character(); se for um fator, chamará as.Date.factor().

Você pode observar a implementação específica de um método com getS3method():

```
getS3method("as.Date", "default")
#> function (x, ...)
#> {
#>     if (inherits(x, "Date"))
#>         return(x)
#>     if (is.logical(x) && all(is.na(x)))
#>         return(structure(as.numeric(x), class = "Date"))
#>     stop(
#>         gettextf("do not know how to convert '%s' to class %s",
#>         deparse(substitute(x)), dQuote("Date")), domain = NA)
#> }
#> <bytecode: 0x7fa61dd47e78>
#> <environment: namespace:base>
getS3method("as.Date", "numeric")
#> function (x, origin, ...)
#> {
#>     if (missing(origin))
#>         stop("'origin' must be supplied")
#>     as.Date(origin, ...) + x
#> }
#> <bytecode: 0x7fa61dd463b8>
#> <environment: namespace:base>
```

A genérica mais importante em S3 é print(): ela controla como o objeto é impresso quando você digita seu nome no console. Outras genéricas importantes são as funções de subconjuntos [, [[e $.

Vetores Aumentados

Vetores atômicos e listas são os blocos de construção para outros vetores importantes, como fatores e datas. Costumo chamá-los de *vetores aumentados*, porque são vetores com *atributos* adicionais, incluindo classe. Como os vetores aumentados têm uma classe, eles se comportam de maneira diferente do vetor atômico no qual é construído. Neste livro nós usamos quatro importantes vetores aumentados:

- Fatores
- Datas-horas e horas
- Tibbles

Eles são descritos a seguir.

Fatores

Fatores são projetados para representar dados categóricos que podem receber um conjunto fixo de possíveis valores. São construídos sobre integers, e têm um atributo de níveis:

```
x <- factor(c("ab","cd","ab"), levels = c("ab","cd","ef"))
typeof(x)
#> [1] "integer"
attributes(x)
#> $levels
#> [1] "ab" "cd" "ef"
#>
#> $class
#> [1] "factor"
```

Datas e Datas-Horas

Datas em R são vetores numéricos que representam o número de dias desde 1º de janeiro de 1970:

```
x <- as.Date("1971-01-01")
unclass(x)
#> [1] 365

typeof(x)
#> [1] "double"
attributes(x)
#> $class
#> [1] "Date"
```

Datas-horas são vetores numéricos com classe POSIXct que representam o número de segundos desde 1º de janeiro de 1970. (Caso você esteja se perguntando, "POSIXct" é abreviação de "Portable Operating System Interface" — Interface Portável entre Sistemas Operacionais —, tempo do calendário.)

```
x <- lubridate::ymd_hm("1970-01-01 01:00")
unclass(x)
#> [1] 3600
#> attr(,"tzone")
#> [1] "UTC"
```

```
typeof(x)
#> [1] "double"
attributes(x)
#> $tzone
#> [1] "UTC"
#>
#> $class
#> [1] "POSIXct" "POSIXt"
```

O atributo **tzone** é opcional. Ele controla como o tempo é impresso, não a qual tempo absoluto ele se sefere:

```
attr(x, "tzone") <- "US/Pacific"
x
#> [1] "1969-12-31 17:00:00 PST"

attr(x, "tzone") <- "US/Eastern"
x
#> [1] "1969-12-31 20:00:00 EST"
```

Há outro tipo de data-horas chamado `POSIXlt`. Esse é construído sobre listas nomeadas:

```
y <- as.POSIXlt(x)
typeof(y)
#> [1] "list"
attributes(y)
#> $names
#> [1] "sec"     "min"     "hour"    "mday"    "mon"     "year"
#> [7] "wday"    "yday"    "isdst"   "zone"    "gmtoff"
#>
#> $class
#> [1] "POSIXlt" "POSIXt"
#>
#> $tzone
#> [1] "US/Eastern" "EST"        "EDT"
```

`POSIXlt`s são raros dentro do tidyverse. Eles surgem no R base, porque são necessários para extrair componentes específicos de uma data, como o ano ou o mês. Já que **lubridate** fornece auxiliares para que faça isso, você não precisa deles. É sempre mais fácil trabalhar com `POSIXct`'s, então, se você achar que tem um `POSIXlt`, deve convertê-lo a uma data-hora regular com `lubridate::as_date_time()`.

Tibbles

Tibbles são listas aumentadas. Eles têm três classes: `tbl_df`, `tbl` e `data.frame`; e dois atributos: `names` (de colunas) e `row.names`.

```
tb <- tibble::tibble(x = 1:5, y = 5:1)
typeof(tb)
#> [1] "list"
attributes(tb)
#> $names
#> [1] "x" "y"
#>
#> $class
#> [1] "tbl_df"    "tbl"       "data.frame"
#>
#> $row.names
#> [1] 1 2 3 4 5
```

data.frames tradicionais têm uma estrutura muito similar:

```
df <- data.frame(x = 1:5, y = 5:1)
typeof(df)
#> [1] "list"
attributes(df)
#> $names
#> [1] "x" "y"
#>
#> $row.names
#> [1] 1 2 3 4 5
#>
#> $class
#> [1] "data.frame"
```

A principal diferença é a classe. A classe de tibble inclui "data.frame", o que significa que, por padrão, os tibbles herdam o comportamento do data frame regular.

O que diferencia um tibble, ou um data frame, de uma lista é que todos os elementos de um tibble, ou data frame, devem ser vetores com o mesmo comprimento. Todas as funções que trabalham com tibbles aplicam essa restrição.

Exercícios

1. O que hms::hms(3600) retorna? Como é impresso? Sobre qual tipo primitivo o vetor aumentado é construído? Quais atributos ele usa?

2. Tente fazer um tibble que tenha colunas com comprimentos diferentes. O que acontece?

3. Com base na definição anterior, há problema em ter uma lista como uma coluna de um tibble?

CAPÍTULO 17
Iteração com purrr

Introdução

No Capítulo 15 falamos sobre a importância de reduzir a duplicação em seu código criando funções, em vez de copiar e colar. Reduzir a duplicação de código apresenta três benefícios principais:

- É mais fácil ver a intenção de seu código, porque seus olhos são atraídos ao que é diferente, não ao que continua igual.
- É mais fácil responder às exigências de mudanças. À medida que suas necessidades mudam, você só precisa fazer mudanças em um lugar, em vez de se lembrar de alterar todos os lugares em que copiou e colou código.
- Você provavelmente terá menos bugs, porque cada linha de código é usada em mais lugares.

Uma ferramenta para reduzir a duplicação são as funções, que identificam os padrões repetidos de código e os retiram para partes independentes que podem ser facilmente reutilizadas e atualizadas. Outra ferramenta é a *iteração*, que lhe ajuda quando você precisa fazer a mesma coisa com várias entradas: repetir a mesma operação em diferentes colunas ou em diferentes conjuntos de dados. Neste capítulo você aprenderá sobre dois importantes paradigmas de iteração: programação imperativa e programação funcional. Do lado imperativo, você tem ferramentas como loops for e loops while, que são ótimos lugares para começar, pois eles tornam a iteração muito explícita, então é óbvio o que acontece. Contudo, loops for são bem prolixos e requerem uma boa quantidade de código que é duplicado para cada loop for. A programação funcional (FP — Functional Programming) oferece ferramentas para extrair esse código duplicado, portanto, cada padrão de loop for comum recebe sua própria função. Uma vez que você dominar o vocabulário de FP, poderá resolver muitos problemas comuns de iteração com menos código, mais facilidade e menos erros.

Pré-requisitos

Uma vez que tenha dominado os loops for fornecidos pelo R base, você aprenderá algumas ferramentas de programação poderosas fornecidas pelo **purrr**, um dos pacotes do núcleo do tidyverse.

```
library(tidyverse)
```

Loops For

Imagine que tenhamos este tibble simples:

```
df <- tibble(
  a = rnorm(10),
  b = rnorm(10),
  c = rnorm(10),
  d = rnorm(10)
)
```

Queremos calcular a mediana de cada coluna. Você *poderia* fazer isso com copiar e colar:

```
median(df$a)
#> [1] -0.246
median(df$b)
#> [1] -0.287
median(df$c)
#> [1] -0.0567
median(df$d)
#> [1] 0.144
```

Porém, quebraria nossa regra de ouro: nunca copiar e colar mais de duas vezes. Em vez disso, poderíamos usar um loop for:

```
output <- vector("double", ncol(df))  # 1. output
for (i in seq_along(df)) {            # 2. sequence
  output[[i]] <- median(df[[i]])      # 3. body
}
output
#> [1] -0.2458 -0.2873 -0.0567  0.1443
```

Cada loop for tem três componentes:

saída `output <- vector("double", length(x))`

> Antes de começar o loop, você deve sempre alocar espaço suficiente para a saída (output). Isso é muio importante para a eficiência: se aumentar o loop for em cada iteração usando `c()` (por exemplo), seu loop for será muito lento.
>
> Uma maneira abrangente de criar um vetor vazio de dado comprimento é a função `vector()`. Ela tem dois argumentos: o tipo do vetor ("logical", "integer", "double", "character" etc.) e o comprimento do vetor.

sequência `i in seq_along(df)`

> Determina sobre o que fazer o loop: cada execução do loop for atribuirá a `i` um valor diferente de `seq_along(df)`. É favorável pensar em `i` como um pronome, como "isto".
>
> Você pode não ter visto `seq_along()` antes, trata-se de uma versão segura do familiar `1:length(l)` com uma diferença importante; se você tem um vetor de comprimento zero, `seq_along()` faz a coisa certa:

```
y <- vector("double", 0)
seq_along(y)
#> integer(0)
1:length(y)
#> [1] 1 0
```

> Você provavelmente não criará um vetor de comprimento zero deliberadamente, mas é fácil criá-los acidentalmente. Caso use `1:length(x)`, em vez de `seq_along(x)`, por certo receberá uma mensagem de erro confusa.

corpo `output[[i]] <- median(df[[i]])`

> Esse é o código que faz o trabalho. É executado repetidamente, cada vez com um valor diferente para `i`. A primeira iteração executará `output[[1]] <- median(df[[1]])`, a segunda executará `output[[2]] <- median(df[[2]])`, e assim por diante.

E isso é tudo o que há para o loop for! Agora é uma boa hora para praticar a criação de alguns loops for básicos (e não tão básicos) usando os exercícios a seguir. Então seguiremos para algumas variações do loop for que lhe ajudarão a resolver outros problemas que surgirão na prática.

Exercícios

1. Escreva loops for para:

   a. Calcular a média de cada coluna em `mtcars`.

   b. Determinar o tipo de cada coluna em `nycflights13::flights`.

   c. Calcular o número de valores únicos em cada coluna de `iris`.

   d. Gerar 10 normais aleatórias para cada $\mu = -10, 0, 10, e\ 100$.

   Pense sobre saída, sequência e corpo *antes* de começar a escrever o loop.

2. Elimine o loop for em cada um dos exemplos a seguir aproveitando uma função existente que dê certo com vetores:

   ```
   out <- ""
   for (x in letters) {
      out <- stringr::str_c(out, x)
   }

   x <- sample(100)
   sd <- 0
   for (i in seq_along(x)) {
      sd <- sd + (x[i] - mean(x)) ^ 2
   }
   sd <- sqrt(sd / (length(x) - 1))

   x <- runif(100)
   out <- vector("numeric", length(x))
   out[1] <- x[1]
   for (i in 2:length(x)) {
      out[i] <- out [i - 1] + x[i]
   }
   ```

3. Combine suas habilidades de escrita de funções e de loops for:

   a. Escreva um loop for que imprima (`prints()`) a letra da música infantil "Alice the Camel".

   b. Converta a cantiga infantil "Ten in the Bed" em uma função. Generalize-a para qualquer número de pessoas em qualquer estrutura de dormir.

c. Converta a música "99 Bottles of Beer on the Wall" em uma função. Generalize-a para qualquer número de qualquer recipiente contendo qualquer líquido em qualquer superfície.

4. É comum ver loops for que não pré-alocam a saída e, em vez disso, aumentam o comprimento de um vetor a cada passo:

```
output <- vector("integer", 0)
for (i in seq_along(x)) {
  output <- c(output, lengths(x[[i]]))
}
output
```

Como isso afeta o desempenho? Projete e execute um experimento.

Variações do Loop For

Uma vez que tenha dominado o básico do loop for, há algumas variações sobre as quais você deve ficar ciente. Essas variações são importantes, independentemente de como faça a iteração, então não se esqueça delas, uma vez que tenha dominado as técnicas de FP que aprenderá na próxima seção.

Há quatro variações do tema básico do loop for:

- Modificar um objeto existente, em vez de criar um novo.
- Fazer loops sobre nomes ou valores, em vez de índices.
- Lidar com saídas de comprimento desconhecido.
- Lidar com sequências de comprimento desconhecido.

Modificando um Objeto Existente

Às vezes você quer usar um loop for para modificar um objeto existente. Por exemplo, lembre-se de nosso desafio do Capítulo 15. Nós queríamos reescalar todas as colunas em um data frame:

```
df <- tibble(
  a = rnorm(10),
  b = rnorm(10),
  c = rnorm(10),
  d = rnorm(10)
)
rescale01 <- function(x) {
```

```
  rng <- range(x, na.rm = TRUE)
  (x - rng[1]) / (rng[2] - rng[1])
}

df$a <- rescale01(df$a)
df$b <- rescale01(df$b)
df$c <- rescale01(df$c)
df$d <- rescale01(df$d)
```

Para resolver isso com um loop for, pensamos novamente nos três componentes:

Saída

Nós já temos a saída — é igual à entrada!

Sequência

Podemos pensar sobre um data frame como uma lista de colunas, então podemos iterar sobre cada coluna com `seq_along(df)`.

Corpo

Aplicar `rescale01()`.

Isso nos dá:

```
for (i in seq_along(df)) {
  df[[i]] <- rescale01(df[[i]])
}
```

Normalmente você modificará uma lista ou um data frame com esse tipo de loop, então lembre-se de usar [[, e não [. Talvez tenha percebido que usei [[em todos os meus loops: acho melhor usar [[até para vetores atômicos, pois assim fica claro que eu quero trabalhar com um único elemento.

Padrões de Loops

Há três maneiras básicas de fazer um loop sobre um vetor. Até agora eu lhe mostrei a mais geral: fazer loop sobre os índices numéricos com `for (i in seq_along(xs))` e extrair o valor com `x[[i]]`. Há outras duas formas:

- Loop sobre os elementos: `for (x in xs)`. Esse é a mais útil se você só se preocupa com os efeitos colaterais, como fazer um gráfico ou salvar um arquivo, já que é difícil salvar a saída de maneira eficiente.

- Loop sobre os nomes: `for (nm in names(xs))`. Esse lhe dá um nome, que você pode usar para acessar o valor com `x[[nm]]`. É eficaz se você quiser usar o nome em um título de gráfico ou em um arquivo.

Se você está criando uma saída nomeada, certifique-se de nomear o vetor de resultados da seguinte maneira:

```
results <- vector("list", length(x))
names(results) <- names(x)
```

A iteração sobre os índices numéricos é a forma mais abrangente, porque, dada a posição, você pode extrair tanto o nome quanto o valor:

```
for (i in seq_along(x)) {
  name <- names(x)[[i]]
  value <- x[[i]]
}
```

Comprimento de Saída Desconhecido

Às vezes você pode não saber qual será o comprimento da saída. Por exemplo, imagine que queira simular alguns vetores aleatórios de comprimentos aleatórios. Possivelmente ficará tentado a resolver esse problema ao aumentar o vetor progressivamente:

```
means <- c(0, 1, 2)

output <- double()
for (i in seq_along(means)) {
  n <- sample(100, 1)
  output <- c(output, rnorm(n, means[[i]]))
}
str(output)
#>  num [1:202] 0.912 0.205 2.584 -0.789 0.588 ...
```

Mas isso não é muito eficaz, pois em cada iteração o R tem que copiar todos os dados das iterações anteriores. Em termos técnicos, você obtém um comportamento "quadrático" (O(n^2)), o que significa que um loop com três vezes mais elementos levaria nove (3^2) vezes mais para executar.

Uma solução melhor é salvar os resultados em uma lista e, então, combiná-los em um único vetor depois que o loop terminar:

```
out <- vector("list", length(means))
for (i in seq_along(means)) {
  n <- sample(100, 1)
  out[[i]] <- rnorm(n, means[[i]])
}
str(out)
#> List of 3
#>  $ : num [1:83] 0.367 1.13 -0.941 0.218 1.415 ...
#>  $ : num [1:21] -0.485 -0.425 2.937 1.688 1.324 ...
#>  $ : num [1:40] 2.34 1.59 2.93 3.84 1.3 ...
```

```
str(unlist(out))
#> num [1:144] 0.367 1.13 -0.941 0.218 1.415 ...
```

Aqui eu usei `unlist()` para colocar uma lista de vetores em um único vetor. Uma opção mais rigorosa é usar `purrr::flatten_dbl()` — ela lançará um erro se a entrada não for uma lista de doubles.

Esse padrão ocorre em outros lugares também:

- Você pode gerar uma string longa. Em vez de juntar com `paste()` cada iteração com a anterior, salve a saída em um vetor de caracteres e, então, combine esse vetor em uma única string com `paste(output, collapse = "")`.

- Você pode gerar um data frame grande. Em vez de fazer `rbind()` sequencialmente em cada iteração, salve a saída em uma lista e, então, use `dplyr::bind_rows(output)` para combinar a saída em um único data frame.

Cuidado com esse padrão. Sempre que você o vir, mude para um objeto resultante mais complexo e, então, combine em um passo no final.

Comprimento de Sequência Desconhecido

Algumas vezes você não sabe nem qual deveria ser o tamanho da sequência de entrada. Isso é comum ao fazer simulações. Por exemplo, talvez queira fazer um loop até que consiga três caras em sequência. Você não pode fazer esse tipo de iteração com o loop for. Em vez disso, pode usar um loop while. Um loop while é mais simples que um loop for, porque só tem dois componentes, uma condição e um corpo:

```
while(condition) {
  # body
}
```

Um loop while também é mais geral que um loop for, pois te permite reescrever qualquer loop for como um loop while, mas não pode reescrever todo loop while como um loop for:

```
for (i in seq_along(x)) {
  # body
}

# Equivalent to
i <- 1
while (i <= length(x)) {
  # body
```

```
    i <- i + 1
}
```

Eis como podemos usar um loop while para encontrar quantas tentativas demora para obter três caras seguidas:

```
flip <- function() sample(c("T", "H"), 1)

flips <- 0
nheads <- 0

while (nheads < 3) {
  if (flip() == "H" {
    nheads <- nheads + 1
  } else {
    nheads <- 0
  }
  flips <- flips + 1
}
flips
#> [1] 3
```

Eu só menciono loops while brevemente porque quase nunca o utilizo. Ele é usado com mais frequência para simulação, que está fora do escopo deste livro. Contudo, é bom saber que ele existe, para que você esteja preparado para problemas em que o número de iterações não é conhecido.

Exercícios

1. Imagine que você tenha um diretório cheio de arquivos CSV que deseja ler. Você tem os caminhos deles em um vetor, files <- dir("data/", pattern = "\\.csv$", full.names = TRUE), e agora quer ler cada um com read_csv(). Escreva o loop for que os carregará em um único data frame.

2. O que acontece se você usar for (nm in names(x)) e x não tiver nomes? E se somente alguns dos elementos forem nomeados? E se os nomes não forem únicos?

3. Escreva uma função que imprima a média de cada coluna numérica em um data frame, junto ao seu nome. Por exemplo, show_mean(iris) imprimiria:

```
show_mean (iris)
#> Sepal.Length:  5.84
#> Sepal.Width:   3.06
#> Petal.Length:  3.76
#> Petal.Width:   1.20
```

(Desafio extra: qual função você usou para garantir que os números ficassem bem alinhados, mesmo embora os nomes de variáveis tivessem comprimentos diferentes?)

4. O que este código faz? Como ele funciona?

```
trans <- list(
  disp = function(x) x * 0.0163871,
  am= function(x) {
    factor(x, labels = c("auto","manual"))
  }
)
for (var in names(trans)) {
  mtcars[[var]] <- trans[[var]](mtcars[[var]])
}
```

Loops For *Versus* Funcionais

Loops for não são tão importantes em R como são em outras linguagens, pois R é uma linguagem de programação funcional. Isso significa que é possível envolver loops for em uma função e chamar essa função, em vez de usar o loop for diretamente.

Para ver por que isso é importante, considere (novamente) este data frame simples:

```
df <- (tibble
  a = rnorm(10),
  b = rnorm(10),
  c = rnorm(10),
  d = rnorm(10)
)
```

Imagine que você queira calcular a média de cada coluna. Seria possível fazer isso com um loop for:

```
output <- vector("double", length(df))
for (i in seq_along(df)) {
  output[[i]] <- mean(df[[i]])
}
output
#> [1]  0.2026 -0.2068  0.1275 -0.0917
```

Você percebe que vai querer calcular as médias de cada coluna com bastante frequência, então as extrai para uma função:

```
col_mean <- function(df) {
  output <- vector("double", length(df))
  for (i in seq_along(df)) {
```

```
    output[i] <- mean(df[[i]])
  }
  output
}
```

Porém, você pensa que também seria útil calcular a mediana, e o desvio-padrão, então copia e cola sua função col_mean() e substitui a mean() por median() e sd():

```
col_median <- function(df) {
  output <- vector("double", length(df))
  for (i in seq_along(df)) {
    outpu[i] <- median(df[[i]])
  }
  output
}
col_sd <- function(df) {<-
  output <- vector("double", length(df))
  for (i in seq_along(df)) {
    output [i] <- sd(df[[i]])
  }
  output
}
```

Ops! Você copiou e colou esse código duas vezes, então é hora de pensar sobre como generalizá-lo. Note que a maior parte desse código é um texto padrão de loop for e é difícil ver a diferença (mean(), median(), sd()) entre as funções.

O que você faria se visse um conjunto de funções como este?

```
f1 <- function(x) abs(x - mean(x)) ^ 1
f2 <- function(x) abs(x - mean(x)) ^ 2
f3 <- function(x) abs(x - mean(x)) ^ 3
```

Com sorte, você notaria que há muita duplicação e a extrairia para um argumento adicional:

```
f <- function(x, i) abs(x - mean(x)) ^ i
```

Assim, reduziu as chances de bugs (porque agora tem 1/3 a menos de código) e facilitou a generalização para novas situações.

Podemos fazer exatamente o mesmo com col_mean(), col_median() e col_sd() adicionando um argumento que forneça a função para aplicar a cada coluna:

```
col_summary <- function(df, fun) {
  out <- vector("double", length(df))
  for (i in seq_along(df)) {
```

```
    out[i] <- fun(df[[i]])
  }
  out
}
col_summary(df, median)
#> [1]  0.237 -0.218  0.254 -0.133
col_summary(df, mean)
#> [1]  0.2026 -0.2068  0.1275 -0.0917
```

A ideia de passar uma função para outra função é extremamente poderosa, além de ser um dos comportamentos que fazem do R uma linguagem de programação funcional. Pode demorar um pouco até que você entenda a ideia, mas o investimento vale a pena. No restante do capítulo você aprenderá e usará o pacote **purrr**, que fornece funções que eliminam a necessidade de muitos loops for comuns. A família de funções *apply* do R base (`apply()`, `lapply()`, `tapply()` etc.) resolve um problema similar, mas o **purrr** é mais consistente e, portanto, mais fácil de aprender.

O objetivo de usar funções **purrr**, em vez de loops for, é possibilitar que você desmembre desafios comuns de manipulação de listas em partes independentes:

- Como resolveria o problema para um único elemento da lista? Uma vez que tenha elucidado esse problema, o **purrr** cuida de generalizar sua solução para cada elemento da lista.

- Se você estiver resolvendo um problema complexo, como pode desmembrá-lo em pedaços pequenos que te permitam avançar um passo de cada vez em direção à solução? Com **purrr**, você obtém vários pedaços pequenos que pode juntar com o pipe.

Essa estrutura facilita a resolução de novos problemas. Também possibilita entender suas soluções de velhos problemas quando você lê seu código antigo.

Exercícios

1. Leia a documentação de `apply()`. No segundo caso, quais dois loops for ela generaliza?

2. Adapte `col_summary()` para que se aplique apenas a colunas numéricas. Você pode querer começar com uma função `is_numeric()` que retorne um vetor lógico que tenha um TRUE correspondente a cada coluna numérica.

As Funções Map

O padrão de fazer loop sobre um vetor, fazer algo a cada elemento e, então, salvar os resultados é tão comum que o pacote **purrr** oferece uma família de funções para fazer isso por você. Há uma função para cada tipo de saída:

- map() faz uma lista.
- map_lgl() faz um vetor lógico.
- map_int() faz um vetor integer.
- map_dbl() faz um vetor double.
- map_chr() faz um vetor de caracteres.

Cada função recebe um vetor como entrada, aplica uma função a cada parte, e então retorna um novo vetor que tem o mesmo comprimento (e os mesmos nomes) da entrada. O tipo de vetor é determinado pelo sufixo da função map.

Assim que você dominar essas funções, verá que demora muito menos para resolver problemas de iteração. Porém, nunca se sinta mal por usar um loop for, em vez de uma função map. As funções map são um degrau acima em uma torre de abstração, e pode levar muito tempo para que você entenda como elas funcionam. O importante é resolver o problema no qual está trabalhando, não escrever o código mais conciso e elegante (embora isso seja definitivamente algo que queira se esforçar para conseguir!).

Algumas pessoas lhe dirão para evitar loops por serem lentos. Elas estão erradas! (Bem, pelo menos estão desatualizadas, já que loops for não são lentos há muitos anos.) O principal benefício de usar funções como map() não é a velocidade, mas a clareza: eles facilitam a leitura e a escrita de seu código.

Podemos usar essas funções para realizar os mesmos cálculos que os do último loop for. Essas funções de resumo retornaram doubles, então precisamos usar map_dbl():

```
map_dbl(df, mean)
#>      a       b       c       d
#>  0.2026 -0.2068  0.1275 -0.0917
map_dbl(df, median)
#>      a       b       c       d
#>  0.237 -0.218  0.254 -0.133
```

```
map_dbl(df, sd)
#>     a     b     c     d
#> 0.796 0.759 1.164 1.062
```

Comparado a usar um loop for, o foco é na operação sendo realizada (isto é, `mean()`, `median()`, `sd()`), não na contabilidade requerida para fazer um loop sobre cada elemento e armazenar a saída. Isso é ainda mais aparente se usarmos o pipe:

```
df %>% map_dbl(mean)
#>      a       b      c       d
#> 0.2026 -0.2068 0.1275 -0.0917
df %>% map_dbl(median)
#>     a      b     c      d
#> 0.237 -0.218 0.254 -0.133
df %>% map_dbl(sd)
#>     a     b     c     d
#> 0.796 0.759 1.164 1.062
```

Há algumas diferenças entre `map_*()` e `col_summary()`:

- Todas as funções **purrr** são implementadas em C. Isso as torna um pouco mais rápidas ao custo da legibilidade.

- O segundo argumento, `.f`, a função para aplicar, pode ser uma fórmula, um vetor de caracteres ou um vetor integer. Você aprenderá sobre esses atalhos úteis na próxima seção.

- `map_*()` usa ... ("Reticências (...)", na página 284) para passar argumentos adicionais a `.f` sempre que for chamada:

    ```
    map_dbl(df, mean, trim = 0.5)
    #>     a      b     c      d
    #> 0.237 -0.218 0.254 -0.133
    ```

- As funções map também preservam os nomes:

    ```
    z <- list(x = 1:3, y = 4:5)
    map_int(z, length)
    #> x y
    #> 3 2
    ```

Atalhos

Há alguns atalhos que você pode usar com `.f` para digitar um pouco menos. Imagine que você queira ajustar um modelo linear a cada grupo no conjunto de dados. O exemplo de teste a seguir separa o conjunto de dados `mtcars` em três partes (uma para cada valor de cilindro) e ajusta o mesmo modelo linear a cada parte:

```
models <- mtcars %>%
  split(.$cyl) %>%
  map(function(df) lm(mpg ~ wt, data = df))
```

A sintaxe para criar uma função anônima em R é bem prolixa, então **purrr** fornece um atalho conveniente — uma fórmula de um lado:

```
models <- mtcars %>%
  split(.$cyl) %>%
  map(~lm(mpg ~ wt, data = .))
```

Aqui eu usei . como um pronome: ele se refere à lista atual de elementos (da mesma maneira que i se referiu ao índice atual no loop for).

Quando você observa muitos modelos, pode querer extrair um resumo estatístico como o R^2. Para fazer isso, precisamos primeiro executar summary() e, então, extrair o componente chamado r.squared. Poderíamos fazer isso usando o atalho para funções anônimas:

```
models %>%
  map(summary) %>%
  map_dbl(~ .$r.squared)
#>     4     6     8
#> 0.509 0.465 0.423
```

Mas extrair componentes nomeados é uma operação comum, então **purrr** fornece um atalho ainda mais curto: usar uma string:

```
models %>%
  map(summary) %>%
  map_dbl("r.squared")
#>     4     6     8
#> 0.509 0.465 0.423
```

Você também pode usar um integer para selecionar elementos por posição:

```
x <- list(list(1, 2, 3), list(4, 5, 6), list(7, 8, 9))
x %>% map_dbl(2)
#> [1] 2 5 8
```

R Base

Se você já está acostumado com a família de funções apply no R base, pode ter notado algumas similaridades com as funções **purrr**:

- lapply() é basicamente idêntica a map(), exceto que map() é consistente com todas as outras funções em **purrr**, e você pode usar os atalhos para .f.

- O `sapply()` base é um wrapper em torno de `lapply()` que simplifica automaticamente a saída. Isso é útil para trabalho interativo, mas é problemático em uma função porque você nunca sabe que tipo de saída obterá:

    ```
    x1 <- list(
      c(0.27, 0.37, 0.57, 0.91, 0.20),
      c(0.90, 0.94, 0.66, 0.63, 0.06),
      c(0.21, 0.18, 0.69, 0.38, 0.77)
    )
    x2 <- list(
      c(0.50, 0.72, 0.99, 0.38, 0.78),
      c(0.93, 0.21, 0.65, 0.13, 0.27),
      c(0.39, 0.01, 0.38, 0.87, 0.34)
    )

    threshold <- function(x, cutoff = 0.8) x[x > cutoff]
    x1 %>% sapply(threshold) %>% str()
    #> List of 3
    #>  $ : num 0.91
    #>  $ : num [1:2] 0.9 0.94
    #>  $ : num(0)
    x1 %>% sapply(threshold) %>% str()
    #>  num [1:3] 0.99 0.93 0.87
    ```

- `vapply()` é uma alternativa segura a `sapply()`, porque você fornece um argumento adicional que define o tipo. O único problema de `vapply()` é a quantidade de digitação: `vapply(df, is.numeric, logical(1))` é equivalente a `map_lgl(df, is.numeric)`. Uma vantagem de `vapply()` sobre as funções map de **purrr** é que ela também pode produzir matrizes — as funções map só produzem vetores.

Ressalto as funções **purrr** porque elas têm nomes e argumentos mais consistentes, atalhos úteis e, no futuro, fornecerão paralelismo fácil e barras de progresso.

Exercícios

1. Escreva código que use uma das funções map para:

    a. Calcular a média de cada coluna em `mtcars`.

    b. Determinar o tipo de cada coluna em `nycflights13::flights`.

c. Calcular o número de valores únicos em cada coluna de `iris`.

   d. Gerar 10 normais aleatórias para cada μ = –10, 0, 10 e 100.

2. Como você pode criar um único vetor que, para cada coluna em um data frame, indique se é ou não um fator?

3. O que acontece quando você usa funções map em vetores que não são listas? O que `map(1:5, runif)` faz? Por quê?

4. O que `map(-2:2, rnorm, n = 5)` faz? Por quê? O que `map_dbl(-2:2, rnorm, n = 5)` faz? Por quê?

5. Reescreva `map(x, function(df) lm(mpg ~ wt, data = df))` para eliminar a função anônima.

Lidando com Falhas

Quando usamos as funções map para repetir muitas operações, as chances de uma dessas operações falhar são muito mais altas. Quando isso acontece, você recebe uma mensagem de erro e nenhuma saída. Isso é irritante: por que uma falha evita que você acesse todos os outros sucessos? Como você garante que uma maçã podre não estrague todo o caixote?

Nesta seção você aprenderá como lidar com essa situação com uma nova função: `safely()`. O `safely()` é um advérbio: ele recebe uma função (um verbo) e retorna uma versão modificada. Nesse caso, a função modificada nunca lançará um erro. Em vez disso, sempre retornará uma lista com dois elementos:

`result`

   O resultado original. Se houvesse um erro, ele seria NULL.

`error`

   Um objeto de erro. Se a operação tivesse sucesso, ela seria NULL.

(Você pode estar familiarizado com a função `try()` do R base. Ela é parecida, mas como às vezes retorna o resultado original e às vezes retorna um objeto de erro, é mais difícil trabalhar com ela.)

Vamos ilustrar isso com um exemplo simples, log():

```
safe_log <- safely(log)
str(safe_log(10))
#> List of 2
#>  $ result: num 2.3
#>  $ error : NULL
str(safe_log("a"))
#> List of 2
#>  $ result: NULL
#>  $ error :List of 2
#>   ..$ message: chr "non-numeric argument to mathematical ..."
#>   ..$ call   : language .f(...)
#>   ..- attr(*, "class")= chr [1:3] "simpleError" "error" ...
```

Quando a função tem sucesso, o elemento result contém o resultado, e o elemento error é NULL. Quando a função falha, o elemento result é NULL, e o elemento error contém um objeto de erro.

safely() é projetada para trabalhar com map:

```
x <- list(1, 10, "a")
y <- x %>% map(safely(log))
str(y)
#> List of 3
#>  $ :List of 2
#>   ..$ result: num 0
#>   ..$ error : NULL
#>  $ :List of 2
#>   ..$ result: num 2.3
#>   ..$ error : NULL
#>  $ :List of 2
#>   ..$ result: NULL
#>   ..$ error :List of 2
#>   .. ..$ message: chr "non-numeric argument to ..."
#>   .. ..$ call   : language .f(...)
#>   .. ..- attr(*, "class")=chr [1:3] "simpleError" "error" ...
```

Seria mais fácil de trabalhar se tivéssemos duas listas: uma de todos os erros e outra de todas as saídas. Isso é fácil de conseguir com purrr::transpose():

```
y <- y %>% transpose()
str(y)
#> List of 2
#>  $ result:List of 3
#>   ..$ : num 0
#>   ..$ : num 2.3
#>   ..$ : NULL
#>  $ error :List of 3
#>   ..$ : NULL
```

```
#>   ..$ : NULL
#>   ..$ :List of 2
#>   .. ..$ message: chr "non-numeric argument to ..."
#>   .. ..$ call   : language .f(...)
#>   .. ..- attr(*, "class")=chr [1:3] "simpleError" "error" ...
```

Você decide como lidar com os erros, mas normalmente ou vai olhar os valores de x, no qual y é um erro, ou vai trabalhar com os valores de y que estão OK:

```
is_ok <- y$error %>% map_lgl(is_null)
x[!is_ok]
#> [[1]]
#> [1] "a"
y$result[is_ok] %>% flatten_dbl()
#> [1] 0.0 2.3
```

purrr fornece dois outros advérbios úteis:

- Como safely(), possibly() sempre tem sucesso. É mais simples do que safely(), pois você dá a ele um valor padrão para retornar quando há um erro:

    ```
    x <- list(1, 10, "a")
    x %>% map_dbl(possibly(log, NA_real_))
    #> [1] 0.0 2.3 NA
    ```

- quietly() tem um papel similar a safely(), mas em vez de capturar erros, ele captura saídas, mensagens e avisos impressos:

    ```
    x <- list(1, -1)
    x %>% map(quietly(log)) %>% str()
    #> List of 2
    #>  $ :List of 4
    #>   ..$ result  : num 0
    #>   ..$ output  : chr ""
    #>   ..$ warnings: chr(0)
    #>   ..$ messages: chr(0)
    #>  $ :List of 4
    #>   ..$ result  : num NaN
    #>   ..$ output  : chr ""
    #>   ..$ warnings: chr "NaNs produced"
    #>   ..$ messages: chr(0)
    ```

Fazendo Map com Vários Argumentos

Até agora fizemos maps ao longo de uma única entrada. Mas frequentemente você terá várias entradas relacionadas que precisará iterar em paralelo. Esse é o trabalho das funções map2() e pmap(). Por exemplo, imagine que você queira simular algumas normais aleatórias com médias diferentes. Você sabe como fazer isso com map():

```
mu <- list(5, 10, -3)
mu %>%
  map(rnorm, n = 5) %>%
  str()
#> List of 3
#>  $ : num [1:5] 5.45 5.5 5.78 6.51 3.18
#>  $ : num [1:5] 10.79 9.03 10.89 10.76 10.65
#>  $ : num [1:5] -3.54 -3.08 -5.01 -3.51 -2.9
```

E se você também quisesse variar o desvio-padrão? Uma maneira de fazer isso seria iterar sobre os índices e resumir em vetores de médias e desvios padrão:

```
sigma <- list(1, 5, 10)
seq_along(mu) %>%
  map(~rnorm(5, mu[[.]], sigma[[.]])) %>%
  str()
#> List of 3
#>  $ : num [1:5] 4.94 2.57 4.37 4.12 5.29
#>  $ : num [1:5] 11.72 5.32 11.46 10.24 12.22
#>  $ : num [1:5] 3.68 -6.12 22.24 -7.2 10.37
```

Contudo, pode confundir a intenção do código. Em vez disso, podemos usar map2(), que itera sobre dois vetores em paralelo:

```
map2(mu, sigma, rnorm, n = 5) %>% str()
#> List of 3
#>  $ : num [1:5] 4.78 5.59 4.93 4.3 4.47
#>  $ : num [1:5] 10.85 10.57 6.02 8.82 15.93
#>  $ : num [1:5] -1.12 7.39 -7.5 -10.09 -2.7
```

map2() gera essa série de chamadas de funções:

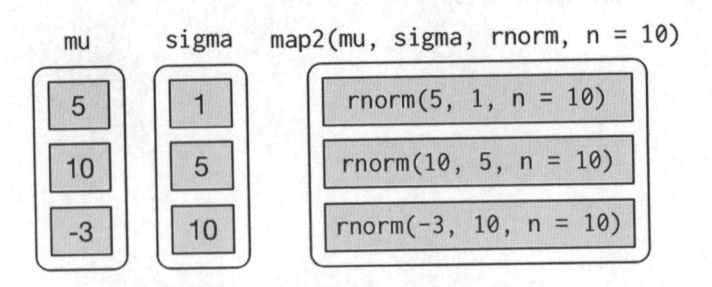

```
       mu       sigma    map2(mu, sigma, rnorm, n = 10)

        5         1        rnorm(5, 1, n = 10)

       10         5        rnorm(10, 5, n = 10)

       -3        10        rnorm(-3, 10, n = 10)
```

Note que os argumentos que variam para cada chamada vêm *antes* da função; argumentos iguais para todas as chamadas vêm *depois*.

Como map(), map2() é apenas um wrapper ao redor de um loop for:

```
map2 <- function(x, y, f, ...) {
  out <- vector("list", length(x))
  for (i in seq_along(x)) {
    out[[i]] <- f(x[[i]], y[[i]], ...)
  }
  out
}
```

Você também poderia imaginar map3(), map4(), map5(), map6() etc., mas ficaria rapidamente entediante. Em vez disso, o **purrr** fornece pmap(), que recebe uma lista de argumentos. Você pode usá-lo se quiser variar a média, o desvio-padrão e o número de amostras:

```
n <- list(1, 3, 5)
args1 <- list(n, mu, sigma)
args1 %>%
  pmap(rnorm) %>%
  str()
#> List of 3
#>  $ : num 4.55
#>  $ : num [1:3] 13.4 18.8 13.2
#>  $ : num [1:5] 0.685 10.801 -11.671 21.363 -2.562
```

Que se parece com isso:

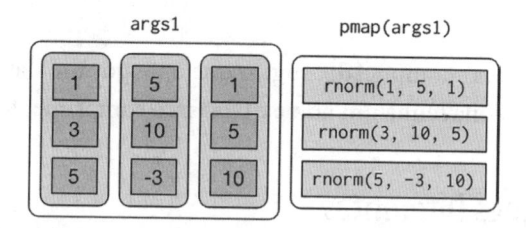

Se você não nomear os elementos da lista, a pmap() usará a combinação posicional ao chamar a função. Isso é um pouco frágil e dificulta a leitura do código, então é melhor nomear os argumentos:

```
args2 <- list(mean = mu, sd = sigma, n = n)
args2 %>%
  pmap(rnorm) %>%
  str()
```

Isso gera chamadas mais longas, mas mais seguras:

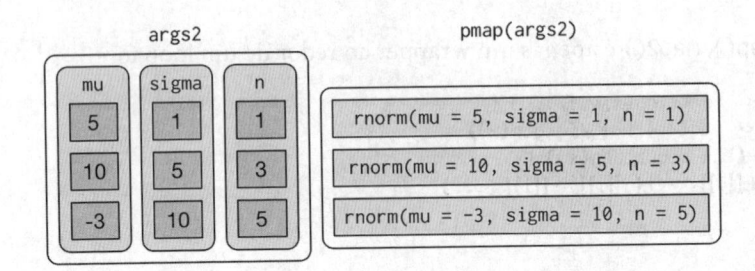

```
              args2                    pmap(args2)
        mu    sigma    n
        5      1       1           rnorm(mu = 5, sigma = 1, n = 1)
        10     5       3           rnorm(mu = 10, sigma = 5, n = 3)
        -3     10      5           rnorm(mu = -3, sigma = 10, n = 5)
```

Já que os argumentos são todos do mesmo comprimento, faz sentido armazená-los em um data frame:

```
params <- tribble(
  ~mean, ~sd, ~n,
    5,     1,   1,
   10,     5,   3,
   -3,    10,   5
)
params %>%
  pmap(rnorm)
#> [[1]]
#> [1] 4.68
#>
#> [[2]]
#> [1] 23.44 12.85  7.28
#>
#> [[3]]
#> [1]  -5.34 -17.66   0.92   6.06   9.02
```

Quando seu código ficar complicado, sugiro que opte por um data frame, pois assim garantirá que cada coluna tenha um nome e o mesmo comprimento de todas as outras.

Invocando Funções Diferentes

Há mais um passo além na complexidade. Bem como variar os argumentos da função, você também pode variar a própria função:

```
f <- c("runif", "rnorm", "rpois")
param <- list(
  list(min = -1, max = 1),
  list(sd = 5),
  list(lambda = 10)
)
```

Para lidar com esse caso, você pode usar `invoke_map()`:

```
invoke_map(f, param, n = 5) %>% str()
#> List of 3
#>  $ : num [1:5] 0.762 0.36 -0.714 0.531 0.254
#>  $ : num [1:5] 3.07 -3.09 1.1 5.64 9.07
#>  $ : int [1:5] 9 14 8 9 7
```

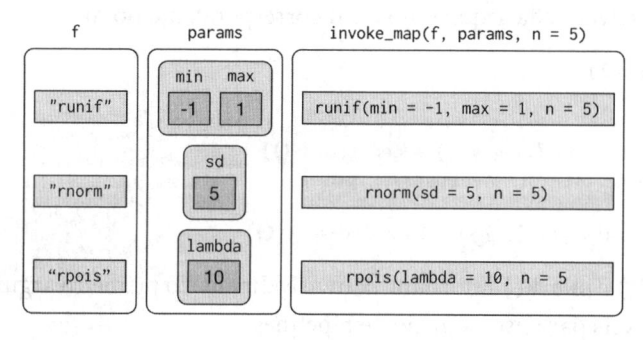

O primeiro argumento é uma lista de funções ou um vetor de caracteres de nomes de funções. O segundo é uma lista de listas, dando os argumentos que variam para cada função. Os argumentos subsequentes são passados para cada função.

E novamente você pode usar `tribble()` para facilitar um pouco a criação desses pares combinados:

```
sim <- tribble(
  ~f,      ~params,
  "runif", list(min = -1, max = 1),
  "rnorm", list(sd = 5),
  "rpois", list(lambda = 10)
)
sim %>%
  mutate(sim = invoke_map(f, params, n = 10))
```

Walk

Walk é uma alternativa a map que você usa quando quer chamar uma função pelos seus efeitos colaterais, em vez de por seu valor de retorno. Você normalmente faz isso quando quer enviar a saída para a tela ou salvar arquivos no disco — o importante é a ação, não o valor retornado. Eis um exemplo bem simples:

```
x <- list(1, "a", 3)

x %>%
```

```
walk(print)
#> [1] 1
#> [1] "a"
#> [1] 3
```

walk() geralmente não é tão útil quando comparado a walk2() ou pwalk(). Por exemplo, se você tivesse uma lista de gráficos e um vetor de nomes de arquivos, poderia usar pwalk() para salvar cada arquivo no local correspondente no disco:

```
library(ggplot2)
plots <- mtcars %>%
  split(.$cyl)
  map(~ggplot(., aes(mpg, wt)) + geom_point())
paths <- stringr::str_c(names(plots), ".pdf")

pwalk(list(paths, plots), ggsave, path = tempdir())
```

walk(), walk2() e pwalk() retornam .x invisivelmente, o primeiro argumento. Isso os torna compatíveis para uso no meio de pipelines.

Outros Padrões para Loops For

O **purrr** fornece várias outras funções que abstraem sobre outros tipos de loops for. Você as usará com menos frequência do que as funções map, mas são úteis de se conhecer. O objetivo aqui é ilustrar brevemente cada função, então, com sorte, elas virão à cabeça se você vir um problema similar no futuro. Depois consulte a documentação para mais detalhes.

Funções Predicadas

Várias funções trabalham com funções *predicadas* que retornam um único TRUE ou FALSE.

keep() e discard() mantêm os elementos da entrada onde o predicado é TRUE ou FALSE, respectivamente:

```
iris %>%
  keep(is.factor)
  str()
#> 'data.frame':   150 obs. of  1 variable:
#> $ Species: Factor w/ 3 levels "setosa","versicolor",..: ...

iris %>%
  discard(is.factor) %>%
  str()
#> 'data.frame':   150 obs. of  4 variables:
```

```
#>  $ Sepal.Length: num  5.1 4.9 4.7 4.6 5 5.4 4.6 5 4.4 4.9 ...
#>  $ Sepal.Width : num  3.5 3 3.2 3.1 3.6 3.9 3.4 3.4 2.9 3 ...
#>  $ Petal.Length: num  1.4 1.4 1.3 1.5 1.4 1.7 1.4 1.5 1.4 ...
#>  $ Petal.Width : num  0.2 0.2 0.2 0.2 0.2 0.4 0.3 0.2 0.2 ...
```

some() e every() determinam se o predicado é verdadeiro para qualquer ou para todos os elementos:

```
x <- list(1:5, letters, list(10))

x %>%
  some(is_character)
#> [1] TRUE

x %>%
  every(is_vector)
#> [1] TRUE
```

detect() encontra o primeiro elemento no qual o predicado é verdadeiro; detect_index() retorna sua posição:

```
x <- sample(10)
x
#> [1] 8 7 5 6 9 2 10 1 3 4

x %>%
  detect(~ . > 5)
#> [1] 8

x %>%
  detect_index(~ . > 5)
#> [1] 1
```

head_while() e tail_while() pegam elementos do começo ou do final de um vetor enquanto um predicado for verdadeiro:

```
x %>%
  head_while(~ . > 5)
#> [1] 8 7

x %>%
  tail_while(~ . > 5)
#> integer(0)
```

Reduce e Accumulate

Às vezes você tem uma lista complexa e deseja reduzir a uma lista simples aplicando repetidamente uma função que reduza um par a algo individual. Isso é útil caso queira aplicar um verbo **dplyr** de duas tabelas a várias tabelas. Por exemplo, você pode ter uma lista de data frames e querer reduzi-la a um único data frame juntando elementos:

```
dfs <- list(
  age = tibble(name = "John", age = 30),
  sex = tibble(name = c("John", "Mary"), sex = c("M", "F")),
  trt = tibble(name = "Mary", treatment = "A")
)

dfs %>% reduce(full_join)
#> Joining, by = "name"
#> Joining, by = "name"
#> # A tibble: 2 × 4
#>   name   age  sex  treatment
#>   <chr> <dbl> <chr>   <chr>
#> 1 John    30   M      <NA>
#> 2 Mary    NA   F       A
```

Ou talvez tenha uma lista de vetores e queira encontrar a intersecção:

```
vs <- list(
  c(1, 3, 5, 6, 10),
  c(1, 2, 3, 7, 8, 10),
  c(1, 2, 3, 4, 8, 9, 10),
)

vs %>% reduce(intersect)
#> [1] 1 3 10
```

A função **reduce** recebe uma função "binária" (isto é, uma função com duas entradas primárias) e a aplica repetidamente a uma lista até que haja apenas um único elemento restante.

Accumulate é similar, mas mantém todos os resultados intermediários. Você poderia usá-la para implementar uma soma cumulativa:

```
x <- sample(10)
x
#> [1] 6 9 8 5 2 4 7 1 10 3
x %>% accumulate(`+`)
#> [1] 6 15 23 28 30 34 41 42 52 55
```

Exercícios

1. Implemente sua própria versão de every() usando um loop for. Compare-o com purrr::every(). O que a versão de **purrr** faz que a sua não faz?

2. Crie um `col_sum()` melhorado que aplique uma função summary a cada coluna numérica em um data frame.

3. Um equivalente possível de `col_sum()` no R base é:

```
col_sum3 <- function(df, f) {
  is_num <- sapply(df, is.numeric)
  df_num <- df[, is_num]

  sapply(df_num, f)
}
```

Mas ela tem vários bugs, como ilustrado nas entradas a seguir:

```
df <- tibble(
  x = 1:3,
  y = 3:1,
  z = c("a","b","c")
)
# OK
col_sum3(df, mean)
# Has problems: don't always return numeric vector
col_sum3(df[1:2], mean)
col_sum3(df[1], mean)
col_sum3(df[0], mean)
```

O que causa os bugs?

PARTE IV
Modelar

Agora que você está equipado com ferramentas de programação poderosas, podemos finalmente retornar à modelagem. Você usará suas novas ferramentas de data wrangling e programação para ajustar muitos modelos e entender como eles funcionam. O foco deste livro está na exploração, não na confirmação ou na inferência formal. Mas ensinaremos algumas ferramentas básicas que o ajudarão a entender a variação dentro de seus modelos.

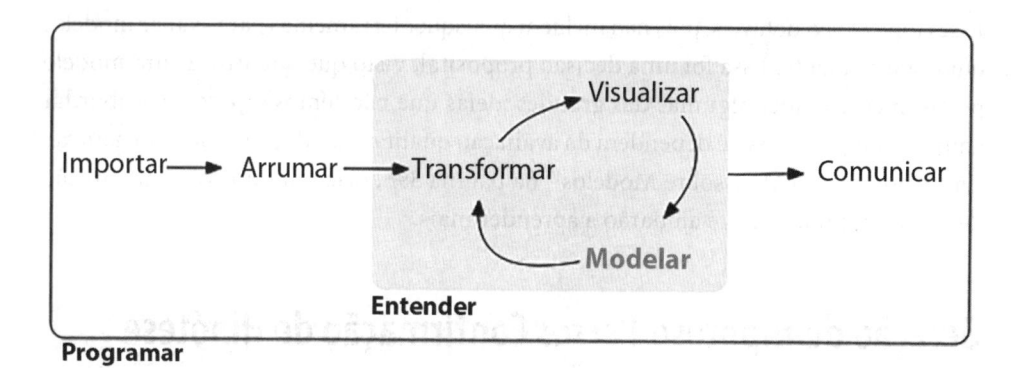

O objetivo de um modelo é fornecer um resumo simples de baixa dimensão de um conjunto de dados. Idealmente, o modelo capturará "sinais" verdadeiros (padrões gerados pelo fenômeno do interesse) e ignorará "ruídos" (variação aleatória na qual você não está interessado). Aqui trataremos somente de modelos "preditivos", que, como o nome sugere, geram previsões. Há outro tipo de modelo sobre o qual não discutiremos: "descoberta de dados". Esses modelos não fazem previsões, mas o ajudam a descobrir relacionamentos interessantes dentro de seus dados. (Essas duas categorias de modelos são, às vezes, chamadas de supervisionado e não supervisionado, mas não acho que essa terminologia seja particularmente esclarecedora.)

Este livro não lhe dará uma compreensão profunda da teoria matemática que fundamenta os modelos. No entanto, ele construirá sua intuição sobre como os modelos estatísticos funcionam e lhe dará uma família de ferramentas úteis que possibilitarão que você use modelos para entender melhor seus dados:

- No Capítulo 18 você aprenderá como os modelos funcionam mecanicamente, dando ênfase na importante família dos modelos lineares. Conhecerá as ferramentas gerais — para obter insights sobre o que um modelo preditivo lhe conta sobre seus dados — focando em conjuntos de dados simulados simples.
- No Capítulo 19 você descobrirá como usar os modelos para extrair seus próprios padrões em dados reais. Uma vez que tenha reconhecido um padrão importante, é útil torná-lo explícito em um modelo, somente assim você poderá ver mais facilmente os sinais sutis que permanecem.
- No Capítulo 20, aprenderá como usar muitos modelos simples que te ajudarão a entender conjuntos de dados complexos. Essa é uma técnica poderosa, mas para acessá-la você precisará combinar ferramentas de modelagem e programação.

Esses tópicos são notáveis, pois não incluem quaisquer ferramentas para avaliar modelos quantitativamente. Essa foi uma decisão proposital, visto que quantificar um modelo precisamente requer algumas das grandes ideias que não temos espaço para abordar aqui. Por enquanto, você dependerá da avaliação qualitativa e de seu ceticismo natural. Em "Aprendendo Mais sobre Modelos", na página 396, orientaremos você na direção de outros recursos que te ajudarão a aprender mais.

Geração de Hipótese *Versus* Confirmação de Hipótese

Neste livro usaremos modelos como uma ferramenta para exploração, completando a trifecta das ferramentas para AED que introduzimos na Parte I. Não é assim que modelos normalmente são ensinados, mas, como você verá, modelos são uma ferramenta importante para exploração. Tradicionalmente, o foco da modelagem está na inferência, ou em confirmar que uma hipótese é verdadeira. Fazer isso corretamente não é complicado, mas é difícil. Há duas ideias que você precisa entender para fazer uma inferência corretamente:

- Cada observação pode ser usada ou para exploração ou para confirmação, não para ambos.
- Você pode usar uma observação quantas vezes quiser para exploração, mas só pode usá-la uma vez para confirmação. Assim que usar uma observação duas vezes, você mudou de confirmação para exploração.

Isso é necessário porque, para confirmar uma hipótese, é preciso usar dados independentes dos dados que você usou para gerar a hipótese. Caso contrário, estará sendo otimista demais. Não há absolutamente nada de errado com a exploração, mas você nunca deve vender uma análise exploratória como uma análise confirmatória, porque isso é fundamentalmente enganoso.

Caso esteja certo sobre fazer uma análise confirmatória, uma abordagem viável é separar seus dados em três partes antes de começar a análise:

- 60% dos seus dados vão para um conjunto de *treinamento* (ou exploração). Você tem permissão de fazer o que quiser com esses dados: visualize-os e ajuste toneladas de modelos neles.
- 20% vão para um conjunto de *consulta*. Você pode usar esses dados para comparar modelos ou visualizações à mão, mas não pode usá-los como parte de um processo automatizado.
- 20% ficam retidos para um conjunto de *teste*. Você só pode usar esses dados UMA VEZ, para testar seu modelo final.

Esse particionamento te permite explorar os dados de treinamento, gerando ocasionalmente hipóteses candidatas que você verifica com o conjunto de consulta. Quando tiver confiança de que tem o modelo certo, pode verificá-lo uma vez com os dados de teste.

(Note que, mesmo ao fazer modelagem confirmatória, você ainda precisará fazer AED. Se não fizer, permanecerá cego quanto aos problemas de qualidade de seus dados.)

CAPÍTULO 18
O Básico de Modelos com modelr

Introdução

O objetivo de um modelo é fornecer um resumo simples de baixa dimensão de um conjunto de dados. No contexto deste livro, usaremos modelos para particionar dados em padrões e resíduos. Padrões fortes esconderão tendências mais sutis, então usaremos modelos para ajudar a retirar as camadas de estrutura enquanto exploramos um conjunto de dados.

No entanto, antes de começarmos a usar modelos em conjuntos de dados reais e interessantes, você precisa entender o básico de como funcionam os modelos. Por isso, este capítulo do livro é único, porque usa apenas conjuntos de dados simulados. Esses conjuntos de dados são bem simples, e nem um pouco interessantes, mas o ajudarão a compreender a essência da modelagem antes de você aplicar as mesmas técnicas a dados reais no próximo capítulo.

Há duas partes em um modelo:

1. Primeiro você define uma *família de modelos* que expressa um padrão preciso, mas genérico, e que deseja capturar. Por exemplo, o padrão pode ser uma linha reta ou uma curva quadrática. Você expressará a família do modelo como uma equação, por exemplo: y = a_1 * x + a_2 ou y = a_1 * x ^ a_2. Aqui, x e y são variáveis conhecidas de seus dados, e a_1 e a_2 são parâmetros que podem variar para capturar padrões diferentes.

2. Depois você gera um *modelo ajustado* ao encontrar o modelo da família que seja mais próximo de seus dados. Isso pega a família genérica do modelo e a torna específica, como y = 3 * x + 7 ou y = 9 * x ^ 2.

É importante entender que um modelo ajustado é apenas o modelo mais próximo de uma família de modelos. Isso implica que você tem o "melhor" modelo (de acordo com alguns critérios); não significa que tenha um bom modelo, e certamente não implica que o modelo seja "verdadeiro". George Box coloca isso bem em seu famoso aforismo:

> Todos os modelos são errados, mas alguns são úteis.

Vale a pena ler o contexto completo da citação:

> Seria muito notável se qualquer sistema existente no mundo real pudesse ser exatamente representado por qualquer modelo simples. Contudo, modelos parcimoniosos astuciosamente escolhidos muitas vezes fornecem aproximações notavelmente úteis. Por exemplo, a lei PV = RT relacionando a pressão P, o volume V e a temperatura T de um gás "ideal" através de uma constante R não é exatamente verdadeiro para qualquer gás real, mas frequentemente fornece uma aproximação útil, e, além do mais, sua estrutura é informativa, já que surge de uma visão física do comportamento de moléculas de gás. Para tal modelo não há necessidade de fazer a pergunta: "O modelo é verdadeiro?". Se "verdadeiro" é ser "totalmente verdadeiro", a resposta deve ser "Não". A única pergunta de interesse é: "O modelo é esclarecedor e útil?".

O objetivo de um modelo não é descobrir a verdade, mas descobrir uma aproximação simples que ainda seja útil.

Pré-requisitos

Neste capítulo usaremos o pacote **modelr**, que envolve as funções de modelagem do R base para fazê-las funcionar naturalmente em um pipe.

```
library(tidyverse)
```

```
library(modelr)
options(na.action = na.warn)
```

Um Modelo Simples

Vamos dar uma olhada no conjunto de dados simulados `sim1`. Ele contém duas variáveis contínuas, x e y. Faremos um gráfico delas para ver como estão relacionadas:

```
ggplot(sim1, aes(x, y)) +
  geom_point()
```

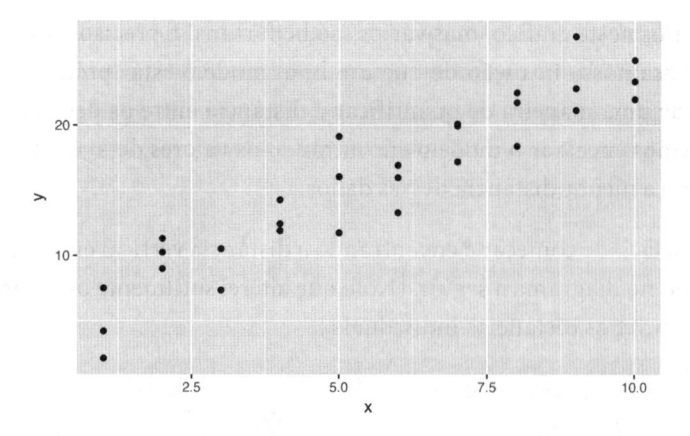

É possível observar um padrão forte nos dados. Vamos usar um modelo para capturar esse padrão e torná-lo explícito. É seu trabalho fornecer a forma básica do modelo. Neste caso, o relacionamento parece linear, isto é, y = a_0 + a_1 * x. Vamos começar obtendo uma impressão de como os modelos dessa família se parecem gerando alguns aleatoriamente e sobrepondo-os nos dados. Para este caso simples, podemos usar geom_abline(), que recebe uma inclinação e uma interseção como parâmetros. Mais tarde aprenderemos mais técnicas gerais que funcionam com qualquer modelo:

```
models <- tibble(
  a1 = runif(250, -20, 40),
  a2 = runif(250, -5, 5)
)

ggplot(sim1, aes(x, y)) +
  geom_abline(
    aes(intercept = a1, slope = a2),
    data = models, alpha = 1/4
  ) +
  geom_point()
```

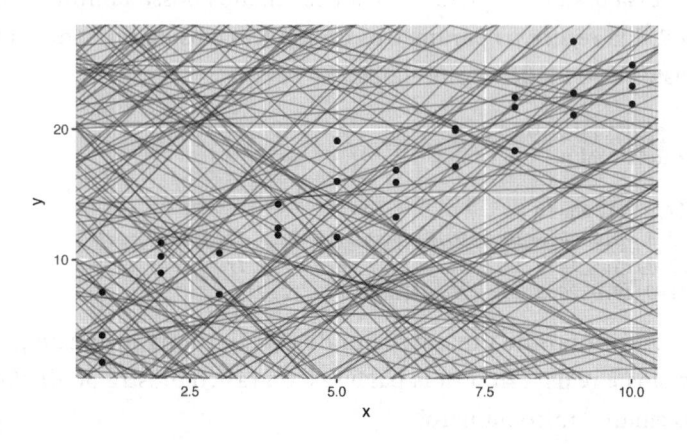

Há 250 modelos neste gráfico, mas vários são bem ruins! É preciso encontrar os bons e tornar precisa nossa intuição de que um bom modelo está "próximo" dos dados. Precisamos de uma maneira de quantificar a distância entre os dados e um modelo. Depois podemos encaixar o modelo encontrando os valores de a_0 e a_1, que gerem o modelo com a menor distância desses dados.

Uma maneira fácil de começar é encontrando a distância vertical entre cada ponto e o modelo, como no diagrama a seguir. (Note que alterei sutilmente os valores de x para que você possa ver as distâncias individuais.)

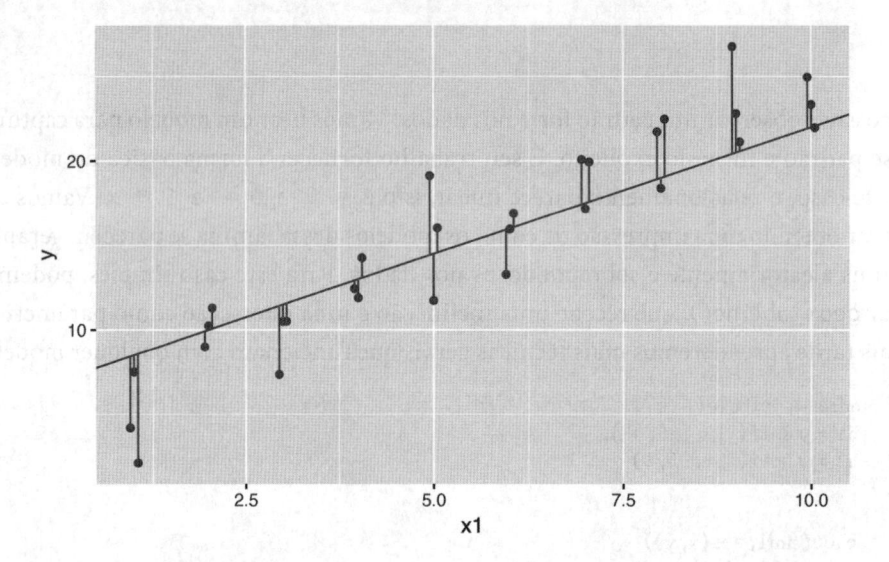

Essa distância é apenas a diferença entre o valor de y dado pelo modelo (a *previsão*) e o valor real de y nos dados (a *resposta*).

Para calcular essa distância, primeiro transformamos nossa família de modelos em uma função R. Ela recebe os parâmetros do modelo e os dados como entradas, e dá valores previstos pelo modelo como saída:

```
model1 <- function(a, data) {
  a[1] + data$x * a[2]
}
model1(c(7, 1.5), sim1)
#>  [1]  8.5  8.5  8.5 10.0 10.0 10.0 11.5 11.5 11.5 13.0 13.0
#> [12] 13.0 14.5 14.5 14.5 16.0 16.0 16.0 17.5 17.5 17.5 19.0
#> [23] 19.0 19.0 20.5 20.5 20.5 22.0 22.0 22.0
```

Em seguida, precisamos de uma maneira de calcular uma distância geral entre os valores previstos e reais. Em outras palavras, o gráfico mostra 30 distâncias: como colapsar isso em um único número?

Uma maneira comum de fazer isso em estatística é usar o "desvio da raiz do valor quadrático médio". Nós calculamos a diferença entre real e previsto, elevamos ao quadrado, tiramos sua média e, então, determinamos a raiz quadrada. Essa distância tem várias propriedades matemáticas atraentes, sobre as quais não falaremos aqui. Será necessário que acredite em mim!

```
measure_distance <- function(mod, data) {
  diff <- data$y - model1(mod, data)
  sqrt(mean(diff ^ 2))
}
measure_distance(c(7, 1.5), sim1)
#> [1] 2.67
```

Agora podemos usar o **purrr** para calcular a distância para todos os modelos definidos anteriormente. Precisamos de uma função auxiliar, já que nossa função de distância espera o modelo como um vetor numérico de comprimento 2:

```
sim1_dist <- function(a1, a2) {
  measure_distance(c(a1, a2), sim1)
}

models <- models %>%
  mutate(dist = purrr::map2_dbl(a1, a2, sim1_dist))
models
#> # A tibble: 250 × 3
#>        a1      a2  dist
#>     <dbl>   <dbl> <dbl>
#> 1 -15.15  0.0889  30.8
#> 2  30.06 -0.8274  13.2
#> 3  16.05  2.2695  13.2
#> 4 -10.57  1.3769  18.7
#> 5 -19.56 -1.0359  41.8
#> 6   7.98  4.5948  19.3
#> # ... with 244 more rows
```

Em seguida vamos sobrepor os 10 melhores modelos sobre os dados. Eu colori os modelos com -dist: essa é a maneira mais eficaz de garantir que os melhores modelos (isto é, os que têm a menor distância) recebam as cores mais brilhantes: (Imagens coloridas do livro estão disponibilizadas no site da Editora Alta Books: www.altabooks.com.br. Procurar pelo nome do livro.)

```
ggplot(sim1, aes(x, y)) +
  geom_point(size = 2, color = "grey30") +
  geom_abline(
    aes(intercept = a1, slope = a2, color = -dist),
    data = filter(models, rank(dist) <= 10)
  )
```

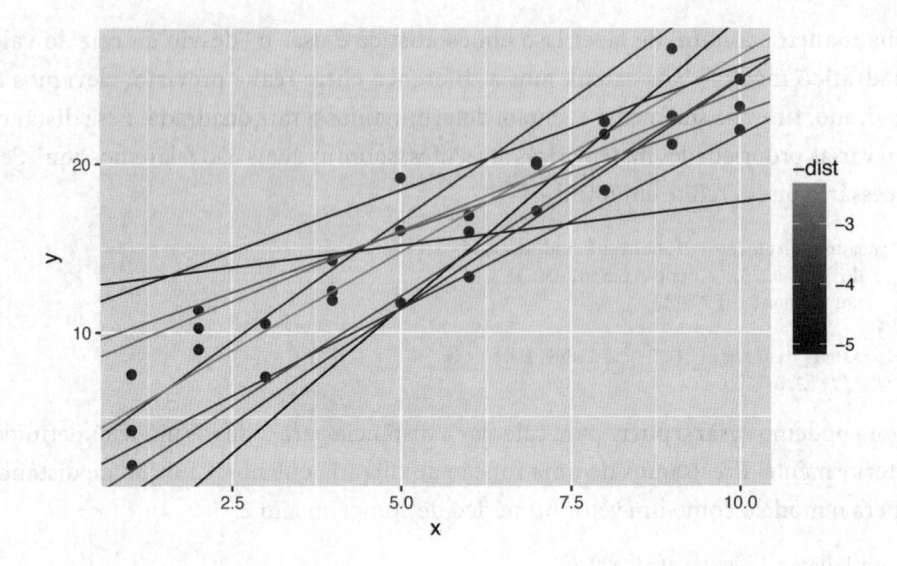

Também podemos pensar sobre esses modelos como observações e visualizá-los com um diagrama de dispersão de a1 *versus* a2, novamente colorido por -dist. Não será possível ver diretamente como o modelo se compara aos dados, mas podemos ver muitos modelos ao mesmo tempo. Novamente, destaquei os 10 melhores modelos, desta vez desenhando círculos abaixo deles:

```
ggplot(models, aes(a1, a2)) +
  geom_point(
    data
    size = 4, color = "red"
  ) +
  geom_point(aes(colour = -dist))
```

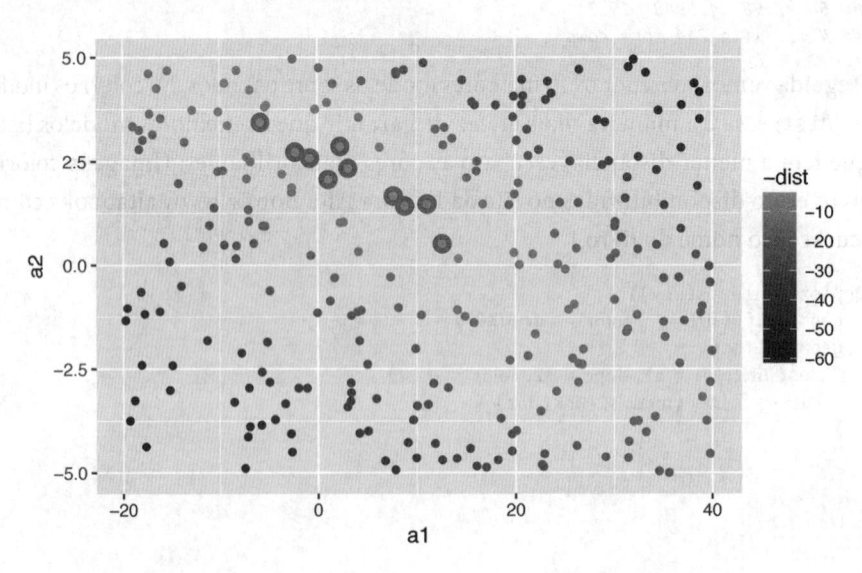

Em vez de tentar vários modelos aleatórios, poderíamos ser mais sistemáticos e gerar uma grade igualmente espaçada de pontos (isso é chamado de busca em grade). Eu escolhi, aproximadamente, os parâmetros da grade observando onde os melhores modelos estavam no diagrama anterior:

```
grid <- expand.grid(
    a1 = seq(-5, 20, length = 25),
    a2 = seq(1, 3, length = 25)
    ) %>%
    mutate(dist = purrr::map2_dbl(a1, a2, sim1_dist))

grid %>%
    ggplot(aes(a1, a2)) +
    geom_point(
        data = filter(grid, rank(dist) <= 10),
        size = 4, colour = "red"
    ) +
    geom_point(aes(color = -dist))
```

Quando você sobrepõe os 10 melhores modelos de volta sobre os dados originais, todos eles parecem muito bons:

```
ggplot(sim1, aes(x, y)) +
    geom_point(size = 2, color = "grey30") +
    geom_abline(
        aes(intercept = a1, slope = a2, color = -dist),
        data = filter(grid, rank(dist) <= 10)
    )
```

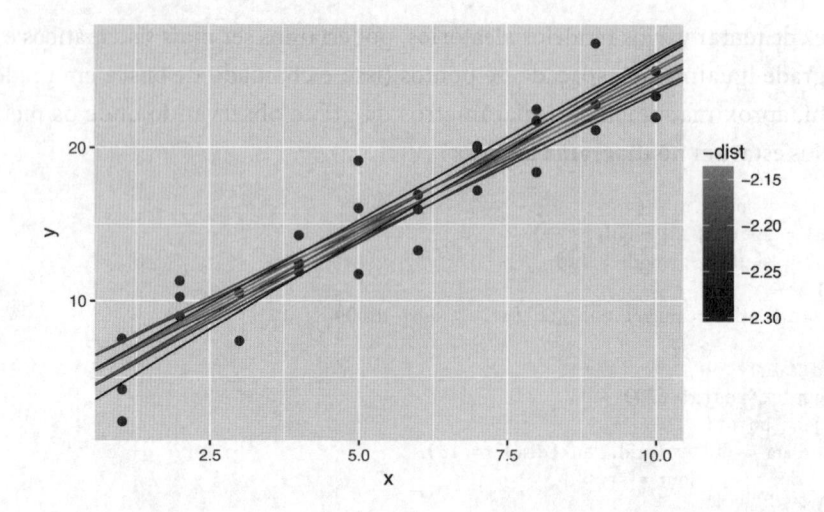

Você poderia imaginar tornar essa grade cada vez melhor iterativamente até que tenha afunilado até o melhor modelo. Mas há uma maneira mais adequada de atacar esse problema: com uma ferramenta de minimização numérica chamada busca Newton--Raphson. A intuição de Newton-Raphson é bem simples: você escolhe um ponto inicial e procura pela inclinação mais íngreme. Então desce um pouco dessa inclinação e repete a ação várias vezes, até o limite. Em R, podemos fazer isso com `optim()`:

```
best <- optim(c(0, 0), measure_distance, data = sim1)
best$par
#> [1] 4.22 2.05

ggplot(sim1, aes(x, y)) +
  geom_point(size = 2, color = "grey30") +
  geom_abline(intercept = best$par[1], slope = best$par[2])
```

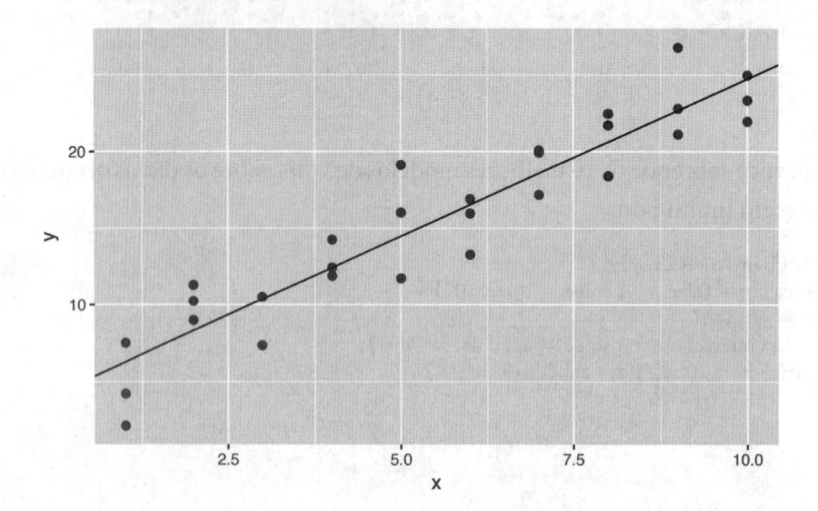

Não se preocupe muito com os detalhes de funcionamento da `optim()`. A intuição é o que importa aqui. Caso tenha uma função que defina a distância entre um modelo e um conjunto de dados, e um algoritmo que possa minimizar essa distância modificando os parâmetros do modelo, você pode encontrar o melhor modelo. O bom dessa abordagem é que ela funcionará para qualquer família de modelos para a qual você possa escrever uma equação.

Há mais uma abordagem que podemos usar para este modelo, por se tratar de um caso especial de uma família mais ampla: modelos lineares. Um modelo linear tem a forma geral y = a_1 + a_2 * x_1 + a_3 * x_2 + ... + a_n * x_(n - 1). Então esse simples modelo é equivalente a um modelo linear geral onde n é 2 e x_1 é x. R tem uma ferramenta especificamente projetada para ajustar modelos lineares chamada `lm()`. A `lm()` tem uma maneira especial de identificar a família de modelos: fórmulas. Fórmulas se parecem com y ~ x, que `lm()` traduzirá para uma função como y = a_1 + a_2 * x. Podemos ajustar o modelo e observar a saída:

```
sim1_mod <- lm(y ~ x, data = sim1)
coef(sim1_mod)
#> (Intercept)           x
#>        4.22        2.05
```

São exatamente os mesmos valores que obtivemos com `optim()`! Nos bastidores, `lm()` não usa `optim()`, mas aproveita a estrutura matemática dos modelos lineares. Usando algumas conexões entre geometria, cálculo e álgebra linear, `lm()` realmente encontra o modelo mais próximo em um único passo, usando um algoritmo sofisticado. Essa abordagem é mais rápida e garante que haja um mínimo global.

Exercícios

1. A desvantagem do modelo linear é que ele é sensível a valores incomuns, porque a distância incorpora um termo quadrado. Encaixe um modelo linear nos seguintes dados simulados e visualize os resultados. Reexecute algumas vezes para gerar diferentes conjuntos de dados simulados. O que você nota sobre o modelo?

    ```
    sim1a <- tibble(
      x = rep(1:10, each = 3),
      y = x * 1.5 + 6 + rt(length(x), df = 2)
    )
    ```

2. Uma maneira de tornar os modelos lineares mais robustos é usar uma medida de distância diferente. Por exemplo, em vez de distância da raiz quadrática média, você poderia usar a distância média absoluta:

```
measure_distance <- function(mod, data) {
    diff <- data$y - make_prediction(mod, data)
    mean(abs(diff))
}
```

Use `optim()` para ajustar esse modelo nos dados previamente simulados e compare-a ao modelo linear.

3. Um desafio ao realizar otimização numérica é que ela só garante encontrar um ótimo local. Qual é o problema com a otimização de um modelo de três parâmetros como este?

```
model1 <- function(a, data) {
    a[1] + data$x * a[2] + a[3]
}
```

Visualizando modelos

Para modelos simples, como aquele da seção anterior, você pode descobrir qual padrão o modelo captura ao estudar cuidadosamente a família do modelo e os coeficientes ajustados. Se você já fez um curso de estatística sobre modelagem, provavelmente passará muito tempo fazendo exatamente isso. Aqui, no entanto, seguirá um caminho diferente. Nós focaremos em entender um modelo ao observar suas previsões. Isso tem uma grande vantagem: todo tipo de modelo preditivo faz previsões (caso contrário, qual uso ele teria?), então podemos usar o mesmo conjunto de técnicas para entender qualquer tipo de modelo preditivo.

Também é útil observar o que o modelo não captura, os chamados resíduos que restam depois de subtrair as previsões dos dados. Resíduos são poderosos, porque permitem que usemos modelos para remover os padrões impressionantes a fim de que possamos estudar as tendências mais sutis que permanecem.

Previsões

Para visualizar as previsões de um modelo, começamos gerando uma grade igualmente espaçada de valores que cobrem a região onde nossos dados estão. A maneira mais fácil de fazer isso é usar `modelr::data_grid()`. Seu primeiro argumento é um data frame, e para cada argumento subsequente ele encontra variáveis únicas e, então, gera todas as combinações:

```
grid <- sim1 %>%
  data_grid(x)
grid
#> # A tibble: 10 × 1
#>        x
#>    <int>
#> 1      1
#> 2      2
#> 3      3
#> 4      4
#> 5      5
#> 6      6
#> # ... with 4 more rows
```

(Isso ficará mais interessante quando começarmos a incluir mais variáveis ao nosso modelo.)

Em seguida adicionamos previsões. Usaremos `modelr::add_predictions()`, que recebe um data frame e um modelo. Ela adiciona as previsões do modelo a uma nova coluna no data frame:

```
grid <- grid %>%
  add_predictions(sim1_mod)
grid
#> # A tibble: 10 × 2
#>        x  pred
#>    <int> <dbl>
#> 1      1  6.27
#> 2      2  8.32
#> 3      3 10.38
#> 4      4 12.43
#> 5      5 14.48
#> 6      6 16.53
#> # ... with 4 more rows
```

(Você também pode usar essa função para adicionar previsões ao seu conjunto de dados original.)

Em seguida fazemos os gráficos das previsões. Você pode ficar surpreso com todo esse trabalho extra comparado a só usar `geom_abline()`. Mas a vantagem dessa abordagem é que ela funcionará com *qualquer* modelo em R, do mais simples ao mais complexo. Você só está limitado pelas suas habilidades de visualização. Para mais ideias sobre como visualizar tipos de modelos mais complexos, consulte *http://vita.had.co.nz/papers/model-vis.html* (conteúdo em inglês).

```
ggplot(sim1, aes(x)) +
  geom_point(aes(y = y)) +
```

```
geom_line(
  aes(y = pred),
  data = grid,
  colour = "red",
  size = 1
)
```

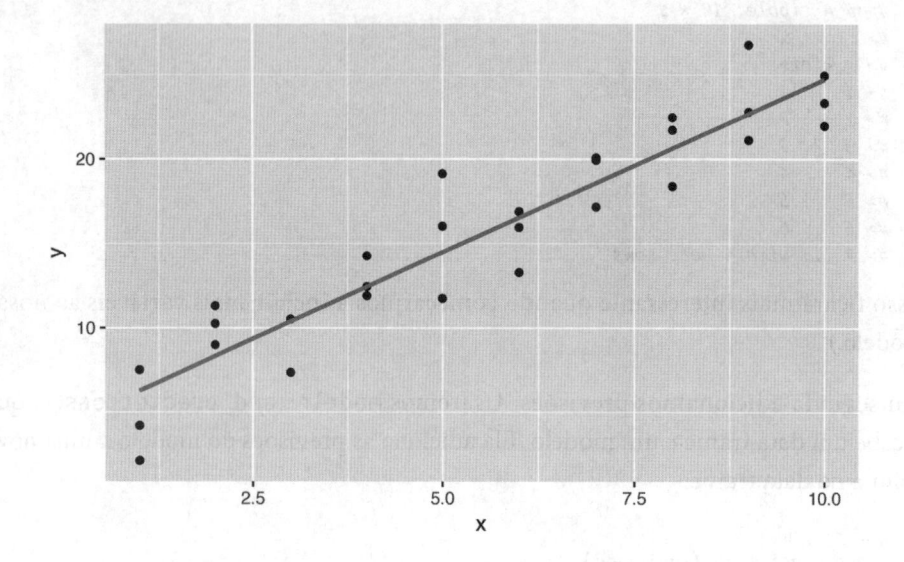

[gráfico de dispersão com linha de regressão vermelha, eixo x de 2.5 a 10.0, eixo y de aproximadamente 0 a 25]

Resíduos

O outro lado das previsões são os *resíduos*. As previsões lhe dizem o padrão que o modelo capturou, e os resíduos lhe dizem o que o modelo perdeu. Os resíduos são apenas as distâncias entre os valores observados e previstos que calculamos antes.

Adicionamos resíduos aos dados com add_residuals(), que funciona como add_predictions(). Note, no entanto, que usamos o conjunto de dados original, não a grade manufaturada. Isso porque para calcular resíduos precisamos dos valores reais de y:

```
sim1 <- sim1 %>%
  add_residuals(sim1_mod)
sim1
#> # A tibble: 30 × 3
#>       x      y  resid
#>   <int>  <dbl>  <dbl>
#> # 1    1   4.20 -2.072
#> # 2    1   7.51  1.238
#> # 3    1   2.13 -4.147
#> # 4    2   8.99  0.665
#> # 5    2  10.24  1.919
```

```
#> 6        2 11.30  2.973
#> # ... with 24 more rows
```

Há algumas maneiras diferentes de entender o que os resíduos nos contam sobre o modelo. Uma delas é simplesmente desenhar um polígono de frequência para nos ajudar a compreender a dispersão dos resíduos:

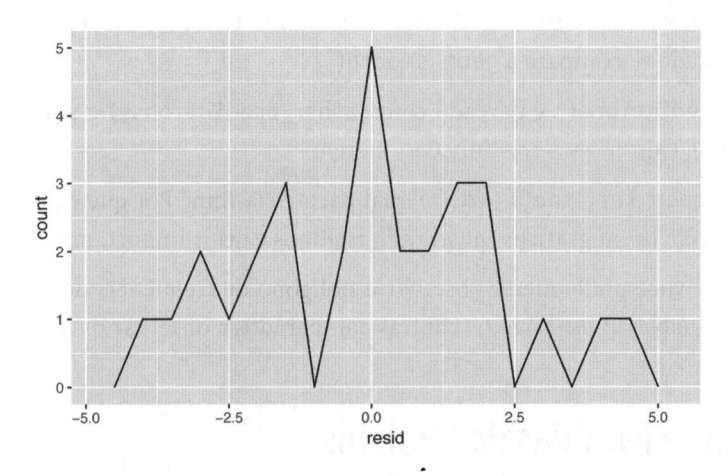

```
ggplot(sim1, aes(resid)) +
  geom_freqpoly(binwidth = 0.5)
```

Isso lhe ajuda a calibrar a qualidade do modelo: quão distantes estão as previsões com relação aos valores observados? Note que a média dos resíduos será sempre 0.

Frequentemente você vai querer recriar gráficos usando os resíduos, em vez do previsor original. Falaremos muito disso no próximo capítulo:

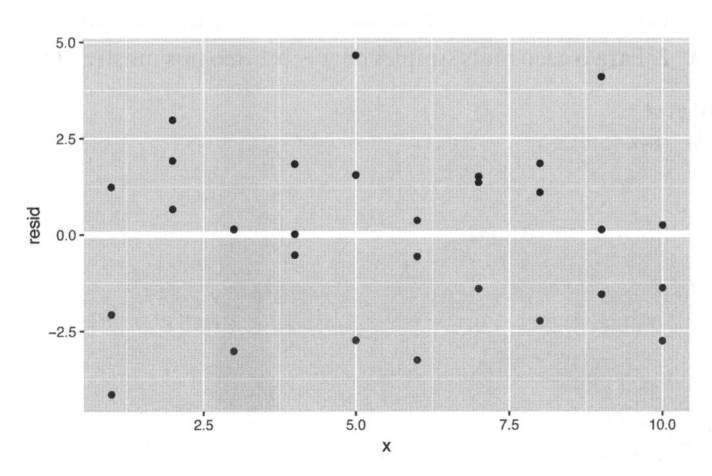

```
ggplot(sim1, aes(x, resid)) +
  geom_ref_line(h = 0) +
  geom_point()
```

Isso parece ruído aleatório, sugerindo que nosso modelo fez um bom trabalho capturando os padrões do conjunto de dados.

Exercícios

1. Em vez de usar `lm()` para ajustar uma linha reta, você pode usar `loess()` para ajustar uma curva suave. Repita o processo de ajuste de modelos, geração de grade, previsões e visualização em `sim1` usando `loess()`, em vez de `lm()`. Como o resultado se compara a `geom_smooth()`?

2. `add_predictions()` é pareado com `gather_predictions()` e `spread_predictions()`. Como essas três funções diferem?

3. O que `geom_ref_line()` faz? De qual pacote ela vem? Por que exibir uma linha de referência em gráficos mostrando resíduos é útil e importante?

4. Por que você pode querer observar o polígono de frequência de resíduos absolutos? Quais são os prós e os contras comparados a observar os resíduos brutos?

Fórmulas e Famílias de Modelos

Você viu fórmulas antes, quando usou `facet_wrap()` e `facet_grid()`. Em R, as fórmulas fornecem uma maneira geral de obter "comportamento especial". Em vez de avaliar logo os valores das variáveis, elas os capturam para que possam ser interpretados pela função.

A maioria das funções de modelagem em R usa uma conversão padrão de fórmulas para funções. Em uma conversão simples: y ~ x é traduzido para y = a_1 + a_2 * x. Se desejar ver o que o R realmente faz, use a função `model_matrix()`. Ela recebe um data frame e uma fórmula e retorna um tibble que define a equação do modelo: cada coluna na saída é associada a um coeficiente no modelo, e a função é sempre y = a_1 * out1 + a_2 * out_2. Para o caso mais simples de y ~ x1 isso nos mostra algo interessante:

```
df <- tribble(
  ~y, ~x1, ~x2,
  4,  2,   5,
  5,  1,   6
```

```
)
model_matrix(df, y ~ x1)
#> # A tibble: 2 x 2
#>   `(Intercept)`    x1
#>           <dbl> <dbl>
#> 1             1     2
#> 2             1     1
```

A maneira pela qual o R adiciona a interseção (Intercept) ao modelo é simplesmente tendo uma coluna cheia de uns. Por padrão, o R sempre adicionará essa coluna. Se você não quer isso, precisa explicitar, para que ela seja deixada de lado com -1:

```
model_matrix(df, y ~ x1 - 1)
#> # A tibble: 2 x 1
#>      x1
#>   <dbl>
#> 1     2
#> 2     1
```

A matriz do modelo aumenta de maneira nada surpreendente quando adicionamos mais variáveis ao modelo:

```
model_matrix(df, y ~ x1 + x2)
#> # A tibble: 2 x 3
#>   `(Intercept)`    x1    x2
#>           <dbl> <dbl> <dbl>
#> 1             1     2     5
#> 2             1     1     6
```

Esse registro de fórmula é chamado, às vezes, de "notação Wilkinson-Rogers", inicialmente descrita em *Symbolic Description of Factorial Models for Analysis of Variance* (*http://bit.ly/wilkrog* — conteúdo em inglês), de G. N. Wilkinson e C. E. Rogers. Vale a pena procurar e ler o artigo original se quiser entender os detalhes completos da álgebra de modelagem.

As seções seguintes abordam mais amplamente sobre como essa notação funciona para variáveis categóricas, interações e transformações.

Variáveis Categóricas

Gerar uma função a partir de uma fórmula é algo bem direto quando o previsor é contínuo, mas as coisas ficam um pouco mais complicadas quando o previsor é categórico. Imagine que você tenha uma fórmula como y ~ sex, onde sex poderia ser masculino ou feminino. Não faz sentido converter isso em uma fórmula como y = x_0 + x_1 * sex, porque sex não é um número — não pode multiplicá-lo! Em vez disso, o que o R faz é converter para y = x_0 + x_1 * sex_male, no qual sex_male é 1, se sex for masculino, e 0, caso contrário:

```
df <- tribble(
  ~ sex, ~ response,
  "male", 1,
  "female", 2,
  "male", 1
)
model_matrix(df, response ~ sex)
#> # A tibble: 3 × 2
#>   `(Intercept)` sexmale
#>           <dbl>   <dbl>
#> 1             1       1
#> 2             1       0
#> 3             1       1
```

Você pode se perguntar por que o R também não cria uma coluna sexfemale. O problema é que isso criaria uma coluna totalmente previsível com base nas outras colunas (isto é, sexfemale = 1 - sexmale). Infelizmente, os detalhes exatos da razão de isso ser um problema estão além do escopo deste livro, mas basicamente isso cria uma família de modelos que é flexível demais, e terá infinitos modelos que serão igualmente próximos dos dados.

Felizmente, contudo, se você focar em visualizar previsões, não precisará se preocupar com a parametrização exata. Vamos observar alguns dados e modelos para concretizar o assunto. Aqui está o conjunto de dados sim2 de **modelr**:

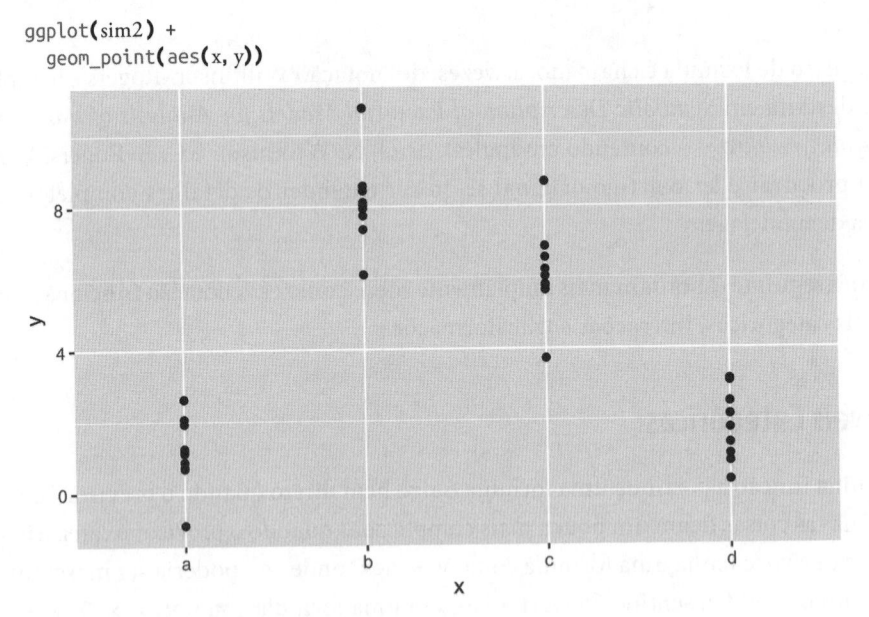

```
ggplot(sim2) +
  geom_point(aes(x, y))
```

Podemos ajustar nele um modelo e gerar previsões:

```
mod2 <- lm(y ~ x, data = sim2)
```

```
grid <- sim2 %>%
  data_grid(x) %>%
  add_predictions(mod2)
grid
#> # A tibble: 4 × 2
#>       x  pred
#>   <chr> <dbl>
#> 1     a  1.15
#> 2     b  8.12
#> 3     c  6.13
#> 4     d  1.91
```

Efetivamente, um modelo com um x categórico irá prever o valor médio para cada categoria. (Por quê? Porque a média minimiza a distância da raiz quadrática média.) Podemos ver claramente se sobrepusermos as previsões sobre os dados originais:

```
ggplot(sim2, aes(x)) +
  geom_point(aes(y = y)) +
  geom_point(
    data = grid,
    aes(y = pred),
    color = "red",
    size = 4
  )
```

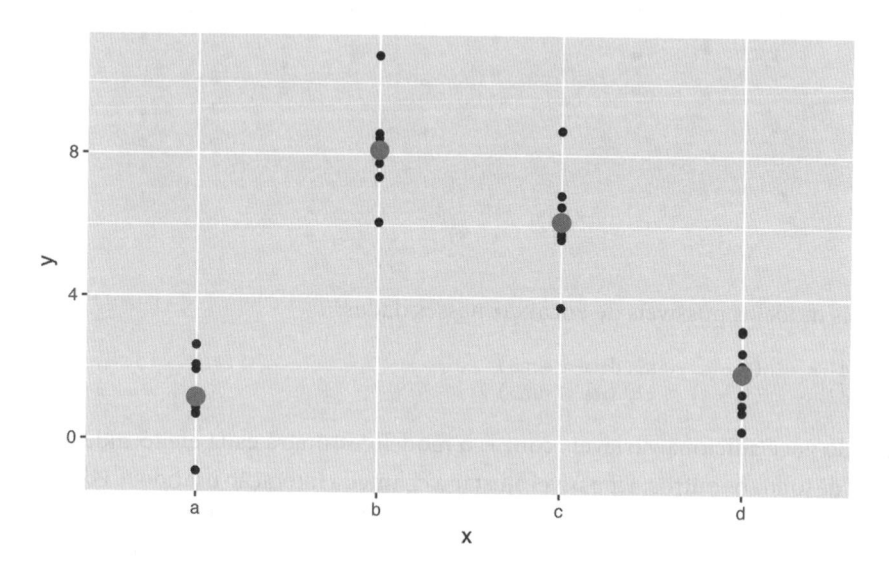

Você não pode fazer previsões sobre níveis que não observou. Às vezes fará isso por acidente, então é bom reconhecer esta mensagem de erro:

```
tibble(x = "e") %>%
  add_predictions(mod2)
```

```
#> Error in model.frame.default(Terms, newdata, na.action =
#> na.action, xlev = object$xlevels): factor x has new level e
```

Interações (Contínua e Categórica)

O que acontece quando você combina uma variável contínua e uma categórica? O sim3 contém um previsor categórico e um previsor contínuo. Podemos visualizá-lo com um gráfico simples:

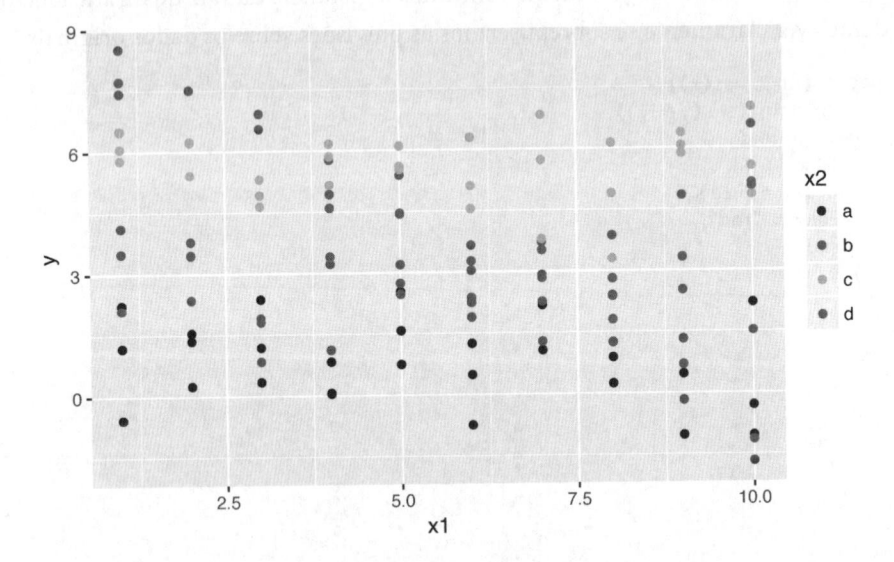

```
ggplot(sim3, aes(x1, y)) +
  geom_point(aes(color = x2))
```

Há dois modelos possíveis de encaixar nesses dados:

```
mod1 <- lm(y ~ x1 + x2, data = sim3)
mod2 <- lm(y ~ x1 * x2, data = sim3)
```

Quando você adiciona variáveis com +, o modelo estimará cada efeito independentemente de todos os outros. É possível ajustar a chamada interação usando *. Por exemplo, y ~ x1 * x2 é traduzida para y = a_0 + a_1 * a1 + a_2 * a2 + a_12 * a1 * a2. Note que sempre que você usa *, ambos, a interação e os componentes individuais, são incluídos no modelo.

Para visualizar esses modelos precisamos de novos truques:

- Temos dois previsores, então precisamos dar ambas as variáveis para data_grid(). Ela encontra todos os valores únicos de x1 e x2 e, então, gera todas as combinações.

- Para gerar previsões de ambos os modelos simultaneamente, podemos usar gather_predictions(), que adiciona cada previsão como uma linha. O complemento de gather_predictions() é spread_predictions(), que adiciona cada previsão em uma nova coluna.

Juntas, elas nos dão:

```
grid <- sim3 %>%
  data_grid(x1, x2)
  gather_predictions(mod1, mod2)
grid
#> # A tibble: 80 × 4
#>   model    x1    x2   pred
#>   <chr> <int> <fctr> <dbl>
#> 1 mod1     1     a    1.67
#> 2 mod1     1     b    4.56
#> 3 mod1     1     c    6.48
#> 4 mod1     1     d    4.03
#> 5 mod1     2     a    1.48
#> 6 mod1     2     b    4.37
#> # ... with 74 more rows
```

Podemos visualizar os resultados de ambos os modelos em um gráfico usando facetas:

```
ggplot(sim3, aes(x1, y, color = x2)) +
  geom_point() +
  geom_line(data = grid, aes(y = pred)) +
  facet_wrap(~ model)
```

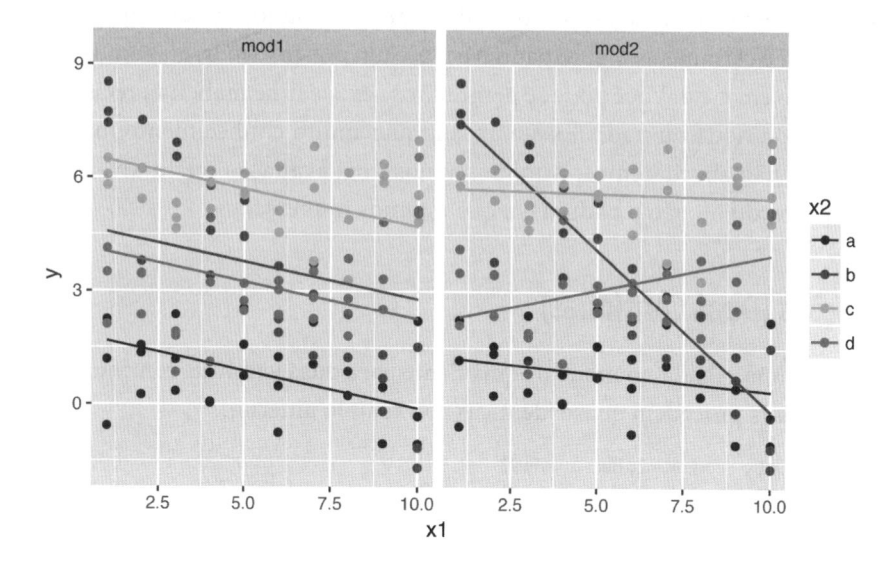

Note que o modelo que usa + tem a mesma inclinação para cada linha, mas interseções diferentes. O modelo que usa * tem um declive e uma interseção diferente para cada linha.

Fórmulas e Famílias de Modelos | 363

Qual modelo é melhor para esses dados? Podemos observar os resíduos. Aqui fiz facetas de ambos os modelos e x2, pois isso facilita a visualização do padrão dentro de cada grupo:

```
sim3 <- sim3 %>%
  gather_residuals(mod1, mod2)

ggplot(sim3, aes(x1, resid, color = x2)) +
  geom_point() +
  facet_grid(model ~ x2)
```

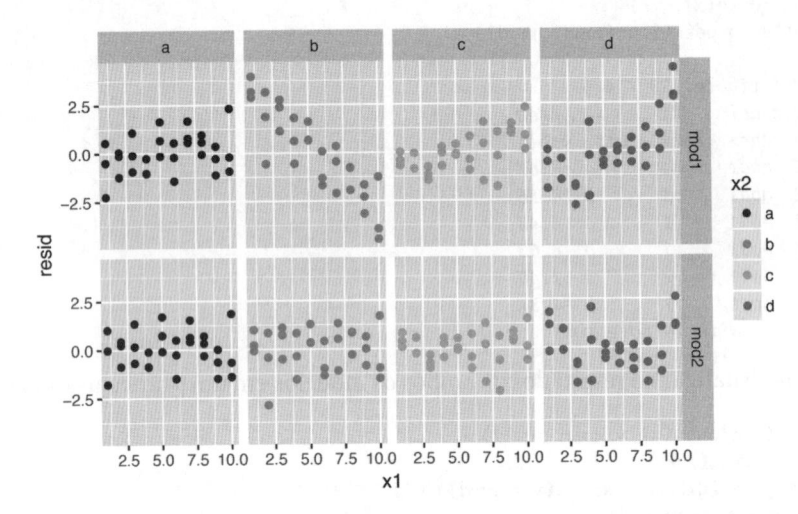

Há um padrão pouco óbvio nos resíduos de mod2. Os resíduos de mod1 mostram que o modelo perdeu claramente algum padrão em b, e um pouco menos, mas ainda presente, está o padrão em c e d. Você pode se perguntar se existe uma maneira precisa de dizer qual é melhor, mod1 ou mod2. Existe, mas requer muito conhecimento matemático, assunto que não abordaremos. Aqui buscamos uma avaliação qualitativa sobre se o modelo capturou ou não o padrão em que estamos interessados.

Interações (Duas Contínuas)

Vamos dar uma olhada no modelo equivalente para duas variáveis contínuas. Inicialmente as coisas procedem quase idênticas ao exemplo anterior:

```
mod1 <- lm(y ~ x1 + x2, data = sim4)
mod2 <- lm(y ~ x1 * x2, data = sim4)

grid <- sim4 %>%
  data_grid(
    x1 = seq_range(x1, 5),
```

```
    x2 = seq_range(x2, 5)
  ) %>%
  gather_predictions(mod1, mod2)
grid
#> # A tibble: 50 × 4
#>   model    x1    x2    pred
#>   <chr>  <dbl> <dbl>   <dbl>
#> 1 mod1   -1.0  -1.0   0.996
#> 2 mod1   -1.0  -0.5  -0.395
#> 3 mod1   -1.0   0.0  -1.786
#> 4 mod1   -1.0   0.5  -3.177
#> 5 mod1   -1.0   1.0  -4.569
#> 6 mod1   -0.5  -1.0   1.907
#> # ... with 44 more rows
```

Note a aplicação de seq_range() dentro de data_grid(). Em vez de utilizar cada valor único de x, usarei uma grade regularmente espaçada de cinco valores entre os números mínimo e máximo. Provavelmente isso não é superimportante aqui, mas é uma técnica válida no geral. Há outros três argumentos úteis para seq_range():

- pretty = TRUE gerará uma sequência "bonita", isto é, algo que pareça bonito aos olhos humanos. Será útil se você quiser produzir tabelas de saída:
  ```
  seq_range(c(0.0123, 0.923423), n = 5)
  #> [1] 0.0123 0.2401 0.4679 0.6956 0.9234
  seq_range(c(0.0123, 0.923423), n = 5, pretty = TRUE)
  #> [1] 0.0 0.2 0.4 0.6 0.8 1.0
  ```

- trim = 0.1 vai aparar 10% dos valores da cauda. Terá utilidade se a variável tiver uma distribuição de cauda longa e você quiser focar em gerar valores próximos do centro:
  ```
  x1 <- rcauchy(100)
  seq_range(x1, n = 5)
  #> [1] -115.9  -83.5  -51.2  -18.8   13.5
  seq_range(x1, n = 5, trim = 0.10)
  #> [1] -13.84  -8.71  -3.58   1.55   6.68
  seq_range(x1, n = 5, trim = 0.25)
  #> [1] -2.1735 -1.0594  0.0547  1.1687  2.2828
  seq_range(x1, n = 5, trim = 0.50)
  #> [1] -0.725 -0.268  0.189  0.647  1.104
  ```

- expand = 0.1 é, de certa forma, o oposto de trim(); ele expande a faixa em 10%:
  ```
  x2 <- c(0, 1)
  seq_range(x2, n = 5)
  #> [1] 0.00 0.25 0.50 0.75 1.00
  ```

```
seq_range(x2, n = 5, expand = 0.10)
#> [1] -0.050  0.225  0.500  0.775  1.050
seq_range(x2, n = 5, expand = 0.25)
#> [1] -0.125  0.188  0.500  0.812  1.125
seq_range(x2, n = 5, expand = 0.50)
#> [1] -0.250  0.125  0.500  0.875  1.250
```

Em seguida vamos tentar visualizar esse modelo. Temos dois previsores contínuos, sendo assim, é possível imaginar o modelo como uma superfície 3D. Poderíamos exibir usando geom_tile():

```
ggplot(grid, aes(x1, x2)) +
  geom_tile(aes(fill = pred)) +
  facet_wrap(~ model)
```

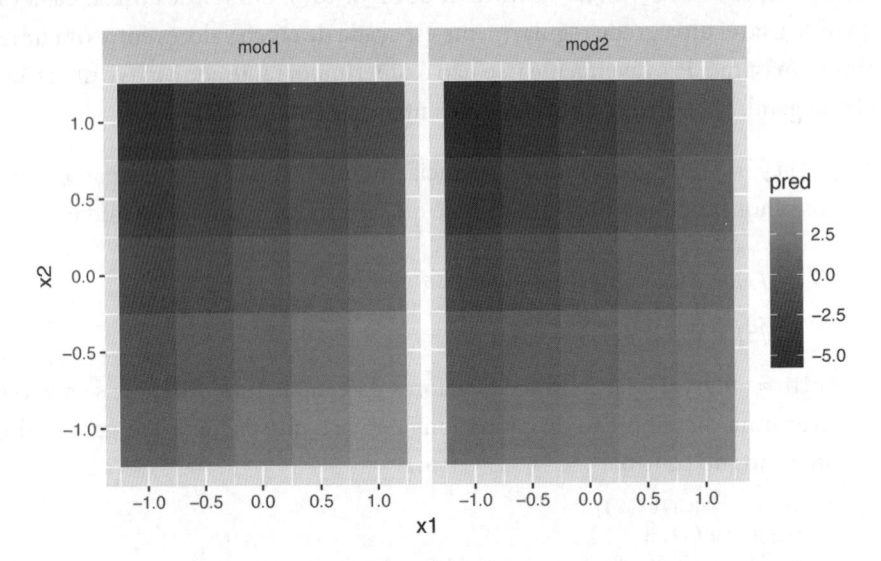

Isso não sugere que os modelos são muito diferentes! Mas é parcialmente uma ilusão: nossos olhos e nosso cérebro não são muito bons em comparar precisamente tons de cores. Em vez de olhar a superfície de cima, poderíamos olhá-la de qualquer um dos lados, exibindo várias fatias:

```
ggplot(grid, aes(x1, pred, color = x2, group = x2)) +
  geom_line() +
  facet_wrap(~ model)
ggplot(grid, aes(x2, pred, color = x1, group = x1)) +

geom_line() +
facet_wrap(~ model)
```

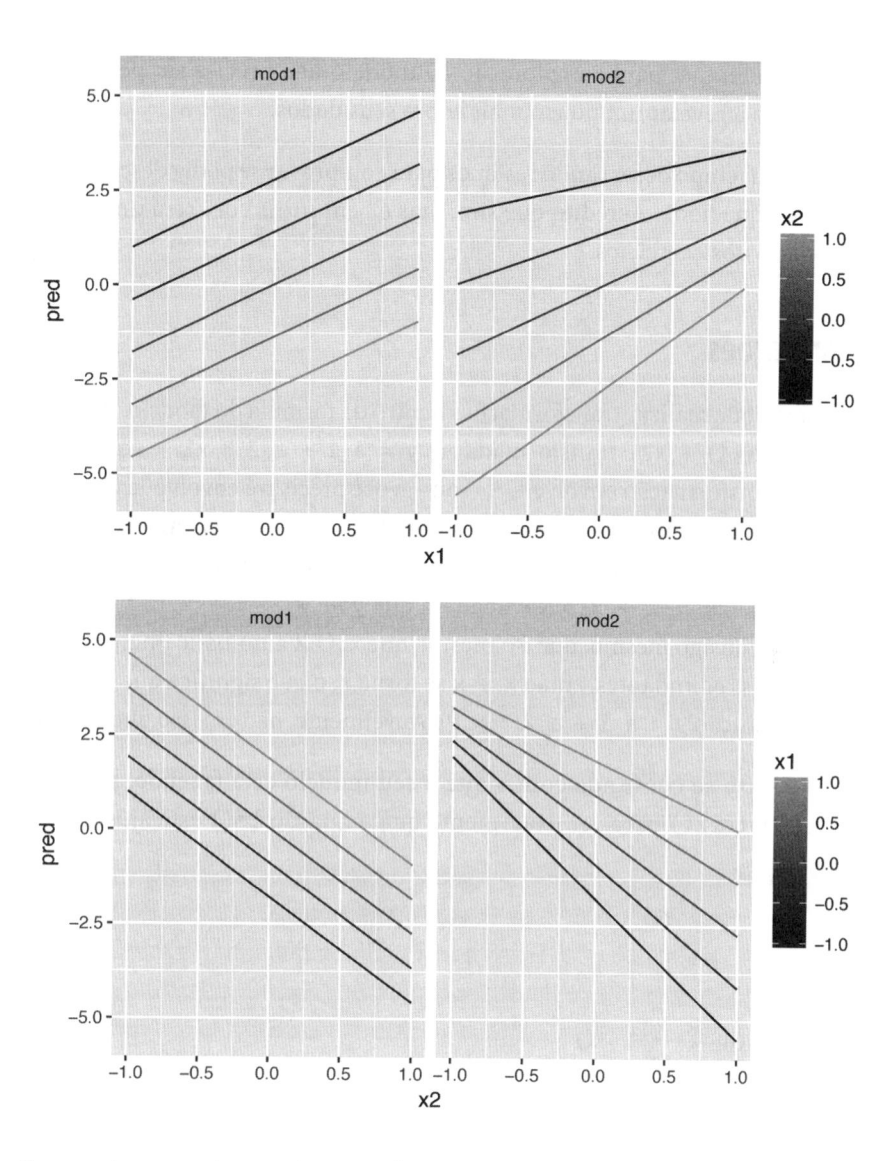

Isso lhe mostra que a interação entre duas variáveis contínuas funciona basicamente da mesma maneira que para uma variável categórica e para uma contínua. Uma interação diz que não há um offset fixo: você precisa considerar ambos os valores de x1 e x2 simultaneamente para prever y.

Podemos observar que mesmo com apenas duas variáveis contínuas, é difícil conseguir boas visualizações. Porém, é compreensível: você não deveria esperar que fosse fácil entender como três ou mais variáveis interagem simultaneamente! Mas, novamente, estamos um pouco a salvo, pois usamos modelos, que podem ser aumentados gradualmente com o tempo, para a exploração. O modelo não precisa ser perfeito, ele só precisa ajudá-lo a revelar um pouco mais sobre seus dados.

Eu passei algum tempo observando resíduos para comprovar se podia descobrir se `mod2` era melhor do que `mod1`. Acredito que sim, mas é bem sutil. Você terá uma chance de trabalhar nisso nos exercícios.

Transformações

Você também pode realizar transformações dentro da fórmula do modelo. Por exemplo, `log(y) ~ sqrt(x1) + x2` é transformada em `y = a_1 + a_2 * x1 * sqrt(x) + a_3 * x2`. Se sua transformação envolve +, *, ^ ou -, você precisará envolvê-la com `I()` para que o R não a trate como parte da especificação do modelo. Por exemplo, `y ~ x + I(x ^ 2)` é traduzida para `y = a_1 + a_2 * x + a_3 * x^2`. Se você se esquecer de `I()` e especificar `y ~ x ^ 2 + x`, o R entenderá que `y ~ x * x + x`. `x * x` significa a interação de x consigo mesmo, que é o mesmo que x. O R automaticamente deixará de lado as variáveis redundantes, então `x + x` se torna x, o que significa que `y ~ x ^ 2 + x` especifica a função `y = a_1 + a_2 * x`. Provavelmente, não era isso que você queria!

Novamente, caso se confunda com o que o seu modelo está fazendo, pode sempre usar `model_matrix()` para ver exatamente qual equação `lm()` está ajustando:

```
df <- tribble(
  ~y, ~x,
   1,  1,
   2,  2,
   3,  3
)
model_matrix(df, y ~ x^2 + x)
#> # A tibble: 3 × 2
#>   `(Intercept)`     x
#>           <dbl> <dbl>
#> 1             1     1
#> 2             1     2
#> 3             1     3
model_matrix(df, y ~ I(x^2) + x)
#> # A tibble: 3 × 3
#>   `(Intercept)` `I(x^2)`     x
#>           <dbl>    <dbl> <dbl>
#> 1             1        1     1
#> 2             1        4     2
#> 3             1        9     3
```

Transformações são úteis, porque você pode usá-las para aproximar funções não lineares. Se você teve aulas de cálculo, pode ter ouvido falar sobre o teorema de Taylor, que afirma ser possível aproximar qualquer função suave com uma soma infinita de polinômios. Isso significa que poderá usar uma função linear para chegar arbitrariamente próximo de uma função suave encaixando uma equação como y = a_1 + a_2 * x + a_3 * x^2 + a_4 * x ^ 3. Digitar essa sequência à mão é entediante, então o R fornece uma função auxiliar, poly():

```
model_matrix(df, y ~ poly(x, 2))
#> # A tibble: 3 × 3
#>   `(Intercept)` `poly(x, 2)1` `poly(x, 2)2`
#>           <dbl>         <dbl>         <dbl>
#> 1             1      -7.07e-01         0.408
#> 2             1      -7.85e-17        -0.816
#> 3             1       7.07e-01         0.408
```

Contudo, há um grande problema no uso de poly(): fora da faixa dos dados, os polinômios disparam rapidamente para o infinito positivo ou negativo. A alternativa mais segura é usar o spline natural, splines::ns():

```
library(splines)
model_matrix(df, y ~ ns(x, 2))
#> # A tibble: 3 × 3
#>   `(Intercept)` `ns(x, 2)1` `ns(x, 2)2`
#>           <dbl>       <dbl>       <dbl>
#> 1             1       0.000       0.000
#> 2             1       0.566      -0.211
#> 3             1       0.344       0.771
```

Vejamos como isso fica quando tentamos nos aproximar de uma função não linear:

```
sim5 <- tibble(
  x = seq(0, 3.5 * pi, length = 50),
  y = 4 * sin(x) + rnorm(length(x))
)

ggplot(sim5, aes(x, y)) +
  geom_point()
```

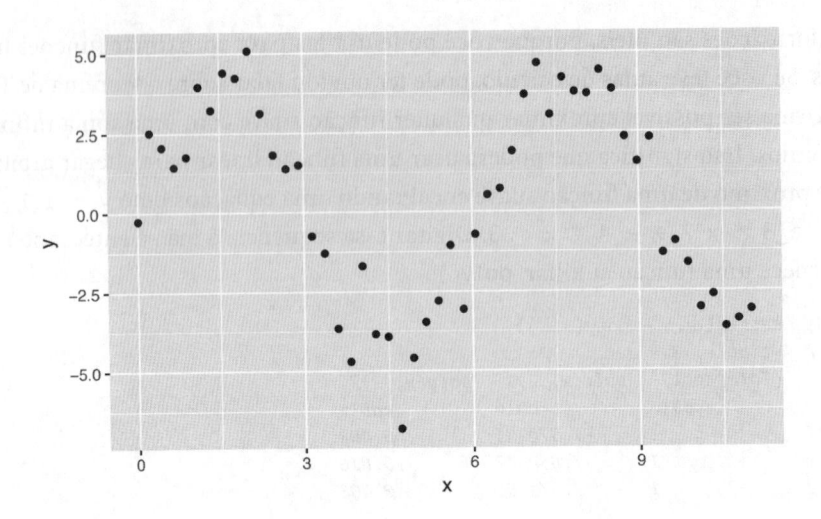

Vou ajustar cinco modelos nestes dados:

```
mod1 <- lm(y ~ ns(x, 1), data = sim5)
mod2 <- lm(y ~ ns(x, 2), data = sim5)
mod3 <- lm(y ~ ns(x, 3), data = sim5)
mod4 <- lm(y ~ ns(x, 4), data = sim5)
mod5 <- lm(y ~ ns(x, 5), data = sim5)

grid <- sim5 %>%
  data_grid(x = seq_range(x, n = 50, expand = 0.1)) %>%
  gather_predictions(mod1, mod2, mod3, mod4, mod5, .pred = "y")

ggplot(sim5, aes(x, y)) +
  geom_point() +
  geom_line(data= grid, color = "red") +
  facet_wrap(~ model)
```

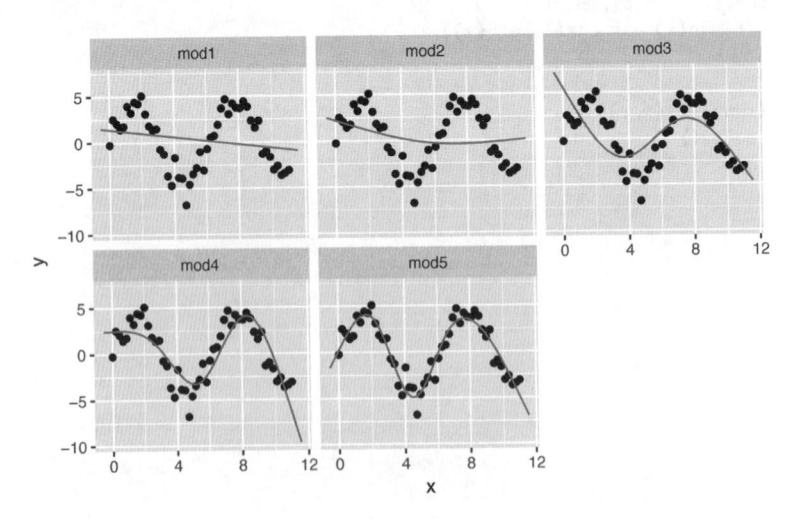

Note que a extrapolação fora da faixa dos dados é claramente ruim. Essa é a desvantagem de aproximar uma função com um polinômio. Mas é um problema muito real com todos os modelos: o modelo nunca pode lhe dizer se o comportamento é verdadeiro quando você começa a extrapolar fora da faixa dos dados determinada. Você deve apoiar-se na teoria e na ciência.

Exercícios

1. O que acontece se você repetir a análise de sim2 usando um modelo sem uma interseção? O que ocorre com a equação do modelo? E com as previsões?

2. Use model_matrix() para explorar as equações geradas para os modelos que eu ajustei em sim3 e sim4. Por que * é um bom atalho para a interação?

3. Usando os princípios básicos, converta em funções as fórmulas nos dois modelos a seguir. (Dica: comece convertendo a variável categórica em variáveis 0-1.)

    ```
    mod1 <- lm(y ~ x1 + x2, data = sim3)
    mod2 <- lm(y ~ x1 * x2, data = sim3)
    ```

4. Para sim4, qual é melhor, mod1 ou mod2? Acredito que o mod2 faz um trabalho levemente melhor removendo padrões, mas é bem sutil. Você consegue criar um gráfico que suporte minha afirmação?

Valores Faltantes

Valores faltantes obviamente não podem transmitir qualquer informação sobre o relacionamento entre as variáveis, então as funções de modelagem deixarão de lado qualquer linha que contenha valores faltantes. O comportamento padrão do R é deixá-las de lado discretamente, mas options(na.action = na.warn) (executado nos pré-requisitos) garante que você receba um aviso:

```
df <- tribble(
  ~x, ~y,
  1, 2.2,
  2, NA,
  3, 3.5,
  4, 8.3,
  NA, 10
)
```

```
mod <- lm(y ~ x, data = df)
#> Warning: Dropping 2 rows with missing values
```

Para suprimir o aviso, configure na.action = na.exclude:

```
mod <- lm(y ~ x, data = df, na.action = na.exclude)
```

Você pode ver sempre exatamente quantas observações foram usadas com nobs():

```
nobs(mod)
#> [1] 3
```

Outras Famílias de Modelos

Este capítulo focou exclusivamente na classe de modelos lineares, que assumem um relacionamento no formato y = a_1 * x1 + a_2 * x2 + ... + a_n * xn. Modelos lineares supõem adicionalmente que os resíduos têm uma distribuição normal, sobre a qual não falamos. Há um conjunto maior de classes de modelos que ampliam o modelo linear de várias maneiras interessantes. Algumas delas são:

- *Modelos lineares generalizados*, por exemplo, stats::glm(). Modelos lineares supõem que a resposta é contínua e que o erro tem uma distribuição normal. Modelos lineares generalizados ampliam os modelos lineares para incluir respostas não contínuas (por exemplo, dados binários ou counts). Eles trabalham definindo uma métrica de distância com base na ideia estatística de verossimilhança.

- *Modelos aditivos generalizados*, por exemplo, mgcv::gam(), ampliam os modelos lineares generalizados para incorporar funções suaves arbitrárias. Isso significa que você pode escrever uma fórmula como y ~ s(x), que se torna uma equação como y = f(x), e deixar que gam() faça a estimativa do que é a função (sujeito a algumas restrições de suavidade para tornar o problema tratável).

- *Modelos lineares penalizados*, por exemplo, glmnet::glmnet(), adicionam um termo de penalidade à distância que penaliza modelos complexos (como definido pela distância entre o vetor de parâmetro e a origem). Isso tende a criar modelos que generalizam melhor para novos conjuntos de dados da mesma população.

- *Modelos lineares robustos*, por exemplo, MASS:rlm(), ajustam a distância para dar menos peso a pontos que estão muito longe. Isso os torna menos sensíveis à presença de outliers, com o custo de não serem tão bons quando não há outliers.

- *Árvores*, por exemplo, `rpart::rpart()`, atacam o problema de maneira completamene diferente dos modelos lineares. Elas ajustam um modelo constante em partes, dividindo os dados em partes progressivamente menores. Árvores não são extremamente eficazes sozinhas, mas são muito poderosas quando usadas em conjunto com modelos como *random forests* (por exemplo, `randomForest::randomForest()`) ou *gradient boosting machines* (por exemplo, `xgboost::xgboost`).

Todos esses modelos funcionam de maneira similar da perspectiva de programação. Uma vez que tenha dominado modelos lineares, você achará fácil dominar as mecânicas dessas outras classes de modelos. Ser um modelador habilidoso é uma mistura de ter alguns bons princípios gerais e uma grande caixa de ferramentas de técnicas. Agora que aprendeu algumas ferramentas gerais e uma classe útil de modelos, pode seguir em frente e aprender mais classes de outras fontes.

CAPÍTULO 19
Construção de Modelos

Introdução

No capítulo anterior você aprendeu como funcionam os modelos lineares e conheceu algumas ferramentas básicas para entender o que um modelo está lhe dizendo sobre seus dados. Apresentamos também os conjuntos de dados simulados, para ajudá-lo a aprender sobre como funcionam os modelos. Este capítulo focará em dados reais, mostrando como você pode construir progressivamente um modelo que auxilie na sua compreensão dos dados.

Aproveitaremo-nos do fato de que possa imaginar um modelo particionando seus dados em padrões e resíduos. Encontraremos padrões com a visualização, depois os tornaremos concretos e precisos com um modelo. Então repetiremos o processo, mas substituiremos a variável de resposta antiga com os resíduos do modelo. O objetivo é fazer a transição de um conhecimento implícito nos dados, e na sua cabeça, para um conhecimento explícito em um modelo quantitativo. Isso facilita a aplicação dele em novos domínios e sua utilização por outros usuários.

Para conjuntos de dados muito grandes e complexos, isso será bem trabalhoso. Certamente existem abordagens alternativas — uma abordagem mais machine learning significa simplesmente focar na habilidade preditiva do modelo. Essas abordagens tendem a produzir caixas pretas: o modelo faz um trabalho muito bom em gerar previsões, mas você não sabe por quê. Essa é uma abordagem totalmente razoável, mas dificulta aplicar seu conhecimento real no modelo. Isso, por sua vez, dificulta avaliar se o modelo continuará ou não a funcionar no longo prazo, à medida que os fundamentos mudam. Para a maioria dos modelos reais, recomendo que use alguma combinação dessa abordagem e uma abordagem clássica mais automatizada.

É um desafio saber quando parar. Você precisa descobrir quando seu modelo é bom o bastante e quando um investimento adicional provavelmene não valerá a pena. Eu, particularmente, gosto desta citação do usuário do reddit, Broseidon241:

> Há muito tempo, em uma aula de artes, minha professora me disse: "Um artista precisa saber quando uma obra está pronta. Você não pode ajustar algo até a perfeição — finalize. Se você não gostar, faça de novo. Caso contrário, comece algo novo". Mais tarde na vida, eu escutei: "Uma costureira ruim comete muitos erros. Uma costureira boa trabalha duro para corrigir esses erros. Uma ótima costureira não tem medo de jogar a vestimenta fora e começar de novo".
>
> (*https://www.reddit.com/r/datascience/comments/4irajq* — conteúdo em inglês)

Pré-requisitos

Usaremos as mesmas ferramentas dos capítulos anteriores, mas adicionaremos alguns conjuntos de dados reais: diamonds de **ggplot2** e flights de **nycflights13**. Também precisaremos de **lubridate** para trabalhar com datas/horas em flights.

```
library(tidyverse)
library(modelr)
options(na.action = na.warn)

library(nycflights13)
library(lubridate)
```

Por que Diamantes de Baixa Qualidade São Mais Caros?

Nos capítulos anteriores vimos um relacionamento surpreendente entre a qualidade dos diamantes e seu preço: diamantes de baixa qualidade (cortes e cores ruins e clareza inferior) têm preços mais altos:

```
ggplot(diamonds, aes(cut, price)) + geom_boxplot()
ggplot(diamonds, aes(color, price)) + geom_boxplot()
ggplot(diamonds, aes(clarity, price)) + geom_boxplot()
```

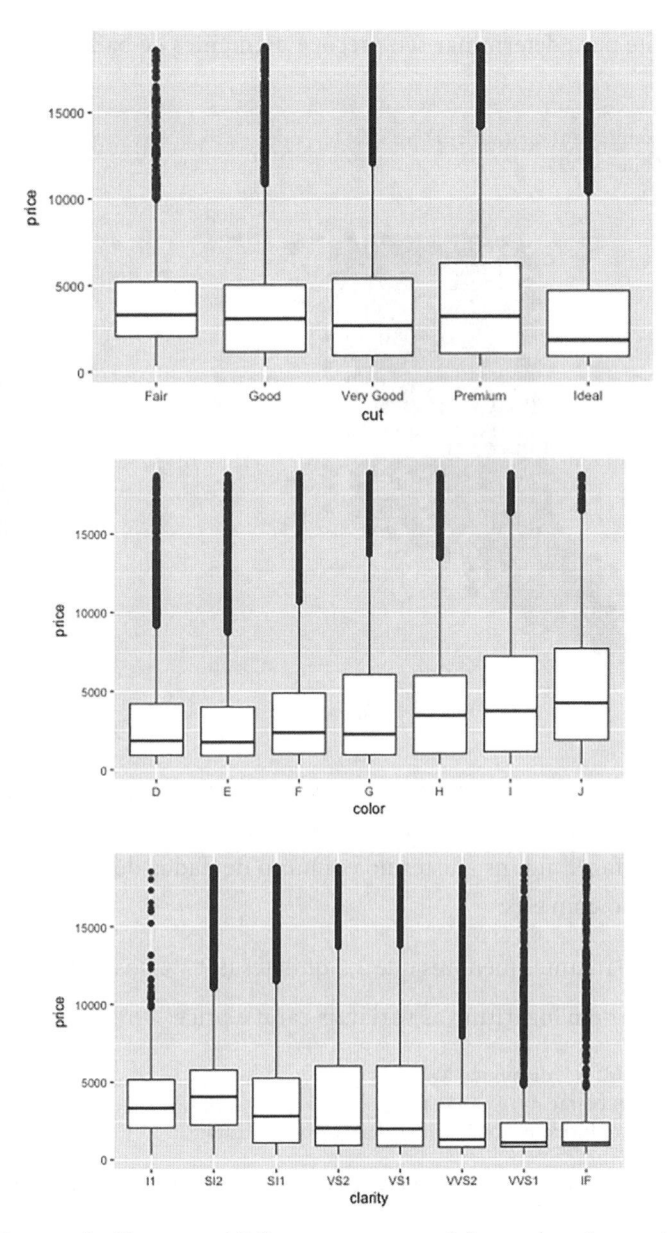

Note que a pior cor de diamante é J (levemente amarelo), e a pior clareza é I1 (inclusões visíveis a olho nu).

Preço e Quilates

Parece que diamantes de menor qualidade têm preços mais altos porque há uma variável de confusão importante: o peso (carat). O peso do diamante é o único fator mais importante para determinar seu preço, e diamantes de baixa qualidade tendem a ser maiores:

```
ggplot(diamonds, aes(carat, price)) +
  geom_hex(bins = 50)
```

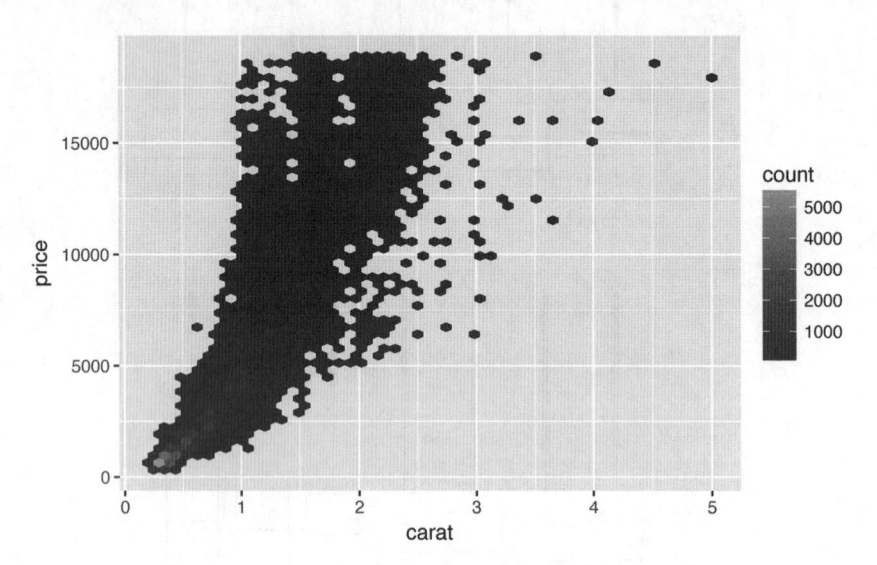

Podemos facilitar a visualização de como outros atributos de um diamante afetam seu preço (price) relativo ajustando um modelo para separar o efeito de carat. Mas primeiro vamos fazer alguns ajustes no conjunto de dados dos diamantes para simplificar o trabalho com eles:

1. Focar em diamantes menores que 2,5 quilates (99,7% dos dados).
2. Transformar em logaritmo as variáveis carat e price:

    ```
    diamonds2 <- diamonds %>%
      filter(carat <= 2.5) %>%
      mutate(lprice = log2(price), lcarat = log2(carat))
    ```

Juntas, essas mudanças facilitam a visualização da relação entre carat e price:

```
ggplot(diamonds2, aes(lcarat, lprice)) +
  geom_hex(bins = 50)
```

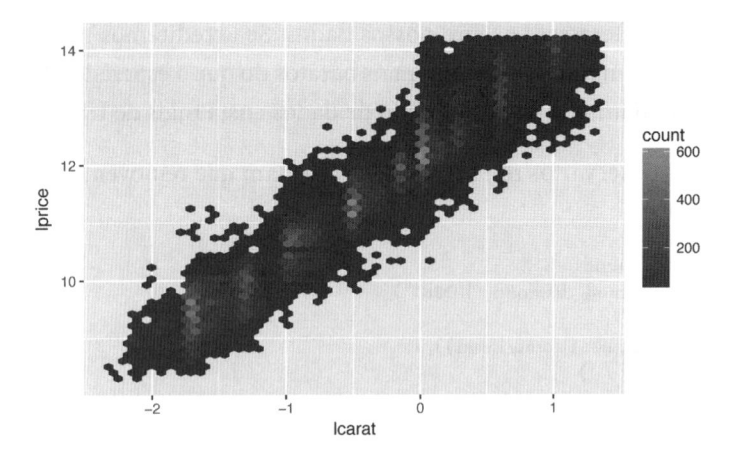

A transformação logarítmica é particularmente útil aqui porque torna o padrão linear, e padrões lineares são os mais fáceis de trabalhar. Vamos dar o próximo passo e remover esse padrão linear forte. Primeiro tornamos o padrão explícito ajustando um modelo:

```
mod_diamond <- lm(lprice ~ lcarat, data = diamonds2)
```

Depois observamos o que o modelo nos fala sobre os dados. Note que transformei de volta as previsões, desfazendo a transformação em logaritmo, para que possa sobrepor as previsões sobre os dados brutos:

```
grid <- diamonds2 %>%
  data_grid(carat = seq_range(carat, 20)) %>%
  mutate(lcarat = log2(carat)) %>%
  add_predictions(mod_diamond, "lprice") %>%
  mutate(price = 2 ^ lprice)

ggplot(diamonds2, aes(carat, price)) +
  geom_hex(bins = 50) +
  geom_line(data = grid, color = "red", size = 1)
```

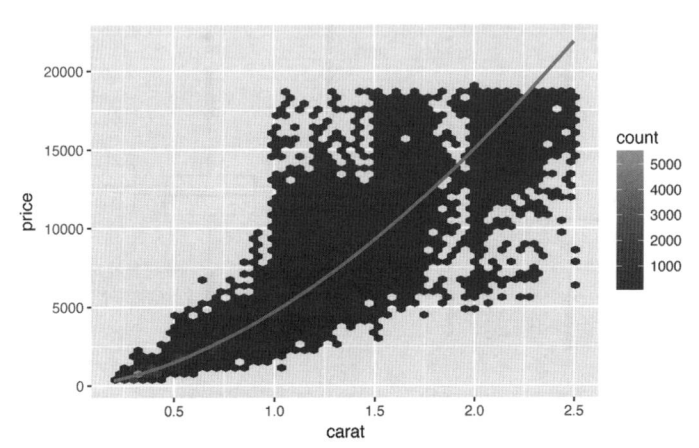

Isso nos diz algo interessante sobre nossos dados. Se acreditamos no nosso modelo, então os diamantes maiores são muito mais baratos do que o esperado. Provavelmente porque nenhum diamante nesse conjunto de dados custa mais de US$19.000.

Agora podemos observar os resíduos, que confirmam que removemos com sucesso o forte padrão linear:

```
diamonds2 <- diamonds2 %>%
  add_residuals(mod_diamond, "lresid")

ggplot(diamonds2, aes(lcarat, lresid)) +
  geom_hex(bins = 50)
```

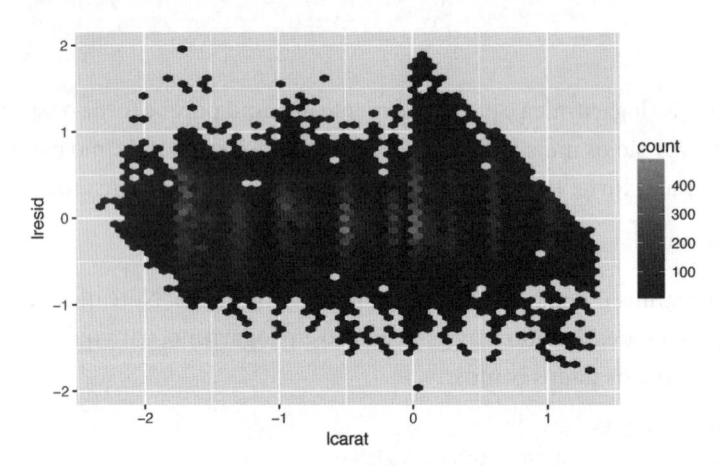

Importante, neste momento podemos refazer nossos gráficos motivadores usando aqueles resíduos, em vez de price:

```
ggplot(diamonds2, aes(cut, lresid)) + geom_boxplot()
ggplot(diamonds2, aes(color, lresid)) + geom_boxplot()
ggplot(diamonds2, aes(clarity, lresid)) + geom_boxplot()
```

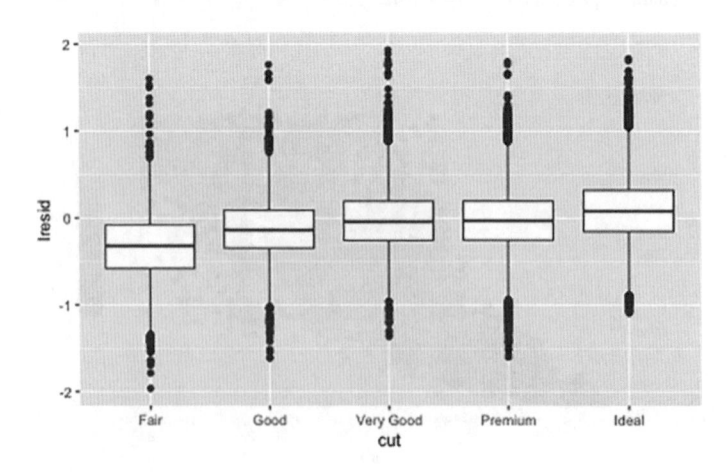

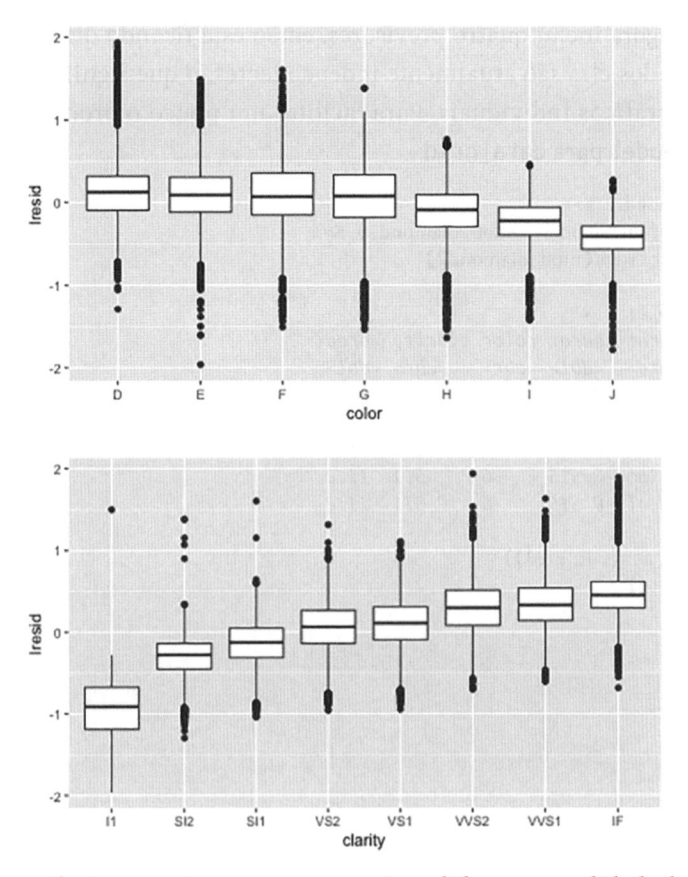

Agora vemos o relacionamento que esperamos: à medida que a qualidade dos diamantes aumenta, o mesmo ocorre com seu preço relativo. Para interpretar o eixo y, precisamos pensar sobre o que os resíduos estão nos contando e em que escala eles estão. Um resíduo de –1 indica que lprice estava 1 unidade abaixo de uma previsão baseada somente em seu peso. Como 2^{-1} é 1/2, então pontos com um valor de –1 são metade do preço esperado, e resíduos com valor 1 são duas vezes o preço previsto.

Um Modelo Mais Complicado

Se quiséssemos, poderíamos continuar a construir nosso modelo, movendo os efeitos que observamos para o modelo e tornando-os explícitos. Por exemplo, poderíamos incluir color, cut e clarity no modelo para que também tornássemos explícitos os efeitos dessas três variáveis categóricas:

```
mod_diamond2 <- lm(
  lprice ~ lcarat + color + cut + clarity,
  data = diamonds2
)
```

Este modelo agora inclui quatro previsores, então está ficando difícil de visualizar. Felizmente, todos eles são atualmente independentes, o que significa que podemos fazer quatro gráficos individuais. Para facilitar um pouco o processo, usaremos o argumento .model para data_grid:

```
grid <- diamonds2 %>%
  data_grid(cut, .model = mod_diamond2) %>%
  add_predictions(mod_diamond2)
grid
#> # A tibble: 5 × 5
#>         cut lcarat color clarity  pred
#>       <ord>  <dbl> <chr>   <chr> <dbl>
#> 1      Fair -0.515     G     SI1  11.0
#> 2      Good -0.515     G     SI1  11.1
#> 3 Very Good -0.515     G     SI1  11.2
#> 4   Premium -0.515     G     SI1  11.2
#> 5     Ideal -0.515     G     SI1  11.2

ggplot(grid, aes(cut, pred)) +
  geom_point()
```

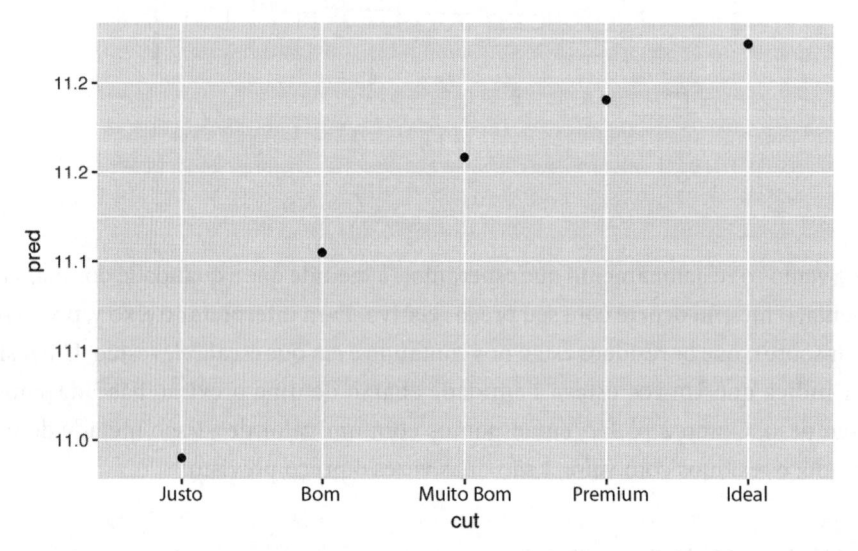

Se o modelo precisa de variáveis que você não tenha fornecido explicitamente, data_grid() as preencherá automaticamente com o valor "típico". Para variáveis contínuas, ela usa a mediana, e para as categóricas, ela usa o valor mais comum (ou valores, se for um empate):

```
diamonds2 <- diamonds2 %>%
  add_residuals(mod_diamond2, "lresid2")
```

```
ggplot(diamonds2, aes(lcarat, lresid2)) +
  geom_hex(bins = 50)
```

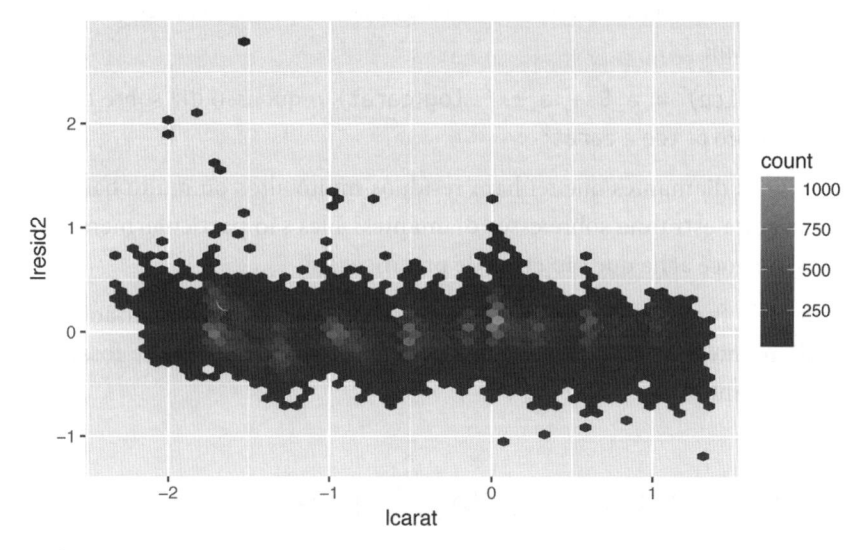

Esse gráfico indica que há alguns diamantes com resíduos bem grandes — lembre-se de que um resíduo de 2 indica que o diamante é 4x o preço que esperamos. Muitas vezes é útil observar valores incomuns individualmente:

```
diamonds2 %>%
  filter(abs(lresid2) > 1) %>%
  add_predictions(mod_diamond2) %>%
  mutate(pred = round(2 ^ pred)) %>%
  select(price, pred, carat:table, x:z) %>%
  arrange(price)
#> # A tibble: 16 × 11
#>    price  pred carat      cut color clarity depth table     x
#>    <int> <dbl> <dbl>    <ord> <ord>   <ord> <dbl> <dbl> <dbl>
#> 1   1013   264  0.25     Fair     F     SI2  54.4    64  4.30
#> 2   1186   284  0.25  Premium     G     SI2  59.0    60  5.33
#> 3   1186   284  0.25  Premium     G     SI2  58.8    60  5.33
#> 4   1262  2644  1.03     Fair     E      I1  78.2    54  5.72
#> 5   1415   639  0.35     Fair     G     VS2  65.9    54  5.57
#> 6   1415   639  0.35     Fair     G     VS2  65.9    54  5.57
#> # ... with 10 more rows, and 2 more variables: y <dbl>,
#> #   z <dbl>
```

Nada realmente me chama a atenção aqui, mas provavelmente vale a pena passar algum tempo considerando se isso indica um problema com nosso modelo ou se há erros nos dados. Se houver erros, isso poderia ser uma oportunidade para comprar diamantes que receberam preços baixos incorretamente.

Exercícios

1. No gráfico `lcarat` *versus* `lprice` há algumas listras verticais claras. O que elas representam?

2. Se `log(price) = a_0 + a_1 * log(carat)`, o que isso diz sobre o relacionamento entre `price` e `carat`?

3. Extraia os diamantes que tenham resíduos muito altos ou muito baixos. Há alguma coisa estranha sobre esses diamantes? Eles são particularmente ruins ou bons, ou você acha que são erros de precificação?

4. O modelo final, `mod_diamonds2`, faz um bom trabalho na previsão dos preços de diamantes? Você confiaria nele para dizer quanto gastar se fosse comprar um diamante?

O que Afeta o Número de Voos Diários?

Vamos trabalhar em um processo similar para um conjunto de dados que parece ainda mais simples à primeira vista: o número de voos que sai de NYC por dia. Esse é um conjunto de dados realmente pequeno — apenas 365 linhas e 2 colunas —, e não acabaremos com um modelo completamente feito, mas, como você verá, os passos nos ajudarão a entender melhor os dados. Começaremos contando o número de voos por dia e visualizando-os com **ggplot2**:

```
daily <- flights %>%
  mutate(date = make_date(year, month, day)) %>%
  group_by(date) %>%
  summarize(n = n())
daily
#> # A tibble: 365 × 2
#>         date     n
#>       <date> <int>
#> 1 2013-01-01   842
#> 2 2013-01-02   943
#> 3 2013-01-03   914
#> 4 2013-01-04   915
#> 5 2013-01-05   720
#> 6 2013-01-06   832
#> # ... with 359 more rows

ggplot(daily, aes(date, n)) +
  geom_line()
```

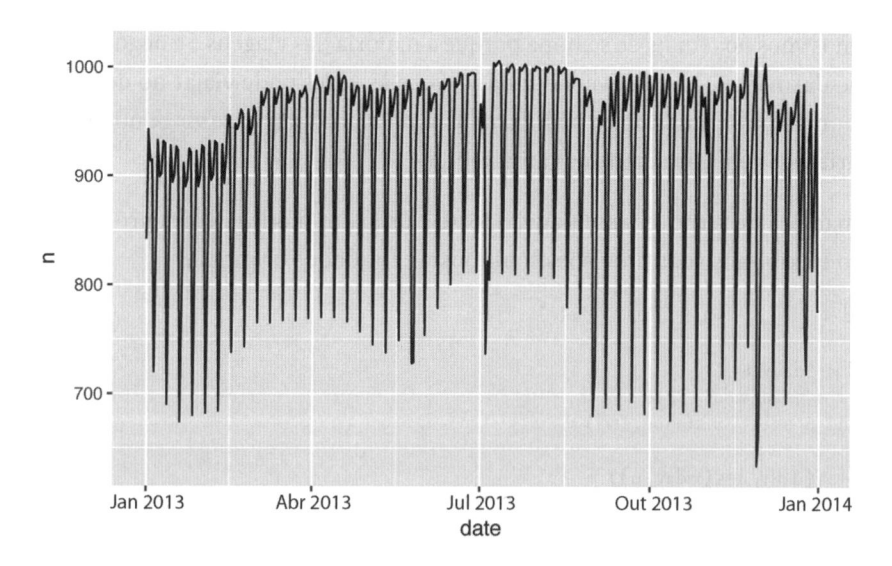

Dia da Semana

Entender a tendência de longo prazo é desafiador, pois há um efeito dia da semana muito forte que domina os padrões mais sutis. Iniciaremos observando a distribuição de números de voos por dia da semana:

```
daily <- daily %>%
  mutate(wday = wday(date, label = TRUE))
ggplot(daily, aes(wday, n)) +
  geom_boxplot()
```

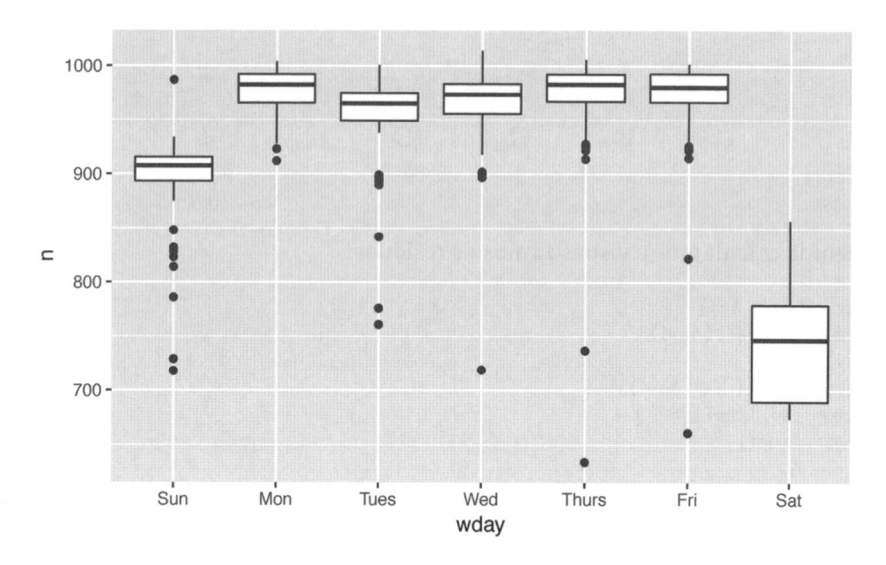

Há menos voos nos finais de semana porque a maioria das viagens é a negócios. O efeito é particularmente considerável no sábado: você às vezes pode viajar no domingo para uma reunião na segunda-feira pela manhã, mas é muito raro que viage no sábado, pois preferiria estar em casa com sua família.

Uma maneira de remover esse padrão forte é usar um modelo. Primeiro ajustamos o modelo e exibimos suas previsões sobrepostas aos dados originais:

```
mod <- lm(n ~ wday, data = daily)

grid <- daily %>%
  data_grid(wday) %>%
  add_predictions(mod, "n")

ggplot(daily, aes(wday, n)) +
  geom_boxplot() +
  geom_point(data = grid, color = "red", size = 4)
```

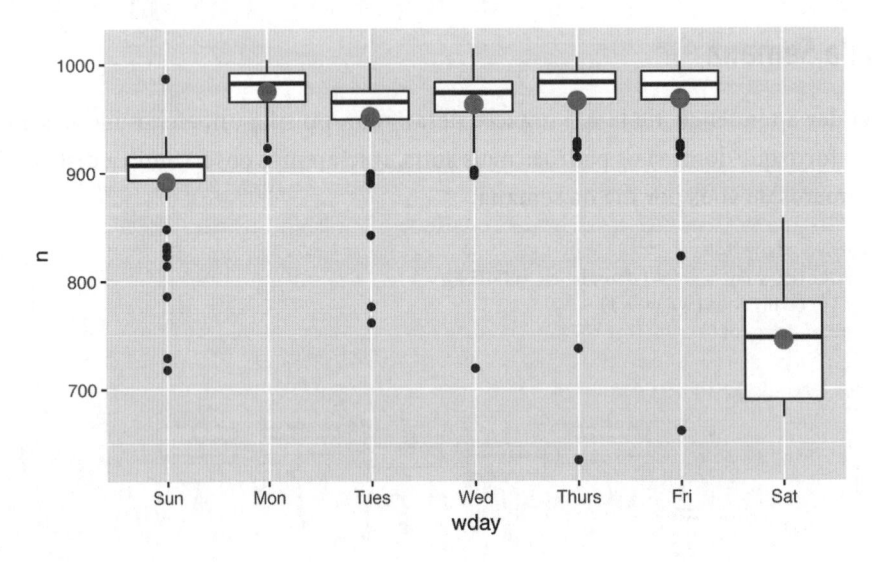

Em seguida calculamos e visualizamos os resíduos:

```
daily <- daily %>%
  add_residuals(mod)
daily %>%
  ggplot(aes(date, resid)) +
  geom_ref_line(h = 0) +
  geom_line()
```

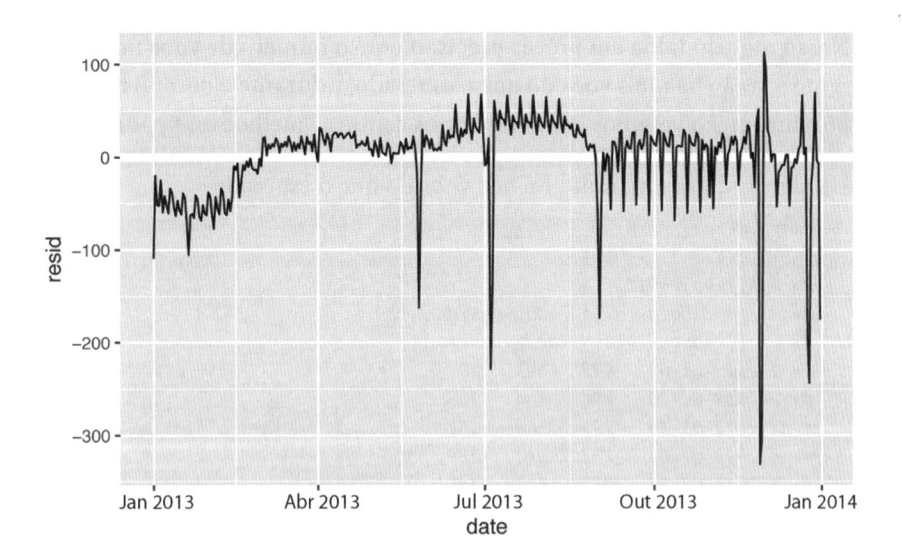

Note a mudança no eixo y: agora estamos vendo o desvio do número esperado de voos, dado o dia da semana. Esse gráfico é útil porque, agora que removemos boa parte do efeito dia da semana, podemos ver alguns padrões mais sutis que restaram:

- Nosso modelo parece falhar no começo de junho: ainda é possível ver um padrão regular forte que nosso modelo não capturou. Fazer um gráfico com uma linha para cada dia da semana facilita a visualização da causa:

```
ggplot(daily, aes(date, resid, color = wday)) +
  geom_ref_line(h = 0) +
  geom_line()
```

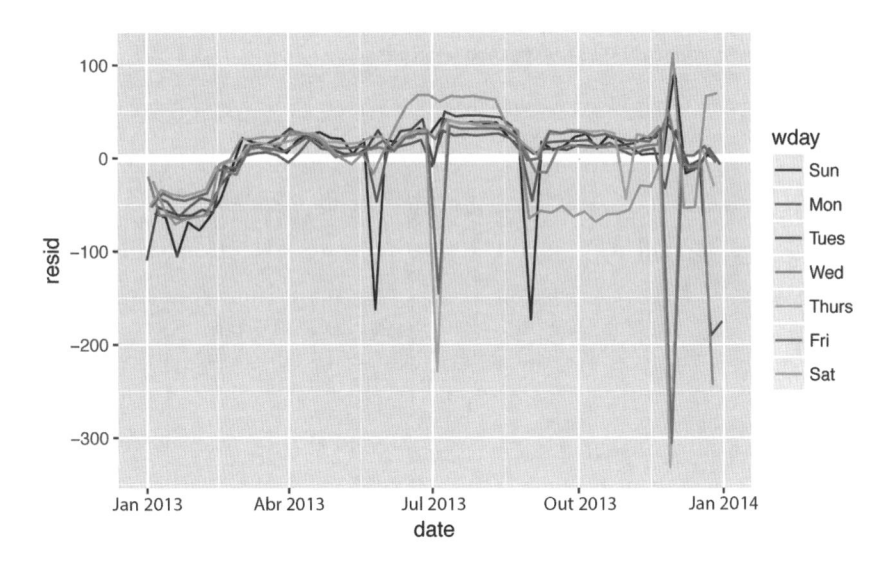

Nosso modelo falha em prever precisamente o número de voos no sábado: durante o verão há mais voos do que o esperado, e durante o outono há menos. Na próxima seção veremos como podemos capturar melhor esse padrão.

- Há alguns dias com muito menos voos do que o esperado:

```
daily %>%
  filter(resid < -100)
#> # A tibble: 11 × 4
#>        date       n  wday resid
#>      <date>   <int> <ord> <dbl>
#> 1 2013-01-01    842  Tues  -109
#> 2 2013-01-20    786   Sun  -105
#> 3 2013-05-26    729   Sun  -162
#> 4 2013-07-04    737 Thurs  -229
#> 5 2013-07-05    822   Fri  -145
#> 6 2013-09-01    718   Sun  -173
#> # ... with 5 more rows
```

Se você estiver familiarizado com os feriados nacionais norte-americanos, poderá identificar o Dia de Ano-Novo, 4 de Julho, Dia de Ação de Graças e Natal. Há alguns outros que não parecem corresponder com feriados nacionais. Você trabalhará neles em um dos exercícios.

- Parece haver uma tendência de longo prazo mais suave no curso de um ano. Podemos destacar essa tendência com `geom_smooth()`:

```
daily %>%
  ggplot(aes(date, resid)) +
  geom_ref_line(h = 0) +
  geom_line(color = "grey50") +
  geom_smooth(se = FALSE, span = 0.20)
#> `geom_smooth()` using method = 'loess'
```

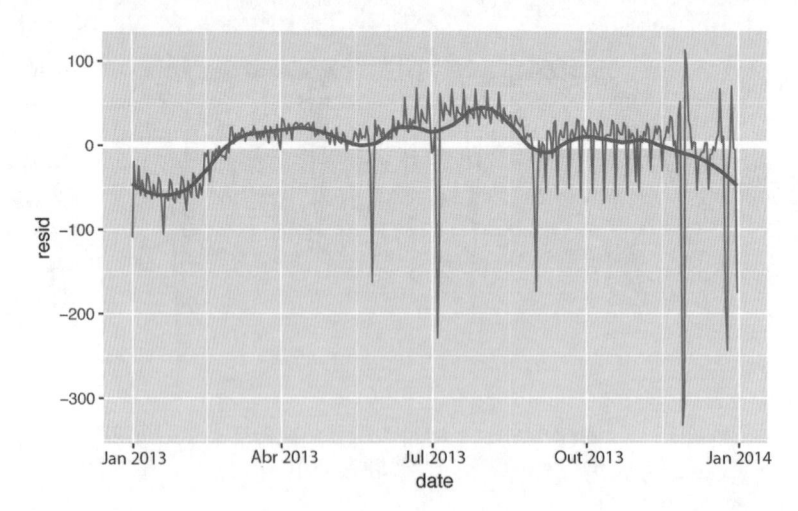

Há menos voos em janeiro (e dezembro) e mais entre maio e setembro (verão nos Estados Unidos). Não podemos fazer muito com esse padrão quantitativamente, porque só temos um único ano de dados. Mas podemos usar nosso conhecimento de domínio para pensar em possíveis explicações.

Efeito de Sábado Sazonal

Vamos primeiro atacar nossa falha para prever precisamente o número de voos no sábado. Um bom jeito de começar é voltar aos números brutos, focando nos sábados:

```
daily %>%
  filter(wday == "Sat") %>%
  ggplot(aes(date, n)) +
    geom_point() +
    geom_line() +
    scale_x_date(
      NULL,
      date_breaks = "1 month",
      date_labels = "%b"
    )
```

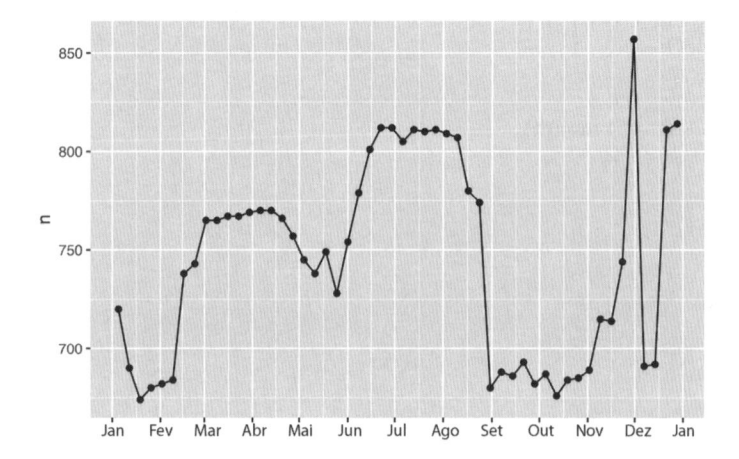

(Usei pontos e linhas para deixar mais claro o que são os dados e o que é a interpolação.)

Suspeito que esse padrão é causado pelas férias de verão: muitas pessoas viajam nessa época, inclusive aos sábados. Observando esse gráfico podemos supor que as férias de verão vão do início de junho até o final de agosto. Isso parece se alinhar razoavelmente bem com os períodos escolares (*http://on.nyc.gov/2gWAbBR* — conteúdo em inglês): as férias de verão em 2013 foram de 26 de junho a 9 de setembro.

Por que há mais voos no sábado na primavera do que no outono? Perguntei a alguns amigos norte-americanos, e eles sugeriram que é menos comum planejar férias em família durante o outono por causa dos grandes feriados do Dia de Ação de Graças e do Natal. Não temos os dados para nos certificar disso, mas parece uma hipótese de trabalho plausível.

Vamos criar uma variável "term" (período) que capture aproximadamente os três períodos escolares e vamos conferir nosso trabalho com um gráfico:

```
term <- function(date) {
  cut(date,
    breaks = ymd(20130101, 20130605, 20130825, 20140101),
    labels= c("spring", "summer", "fall")
  )
}

daily <- daily %>%
  mutate(term = ter(date))

daily %>%
  filter(wday == "Sat") %>%
  ggplot(aes(date, n, color = term)) +
  geom_point(alpha= 1/3) +
  geom_line() +
  scale_x_date(
    NULL,
    date_breaks = "1 month",
    date_labels = "%b"
  )
```

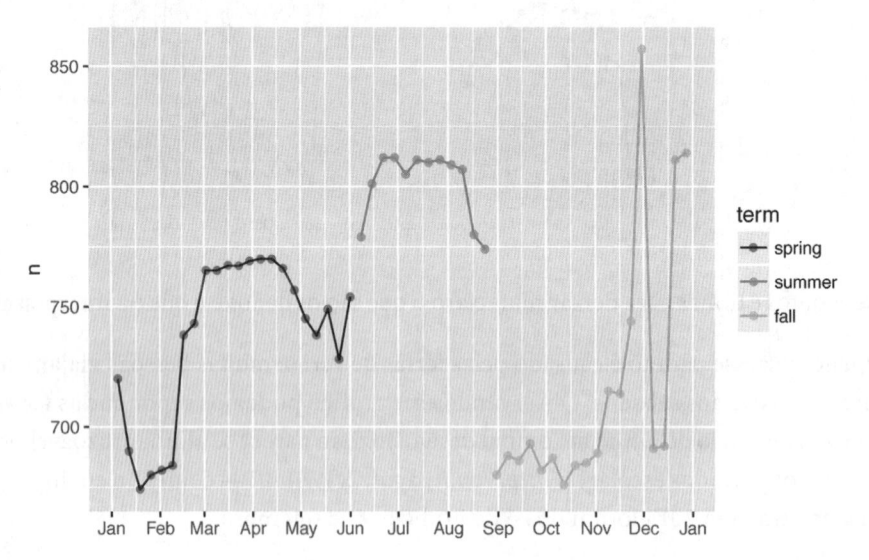

(Ajustei manualmente as datas para obter bons intervalos no gráfico. Usar uma visualização para ajudá-lo a entender o que sua função está fazendo é uma técnica muito comum e poderosa.)

É útil ver como essa nova variável afeta os outros dias da semana:

```
daily %>%
  ggplot(aes(wday, n, color = term)) +
    geom_boxplot()
```

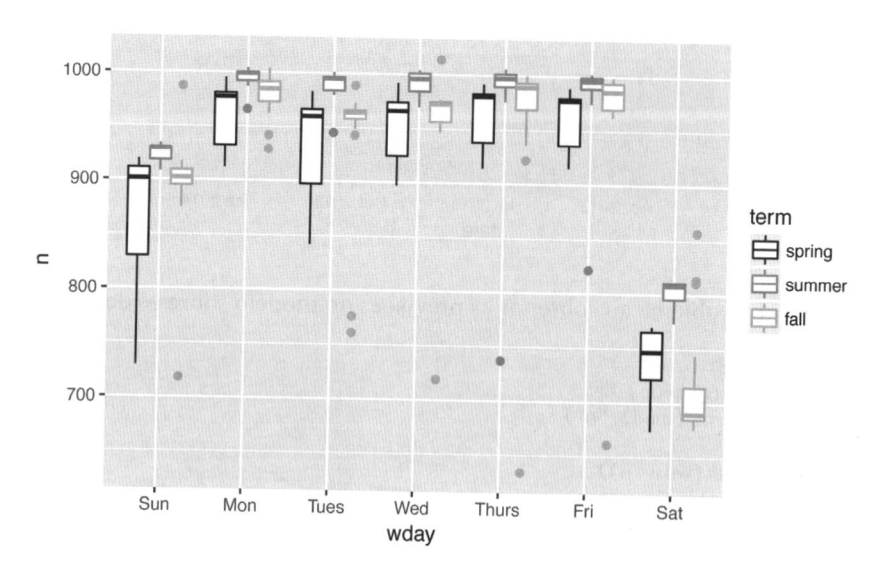

Parece que há uma variação significativa entre os períodos (terms), então é razoável encaixar um efeito dia da semana separado para cada período. Assim melhoramos nosso modelo, mas não tanto quanto esperaríamos:

```
mod1 <- lm(n ~ wday, data = daily)
mod2 <- lm(n ~ wday * term, data = daily)

daily %>%
  gather_residuals(without_term = mod1, with_term = mod2) %>%
  ggplot(aes(date, resid, color = model)) +
    geom_line(alpha = 0.75)
```

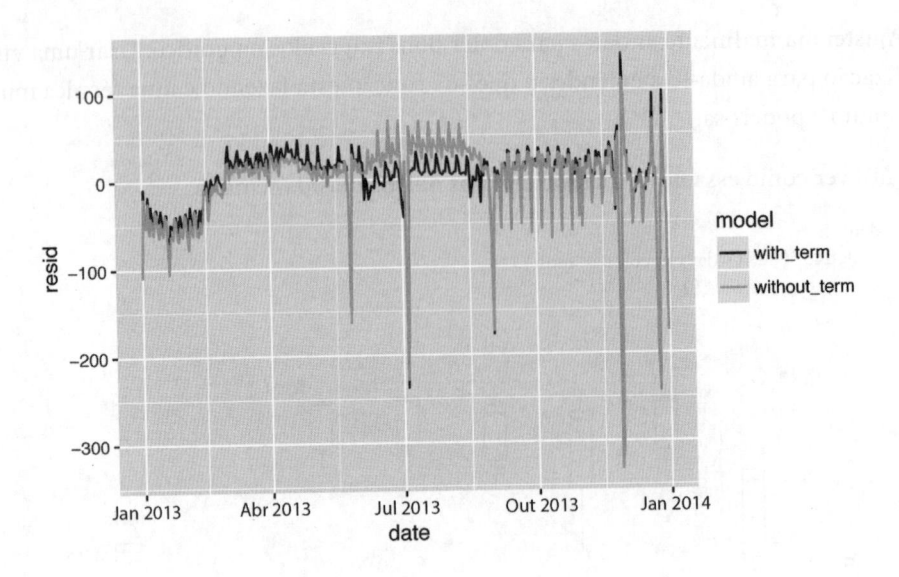

Podemos ver o problema ao sobrepor as previsões do modelo sobre os dados brutos:

```
grid <- daily %>%
  data_grid(wday, term) %>%
  add_predictions(mod2, "n")

ggplot(daily, aes(wday, n)) +
  geom_boxplot() +
  geom_point(data = grid, color = "red") +
  facet_wrap(~ term)
```

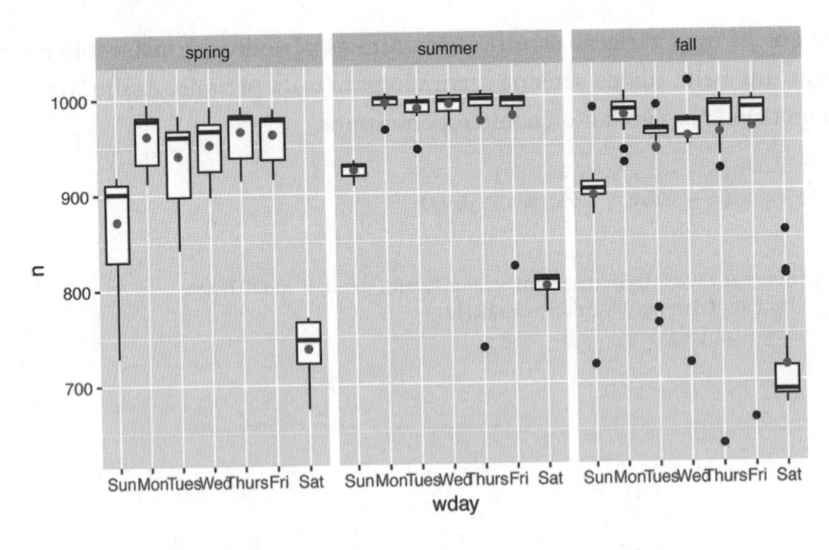

Nosso modelo está encontrando o efeito *média*, mas temos vários dados enormemente discrepantes, então a média tende a ficar bem longe do valor normal. Podemos aliviar esse problema usando um modelo que seja robusto ao efeito dos outliers: `MASS::rlm()`. Isso reduz bastante o impacto dos outliers em nossas estimativas e dá um modelo que faz um bom trabalho removendo o padrão dia da semana:

```
mod3 <- MASS::rlm(n ~ wday * term, data = daily)

daily %>%
  add_residuals(mod3, "resid") %>%
  ggplot(aes(date, resid)) +
  geom_hline(yintercept = 0, size = 2, color = "white") +
  geom_line()
```

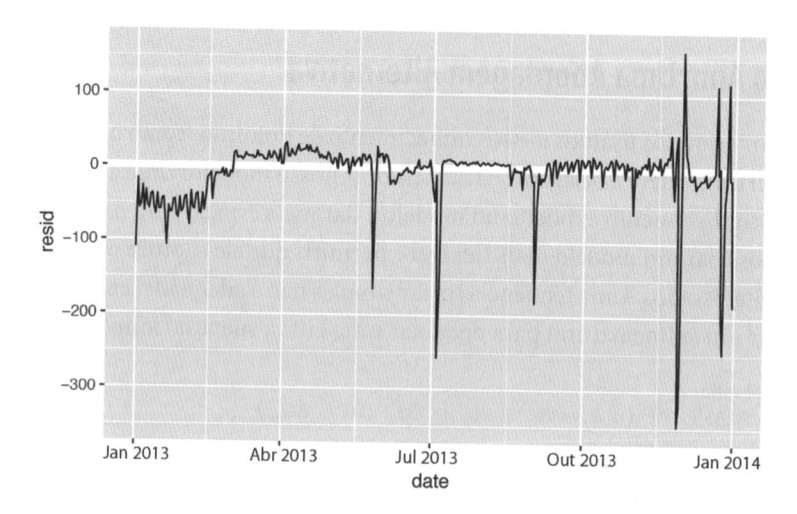

Agora é muito mais fácil de ver a tendência de longo prazo e os outliers positivos e negativos.

Variáveis Calculadas

Se você está experimentando vários modelos e muitas visualizações, é uma boa ideia juntar a criação de variáveis em uma função para que não haja chance de aplicar acidentalmente uma transformação diferente em lugares distintos. Por exemplo, poderíamos escrever:

```
compute_vars <- function(data) {
  data %>%
    mutate(
      term = term(date),
      wday = wday(date, label = TRUE)
    )
}
```

Outra opção é colocar as transformações diretamente na fórmula do modelo:

```
wday2 <- function(x) wday(x, label = TRUE)
mod3 <- lm(n ~ wday2(date) * term(date), data = daily)
```

Qualquer uma das abordagens é razoável. Tornar a variável transformada explícita é útil caso queira conferir o seu trabalho, ou usá-la em uma visualização. Mas você não pode usar transformações facilmente (como splines) que retornam múltiplas colunas. Incluir as transformações na função do modelo facilita a vida quando você está trabalhando com muitos conjuntos de dados diferentes porque o modelo é autônomo.

Época do Ano: Uma Abordagem Alternativa

Na seção anterior nós usamos nosso conhecimento de domínio (como o período escolar norte-americano afeta as viagens) para melhorar nosso modelo. Uma alternativa a deixar nosso conhecimento explícito no modelo é dar mais espaço para os dados falarem. Poderíamos usar um modelo mais flexível e permitir que ele capture o padrão no qual estamos interessados. Uma tendência linear simples não é adequada, então poderíamos tentar usar um spline natural para encaixar uma curva suave ao longo do ano:

```
library(splines)
mod <- MASS::rlm(n ~ wday * ns(date, 5), data = daily)

daily %>%
  data_grid(wday, date = seq_range(date, n = 13)) %>%
  add_predictions(mod) %>%
  ggplot(aes(date, pred, color = wday)) +
    geom_line() +
    geom_point()
```

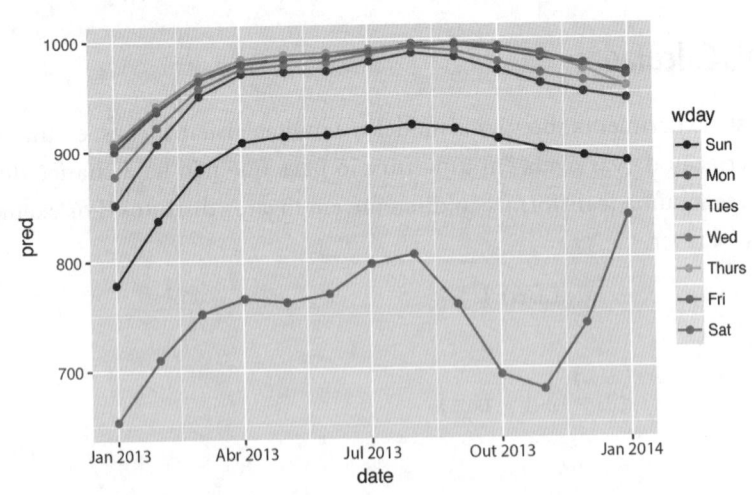

Vemos um padrão forte no número de voos aos sábados. Isso é tranquilizador, porque também percebemos esse padrão nos dados brutos. É um bom indicador quando você obtém o mesmo sinal de abordagens diferentes.

Exercícios

1. Use suas habilidades de detetive no Google para pensar no porquê de haver menos voos do que o esperado em 20 de janeiro, 26 de maio e 1º de setembro. (Dica: todos têm a mesma explicação.) Como esses dias seriam generalizados para outro ano?

2. O que os três dias com resíduos positivos altos representam? Como esses dias seriam generalizados para outro ano?

   ```
   daily %>%
     top_n(3, resid)
   #> # A tibble: 3 × 5
   #>         date     n  wday  resid   term
   #>       <date> <int> <ord>  <dbl> <fctr>
   #> 1 2013-11-30   857   Sat  112.4   fall
   #> 2 2013-12-01   987   Sun   95.5   fall
   #> 3 2013-12-28   814   Sat   69.4   fall
   ```

3. Crie uma nova variável que separe a variável wday em períodos, mas somente para sábados. Por exemplo, ela deve ter Thurs, Fri, menos Sat-summer, Sat-spring, Sat-fall. Como esse modelo se compara com o modelo com cada combinação de wday e term?

4. Crie uma nova variável wday que combine o dia da semana, período (para sábados) e feriados nacionais. Como se parecem os resíduos desse modelo?

5. O que acontece se você encaixar um efeito dia da semana que varie por mês (por exemplo, n ~ wday * month)? Por que isso não é muito útil?

6. Como você esperaria que o modelo n ~ wday + ns(date, 5) fosse? A partir de seus conhecimentos sobre dados, por que você esperaria que ele não fosse particularmente eficaz?

7. Nós formulamos a hipótese de que pessoas viajando aos domingos são mais propensas de serem viajantes a negócios, que precisam estar em algum lugar na segunda-feira. Explore essa hipótese observando como ela se desmembra com base na distância e no tempo: se for verdade, você esperaria ver mais voos nos domingos à noite para lugares distantes.

8. É um pouco frustrante que domingo e sábado estejam em pontas separadas do gráfico. Escreva uma pequena função para estabelecer os níveis do fator para que a semana comece na segunda-feira.

Aprendendo Mais Sobre Modelos

Nós só arranhamos a superfície absoluta da modelagem, mas com sorte você ganhou algumas ferramentas simples, mas de uso geral, para que possa usar para melhorar suas próprias análises de dados. Tudo bem começar simples! Como você viu, mesmo os modelos simples podem fazer uma diferença enorme em sua habilidade de provocar interações entre variáveis.

Esses capítulos de modelagem são ainda mais cheios de opiniões do que o restante do livro. Eu abordo modelagem de uma perspectiva meio diferente da dos outros, e há relativamente pouco espaço dedicado e ela. A modelagem realmente merece um livro próprio, por isso recomendo muito que você leia pelo menos um desses três livros:

- *Statistical Modeling: A Fresh Approach* (*Modelagem Estatística: Uma Abordagem Nova* — em tradução livre — *http://bit.ly/statmodfresh* — conteúdo em inglês), de Danny Kaplan. O livro fornece uma introdução suave à modelagem, na qual você constrói sua intuição, ferramentas matemáticas e habilidades em R em paralelo. Além disso, substitui um curso tradicional de "introdução à estatística", fornecendo um currículo atualizado e relevante à ciência de dados.

- *An Introduction to Statistical Learning* (Uma Introdução à Aprendizagem de Estatística — em tradução livre — *http://bit.ly/introstatlearn* — conteúdo em inglês), de Gareth James, Daniela Witten, Trevor Hastie e Robert Tibshirani. Esse livro apresenta uma família de técnicas modernas de modelagem, coletivamente conhecidas como aprendizagem de estatística. Para uma compreensão ainda mais profunda da matemática por trás dos modelos, leia o clássico *Elements of Statistical Learning* (Elementos de Aprendizagem Estatística — em tradução livre — *http://stanford.io/1ycOXbo* — conteúdo em inglês), de Trevor Hastie, Robert Tibshirani e Jerome Friedman.

- *Applied Predictive Modeling* (Modelagem Preditiva Aplicada — em tradução livre — *http://appliedpredictivemodeling.com* — conteúdo em inglês), de Max Kuhn e Kjell Johnson. O livro acompanha o pacote **caret** e fornece ferramentas práticas para lidar com desafios reais de modelagem preditiva.

CAPÍTULO 20
Muitos Modelos com purrr e broom

Introdução

Neste capítulo você aprenderá três ideias poderosas que te ajudarão a trabalhar com um número grande de modelos com facilidade:

- Usar vários modelos simples para entender melhor conjuntos de dados complexos.
- Usar list-columns para armazenar estruturas de dados arbitrárias em um data frame. Por exemplo, isso lhe permitirá ter uma coluna que contenha modelos lineares.
- Usar o pacote **broom**, de David Robinson, para transformar modelos em dados tidy. Essa é uma técnica poderosa para trabalhar com um número grande de modelos, porque uma vez que você tenha dados tidy, pode aplicar todas as técnicas que já aprendeu anteriormente no livro.

Começaremos mergulhando em um exemplo motivador usando dados sobre a expectativa de vida pelo mundo. É um conjunto de dados pequeno, mas ilustra o quanto a modelagem pode ser importante para melhorar suas visualizações. Usaremos um grande número de modelos simples para particionar alguns dos sinais mais fortes, a fim de que possamos ver os sinais mais sutis que permanecem. Também veremos como resumos de modelos podem nos ajudar a retirar outliers e tendências incomuns.

As seções seguintes mergulharão em mais detalhes sobre técnicas individuais:

- Em "gapminder", adiante nesta página, você verá um exemplo motivador que usa list-columns para ajustar modelos por país em dados econômicos mundiais.
- Em "List-Columns", na página 402, você aprenderá mais sobre a estrutura de dados list-column e por que é valido colocar listas em data frames.
- Em "Criando List-Columns", na página 411, conhecerá as três principais maneiras de criar list-columns.
- Em "Simplificando List-Columns", na página 416, saberá como converter list--columns de volta em vetores atômicos regulares (ou conjuntos de vetores atômicos) para que possa trabalhar com eles mais facilmente.
- Em "Criando Dados Tidy com broom", na página 419, você aprenderá sobre o conjunto completo de ferramentas fornecidas pelo pacote broom, e verá como podem ser aplicadas a outros tipos de estruturas de dados.

Este capítulo é, de certa forma, ambicioso: se o livro é sua primeira apresentação ao R, este capítulo provavelmente será uma luta. Ele requer que você tenha ideias profundamente internalizadas sobre modelagem, estrutura de dados e iteração. Então não se preocupe se não entender — só deixe este capítulo de lado por alguns meses e volte quando quiser alongar seu cérebro.

Pré-requisitos

Trabalhar com vários modelos requer muitos pacotes do tidyverse (para exploração, data wrangling e programação) e o **modelr** para facilitar a modelagem.

```
library(modelr)
library(tidyverse)
```

gapminder

Para motivar o poder de muitos modelos simples, conheceremos os dados "gapminder". Esses dados foram popularizados por Hans Rosling, um doutor e estatístico sueco. Se você nunca ouviu falar dele, pare de ler este capítulo agora e vá assistir a um de seus vídeos! Ele é um fantástico apresentador de dados e ilustra como você pode usá-los para apresentar uma história atraente. Um bom lugar para começar é este vídeo curto (*https://youtu.be/jbkSRLYSojo* — conteúdo em inglês) filmado em parceria com a BBC.

Os dados gapminder resumem a progressão de países com o tempo, observando as estatísticas de expectativa de vida e PIB. Os dados são fáceis de acessar em R, graças a Jenny Bryan, que criou o pacote **gapminder**:

```
library(gapminder)
gapminder
#> # A tibble: 1,704 × 6
#>       country continent  year lifeExp      pop gdpPercap
#>        <fctr>    <fctr> <int>   <dbl>    <int>     <dbl>
#> 1 Afghanistan      Asia  1952    28.8  8425333       779
#> 2 Afghanistan      Asia  1957    30.3  9240934       821
#> 3 Afghanistan      Asia  1962    32.0 10267083       853
#> 4 Afghanistan      Asia  1967    34.0 11537966       836
#> 5 Afghanistan      Asia  1972    36.1 13079460       740
#> 6 Afghanistan      Asia  1977    38.4 14880372       786
#> # ... with 1,698 more rows
```

Neste estudo de caso vamos focar em três variáveis para responder à pergunta "Como a expectativa de vida (lifeExp) muda com o tempo (year) em cada país (country)?" Iniciaremos da melhor forma, com um gráfico:

```
gapminder %>%
  ggplot(aes(year, lifeExp, group = country)) +
    geom_line(alpha = 1/3)
```

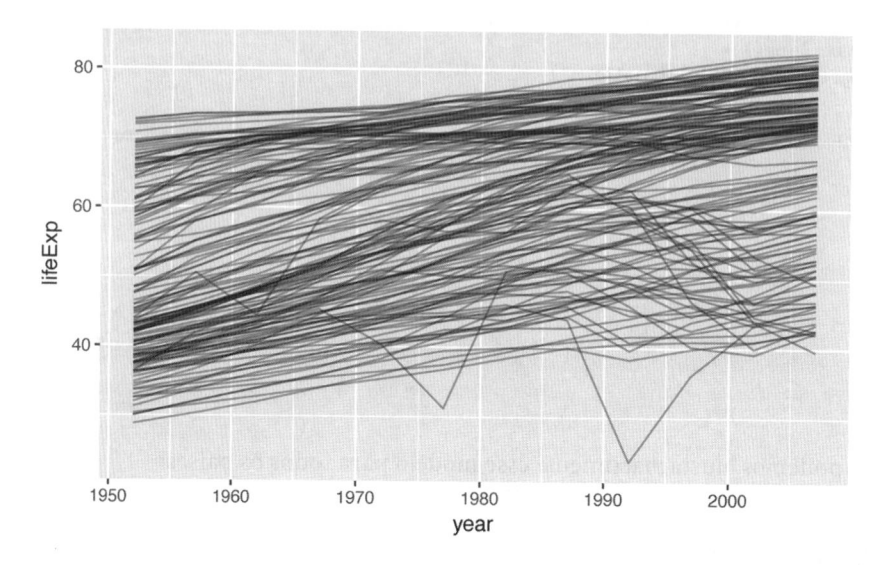

Esse é um conjunto de dados pequeno: tem apenas ~1.700 observações e 3 variáveis. Mas ainda é difícil de visualizar o que está acontecendo! No geral, parece que a expectativa de vida esteve melhorando constantemente. Contudo, se você olhar mais de perto, poderá notar alguns países que não seguem esse padrão. Como podemos facilitar a visualização desses países?

Uma maneira é usar a mesma abordagem citada no último capítulo: há um sinal forte (crescimento linear geral) que dificulta ver as tendências mais sutis. Vamos desembaraçar esses fatores ajustando um modelo com uma tendência linear. O modelo captura o crescimento constante ao longo do tempo, e os resíduos mostrarão o que restou.

Você já sabe como fazer se tivéssemos um único país:

```
nz <- filter(gapminder, country == "New Zealand")
nz %>%
  ggplot(aes(year, lifeExp)) +
  geom_line() +
  ggtitle("Full data = ")

nz_mod <- lm(lifeExp ~ year, data = nz)
nz %>%
  add_predictions(nz_mod) %>%
  ggplot(aes(year, pred)) +
  geom_line() +
  ggtitle("Linear trend + ")

nz %>%
  add_residuals(nz_mod) %>%
  ggplot(aes(year, resid)) +
  geom_hline(yintercep = 0, color = "white", size = 3) +
  geom_line() +
  ggtitle("Remaining pattern")
```

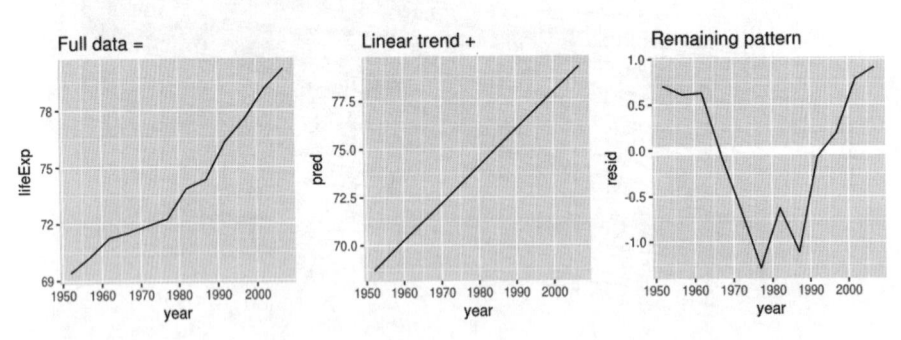

Como podemos ajustar facilmente esse modelo para todos os países?

Dados Aninhados

Você poderia imaginar copiar e colar esse código várias vezes, mas já aprendeu um jeito melhor! Extraia o código em comum com uma função e repita usando uma função map de **purrr**. Esse problema tem uma estrutura um pouco diferente do que você viu antes. Em vez de repetir uma ação para cada variável, queremos repetir uma ação para cada país, um subconjunto de linhas. Para fazer isso, precisamos de uma nova estrutura de dados: o *data frame aninhado*. Para criá-lo, começamos com um data frame agrupado e o "aninhamos":

```
by_country <- gapminder %>%
  group_by(country, continent)
  nest()

by_country
#> # A tibble: 142 × 3
#>       country continent              data
#>        <fctr>    <fctr>            <list>
#> 1 Afghanistan      Asia <tibble [12 × 4]>
#> 2     Albania    Europe <tibble [12 × 4]>
#> 3     Algeria    Africa <tibble [12 × 4]>
#> 4      Angola    Africa <tibble [12 × 4]>
#> 5   Argentina  Americas <tibble [12 × 4]>
#> 6   Australia   Oceania <tibble [12 × 4]>
#> # ... with 136 more rows
```

(Estou trapaceando um pouco agrupando ambos, continent e country. Dado country, continent é fixo, então não precisa adicionar nenhum outro grupo, mas é uma maneira fácil de carregar uma variável extra pelo caminho.)

Isso cria um data frame que tem uma linha por grupo (por país), e uma coluna bem incomum: data. data é uma lista de data frames (ou tibbles, para ser preciso). Pode parecer uma ideia maluca: nós temos um data frame com uma coluna que é uma lista de outros data frames! Explicarei brevemente por que acho que seja uma boa ideia.

A coluna data é um pouco complicada de observar, porque é uma lista moderadamente complicada, e ainda estamos trabalhando em boas ferramentas para explorar esses objetos. Infelizmente, usar str() não é recomendado, pois produzirá com frequência saídas muito longas. Mas se você retirar um único elemento da coluna data, verá que ele contém todos os dados para esse país (neste caso, o Afeganistão):

```
by_country$data[[1]]
#> # A tibble: 12 × 4
#>    year lifeExp      pop gdpPercap
#>   <int>   <dbl>    <int>     <dbl>
#> 1  1952    28.8  8425333       779
#> 2  1957    30.3  9240934       821
#> 3  1962    32.0 10267083       853
```

```
#> 4  1967  34.0 11537966         836
#> 5  1972  36.1 13079460         740
#> 6  1977  38.4 14880372         786
#> # ... with 6 more rows
```

Note a diferença: em um data frame agrupado, cada linha é uma observação; em um data frame aninhado, cada linha é um grupo. Outra maneira de pensar sobre um conjunto de dados aninhado é que agora temos uma metaobservação: uma linha que representa o curso de tempo completo para um país, em vez de um único ponto no tempo.

List-Columns

Agora que temos nosso data frame aninhado, estamos em uma boa posição para ajustar alguns modelos. Temos uma função para ajustar modelos:

```
country_model <- function(df) {
  lm(lifeExp ~ year, data = df)
}
```

E queremos aplicá-la em cada data frame. Os data frames estão em uma lista, então podemos usar `purrr::map()` para aplicar `country_model` a cada elemento:

```
models <- map(by_country$data, country_model)
```

No entanto, em vez de deixar a lista de modelos como um objeto flutuante, penso ser melhor armazená-la como uma coluna no data frame `by_country`. Armazenar objetos relacionados em colunas é uma parte importante do valor dos data frames, e a razão pela qual acredito que list-columns são uma ideia tão boa. Durante o trabalho com esses países, teremos várias listas com um elemento por país. Então por que não armazená-los todos juntos em um data frame?

Em outras palavras, em vez de criar um novo objeto no ambiente global, criaremos uma nova variável no data frame `by_country`. Esse é um trabalho para `dplyr::mutate()`:

```
by_country <- by_country %>%
  mutate(model = map(data, country_model))
by_country
#> # A tibble: 142 × 4
#>       country continent              data    model
#>        <fctr>    <fctr>            <list>   <list>
#> 1 Afghanistan      Asia <tibble [12 × 4]> <S3: lm>
#> 2     Albania    Europe <tibble [12 × 4]> <S3: lm>
#> 3     Algeria    Africa <tibble [12 × 4]> <S3: lm>
```

```
#> 4       Angola    Africa <tibble [12 x 4]> <S3: lm>
#> 5    Argentina  Americas <tibble [12 x 4]> <S3: lm>
#> 6    Australia   Oceania <tibble [12 x 4]> <S3: lm>
#> # ... with 136 more rows
```

Isso apresenta uma grande vantagem: como todos os objetos relacionados estão armazenados juntos, você não precisa mantê-los manualmente em sincronia quando filtrar ou arranjar. A semântica do data frame cuidará disso:

```
by_country %>%
   filter(continent == "Europe")
#> # A tibble: 30 x 4
#>                    country continent                data     model
#>                      <fctr>    <fctr>              <list>    <list>
#> 1                  Albania    Europe <tibble [12 x 4]> <S3: lm>
#> 2                  Austria    Europe <tibble [12 x 4]> <S3: lm>
#> 3                  Belgium    Europe <tibble [12 x 4]> <S3: lm>
#> 4   Bosnia and Herzegovina    Europe <tibble [12 x 4]> <S3: lm>
#> 5                 Bulgaria    Europe <tibble [12 x 4]> <S3: lm>
#> 6                  Croatia    Europe <tibble [12 x 4]> <S3: lm>
#> # ... with 24 more rows
by_country %>%
   arrange(continent, country)
#> # A tibble: 142 x 4
#>         country continent                data     model
#>          <fctr>    <fctr>              <list>    <list>
#> 1       Algeria    Africa <tibble [12 x 4]> <S3: lm>
#> 2        Angola    Africa <tibble [12 x 4]> <S3: lm>
#> 3         Benin    Africa <tibble [12 x 4]> <S3: lm>
#> 4      Botswana    Africa <tibble [12 x 4]> <S3: lm>
#> 5  Burkina Faso    Africa <tibble [12 x 4]> <S3: lm>
#> 6       Burundi    Africa <tibble [12 x 4]> <S3: lm>
#> # ... with 136 more rows
```

Se sua lista de data frames e sua lista de modelos forem objetos separados, você tem que lembrar que sempre que reordenar ou fizer subconjuntos de um vetor, será preciso reordenar ou fazer subconjuntos de todos os outros para mantê-los em sincronia. Se esquecer disso, seu código continuará funcionando, mas lhe dará a resposta errada!

Desaninhando

Anteriormente calculamos os resíduos de um único modelo com apenas um conjunto de dados. Agora temos 142 data frames e 142 modelos. Para calcular os resíduos, precisamos chamar `add_residuals()` com cada par modelo-dados:

```
by_country <- by_country %>%
  mutate(
    resids = map2(data, model, add_residuals)
  )
by_country
#> # A tibble: 142 × 5
#>       country continent          data    model
#>        <fctr>    <fctr>        <list>   <list>
#> 1 Afghanistan      Asia <tibble [12 × 4]> <S3: lm>
#> 2     Albania    Europe <tibble [12 × 4]> <S3: lm>
#> 3     Algeria    Africa <tibble [12 × 4]> <S3: lm>
#> 4      Angola    Africa <tibble [12 × 4]> <S3: lm>
#> 5   Argentina  Americas <tibble [12 × 4]> <S3: lm>
#> 6   Australia   Oceania <tibble [12 × 4]> <S3: lm>
#> # ... with 136 more rows, and 1 more variable:
#> #   resids <list>
```

Como fazer um gráfico de uma lista de data frames? Em vez de lutar para responder a essa pergunta, vamos transformar a lista de data frames de volta em um data frame normal. Antes usamos `nest()` para transformar um data frame regular em um data frame aninhado, e agora fazemos o oposto com `unnest()`:

```
resids <- unnest(by_country, resids)
resids
#> # A tibble: 1,704 × 7
#>       country continent  year lifeExp      pop gdpPercap
#>        <fctr>    <fctr> <int>   <dbl>    <int>     <dbl>
#> 1 Afghanistan      Asia  1952    28.8  8425333       779
#> 2 Afghanistan      Asia  1957    30.3  9240934       821
#> 3 Afghanistan      Asia  1962    32.0 10267083       853
#> 4 Afghanistan      Asia  1967    34.0 11537966       836
#> 5 Afghanistan      Asia  1972    36.1 13079460       740
#> 6 Afghanistan      Asia  1977    38.4 14880372       786
#> # ... with 1,698 more rows, and 1 more variable: resid <dbl>
```

Note que cada coluna regular é repetida uma vez para cada linha na coluna aninhada.

Agora que temos um data frame regular, podemos fazer o gráfico dos resíduos:

```
resids %>%
  ggplot(aes(year, resid)) +
    geom_line(aes(group = country), alpha = 1 / 3) +
    geom_smooth(se = FALSE)
#> `geom_smooth()` using method = 'gam'
```

[gráfico de resíduos vs year]

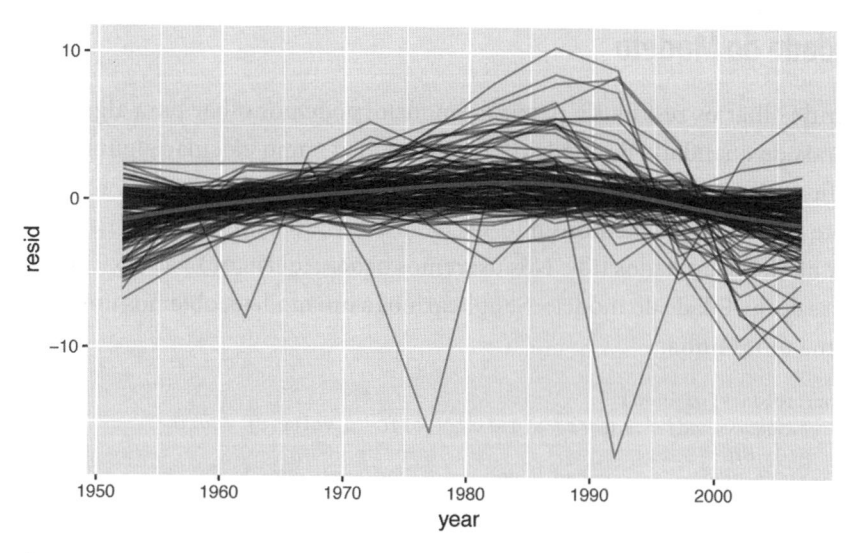

Fazer facetas por continente é particularmente revelador:

```
resids %>%
    ggplot(aes(year, resid, group = country)) +
    geom_line(alpha = 1 / 3) +
    facet_wrap(~continent)
```

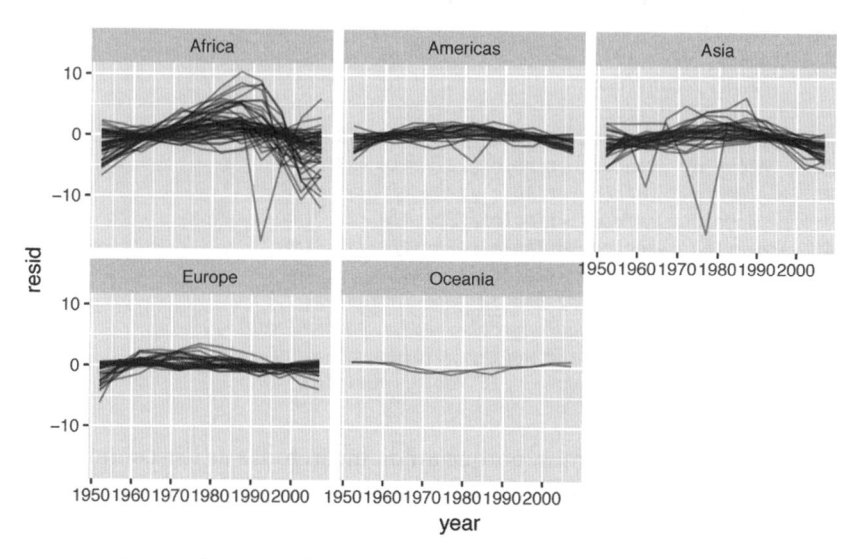

[gráfico facetado por continente: Africa, Americas, Asia, Europe, Oceania]

Parece que perdemos algum padrão suave. Há algo interessante acontecendo na África: é possível ver alguns resíduos bem grandes, que sugerem que nosso modelo não está se encaixando muito bem lá. Exploraremos mais isso na próxima seção, atacando de um ângulo levemente diferente.

Qualidade do Modelo

Em vez de olhar os resíduos a partir do modelo, podemos olhar para algumas medidas gerais de qualidade do modelo. Você aprendeu como calcular algumas medidas específicas no capítulo anterior. Aqui mostraremos uma abordagem diferente, usando o pacote **broom**. O pacote **broom** fornece um conjunto de funções gerais para transformar modelos em dados tidy. Nós usaremos broom::glance() para extrair algumas métricas de qualidade do modelo. Se aplicarmos a um modelo, obtemos um data frame com uma única linha:

```
broom::glance(nz_mod)
#>   r.squared adj.r.squared sigma statistic  p.value df logLik
#>   AIC  BIC
#> 1     0.954         0.949 0.804       205 5.41e-08  2  -13.3
#>  32.6 34.1
#>   deviance df.residual
#> 1     6.47          10
```

Podemos usar mutate() e unnest() para criar um data frame com uma linha para cada país:

```
by_country %>%
  mutate(glance = map(model, broom::glance)) %>%
  unnest(glance)
#> # A tibble: 142 × 16
#>       country continent           data    model
#>         <fctr>    <fctr>         <list>   <list>
#> 1 Afghanistan      Asia <tibble [12 × 4]> <S3: lm>
#> 2     Albania    Europe <tibble [12 × 4]> <S3: lm>
#> 3     Algeria    Africa <tibble [12 × 4]> <S3: lm>
#> 4      Angola    Africa <tibble [12 × 4]> <S3: lm>
#> 5   Argentina  Americas <tibble [12 × 4]> <S3: lm>
#> 6   Australia   Oceania <tibble [12 × 4]> <S3: lm>
#> # ... with 136 more rows, and 12 more variables:
#> #   resids <list>, r.squared <dbl>, adj.r.squared <dbl>,
#> #   sigma <dbl>, statistic <dbl>, p.value <dbl>, df <int>,
#> #   logLik <dbl>, AIC <dbl>, BIC <dbl>, deviance <dbl>,
#> #   df.residual <int>
```

Essa não é a saída que queremos, porque ainda inclui todas as list-columns. Esse é o comportamento padrão quando unnest() trabalha em data frames de linha única. Para suprimir essas colunas, nós usamos .drop = TRUE:

```
glance <- by_country %>%
  mutate(glance = map(model, broom::glance)) %>%
  unnest(glance, .drop = TRUE)
glance
```

```
#> # A tibble: 142 × 13
#>      country continent r.squared adj.r.squared sigma
#>       <fctr>    <fctr>     <dbl>         <dbl> <dbl>
#> 1 Afghanistan      Asia     0.948         0.942 1.223
#> 2     Albania    Europe     0.911         0.902 1.983
#> 3     Algeria    Africa     0.985         0.984 1.323
#> 4      Angola    Africa     0.888         0.877 1.407
#> 5   Argentina  Americas     0.996         0.995 0.292
#> 6   Australia   Oceania     0.980         0.978 0.621
#> # ... with 136 more rows, and 8 more variables:
#> #   statistic <dbl>, p.value <dbl>, df <int>, logLik <dbl>,
#> #   AIC <dbl>, BIC <dbl>, deviance <dbl>, df.residual <int>
```

(Preste atenção às variáveis que não estão impressas: há muita coisa útil lá.)

Com esse data frame em mãos, podemos começar a procurar modelos que não se encaixam bem:

```
glance %>%
  arrange(r.squared)
#> # A tibble: 142 × 13
#>     country continent r.squared adj.r.squared sigma
#>      <fctr>    <fctr>     <dbl>         <dbl> <dbl>
#> 1    Rwanda    Africa    0.0172      -0.08112  6.56
#> 2  Botswana    Africa    0.0340      -0.06257  6.11
#> 3  Zimbabwe    Africa    0.0562      -0.03814  7.21
#> 4    Zambia    Africa    0.0598      -0.03418  4.53
#> 5 Swaziland    Africa    0.0682      -0.02497  6.64
#> 6   Lesotho    Africa    0.0849      -0.00666  5.93
#> # ... with 136 more rows, and 8 more variables:
#> #   statistic <dbl>, p.value <dbl>, df <int>, logLik <dbl>,
#> #   AIC <dbl>, BIC <dbl>, deviance <dbl>, df.residual <int>
```

Todos os piores modelos parecem estar na África. Verificaremos novamente isso com um gráfico. Aqui nós temos um número relativamente pequeno de observações e uma variável discreta, então `geom_jitter()` é eficaz:

```
glance %>%
  ggplot(aes(continent, r.squared)) +
    geom_jitter(width = 0.5)
```

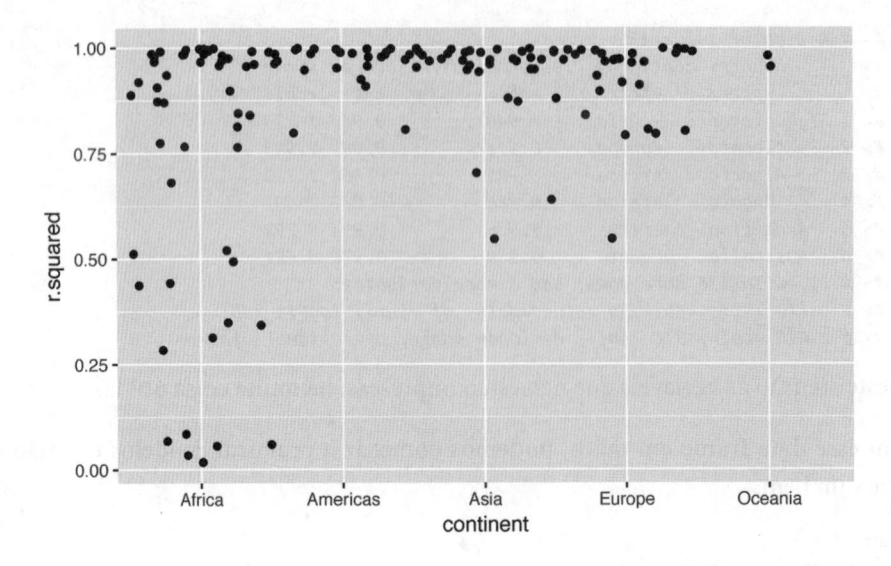

Poderíamos extrair os países com um R^2 particularmente ruim e fazer o gráfico dos dados:

```
bad_fit <- filter(glance, r.square < 0.25)

gapminder %>%
  semi_join(bad_fit, by = "country") %>%
  ggplot(aes(year, lifeExp, color = country)) +
    geom_line()
```

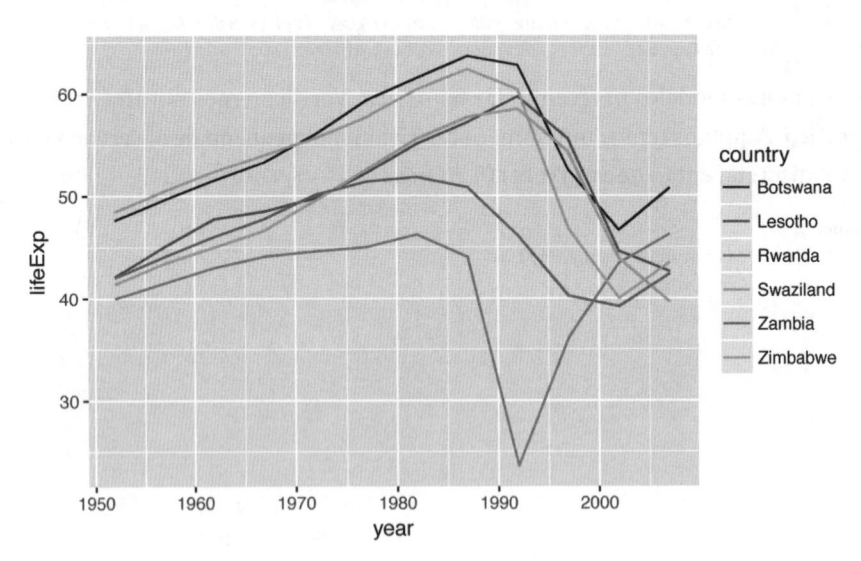

Podemos observar dois efeitos principais: as tragédias da epidemia de HIV/AIDS e o genocídio em Ruanda.

Exercícios

1. Uma tendência linear parece ser simples demais para a tendência geral. Você consegue fazer algo melhor com um polinômio quadrático? Como interpreta os coeficientes do quadrático? (Dica: você pode querer transformar year para que tenha uma média zero.)
2. Explore outros métodos para visualizar a distribuição de R^2 por continente. Você pode querer experimentar o pacote **ggbeeswarm**, que fornece métodos similares para evitar sobreposições como interferência, mas usa métodos deterministas.
3. Para criar o último gráfico (mostrando os dados para os países com os piores ajustes de modelos), precisamos de dois passos: criar um data frame com uma linha por país e, então, fazer um semijoin com o conjunto de dados original. É possível evitar esse join se usarmos unnest(), em vez de unnest(.drop = TRUE). Como?

List-Columns

Agora que você viu um fluxo de trabalho básico para lidar com muitos modelos, vamos nos aprofundar de novo em alguns detalhes. Nesta seção exploraremos a estrutura de dados list-column um pouco mais detalhadamente. Recentemente passei a gostar realmente da ideia de list-column. List-columns estão implícitos na definição do data frame: um data frame é uma lista nomeada de vetores de igual comprimento. Uma lista é um vetor, então sempre foi legítimo usar uma list como uma coluna de um data frame. No entanto, o R base não facilita criar list-columns, e data.frame() trata uma lista como uma lista de colunas:

```
data.frame(x = list(1:3, 3:5))
#>   x.1.3 x.3.5
#> 1     1     3
#> 2     2     4
#> 3     3     5
```

Você pode evitar que data.frame() faça isso com I(), mas o resultado não imprime particularmente bem:

```
x = I(list(1:3, 3:5data.frame()),
    y = c("1, 2", "3, 4, 5")
)
#>        x       y
```

```
#> 1 1, 2, 3    1, 2
#> 2 3, 4, 5 3, 4, 5
```

O tibble minimiza esse problema sendo mais preguiçoso (`tibble()` não modifica suas entradas) e fornecendo um método melhor de impressão:

```
tibble(
  x = list(1:3, 3:5),
  y = c("1, 2", "3, 4, 5")
)
#> # A tibble: 2 × 2
#>           x       y
#>       <list>   <chr>
#> 1 <int [3]>    1, 2
#> 2 <int [3]> 3, 4, 5
```

É ainda mais fácil com `tribble()`, já que pode deduzir automaticamente que você precisa de uma lista:

```
tribble(
  ~x,    ~y,
  1:3,   "1, 2",
  3:5,   "3, 4, 5"
)
#> # A tibble: 2 × 2
#>           x       y
#>       <list>   <chr>
#> 1 <int [3]>    1, 2
#> 2 <int [3]> 3, 4, 5
```

List-columns são frequentemente mais úteis como uma estrutura de dados intermediária. É difícil de trabalhar diretamente com elas, porque a maioria das funções do R trabalha com vetores atômicos ou data frames, mas a vantagem de manter itens relacionados juntos em um data frame vale o pequeno esforço.

Geralmente há três partes para um pipeline list-column eficaz:

1. Você cria o list-column usando uma das funções `nest()`, `summarize()` + `list()` ou `mutate()` + uma função map, como descrito em "Criando List-Columns", na página 411.

2. Você cria outras list-columns intermediárias transformando list-columns existentes com `map()`, `map2()` ou `pmap()`. Por exemplo, no estudo de caso anterior, nós criamos uma list-column de modelos transformando uma list-column de data frames.

3. Você simplifica a list-column de volta a um data frame ou vetor atômico, como descrito em "Simplificando List-Columns", na página 416.

Criando List-Columns

Normalmente, você não cria list-columns com `tibble()`. Em vez disso, as criará a partir de colunas regulares, usando um dos três métodos:

1. Com `tidyr::nest()` para converter um data frame agrupado em um data frame aninhado, no qual você tem list-column de data frames.
2. Com `mutate()` e funções vetorizadas que retornam uma lista.
3. Com `summarize()` e funções de resumo que retornam vários resultados.

Alternativamente, você pode criá-las a partir de uma lista nomeada usando `tibble::enframe()`.

Geralmente, ao criar list-columns, você deve se certificar de que são homogêneas: cada elemento deve conter o mesmo tipo de coisa. Não há verificações para garantir que isso seja verdade, mas se usar **purrr** e lembrar do que aprendeu sobre funções type-stable, deverá descobrir que isso acontece naturalmente.

Com Aninhamento

`nest()` cria um data frame aninhado, ou seja, com uma list-column de data frames. Em um data frame aninhado, cada linha é uma metaobservação: as outras colunas dão variáveis que definem a observação (como anteriormente, país e continente), e a list-column de data frames dá as observações individuais que formam a metaobservação.

Há duas maneiras de usar `nest()`. Até agora você viu como usá-la com um data frame agrupado. Quando aplicada a um data frame agrupado, `nest()` mantém as colunas agrupadas como são e junta todo o resto em uma list-column:

```
gapminder %>%
  group_by(country, continent) %>%
  nest()
#> # A tibble: 142 × 3
#>       country continent              data
#>        <fctr>    <fctr>            <list>
#> 1 Afghanistan      Asia <tibble [12 × 4]>
#> 2     Albania    Europe <tibble [12 × 4]>
#> 3     Algeria    Africa <tibble [12 × 4]>
```

```
#> 4      Angola    Africa <tibble [12 × 4]>
#> 5   Argentina  Americas <tibble [12 × 4]>
#> 6   Australia   Oceania <tibble [12 × 4]>
#> # ... with 136 more rows
```

Você também pode usá-la em um data frame desagrupado, especificando quais colunas você quer aninhar:

```
gapminder %>%
  nest(year:gdpPercap)
#> # A tibble: 142 × 3
#>       country continent                data
#>        <fctr>    <fctr>              <list>
#> 1 Afghanistan      Asia <tibble [12 × 4]>
#> 2     Albania    Europe <tibble [12 × 4]>
#> 3     Algeria    Africa <tibble [12 × 4]>
#> 4      Angola    Africa <tibble [12 × 4]>
#> 5   Argentina  Americas <tibble [12 × 4]>
#> 6   Australia   Oceania <tibble [12 × 4]>
#> # ... with 136 more rows
```

A Partir de Funções Vetorizadas

Algumas funções úteis recebem um vetor atômico e retornam uma lista. Por exemplo, no Capítulo 11 você aprendeu sobre `stringr::str_split()`, que recebe um vetor de caracteres e retorna uma lista de vetores de caracteres. Se você usar isso dentro de um mutate, obterá uma list-column:

```
df <- tribble(
  ~x1,
  "a,b,c",
  "d,e,f,g"
)

df %>%
  mutate(x2 = stringr::str_split(x1,","))
#> # A tibble: 2 × 2
#>        x1       x2
#>      <chr>   <list>
#> 1    a,b,c <chr [3]>
#> 2  d,e,f,g <chr [4]>
```

unnest() sabe como lidar com essas listas de vetores:

```
df %>%
  mutate(x2 = stringr::str_split(x1,",")) %>%
  unnest()
#> # A tibble: 7 × 2
#>        x1   x2
#>     <chr> <chr>
#> 1   a,b,c    a
```

```
#> 2  a,b,c      b
#> 3  a,b,c      c
#> 4  d,e,f,g    d
#> 5  d,e,f,g    e
#> 6  d,e,f,g    f
#> # ... with 1 more rows
```

(Se você perceber que está usando muito esse padrão, certifique-se de conferir tidyr:separate_rows(), que é um wrapper em torno desse padrão comum.)

Outro exemplo desse padrão é usar as funções map(), map2(), pmap() de **purrr**. Por exemplo, poderíamos pegar o exemplo final de "Evocando Funções Diferentes", na página 334, e reescrevê-lo para usar mutate():

```
sim <- tribble(
  ~f,       ~params,
  "runif", list(min = -1, max = -1),
  "rnorm", list(sd = 5),
  "rpois", list(lambda = 10)
)

sim %>%
  mutate(sims = invoke_map(f, params, n = 10))
#> # A tibble: 3 × 3
#>       f    params      sims
#>    <chr>   <list>     <list>
#> 1 runif  <list [2]>  <dbl [10]>
#> 2 rnorm  <list [1]>  <dbl [10]>
#> 3 rpois  <list [1]>  <int [10]>
```

Note que tecnicamente sim não é homogêneo, porque contém tanto vetores double quanto integer. Contudo, isso provavelmente não causará muitos problemas, já que integers e doubles são, ambos, vetores numéricos.

A Partir de Resumos de Múltiplos Valores

A restrição de summarize() é que ela só funciona com funções de resumo que retornam um único valor. Isso significa que você não pode usá-la com funções como quantile(), que retorna um vetor de comprimento arbitrário:

```
mtcars %>%
  group_by(cyl) %>%
  summarize(q = quantile(mpg))
#> Error in eval(expr, envir, enclos): expecting a single value
```

No entanto, pode envolver o resultado em uma lista! Isso obedece o contrato de summarize(), porque cada resumo é agora uma lista (um vetor) de comprimento 1:

```
mtcars %>%
  group_by(cyl)
  summarize(q = list(quantile(mpg)))
#> # A tibble: 3 × 2
#>     cyl         q
#>   <dbl>    <list>
#> 1     4  <dbl [5]>
#> 2     6  <dbl [5]>
#> 3     8  <dbl [5]>
```

Para fazer resultados úteis com unnest(), você também precisará capturar as probabilidades:

```
probs <- c(0.01, 0.25, 0.5, 0.75, 0.99)
mtcars %>%
  group_by(cyl) %>%
  summarize(p = list(probs), q = list(quantile(mpg, probs))) %>%
  unnest()
#> # A tibble: 15 × 3
#>     cyl     p     q
#>   <dbl> <dbl> <dbl>
#> 1     4  0.01  21.4
#> 2     4  0.25  22.8
#> 3     4  0.50  26.0
#> 4     4  0.75  30.4
#> 5     4  0.99  33.8
#> 6     6  0.01  17.8
#> # ... with 9 more rows
```

A Partir de uma Lista Nomeada

Data frames com list-columns fornecem uma solução para um problema comum: o que você faz se quiser iterar sobre ambos os conteúdos de uma lista e seus elementos? Em vez de tentar misturar tudo em um objeto, muitas vezes é mais fácil fazer um data frame: uma coluna pode conter os elementos, e a outra pode conter a lista. Uma maneira fácil de criar tal data frame a partir de uma lista é tibble::enframe():

```
x <- list(
  a = 1:5,
  b = 3:4,
  c = 5:6
)
```

```
df <- enframe(x)
df
#> # A tibble: 3 × 2
#>   name  value
#>   <chr> <list>
#> 1 a     <int [5]>
#> 2 b     <int [2]>
#> 3 c     <int [2]>
```

A vantagem dessa estrutura é que ela generaliza de maneira direta — nomes são úteis se você tem um vetor de caracteres de metadados, mas não ajudam se você tiver outros tipos de dados, ou vetores múltiplos.

Agora, se você quer iterar sobre nomes e valores em paralelo, pode usar map2():

```
df %>%
  mutate(
    smry = map2_chr(
      name,
      value,
      ~ stringr::str_c(.x,":",.y[1])
    )
  )
#> # A tibble: 3 × 3
#>   name  value     smry
#>   <chr> <list>    <chr>
#> 1 a     <int [5]> a: 1
#> 2 b     <int [2]> b: 3
#> 3 c     <int [2]> c: 5
```

Exercícios

1. Liste todas as funções que você puder pensar que recebem um vetor atômico e retornam uma lista.

2. Pense em funções úteis de resumo que, como quantile(), retornem valores múltiplos.

3. O que está faltando no data frame a seguir? Como quantile() retorna o pedaço que falta? Por que isso não é útil aqui?

   ```
   mtcars %>%
     group_by(cyl) %>%
     summarize(q = list(quantile(mpg))) %>%
     unnest()
   #> # A tibble: 15 × 2
   #>     cyl     q
   #>   <dbl> <dbl>
   ```

```
#> 1    4   21.4
#> 2    4   22.8
#> 3    4   26.0
#> 4    4   30.4
#> 5    4   33.9
#> 6    6   17.8
#> # ... with 9 more rows
```

4. O que este código faz? Por que ele pode ser útil?

```
mtcars %>%
    group_by(cyl) %>%
    summarize_each(funs(list))
```

Simplificando List-Columns

Para aplicar as técnicas de manipulação e visualização de dados que você aprendeu neste livro, precisará simplificar a list-column de volta para uma coluna regular (um vetor atômico), ou um conjunto de colunas. A técnica que você usará para colapsar de volta para uma estrutura mais simples dependerá se deseja um único valor por elemento ou vários valores:

- Se você quiser um único valor, use mutate() com map_lgl(), map_int(), map_dbl() e map_chr() para criar um vetor atômico.
- Se você quiser muitos valores, use unnest() para converter list-columns de volta para colunas regulares, repetindo as linhas quantas vezes for necessário.

Elas são descritas com mais detalhes nas próximas seções.

Lista para Vetor

Se você pode reduzir sua list-column para um vetor atômico, então ela será uma coluna regular. Por exemplo, você pode sempre resumir um objeto com seu tipo e comprimento, então esse código funcionará independente do tipo de list-column que você tiver:

```
df <- tribble(
  ~x,
  letters(1:5),
  1:3,
  runif(5)
)
```

```
df %>% mutate(
  type = map_chr(x, typeof),
  length = map_int(x, length)
)
#> # A tibble: 3 × 3
#>         x        type length
#>    <list>       <chr>  <int>
#> 1 <chr [5]> character      5
#> 2 <int [3]>   integer      3
#> 3 <dbl [5]>    double      5
```

Essa é a mesma informação básica que você obtém do método tblprint padrão, mas agora você pode usá-lo para filtrar. Essa é uma técnica útil caso tenha uma lista heterogênea e queira filtrar as partes que não funcionam para você.

Não esqueça dos atalhos de map_*() — você pode usar map_chr(x, "apple") para extrair a string armazenada em apple para cada elemento de x. Serve para desmembrar listas aninhadas em colunas regulares. Use o argumento .null para fornecer um valor de uso, se o elemento estiver faltando (em vez de retornar NULL):

```
df <- tribble(
  ~x,
  list(a = 1, b = 2),
  list(a = 2, c = 4)
)
df %>% mutate(
  a = map_dbl(x, "a"),
  b = map_dbl(x, "b", .null = NA_real_)
)
#> # A tibble: 2 × 3
#>          x     a     b
#>     <list> <dbl> <dbl>
#> 1 <list [2]>    1     2
#> 2 <list [2]>    2    NA
```

Desaninhando

unnest() funciona ao repetir as colunas regulares uma vez para cada elemento da list-column. No exemplo muito simples a seguir nós repetimos a primeira linha quatro vezes (pois neste caso o primeiro elemento de y tem comprimento quatro), e a segunda linha uma vez:

```
tibble(x = 1:2, y = list(1:4, 1)) %>% unnest(y)
#> # A tibble: 5 × 2
#>       x     y
#>   <int> <dbl>
```

```
#> 1    1    1
#> 2    1    2
#> 3    1    3
#> 4    1    4
#> 5    2    1
```

Isso significa que você não pode desaninhar simultaneamente duas colunas que contenham um número diferente de elementos:

```
# Ok, because y and z have the same number of elements in
# every row
df1 <- tribble(
  ~x, ~y,              ~z,
   1, c("a","b"), 1:2,
   2, "c",              3
)
df1
#> # A tibble: 2 × 3
#>       x       y         z
#>   <dbl>  <list>    <list>
#> 1     1 <chr [2]> <int [2]>
#> 2     2 <chr [1]> <dbl [1]>
df1 %>% unnest(y, z)
#> # A tibble: 3 × 3
#>       x    y     z
#>   <dbl> <chr> <dbl>
#> 1     1    a     1
#> 2     1    b     2
#> 3     2    c     3

# Doesn't work because y and z have different number of elements
df2 <- tribble(
  ~x, ~y,              ~z,
   1, "a",             1:2,
   2, c("b", "c"),     3
)
df2
#> # A tibble: 2 × 3
#>       x       y         z
#>   <dbl>  <list>    <list>
#> 1     1 <chr [1]> <int [2]>
#> 2     2 <chr [2]> <dbl [1]>
df2 %>% unnest(y, z)
#> Error: All nested columns must have
#> the same number of elements.
```

O mesmo princípio se aplica ao desaninhar list-columns de data frames. Você pode desaninhar várias list-columns, contanto que todos os data frames em cada linha tenham o mesmo número de linhas.

Exercícios

1. Por que a função `lengths()` pode ser útil para criar colunas de vetores atômico a partir de list-columns?
2. Liste os tipos mais comuns de vetores encontrados em um data frame. O que torna as listas diferentes?

Criando Dados Tidy com broom

O pacote **broom** fornece três ferramentas gerais para transformar modelos em data frames tidy:

- `broom::glance(model)` retorna uma linha para cada modelo. Cada coluna dá um resumo de modelo: ou uma medida de qualidade do modelo, ou da complexidade, ou uma combinação de ambos.
- `broom::tidy(model)` retorna uma linha para cada coeficiente no modelo. Cada coluna dá informações sobre a estimativa ou sua variabilidade.
- `broom::augment(model, data)` retorna uma linha para cada linha em `data`, adicionando valores extras como resíduos e estatísticas de influência.

Broom trabalha com uma ampla variedade de modelos produzidos pelos pacotes de modelagem mais populares. Veja *https://github.com/tidyverse/broom* (conteúdo em inglês) para uma lista atual de modelos suportados.

PARTE V
Comunicar

Até agora você aprendeu as ferramentas para colocar seus dados no R, arrumá-los de uma forma conveniente para a análise e, então, entender seus dados através da transformação, visualização e modelagem. Contudo, não importa o quão boa seja sua análise, a não ser que você possa explicá-la aos outros, você precisa *comunicar* seus resultados.

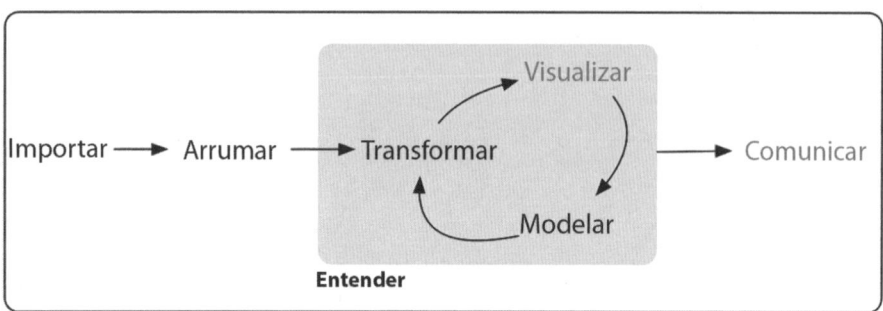

```
Importar → Arrumar → Transformar → Visualizar
                         ↑           ↓
                         └───── Modelar
                              Entender
Programar
```

A comunicação é o tema dos próximos quatro capítulos:

- No Capítulo 21 você aprenderá sobre R Markdown, uma ferramenta para integrar texto, código e resultados. Você pode usar R Markdown no modo notebook para comunicação analista para analista, e em modo relatório para comunicação analista para tomador de decisão. Graças ao poder dos formatos R Markdown, pode até usar o mesmo documento para ambos os propósitos.

- No Capítulo 22 você aprenderá como pegar seus gráficos exploratórios e transformá-los em gráficos expositórios, que ajudam o recém-chegado à sua análise a entender o que está acontecendo o mais rápido e facilmente possível.
- No Capítulo 23, conhecerá um pouco sobre as outras muitas variedades de saídas que você pode produzir usando R Markdown, incluindo dashboards, sites e livros.
- Terminaremos com o Capítulo 24, no qual trataremos sobre o "caderno de análise" e como registrar sistematicamente seus sucessos e fracassos para que possa aprender com eles.

Infelizmente esses capítulos focam principalmente nas técnicas mecânicas da comunicação, não nos problemas que tornam realmente difícil transmitir seus pensamentos para outras pessoas. Contudo, há vários outros livros ótimos sobre comunicação, que lhe mostraremos no final de cada capítulo.

CAPÍTULO 21

R Markdown

Introdução

O R Markdown fornece um framework de autoria unificado para data science, combinando seu código, seus resultados e seu comentário em prosa. Os documentos do R Markdown são totalmente reprodutíveis e suportam dezenas de formatos de saída, como PDFs, arquivos Word, slideshows e mais.

Os arquivos do R Markdown são destinados a ser usados de três maneiras:

- Para comunicar aos tomadores de decisão que querem focar nas conclusões, e não no código por trás da análise.

- Para colaborar com outros cientistas de dados (incluindo seu futuro eu!) que estão interessados tanto nas suas conclusões quanto em como você as alcançou (isto é, o código).

- Como um ambiente no qual *fazer* data science, como um diário moderno onde pode registrar não só o que você fez, mas também em que você estava pensando.

O R Markdown integra vários pacotes R e ferramentas externas. Isso significa que a ajuda, em geral, não está disponível por meio de ?. Em vez disso, à medida que você trabalha ao longo do capítulo e usa o R Markdown no futuro, mantenha esses recursos à mão:

- Folha de Respostas do R Markdown: disponível no IDE do RStudio em *Help* → *Cheatsheets* → *R Markdown Cheat Sheet* (conteúdo em inglês)

- Guia de Referência do R Markdown: disponível no IDE do RStudio em *Help → Cheatsheets → R Markdown Reference Guide* (conteúdo em inglês)

Ambas também estão disponíveis em: *http://rstudio.com/cheatsheets* (conteúdo em inglês).

Pré-requisitos

Você precisa do pacote **rmarkdown**, mas não precisa instalá-lo ou carregá-lo explicitamente, já que o RStudio faz isso automaticamente quando necessário.

O Básico de R Markdown

Este é um arquivo R Markdown, um arquivo de texto simples que tem a extensão *.Rmd*:

```
---
title: "Diamond sizes"
date: 2016-08-25
output: html_document
---

```{r setup, include = FALSE}
library(ggplot2)
library(dplyr)

smaller <- diamonds %>%
  filter(carat <= 2.5)
```

We have data about `r nrow(diamonds)` diamonds. Only
`r nrow(diamonds) - nrow(smaller)` are larger than
2.5 carats. The distribution of the remainder is shown
below:

```{r, echo = FALSE}
smaller %>%
  ggplot(aes(carat)) +
  geom_freqpoly(binwidth = 0.01)
```
```

Ele contém três tipos importantes de conteúdo:

1. Um *cabeçalho (header) YAML* (optional) cercado por ---s.
2. *Trechos (chunks)* do código R cercados por ```.
3. Texto misturado com formatação de texto simples, como `# heading` e `_italics_`.

Quando você abre um .*Rmd*, obtém uma interface de bloco de notas, no qual código e saída são intercalados. Você pode executar cada trecho de código clicando no ícone Run (ele parece um botão play no topo do trecho de código), ou pressionando Cmd/Ctrl-Shift-Enter. O RStudio executa o código e exibe os resultados alinhados com o código:

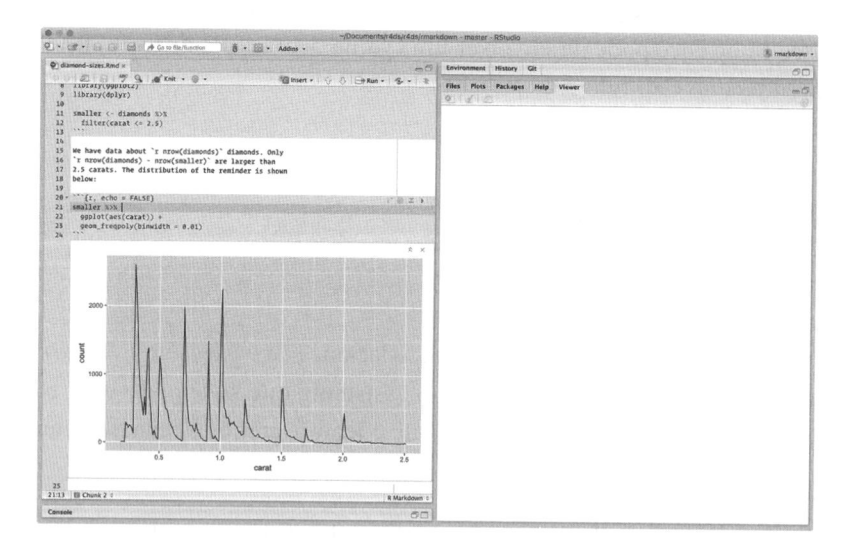

Para produzir um relatório completo contendo todo o texto, código e resultados, clique em "Knit" ou pressione Cmd/Ctrl-Shift-K. Você também pode fazer isso programaticamente com `rmarkdown::render("1-example.Rmd")`. Assim, exibirá o relatório no painel de visualização e criará um arquivo HTML autônomo, que você pode compartilhar com outras pessoas.

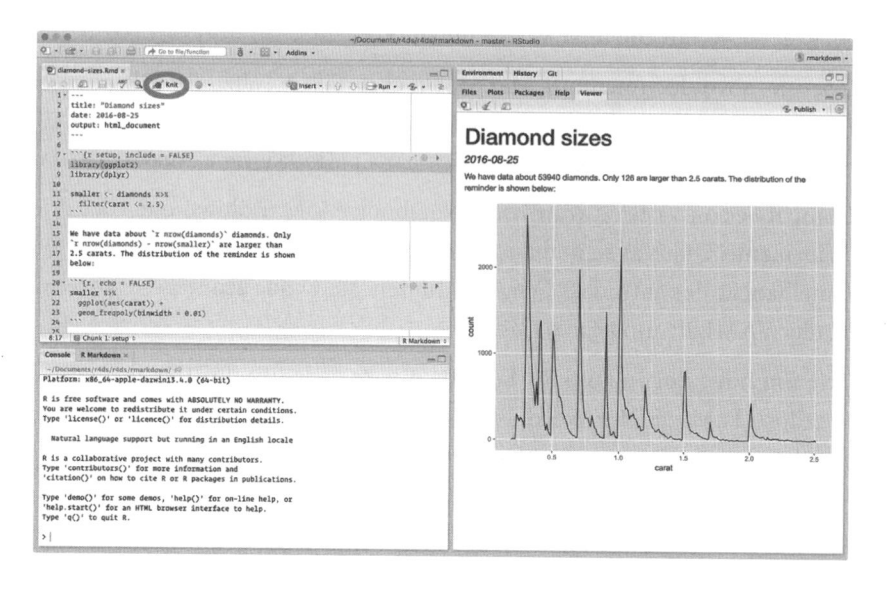

Quando você faz o *knit* (costura) do documento, o R Markdown envia o arquivo .Rmd para **knitr** (*http://yihui.name/knitr/*), que executa todos os trechos de código e cria um novo documento Markdown (*.md*) que inclui o código e sua saída. O arquivo Markdown gerado por **knitr** é então processado por **pandoc** (*http://pandoc.org/*), que é responsável por criar o arquivo finalizado. A vantagem desse fluxo de trabalho de dois passos é que você pode desenvolver uma gama bem ampla de formatos de saída, como aprenderá no Capítulo 23.

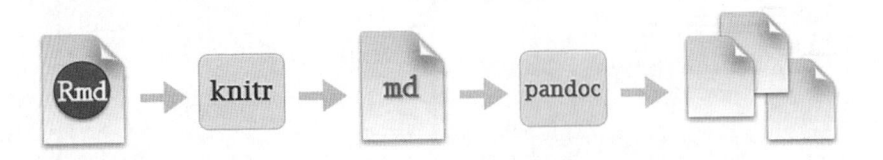

Para começar com seu próprio arquivo *.Rmd*, selecione *File → New File → R Markdown...* na barra de menu. O RStudio iniciará um assistente que você pode usar para pré-preencher seu arquivo com conteúdo útil que o lembre como os recursos-chave do R Markdown funcionam.

As próximas seções mergulham nos três componentes de um documento R Markdown em mais detalhes: o texto Markdown, os trechos de código e o cabeçalho YAML.

Exercícios

1. Crie um novo notebook usando *File → New File → R Notebook*. Leia as instruções. Pratique executar os trechos de código. Verifique se é possível modificar o código, executá-lo novamente e ver a saída modificada.

2. Crie um novo documento R Markdown com *File → New File → R Markdown...* Faça knit clicando no botão adequado. Faça knit usando o atalho de teclado correto. Verifique a possibilidade de modificar a entrada e ver a atualização da saída.

3. Compare e contraste os arquivos R Notebook e R Markdown que você criou anteriormente. Quais as semelhanças entre as saídas? Quais as diferenças? Quais as semelhanças das entradas? Quais as diferenças? O que acontece se você copiar o header YAML de um para o outro?

4. Crie um novo documento R Markdown para cada um dos três formatos incorporados: HTML, PDF e Word. Faça knit de cada um dos três documentos. Quais as diferenças entre as saídas? Quais as diferenças entre as entradas? (Você pode

precisar instalar LaTeX para criar a saída de PDF — o RStudio o avisará se isso for necessário.)

Formatação de Texto com Markdown

A prosa em arquivos *.Rmd* é escrita em Markdown, um conjunto leve de convenções para formatar arquivos de texto simples. Markdown é projetado para ser fácil de ler e de escrever. Também é bem fácil de aprender. O guia a seguir mostra como usar o Markdown de Pandoc, uma versão levemente extendida que o R Markdown entende:

```
Text formatting 
------------------------------------------------------------

*italic*  or _italic_
**bold**   __bold__
`code`
superscript^2^ and subscript~2~

Headings
------------------------------------------------------------

# 1st Level Header

## 2nd Level Header

### 3rd Level Header

Lists
------------------------------------------------------------

*   Bulleted list item 1

*   Item 2

    * Item 2a

    * Item 2b

1.  Numbered list item 1

1.  Item 2. The numbers are incremented automatically in
the output.

Links and images
------------------------------------------------------------

<http://example.com>
```

```
(linked phrase)(http://example.com)

!(optional caption text)(path/to/img.png)

Tables
-------------------------------------------------

First Header  |  Second Header
------------- |  -------------
Content Cell  |  Content Cell
Content Cell  |  Content Cell
```

A melhor maneira de aprender é simplesmente experimentando. Levará alguns dias, mas logo se tornará uma ação natural, e você não precisará mais pensar nisso. Se esquecer, pode obter uma folha de referências útil com *Help → Markdown Quick Reference* (conteúdo em inglês).

Exercícios

1. Pratique o que você aprendeu criando um breve CV. O título deve ser o seu nome, e você deve incluir cabeçalhos para (pelo menos) educação ou empregos. Cada uma das seções deve incluir uma lista de tópicos de trabalhos/graduações. Destaque o ano em negrito.

2. Usando a referência rápida do R Markdown, descubra como adicionar:

    a. Uma nota de rodapé.

    b. Uma régua horizontal.

    c. Um bloco de citação.

3. Copie e cole o conteúdo de *diamond-sizes.Rmd* a partir de *https://github.com/hadley/r4ds/tree/master/rmarkdown* em um documento R Markdown local. Verifique a viabilidade de executá-lo, então adicione um texto depois do polígono de frequência que descreva seus recursos mais surpreendentes.

Trechos de Código

Para executar código dentro de um documento R Markdown, você precisa inserir um trecho (chunk) de código. Há três maneiras de fazer isso:

1. O atalho de teclado Cmd/Ctrl-Alt-I.
2. O ícone do botão "Insert" na barra de ferramentas do editor.
3. Digitando manualmente os delimitadores de chunks ```` ```{r} ```` e ```` ``` ````.

Obviamente, recomendo que você aprenda o atalho do teclado. Ele economizará muito do seu tempo no longo prazo!

Você pode continuar a executar o código usando o atalho de teclado que, a essa altura (eu espero!), você conhece e ama: Cmd/Ctrl-Enter. Contudo, chunks ganham um novo atalho de teclado: Cmd/Ctrl-Shift-Enter, que executa todo o código no chunk. Pense em um chunk de código como uma função. Ele deveria ser relativamente autônomo e focado em uma única tarefa.

As próximas seções descrevem o header do chunk, que consiste em ```` ```{r ````, seguido por um nome opcional, seguido por opções separadas por vírgulas, seguidas por }. Em seguida vem seu código R, e o final do chunk é indicado por um ```` ``` ````.

Nome do Chunk

Chunks podem receber um nome opcional: ```` ```{r by-name} ````; que tem três vantagens:

- Você pode navegar mais facilmente para chunks específicos usando o navegador de código drop-down no canto inferior esquerdo do editor de script:

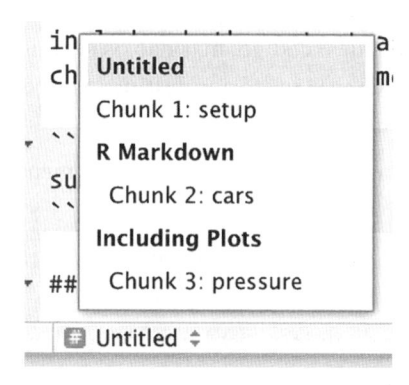

- Gráficos produzidos pelos chunks terão nomes úteis que facilitam seu uso em outros lugares. Mais sobre isso em "Outras Opções Importantes", na página 467.

- Você pode configurar redes de chunks em cache para evitar realizar cálculos caros em cada execução. Mais sobre isso em breve.

Há um nome de chunk que tem um comportamento especial: `setup`. Quando você está em modo notebook, o `setup` executará automaticamente uma vez, antes que qualquer código seja executado.

Opções de Chunk

A saída de chunk pode ser customizada com *opções*, argumentos fornecidos para o header do chunk. O **knitr** fornece quase 60 opções que podem ser usadas para customizar seus chunks de código. Aqui trataremos das mais importantes e que você usará frequentemente. Veja a list completa de opções de chunk em: *http://yihui.name/knitr/options/* (conteúdo em inglês).

O conjunto de opções mais importante controla se seu bloco de código é executado e quais resultados são inseridos no relatório final:

- `eval = FALSE` evita que o código seja avaliado. (Se o código não é executado, obviamente nenhum resultado é gerado.) Isso é útil para exibir código de exemplo ou para desabilitar um grande bloco de código sem comentar cada linha.

- `include = FALSE` executa o código, mas não mostra o código ou os resultados no documento final. Use isso para configurar o código que você não quer que entulhe seu relatório.

- `echo = FALSE` evita que o código, mas não os resultados, apareçam no arquivo final. Use quando escrever relatórios destinados a pessoas que não querem ver o código R subjacente.

- `message = FALSE` ou `warning = FALSE` evita que mensagens ou avisos apareçam no arquivo final.

- `results = 'hide'` esconde a saída impressa; `fig.show = 'hide'` esconde os gráficos.

- `error = TRUE` causa a continuação da renderização mesmo se o código retornar um erro. Dificilmente você vai querer incluí-lo na versão final de seu relatório, mas pode ser muito útil se precisar debugar exatamente o que acontece em seu *.Rmd*. Também é útil se você estiver ensinando R e quiser incluir um erro deliberadamente. O padrão, `error = FALSE`, faz com que o knit falhe se houver um único erro no documento.

A tabela a seguir resume quais tipos de saída cada opção suprime:

Opção	Executa código	Exibe código	Saída	Gráficos	Mensagens	Avisos
eval = FALSE	x		x	x	x	x
include = FALSE		x	x	x	x	x
echo = FALSE		x				
results = "hide"			x			
fig.show = "hide"				x		
message = FALSE					x	
warning = FALSE						x

Tabela

Por padrão, o R Markdown imprime data frames e matrizes como você os veria no console:

```
mtcars[1:5, 1:10]
#>                    mpg cyl disp  hp drat   wt qsec vs am gear
#> Mazda RX4         21.0   6  160 110 3.90 2.62 16.5  0  1    4
#> Mazda RX4 Wag     21.0   6  160 110 3.90 2.88 17.0  0  1    4
#> Datsun 710        22.8   4  108  93 3.85 2.32 18.6  1  1    4
#> Hornet 4 Drive    21.4   6  258 110 3.08 3.21 19.4  1  0    3
#> Hornet Sportabout 18.7   8  360 175 3.15 3.44 17.0  0  0    3
```

Se preferir que os dados sejam exibidos com formatação adicional, você pode usar a função `knitr::kable`. O código a seguir gera a Tabela 21-1:

```
knitr::kable(
  mtcars[1:5, ],
  caption = "A knitr kable."
)
```

Tabela 21-1. Uma tabela knitr

	mpg	cyl	disp	hp	drat	wt	qsec	vs	am	gear	carb
Mazda RX4	21.0	6	160	110	3.90	2.62	16.5	0	1	4	4
Mazda RX4 Wag	21.0	6	160	110	3.90	2.88	17.0	0	1	4	4
Datsun 710	22.8	4	108	93	3.85	2.32	18.6	1	1	4	1
Hornet 4 Drive	21.4	6	258	110	3.08	3.21	19.4	1	0	3	1
Hornet Sportabout	18.7	8	360	175	3.15	3.44	17.0	0	0	3	2

Leia a documentação de ?knitr::kable para conhecer outras maneiras de customizar a tabela. Para uma customização ainda maior, considere os pacotes **xtable**, **stargazer**, **pander**, **tables** e **ascii**. Cada um fornece um conjunto de ferramentas para retornar tabelas formatadas a partir do código R.

Também há um conjunto rico de opções para controlar como os números são incluídos. Você aprenderá sobre isso em "Salvando seus Gráficos", na página 464.

Colocando em Cache

Normalmente, cada knit de um documento começa com uma tela completamente limpa. Isso é ótimo para reprodutibilidade, pois garante que você tenha capturado cada cálculo importante no código. Contudo, pode ser doloroso se você tiver alguns cálculos que levem bastante tempo. A solução é cache = TRUE. Quando configurado, isso salvará a saída do chunk em um arquivo especialmente nomeado no disco. Em execuções subsequentes, o **knitr** verificará se o código mudou e, se não, reutilizará os resultados armazenados.

O sistema de cache deve ser usado com cuidado, porque, por padrão, ele é baseado apenas no código, não em suas dependências. Por exemplo, aqui o chunk processed_data depende do chunk raw_data:

```
```{r raw_data}
rawdata <- readr::read_csv("a_very_large_file.csv")
```

```{r processed_data, cached = TRUE}
processed_data <- rawdata %>%
  filter(!is.na(import_var)) %>%
  mutate(new_variable = complicated_transformation(x, y, z))
```
```

Colocar em cache o chunk processed_data significa que ele será reexecutado se o pipeline **dplyr** mudar, mas não será se a chamada read_csv() mudar. Você pode evitar esse problema com a opção de chunk dependson:

```
```{r processed_data, cached = TRUE, dependson = "raw_data"}
processed_data <- rawdata %>%
  filter(!is.na(import_var)) %>%
  mutate(new_variable = complicated_transformation(x, y, z))
```
```

O `dependson` deve conter um vetor de caracteres de *cada* chunk, dos quais o chunk em cache depende. O **knitr** atualizará os resultados para o chunk em cache sempre que detectar que uma de suas dependências mudou.

Note que os chunks não atualizarão se *um_arquivo_muito_grande.csv* mudar, porque o cache do **knitr** só rastreia mudanças dentro do arquivo *.Rmd*. Se você também quiser rastrear mudanças para esse arquivo, pode usar a opção `cache.extra`. Essa é uma expressão arbitrária de R que invalidará o cache sempre que ele mudar. Uma boa função para usar é `file.info()`, que retorna várias informações sobre o arquivo, incluindo quando foi modificado pela última vez. Então, você pode escrever:

```
```{r raw_data, cache.extra = file.info("a_very_large_file.csv")}
rawdata <- readr::read_csv("a_very_large_file.csv")
```
```

À medida que suas estratégias de fazer cache ficam cada vez mais complicadas, é uma boa ideia limpar regularmente todos os seus caches com `knitr::clean_cache()`.

Eu usei o conselho de David Robinson (*http://bit.ly/DavidRobinsonTwitter* — conteúdo em inglês) para nomear esses chunks: cada chunk é nomeado de acordo com o objeto primário que ele cria. Isso facilita o entendimento da especificação `dependson`.

Opções Globais

Conforme você trabalha mais com **knitr**, descobre que algumas das opções padrão de chunk não atendem às suas necessidades, e por isso vai querer mudá-las. Você pode fazer isso chamando `knitr::opts_chunk$set()` em um chunk de código. Por exemplo, ao escrever livros e tutoriais, eu configuro:

```
knitr::opts_chunk$set(
  comment = "#>",
  collapse = TRUE
)
```

Dessa forma, utilizo minha formatação preferida de comentários e garanto que o código e a saída sejam mantidos intimamente entrelaçados. Por outro lado, se você estivesse preparando um relatório, poderia configurar:

```
knitr::opts_chunk$set(
  echo = FALSE
)
```

Assim esconderá o código por padrão, mostrando apenas os chunks que você escolher exibir deliberadamente (com `echo = TRUE`). Você pode considerar configurar `message = FALSE` e `warning = FALSE`, mas isso dificultaria debugar problemas, já que não veria nenhuma mensagem no documento final.

Código Inline

Há mais uma maneira de incluir código R em um documento R Markdown: `` `r ` ``. Pode ser muito útil se você mencionar propriedades de seus dados no texto. Por exemplo, no documento de exemplo que usei no começo do capítulo eu tinha:

> Nós temos dados sobre `` `r nrow(diamonds)` `` diamantes. Apenas `` `r nrow(diamonds) - nrow(smaller)` `` são maiores que 2,5 quilates. A distribuição do restante é mostrada abaixo:

Quando é feito o knit do relatório, os resultados desses cálculos são inseridos no texto:

> Nós temos dados sobre 53.940 diamantes. Apenas 126 são maiores que 2,5 quilates. A distribuição do restante é mostrada abaixo:

Ao inserir números no texto, `format()` te ajudará. Ela permite que você configure o número de `digits` para que não imprima um grau absurdo de precisão, e um `big.mark` para facilitar a leitura dos números. Muitas vezes eu as combino em uma função auxiliar:

```
comma <- function(x) format(x, digits = 2, big.mark = ",")
comma(3452345)
#> [1] "3,452,345"
comma(.12358124331)
#> [1] "0.12"
```

Exercícios

1. Adicione uma seção que explore como os tamanhos dos diamantes variam por corte, cor e clareza. Suponha que você esteja escrevendo um relatório para alguém que não sabe R, e em vez de configurar `echo = FALSE` em cada chunk, configure uma opção global.

2. Faça o download de *diamond-sizes.Rmd* em *https://github.com/hadley/r4ds/tree/master/rmarkdown* (conteúdo em inglês) ou no site da Alta Books, acesse: *http://www.altabooks.com.br* e procure pelo título do livro ou ISBN. Adicione uma seção que descreva os 20 maiores diamantes, incluindo uma tabela que exiba seus atributos mais importantes.

3. Modifique *diamonds-sizes.Rmd* para usar `comma()` para produzir uma saída bem formatada. Inclua também a porcentagem de diamantes que são maiores que 2,5 quilates.

4. Configure uma rede de chunks onde `d` dependa de `c` e `b`, e tanto `b` quanto `c` dependam de `a`. Faça com que cada chunk imprima `lubridate::now()`, configure `cache = TRUE`, e então confira sua compreensão de cache.

Resolução de Problemas

Resolver problemas de documentos R Markdown pode ser desafiador, pois você não está mais em um ambiente R interativo e precisará aprender alguns truques novos. A primeira coisa que você deve sempre tentar é recriar o problema em uma sessão interativa. Reinicie o R, depois "Execute todos os chunks" (seja a partir do menu Code, abaixo da região Run, ou com o atalho de teclado Ctrl-Alt-R). Se tiver sorte, conseguirá recriar o problema e descobrir o que está acontecendo interativamente.

Se isso não ajudar, deve haver algo diferente entre seu ambiente interativo e o ambiente R Markdown. Você precisará explorar sistematicamene as opções. A diferença mais comum é o diretório de trabalho: o diretório de trabalho de um documento R Markdown é aquele em que ele vive. Confira se o diretório de trabalho é o que você espera incluindo `getwd()` em um chunk.

Em seguida, pense em todas as coisas que podem causar o bug. Será necessário conferir sistematicamente se elas são as mesmas em sua sessão R e em sua sessão R Markdown. A maneira mais fácil de fazer isso é configurar `error = TRUE` no chunk causando o problema, depois usar `print()` e `str()` para conferir que as configurações são como você espera.

Header YAML

É possível controlar muitas outras configurações de "todo o documento" ao ajustar os parâmetros do header YAML. Você pode se perguntar o que quer dizer YAML: significa "yet another markup language" (ainda outra linguagem markup), que é projetada para representar dados hierárquicos de uma maneira fácil para que pessoas leiam e escrevam.

O R Markdown a utiliza para controlar muitos detalhes da saída. Aqui discutiremos dois: os parâmetros do documento e as bibliografias.

Parâmetros

Documentos R Markdown podem incluir um ou mais parâmetros, cujos valores podem ser estabelecidos quando se renderiza o relatório. Parâmetros são úteis quando você quer re-renderizar o mesmo relatório com valores distintos para várias entradas-chave. Por exemplo, na produção de relatórios de vendas por filial, para resultados de provas por aluno ou resumos demográficos por país. Para declarar um ou mais parâmetros, use o campo `params`.

Este exemplo usa um parâmetro `my_class` para determinar qual classe de carros exibir:

```
---
output: html_document
params:
  my_class: "suv"
---

```{r setup, include = FALSE}
library(ggplot2)
library(dplyr)

class <- mpg %>% filter(class == params$my_class)
```

Fuel economy for `r params$my_class`s

```{r, message = FALSE}
ggplot(class, aes(displ, hwy)) +
  geom_point() +
  geom_smooth(se = FALSE)
```
```

Como você pode ver, parâmetros estão disponíveis dentro dos chunks de código como uma lista nomeada `params` somente leitura.

Você pode escrever vetores atômicos diretamente no header YAML. Também pode executar expressões R arbitrárias prefaciando o valor do parâmetro com `!r`. Essa é uma boa maneira de especificar parâmetros data/hora:

```
params:
  start: !r  lubridate::ymd("2015-01-01")
  snapshot: !r  lubridate::ymd_hms("2015-01-01 12:30:00")
```

No RStudio, você pode clicar na opção "Knit with Parameters", no menu drop-down Knit, para configurar parâmetros, renderizar e pré-visualizar o relatório em um único passo. É possível também customizar o diálogo ao configurar outras opções no header. Veja *http://bit.ly/ParamReports* (conteúdo em inglês) para mais detalhes.

Alternativamente, se você precisar produzir muitos relatórios parametrizados como tal, pode chamar `rmarkdown::render()` com uma lista de `params`:

```
rmarkdown::render(
  "fuel-economy.Rmd",
  params = list(my_class = "suv")
)
```

Isso é particularmente poderoso em conjunção com `purrr:pwalk()`. O exemplo a seguir cria um relatório para cada valor de `class` encontrado em `mpg`. Primeiro criamos um data frame que tenha uma linha para cada classe, dando o `filename` do relatório e os `params` que ele deve receber:

```
reports <- tibble(
  class = unique(mpg$class),
  filename = stringr::str_c("fuel-economy-", class, ".html"),
  params = purrr::map(class, ~ list(my_class = .))
)
reports
#> # A tibble: 7 × 3
#>   class             filename          params
#>   <chr>             <chr>             <list>
#> 1 compact  fuel-economy-compact.html  <list [1]>
#> 2 midsize  fuel-economy-midsize.html  <list [1]>
#> 3 suv      fuel-economy-suv.html      <list [1]>
#> 4 2seater  fuel-economy-2seater.html  <list [1]>
#> 5 minivan  fuel-economy-minivan.html  <list [1]>
#> 6 pickup   fuel-economy-pickup.html   <list [1]>
#> # ... with 1 more rows
```

Depois combinamos os nomes de coluna aos nomes dos argumentos de `render()`, e usamos o walk *paralelo* de **purrr** para chamar `render()` uma vez para cada linha:

```
reports %>%
  select(output_file = filename, params) %>%
  purrr::pwalk(rmarkdown::render, input = "fuel-economy.Rmd")
```

Bibliografias e Citações

Pandoc pode gerar citações e uma bibliografia automaticamente em vários estilos. Para usar esse recurso, especifique um arquivo de bibliografia usando o campo `bibliography` no header de seu arquivo. O campo deve conter um caminho do diretório que contém seu arquivo *.Rmd* para o arquivo que possui o arquivo de bibliografia:

```
bibliography: rmarkdown.bib
```

Você pode usar muitos formatos comuns de bibliografia, incluindo BibLaTeX, BibTeX, endnote e medline.

Para criar uma citação dentro de seu arquivo .*Rmd*, use uma chave composta de "@" e *o identificador da citação* do arquivo de bibliografia. Então coloque a citação entre colchetes. Aqui estão alguns exemplos:

> **Separate multiple citations with a `;`:**
> Blah blah (@smith04; @doe99).
>
> **You can add arbitrary comments inside the square brackets:**
> Blah blah (see @doe99, pp. 33-35; also @smith04, ch. 1).
>
> **Remove the square brackets to create an in-text citation:**
> @smith04 says blah, or @smith04 (p. 33) says blah.
>
> **Add a `-` before the citation to suppress the author's name:**
> Smith says blah (-@smith04).

Quando o R Markdown renderizar seu arquivo, ele construirá e anexará uma bibliografia no final de seu documento. A bibliografia conterá cada uma das referências citadas de seu arquivo de bibliografia, mas não conterá o título da seção. Como resultado, é uma prática comum terminar seu arquivo com o título da seção para a bibliografia, como `# References` ou `# Bibliography`.

Você pode mudar o estilo de suas citações e bibliografia referenciando um arquivo CSL (citation style language, ou linguagem de estilo de citação) para o campo `csl`:

```
bibliography: rmarkdown.bib
csl: apa.csl
```

Assim como o campo de bibliografia, seu arquivo CSL deve conter um caminho para o arquivo. Aqui eu suponho que o arquivo CSL esteja no mesmo diretório que o arquivo .*Rmd*. Um bom lugar para encontrar arquivos de estilo CSL para estilos comuns de bibliografia é *http://github.com/citation-style-language/styles* (conteúdo em inglês).

Aprendendo Mais

O R Markdown é relativamente jovem, e ainda está crescendo rapidamente. O melhor lugar para ficar atualizado sobre as inovações é no site oficial do R Markdown: *http://rmarkdown.rstudio.com* (conteúdo em inglês).

Há dois tópicos importantes que não tratamos aqui: colaboração e os detalhes de como comunicar precisamente suas ideias a outros humanos. A colaboração é uma parte vital do data science moderno, e é possível tornar tudo mais fácil usando ferramentas de controle de versão, como Git e GitHub. Recomendamos dois recursos que lhe ensinarão sobre Git:

- "Happy Git with R": uma introdução amigável a Git e Git-Hub de usuários R, de Jenny Bryan. Acesse: *http://happygitwithr.com* (conteúdo em inglês).

- O capítulo "Git and GitHub" do *R Packages*, de Hadley. Acesse: *http://r-pkgs.had.co.nz/git.html* (conteúdo em inglês).

Também não falei sobre o que você realmente deve escrever para comunicar claramente os resultados de sua análise. Para melhorar sua escrita, recomendo ler *Style: Lessons in Clarity and Grace* (Estilo: Lições sobre Clareza e Graça — em tradução livre), de Joseph M. Williams e Joseph Bizup, ou *The Sense of Structure: Writing from the Reader's Perspective* (O Sentido da Estrutura: Escrevendo a partir da Perspectiva do Leitor — em tradução livre), de George Gopen. Ambos os livros o ajudarão a entender a estrutura das sentenças e parágrafos e lhe darão as ferramentas para tornar sua escrita mais clara (esses livros são bem caros se comprados novos, mas são usados em muitas aulas de inglês nos Estados Unidos, então há muitas cópias de segunda mão mais baratas). George Gopen também tem vários artigos curtos sobre escrita (*http://georgegopen.com/articles/litigation/* — conteúdo em inglês). Eles são dirigidos para advogados, mas quase tudo também se aplica a cientistas de dados.

CAPÍTULO 22
Gráficos para Comunicação com ggplot2

Introdução

No Capítulo 5 você aprendeu a usar gráficos como ferramentas para *exploração*. Ao fazer gráficos exploratórios, você sabe — mesmo antes de olhar — quais variáveis o gráfico exibirá. Você fez cada gráfico para um propósito, poderia olhar rapidamente para ele e, então, seguir para o próximo. No decorrer da maioria das análises, você produzirá dezenas ou centenas de gráficos, a maioria dos quais serão imediatamente jogados fora.

Agora que você entende seus dados, precisa *comunicar* sua compreensão para os outros. Seu público provavelmente não compartilhará de seu conhecimento anterior e não estará profundamente dedicado aos dados. Para ajudá-los a construir rapidamente um modelo mental dos dados, será preciso investir um esforço considerável para criar seus gráficos da maneira mais autoexplicável possível. Neste capítulo ensinaremos algumas das ferramentas que o **ggplot2** fornece para isso.

Este capítulo foca nas ferramentas necessárias para a criação de bons gráficos. Suponho que você saiba o que quer fazer e só precise saber como. Por isso, recomendo juntar este capítulo com um bom livro sobre visualização. Particularmente, sugiro *The Truthful Art*, de Albert Cairo. Ele não ensina as mecânicas de criar visualizações, mas foca no que você precisa pensar para criar gráficos eficazes.

Pré-requisitos

Neste capítulo daremos ênfase mais uma vez no **ggplot2**. Também usaremos um pouco do **dplyr** para manipulação de dados, e alguns pacotes de extensão de **ggplot2**, incluindo **ggrepel** e **viridis**. Em vez de carregar essas extensões aqui, vamos nos referir explicitamente às suas funções, usando a notação ::. Isso ajudará a deixar claro quais funções vêm do **ggplot2** e quais vêm de outros pacotes. Não se esqueça de que você precisará instalar esses pacotes com install.packages(), se ainda não os tiver.

```
library(tidyverse)
```

Rótulo

O modo mais fácil de começar ao transformar um gráfico exploratório em um gráfico expositório é com bons rótulos. Você adiciona rótulos com a função labs(). Este exemplo insere um título de gráfico:

```
ggplot(mpg, aes(displ, hwy)) +
  geom_point(aes(color = class)) +
  geom_smooth(se = FALSE) +
  labs(
    title = paste(
      "Fuel efficiency generally decreases with",
      "engine size"
    )
  )
```

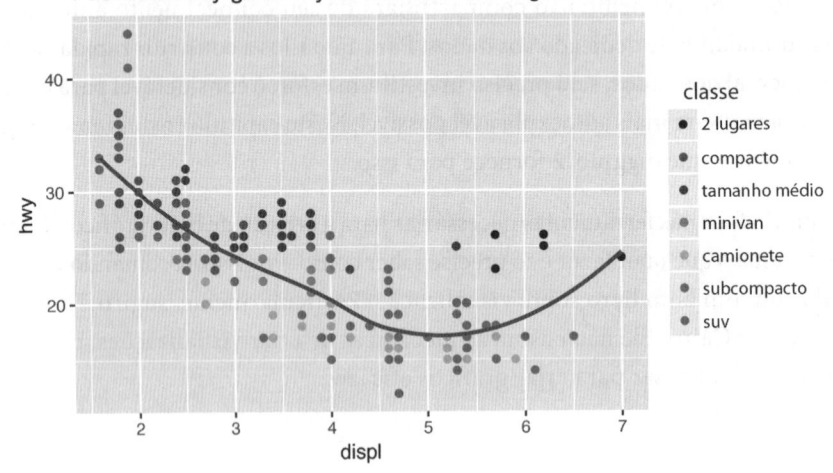

O propósito de um título de gráfico é resumir a descoberta principal. Evite títulos que só descrevam o que é o gráfico. Por exemplo: "A scatterplot of engine displacement vs. fuel economy" (Um diagrama de dispersão de deslocamento do motor vs. economia de combustível).

Se você precisar adicionar mais texto, há dois outros rótulos úteis que você pode usar em **ggplot2** 2.2.0 e além (que já deverá estar disponível quando você estiver lendo este livro):

- `subtitle` insere detalhes adicionais em uma fonte menor abaixo do título.
- `caption` insere texto no canto inferior direito do gráfico, frequentemente usado para descrever a fonte dos dados:

```
ggplot(mpg, aes(displ, hwy)) +
  geom_point(aes(color = class)) +
  geom_smooth(se = FALSE) +
  labs(
    title = paste(
      "Fuel efficiency generally decreases with"
      "engine size",
    )
    subtitle = paste(
      "Two seaters (sports cars) are an exception"
      "because of their light weight",
    )
```

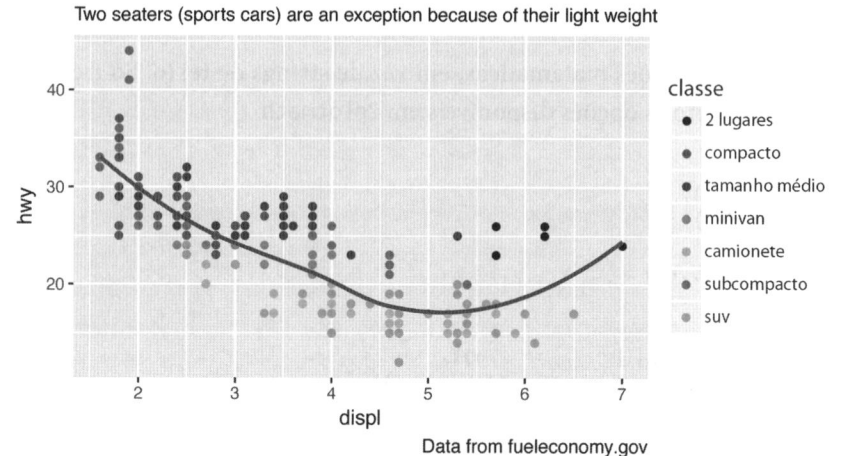

Você também pode usar `labs()` para substituir os títulos dos eixos e da legenda. Normalmente é uma boa ideia substituir nomes curtos de variáveis por descrições mais detalhadas, e incluir as unidades:

```
ggplot(mpg, aes(displ, hwy)) +
  geom_point(aes(color = class)) +
  geom_smooth(se = FALSE) +
  labs(
    x = "Engine displacement (L)",
    y = "Highway fuel economy (mpg)",
    colour = "Car type"
  )
```

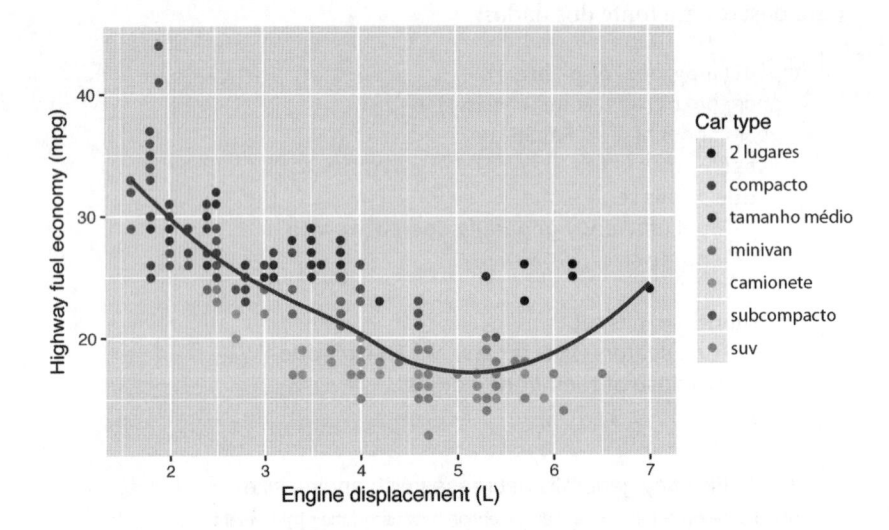

É possível usar equações matemáticas, em vez de strings de texto. Só troque "" por quote() e leia sobre as opções disponíveis em `?plotmath`:

```
df <- tibble(
  x = runif(10),
  y = runif(10)
)
ggplot(df, aes(x, y)) +
  geom_point() +
  labs(
    x = quote(sum(x[i] ^ 2, i == 1, n)),
    y = quote(alpha + beta + frac(delta, theta))
  )
```

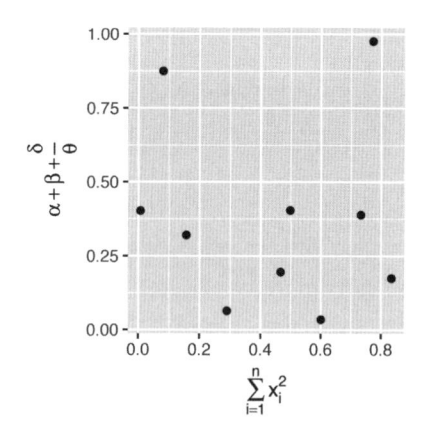

[Plot with y-axis label $\alpha + \beta + \frac{\delta}{\theta}$ and x-axis label $\sum_{i=1}^{n} x_i^2$]

Exercícios

1. Crie um gráfico sobre os dados de economia de combustível com rótulos `title`, `subtitle`, `caption`, `x`, `y` e `colour` customizados.

2. A `geom_smooth()` é, de certa forma, ilusória, porque `hwy` para motores grandes é inclinada para cima devido à inclusão de carros esporte leves com motores grandes. Use suas ferramentas de modelagem para ajustar e exibir um modelo melhor.

3. Pegue um gráfico exploratório que você criou no último mês e adicione títulos informativos para facilitar o entendimento de outras pessoas.

Anotações

Além de rotular os componentes principais de seu gráfico, muitas vezes é importante rotular observações individuais ou grupos de observações. A primeira ferramenta que você tem à sua disposição é `geom_text()`. A `geom_text()` é parecida com `geom_point()`, mas tem uma estética extra: `label`. Ela possibilita adicionar rótulos textuais aos seus gráficos.

Há duas fontes possíveis de rótulos. Primeiro, você pode ter um tibble que forneça rótulos. O gráfico a seguir não é extremamente útil, mas ilustra uma abordagem útil — extraia o carro mais eficiente em cada classe com **dplyr** e, então, rotule-o no gráfico:

```
best_in_class <- mpg %>%
    group_by(class) %>%
    filter(row_number(desc(hwy)) == 1)
```

```
ggplot(mpg, aes(displ, hwy)) +
  geom_point(aes(color = class)) +
  geom_text(size = 3, shape = 1, data = best_in_class) +
  ggrepel:: geom_label_repel(
    aes(label = model),
    data  = best_in_class
  )
```

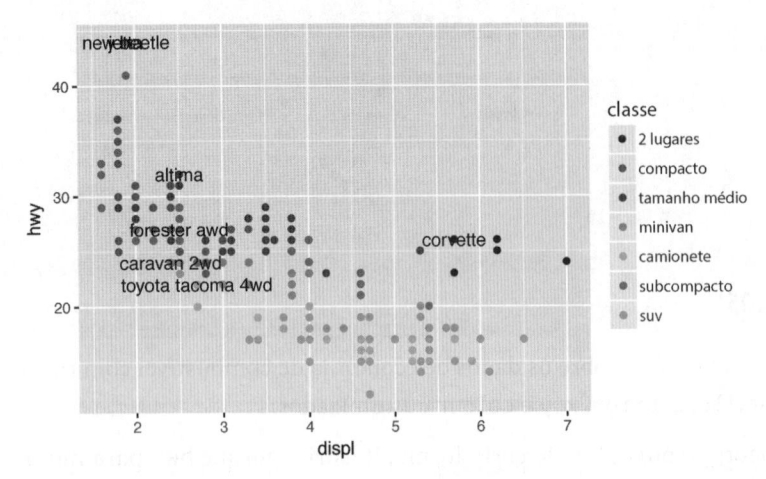

Dessa forma é difícil de ler, porque os rótulos se sobrepõem uns aos outros e aos pontos. Podemos deixar as coisas um pouco melhores trocando para geom_label(), que desenha um retângulo atrás do texto. Também podemos usar o parâmetro nudge_y para mover os rótulos levemente para cima dos pontos correspondentes:

```
ggplot(mpg, aes(displ, hwy)) +
  geom_point(aes(color = class)) +
  geom_label(
    aes(label = model),
    data = best_in_class,
    nudge_y = 2,
    alpha = 0.5
  )
```

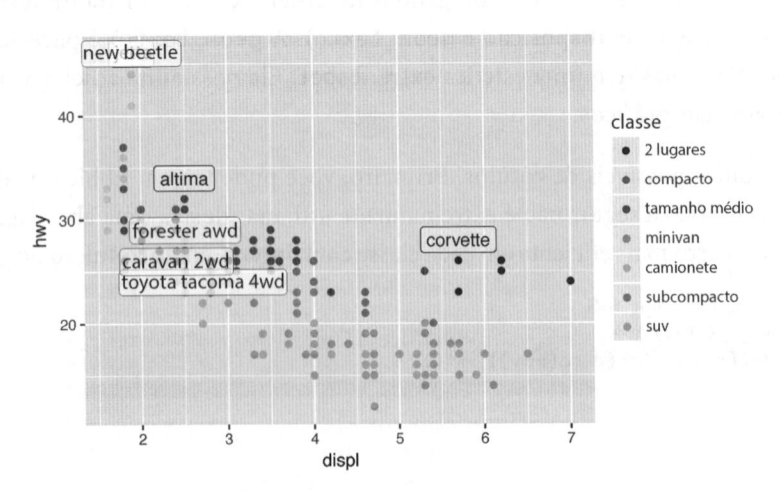

Esse modo ajuda um pouco, mas se você observar de perto o canto superior esquerdo, notará que há dois rótulos praticamente um em cima do outro. Isso acontece porque a milhagem de rodovia e o deslocamento para os melhores carros nas categorias compacto e subcompacto são exatamente as mesmas. Não há como corrigir isso aplicando a mesma transformação para cada rótulo. Em vez disso, podemos usar o pacote **ggrepel**, de Kamil Slowikowski, que ajustará automaticamente os rótulos para que não se sobreponham:

```
ggplot(mpg, aes(displ, hwy)) +
  geom_point(aes(color = class)) +
  geom_point(size = 3, shape = 1, data = best_in_class) +
  ggrepel::geom_label_repel(
    aes(label = model),
    data = best_in_class
  )
```

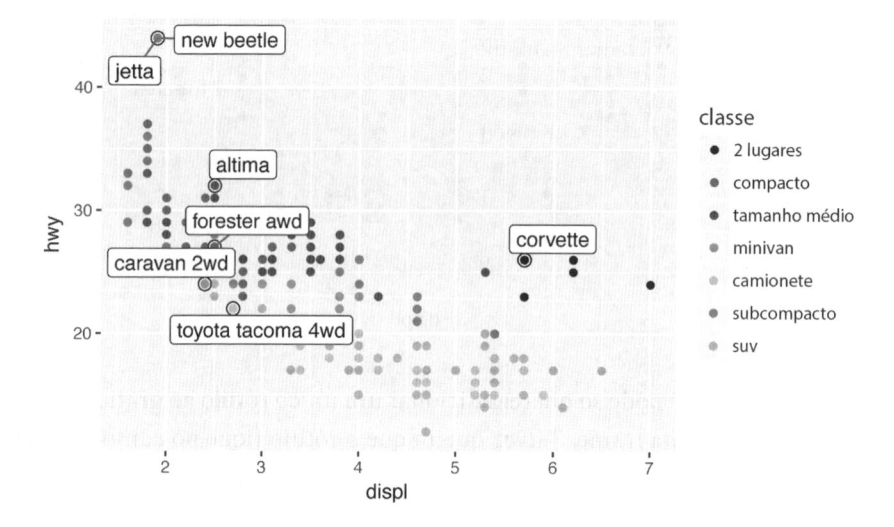

Note outra técnica útil usada aqui: a adição de uma segunda camada de pontos grandes e ocos para destacar os pontos que rotulei.

Às vezes é possível usar a mesma ideia para substituir a legenda com rótulos posicionados diretamente no gráfico. Não é ótimo para esse gráfico, mas não é muito ruim. (`theme(legend.position = "none")` desabilita a legenda — falaremos mais sobre isso em breve.)

```
class_avg <- mpg %>%
  group_by(class)
  summarize(
    displ = median(displ),
    hwy = median(hwy)
  )
```

```
ggplot(mpg, aes(displ, hwy, color = class)) +
  ggrepel::geom_label_repel(aes(label = class),
    data = class_avg,
    size = 6,
    label.size = 0,
    segment.color = NA
  ) +
  geom_point() +
  theme(legend.position = "none")
```

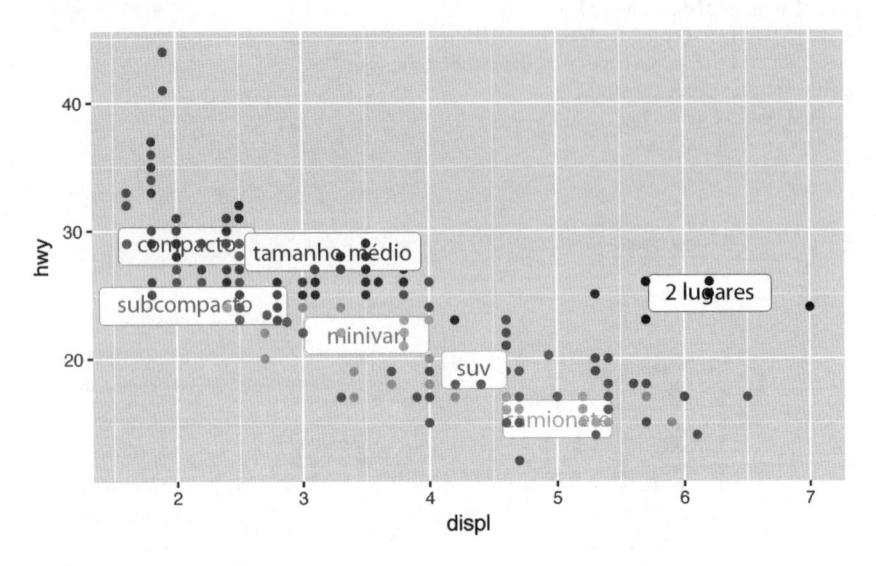

Alternativamente você pode só querer adicionar um único rótulo ao gráfico, mas ainda precisa criar um data frame. Talvez queira que o rótulo fique no canto do gráfico, então é conveniente criar um novo data frame usando summarize() para calcular os valores máximos de x e y:

```
label <- mpg %>%
  summarize(
    displ = max(displ),
    hwy = max(hwy),
    label = paste(
      "Increasing engine size is \nrelated to"
      "decreasing fuel economy."
    )
  )

ggplot(mpg, aes(displ, hwy)) +
  geom_point() +
  geom_text(
    aes(label = label),
    data = label,
    vjust = "top",
    hjust = "right"
  )
```

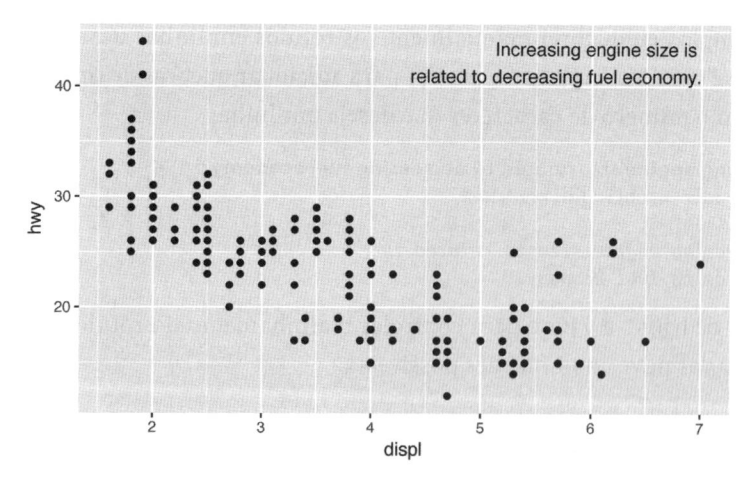

Caso queira colocar o texto exatamente nas bordas do gráfico, use +Inf e -Inf. Já que não estamos mais calculando posições de mpg, podemos usar tibble() para criar o data frame:

```
label <- tibble(
  displ = Inf,
  hwy = Inf,
  label = paste(
    "Increasing engine size is \nrelated to"
    "decreasing fuel economy."
  )
)

ggplot(mpg, aes(displ, hwy)) +
  geom_point() +
  geom_text(
    aes(label = label),
    data = label,
    vjust = "top",
    hjust = "right"
  )
```

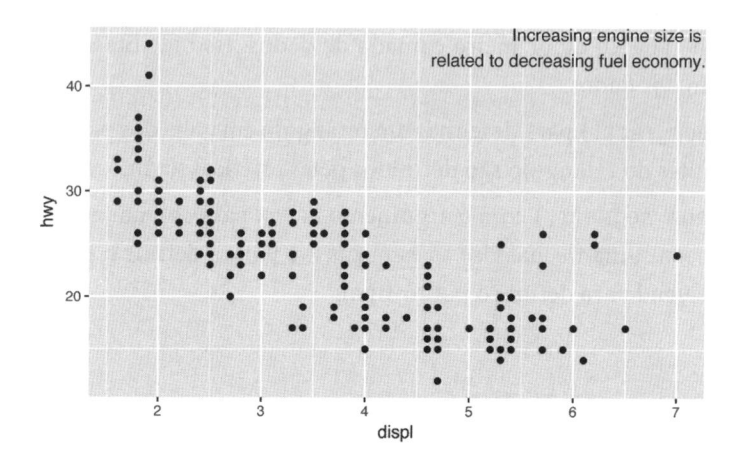

Nestes exemplos eu quebrei manualmente os rótulos em linhas usando "\n". Outra abordagem é usar stringr::str_wrap() para adicionar quebras de linha automaticamente, dado o número de caracteres que deseja por linha:

```
"Increasing engine size related to decreasing fuel economy." %>%
  stringr::str_wrap(width = 40) %>%
  writeLines()
#> Increasing engine size is related to
#> decreasing fuel economy.
```

Note o uso de hjust e vjust para controlar o alinhamento do rótulo. A Figura 22-1 mostra todas as nove combinações possíveis.

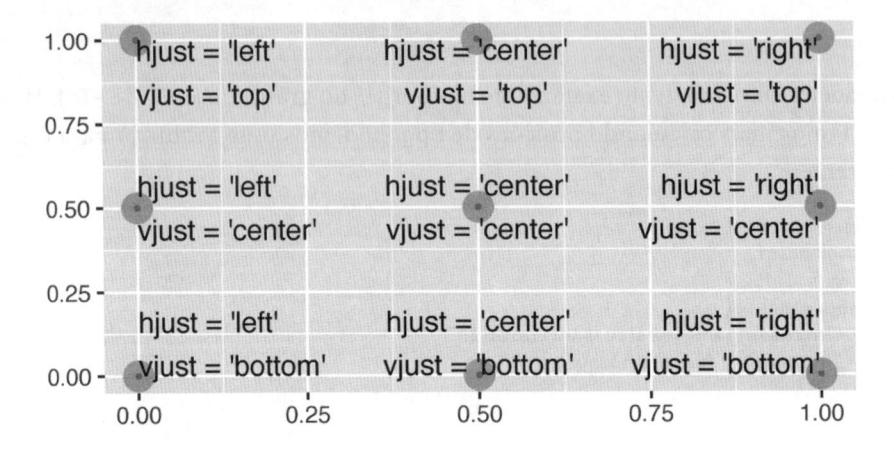

Figura 22-1. Todas as nove combinações de hjust e vjust.

Lembre-se, além de geom_text(), você tem muitos outros geoms disponíveis em **ggplot2** para ajudá-lo a anotar seu plot. Algumas ideias:

- Use geom_hline() e geom_vline() para adicionar linhas de referência. Eu frequentemente as deixo grossas (size = 2) e brancas (color = white), e as desenho abaixo da primeira camada de dados. Isso facilita vê-las sem tirar a atenção dos dados.

- Use geom_rect() para desenhar um retângulo em volta dos pontos de interesse. Os limites do retângulo são definidos pelas estéticas xmin, xmax, ymin e ymax.

- Use geom_segment() com o argumento arrow para chamar a atenção para um ponto com uma flecha. Use as estéticas x e y para definir o ponto de início, e xend e yend para definir o ponto-final.

O único limite é a sua imaginação (e a sua paciência para posicionar as anotações de forma a serem esteticamente agradáveis)!

Exercícios

1. Use `geom_text()` com posições infinitas para posicionar texto nos quatro cantos do gráfico.
2. Leia a documentação para `annotate()`. Como você pode usá-la para adicionar um rótulo de texto a um gráfico sem ter que criar um tibble?
3. Como rótulos com `geom_text()` interagem com facetas? Como você pode adicionar um rótulo a uma única faceta? Como colocar um rótulo diferente em cada faceta? (Dica: pense sobre os dados subjacentes.)
4. Quais argumentos de `geom_label()` controlam a aparência da caixa de fundo?
5. Quais são os quatro argumentos para `arrow()`? Como eles funcionam? Crie uma série de gráficos que demonstre as opções mais importantes.

Escalas

A terceira maneira de tornar seu gráfico melhor para a comunicação é ajustando as escalas. Elas controlam o mapeamento dos valores de dados para coisas que você pode perceber. Normalmente o **ggplot2** adiciona escalas automaticamente para você. Por exemplo, quando você digita

```
ggplot(mpg, aes(displ, hwy)) +
  geom_point(aes(color = class))
```

o **ggplot2** adiciona automaticamente escalas padrão nos bastidores:

```
ggplot(mpg, aes(displ, hwy)) +
  geom_point(aes(color = class)) +
  scale_x_continuous() +
  scale_y_continuous() +
  scale_color_discrete()
```

Note o esquema de nomeação de escalas: `scale_` seguido pelo nome da estética, depois `_`, depois o nome da escala. As escalas padrão são nomeadas de acordo com o tipo de variável com a qual se alinham: contínua, discreta, datahora ou data. Há várias escalas não padrão, sobre as quais você aprenderá a seguir.

As escalas padrão foram cuidadosamente escolhidas para fazer um bom trabalho para uma ampla gama de entradas. Porém você pode querer substituí-las por duas razões:

- Ajustar alguns dos parâmetros da escala padrão. Isso permite que você faça coisas como mudar as quebras nos eixos ou os rótulos principais na legenda.
- Substituir a escala toda e usar um algoritmo completamente diferente. Muitas vezes você pode fazer melhor que o padrão, porque conhece mais os dados.

Marcas dos Eixos e Chaves de Legenda

Há dois argumentos primários que afetam a aparência das marcas nos eixos e as chaves na legenda: breaks e labels. breaks controla a posição das marcas, ou os valores associados às chaves. labels controla o rótulo de texto associado a cada marca/chave. O uso mais comum para breaks é substituir a escolha padrão:

```
ggplot(mpg, aes(displ, hwy)) +
  geom_point() +
  scale_y_continuous(breaks = seq(15, 40, by = 5))
```

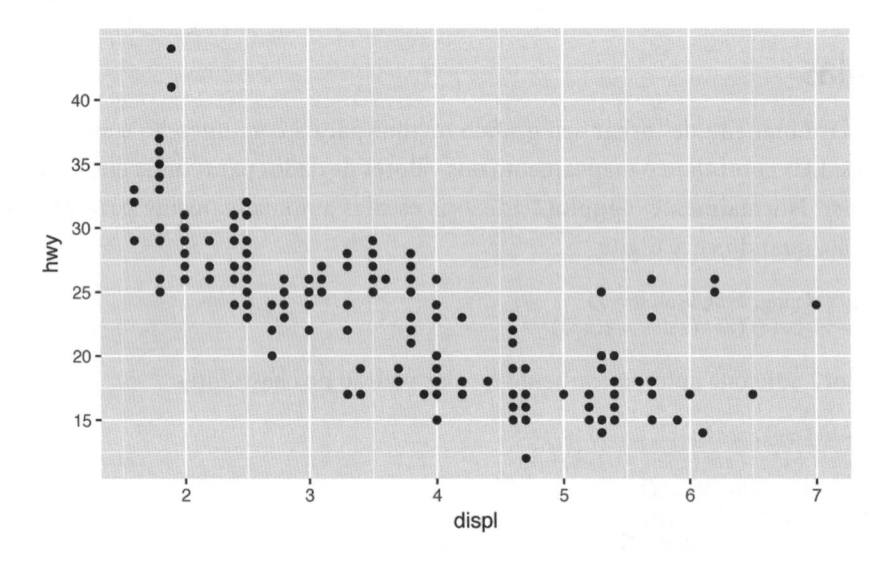

Você pode usar labels da mesma maneira (um vetor de caracteres do mesmo comprimento de breaks), mas também pode configurá-lo como NULL para suprimir todos os rótulos. Isso é útil para mapas, ou para publicar gráficos em que você não pode compartilhar os números absolutos:

```
ggplot(mpg, aes(displ, hwy)) +
  geom_point() +
  scale_x_continuous(labels = NULL) +
  scale_y_continuous(labels = NULL)
```

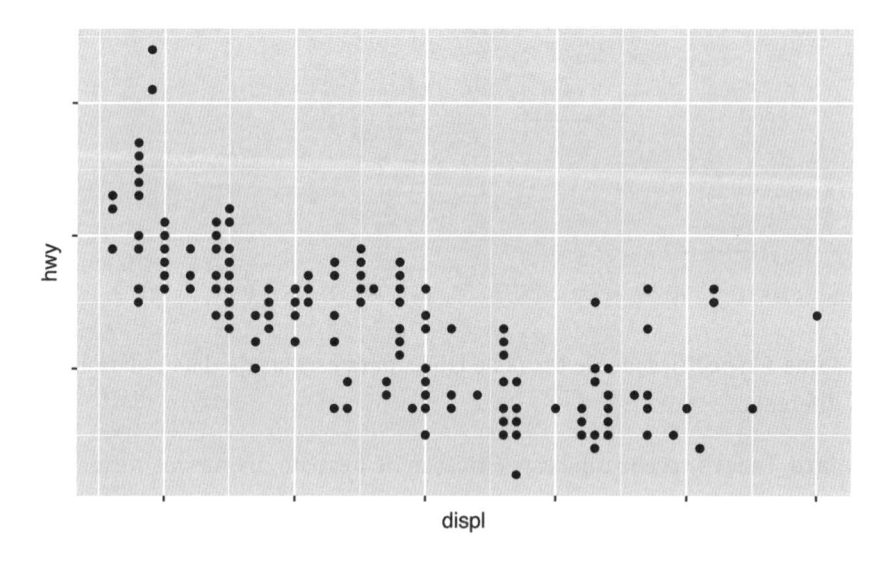

Você também pode usar breaks e labels para controlar a aparência das legendas. Coletivamente, eixos e legendas são chamados de *guias*. Eixos são usados para as estéticas x e y; legendas são usadas para todo o resto.

Outro uso de breaks é quando você tem relativamente poucos pontos de dados e quer destacar exatamente onde as observações ocorreram. Por exemplo, veja este gráfico que mostra quando cada presidente norte-americano começou e terminou seu mandato:

```
presidential %>%
  mutate(id = 33 + row_number()) %>%
  ggplot(aes(start, id)) +
    geom_point() +
    geom_segment(aes(xend = end, yend = id)) +
    scale_x_date(
      NULL,
      breaks = presidential$start,
      date_labels = "'%y"
    )
```

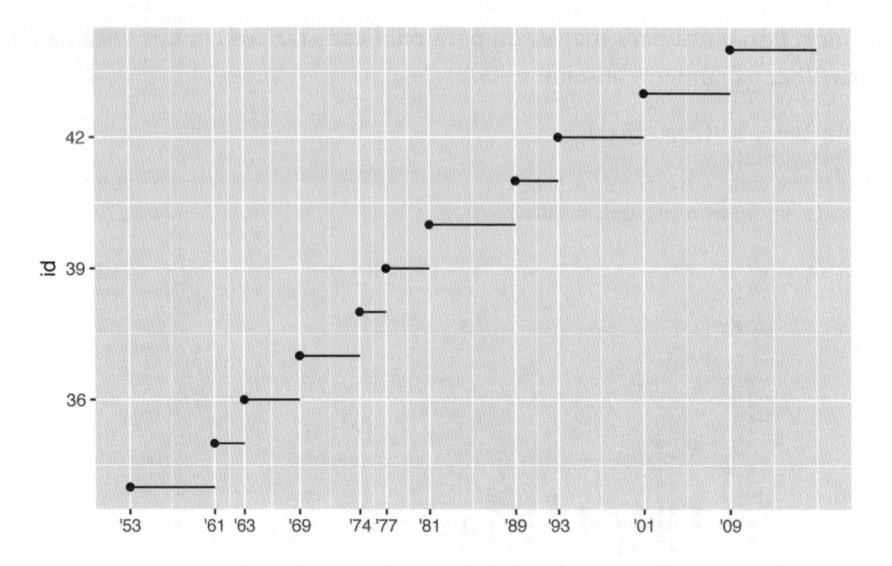

Perceba que a especificação de breaks e labels para escalas de data e data-hora é um pouco diferente:

- date_labels recebe uma especificação de formato, na mesma forma que parse_datetime().
- date_breaks (não exibido aqui) recebe uma string como "2 days" ou "1 month".

Layout da Legenda

Você usará principalmente breaks e labels para ajustar os eixos. Enquanto ambas também funcionam para legendas, há algumas outras técnicas que você terá mais propensão de usar.

Para controlar a posição geral da legenda, você precisa usar uma configuração theme(). Voltaremos a temas no final do capítulo, mas, resumindo, eles controlam as partes sem dados do gráfico. A configuração de tema legend.position controla onde a legenda é desenhada:

```
base <- ggplot(mpg, aes(displ, hwy)) +
  geom_point(aes(color = class))

base + theme(legend.position = "left")
base + theme(legend.position = "top")
base + theme(legend.position = "bottom")
base + theme(legend.position = "right") # the default
```

Você também pode usar `legend.position = "none"` para suprimir completamente a exibição da legenda.

Para controlar a exibição de legendas individuais use `guides()` junto a `guide_legend()` ou `guide_colorbar()`. O exemplo a seguir mostra duas configurações importantes: controlar o número de linhas que a legenda usa com `nrow`, e substituir uma das estéticas para aumentar os pontos. Isso é particularmente útil se você usou um `alpha` baixo para exibir muitos pontos em um gráfico:

```
ggplot(mpg, aes(displ, hwy)) +
  geom_point(aes(color = class)) +
  geom_smooth(se = FALSE) +
  theme(legend.position = "bottom") +
  guides(
    color = guide_legend(
      nrow = 1,
      override.aes = list(size = 4)
    )
  )
#> `geom_smooth()` using method = 'loess'
```

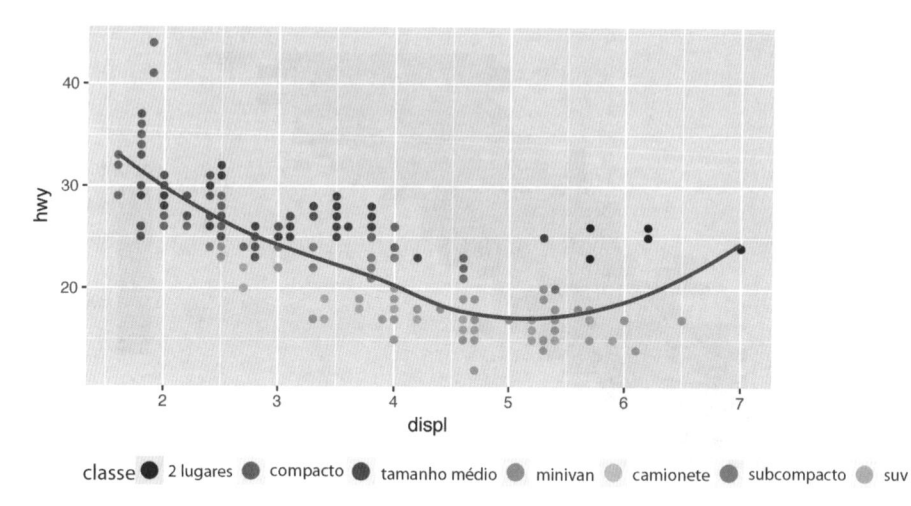

Substituindo uma Escala

Em vez de só ajustar um pouco os detalhes, você pode substituir completamente a escala. Há dois tipos de escalas que você provavelmente vai querer trocar: escalas de posição contínua e escalas de cor. Felizmente, os mesmos princípios se aplicam a todas as outras estéticas, então, uma vez que tenha dominado posição e cor, será capaz de fazer rapidamente outras substituições de escalas.

É muito útil fazer gráficos de transformações da sua variável. Por exemplo, como observamos em "Por que Diamantes de Baixa Qualidade São Mais Caros?", na página 376, é mais fácil ver o relacionamento preciso entre carat e price se os transformarmos em logaritmo:

```
ggplot(diamonds, aes(carat, price)) +
  geom_bin2d()

ggplot(diamonds, aes(log10(carat), log10(price))) +
  geom_bin2d()
```

Contudo, a desvantagem dessa transformação é que os eixos estão agora rotulados com os valores transformados, dificultando a interpretação do gráfico. Em vez de fazer a transformação no mapeamento estético, podemos fazê-la com a escala. Isso é visualmente idêntico, exceto que os eixos estão rotulados com a escala original dos dados:

```
ggplot(diamonds, aes(carat, price)) +
  geom_bin2d() +
  scale_x_log10() +
  scale_y_log10()
```

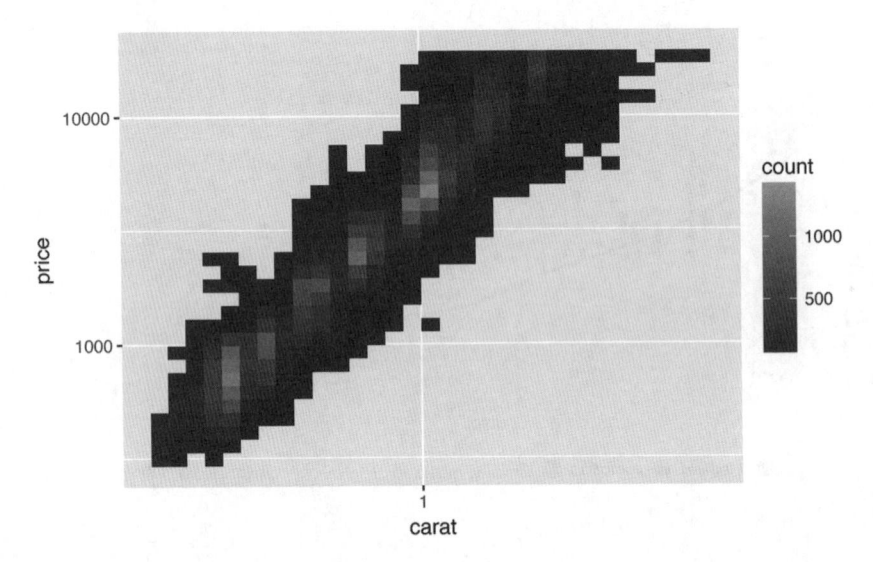

Outra escala que é frequentemente customizada é a de cor. A escala categórica padrão escolhe cores que são igualmente espaçadas pela roda de cores. Alternativas úteis são as escalas ColorBrewer, que foram ajustadas à mão para funcionarem melhor para pessoas com tipos comuns de daltonismo. Os dois gráficos a seguir se parecem, mas há diferença suficiente nos tons de vermelho e verde para que os pontos à direita possam ser distinguidos mesmo por pessoas com daltonismo vermelho-verde:

```
ggplot(mpg, aes(displ, hwy)) +
  geom_point(aes(color = drv))

ggplot(mpg, aes(displ, hwy)) +
  geom_point(aes(color = drv)) +
  scale_color_brewer(palette = "Set1")
```

Não se esqueça de técnicas simples. Se há apenas algumas cores, você pode adicionar um mapeamento redundante com formas. Assim ajudará a garantir que seu gráfico seja interpretável também em preto e branco:

```
ggplot(mpg, aes(displ, hwy)) +
  geom_point(aes(color = drv, shape = drv)) +
  scale_color_brewer(palette = "Set1")
```

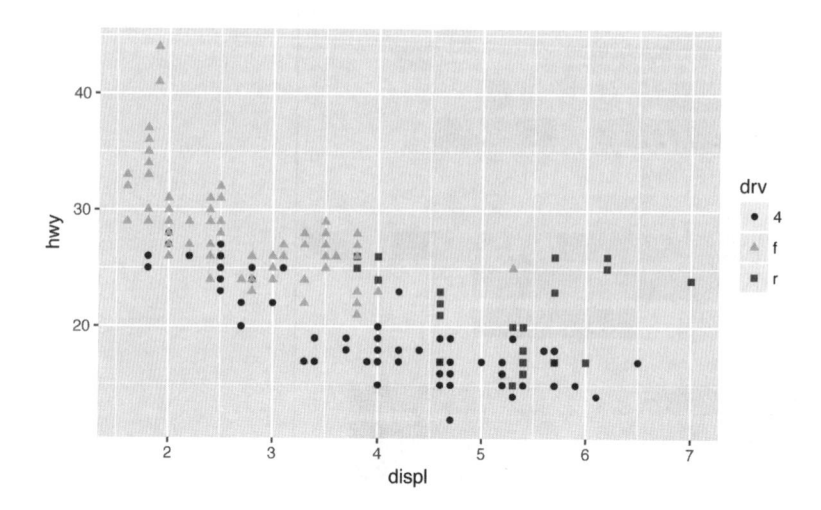

As escalas ColorBrewer estão documentadas online em *http://colorbrewer2.org/* (conteúdo em inglês) e disponíveis no R através do pacote **RColorBrewer**, de Erich Neuwirth. A Figura 22-2 mostra a lista completa de todas as paletas. As paletas sequencial (superior) e divergente (inferior) são particularmente úteis se seus valores categóricos estiverem ordenados, ou tenham um "meio". Isso surge com frequência se você usou cut() para transformar uma variável contínua em uma variável categórica.

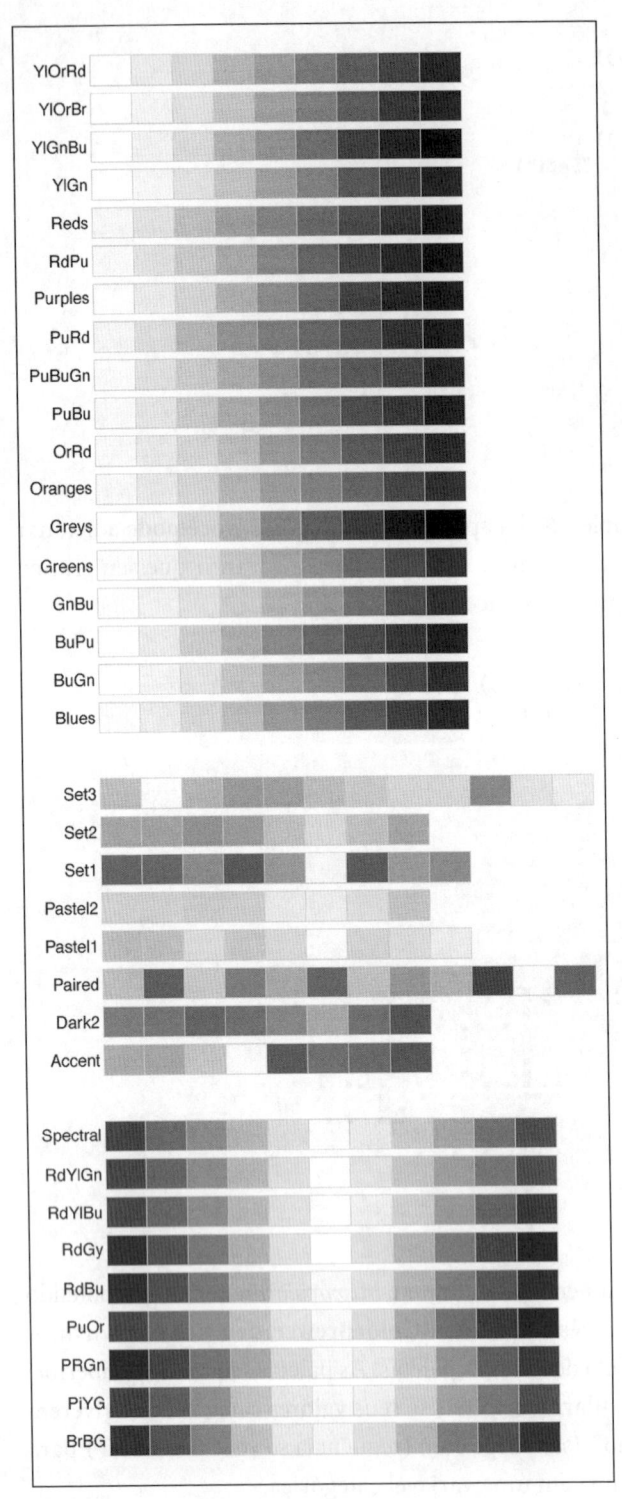

Figura 22-2. Todas as escalas ColorBrewer.

Quando você tem um mapeamento predefinido entre valores e cores, use scale_color_manual(). Por exemplo, se mapearmos os partidos políticos norte-americanos com cores, usaremos o mapeamento padrão de vermelho para Republicanos e azul para Democratas:

```
presidential %>%
  mutate(id = 33 + row_number()) %>%
  ggplot(aes(start, id, color = party)) +
    geom_point() +
    geom_segment(aes(xend = end, yend = id)) +
    scale_colour_manual(
      values = c(Republican = "red", Democratic = "blue")
    )
```

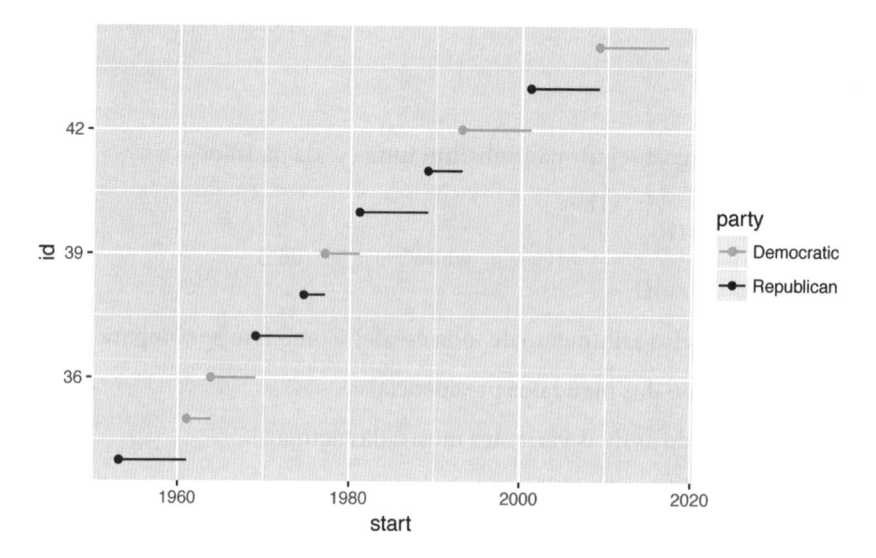

Para cores contínuas, você pode usar o scale_color_gradient() ou o scale_fill_gradient(). Se tiver uma escala divergente, pode usar scale_color_gradient2(). Isso te permite dar, por exemplo, cores diferentes para valores positivos e negativos. Às vezes pode ser útil se você quiser distinguir pontos acima ou abaixo da média. Todos os gráficos coloridos do livro estão disponíveis no site da editora Alta Books: www.altabooks.com.br. Procure pelo nome do livro.

Outra opção é scale_color_viridis(), fornecida pelo pacote **viridis**. É uma escala contínua análoga às escalas categóricas ColorBrewer. Os designers, Nathaniel Smith e Stéfan van der Walt, fizeram cuidadosamente um esquema de cores contínuas sob medida com boas propriedades perceptivas. Eis um exemplo do **viridis** vignette:

```
df <- tibble(
  x = rnorm(10000),
  y = rnorm(10000)
)
```

```
)
ggplot(df, aes(x, y)) +
  geom_hex() +
  coord_fixed()
#> Loading required package: methods

ggplot(df, aes(x, y)) +
  geom_hex() +
  viridis::scale_fill_viridis() +
  coord_fixed()
```

Note que todas as escalas de cor vêm em duas variedades: scale_color_x() e scale_fill_x() para as estéticas color e fill, respectivamente (as escalas de cor estão disponíveis tanto com a escrita norte-americana quanto com a britânica).

Exercícios

1. Por que o código a seguir não substitui uma escala padrão?

    ```
    ggplot(df, aes(x, y)) +
      geom_hex() +
      scale_color_gradient(low = "white", high = "red") +
      coord_fixed()
    ```

2. Qual é o primeiro argumento de toda escala? Como isso se compara a labs()?

3. Mude a exibição dos mandatos presidenciais:

    a. Combinando as duas variantes mostradas acima.

    b. Melhorando a exibição do eixo y.

    c. Rotulando cada mandato com o nome do presidente.

    d. Adicionando rótulos informativos nos gráficos.

    e. Colocando quebras a cada quatro anos (isso é mais difícil do que parece!).

4. Use override.aes para facilitar a visualização da legenda no gráfico a seguir:

    ```
    ggplot(diamonds, aes(carat, price)) +
      geom_point(aes(color = cut), alpha = 1/20)
    ```

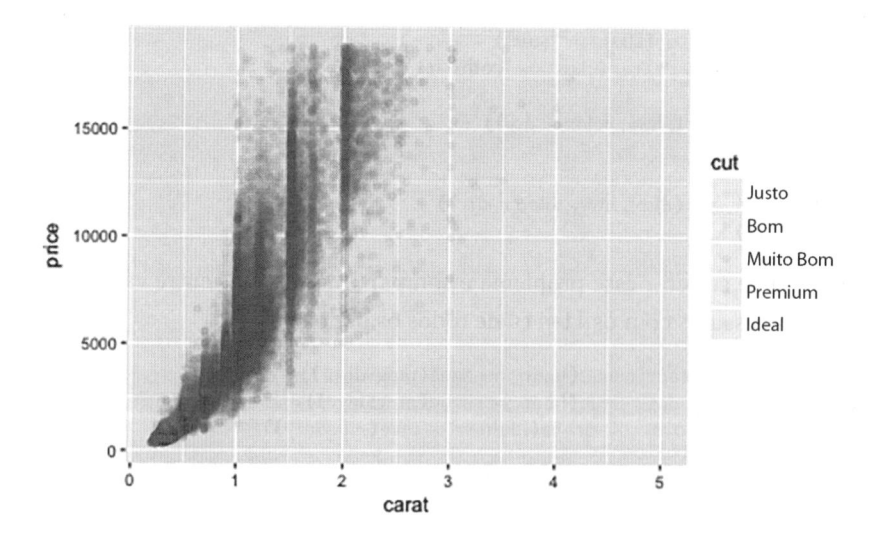

Dando Zoom

Há três maneiras de controlar limites de gráficos:

- Ajustando os dados do gráfico.
- Configurando limites em cada escala.
- Configurando xlim e ylim em coord_cartesian().

Para dar zoom em uma região do gráfico, geralmente é melhor usar coord_cartesian(). Compare os dois gráficos a seguir:

```
ggplot(mpg, mapping = aes(displ, hwy)) +
  geom_point(aes(color = class)) +
  geom_smooth() +
  coord_cartesian(xlim = c(5,7), ylim = c(10,30))

mpg %>%
  filter(displ >= 5, displ <= 7, hwy >= 10, hwy <= 30) %>%
  ggplot(aes(displ, hwy)) +
  geom_point(aes(color = class)) +
  geom_smooth()
```

Você também pode estabelecer limites em escalas individuais. Reduzir os limites é basicamente equivalente a fazer subconjuntos dos dados. Geralmente é mais útil se você *expandir* os limites, por exemplo, para combinar escalas entre gráficos diferentes. Por exemplo, se extrairmos duas classes de carros e fizermos gráficos delas separadamente, será difícil comparar os gráficos, porque todas as três escalas (o eixo x, o eixo y e a estética de cor) têm faixas diferentes:

```
suv <- mpg %>% filter(class == "suv")
compact <- mpg %>% filter(class == "compact")

ggplot(suv, aes(displ, hwy, color = drv)) +
  geom_point()

ggplot(compact, aes(displ, hwy, color = drv)) +
  geom_point()
```

Uma maneira de superar esse problema é compartilhar escalas entre vários gráficos, formatando as escalas com os `limits` de todos os dados:

```
x_scale <- scale_x_continuous(limits = range(mpg$displ))
y_scale <- scale_y_continuous(limits = range(mpg$hwy))
col_scale <- scale_color_discrete(limits = unique(mpg$drv))

ggplot(suv, aes(displ, hwy, color = drv)) +
  geom_point() +
  x_scale +
  y_scale +
  col_scale

ggplot(compact, aes(displ, hwy, color = drv)) +
  geom_point() +
  x_scale +
  y_scale +
  col_scale
```

Nesse caso em particular, você poderia ter simplesmente usado facetas, mas essa técnica é geralmente mais útil se, por exemplo, quiser espalhar os gráficos por várias páginas de um relatório.

Temas

Finalmente, você pode customizar os elementos que não são dados do seu gráfico com um tema:

```
ggplot(mpg, aes(displ, hwy)) +
  geom_point(aes(color = class)) +
  geom_smooth(se = FALSE) +
  theme_bw()
```

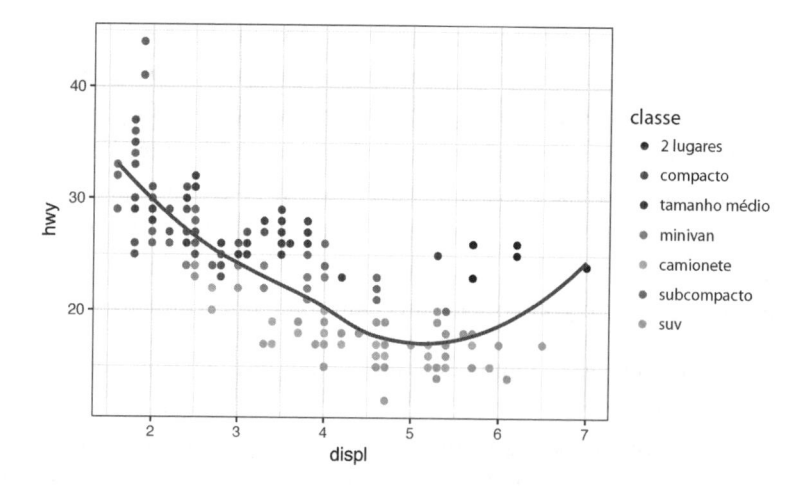

O **ggplot2** inclui oito temas por padrão, como mostra a Figura 22-3. Muitos outros estão inclusos em pacotes adicionais como o **ggthemes** (*https://github.com/jrnold/ggthemes* — conteúdo em inglês), de Jeffrey Arnold.

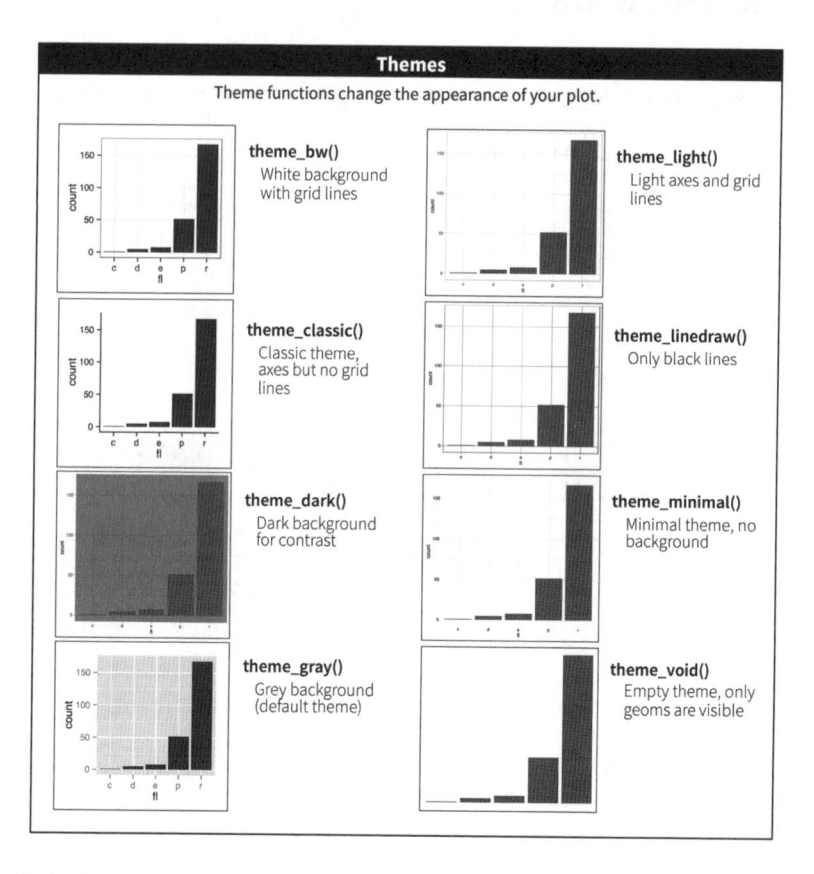

Figura 22-3. Os oito temas incorporados em ggplot2.

Muitas pessoas se perguntam por que o tema padrão tem um fundo cinza. Isso foi uma escolha deliberada, porque coloca os dados na frente enquanto ainda deixa as linhas de grade visíveis. As linhas de grade brancas são visíveis (o que é importante, porque ajudam significativamente no julgamento de posição), mas têm pouco impacto visual e podemos facilmente nos desligar delas. O fundo cinza dá ao gráfico uma cor tipográfica similar à do texto, garantindo que os gráficos se encaixem com o fluxo de um documento sem se destacarem com um fundo branco. Além disso, cria um campo contínuo de cor, o que garante que o gráfico seja percebido como uma entidade visual única.

Também é possível controlar componentes individuais de cada tema, como tamanho e cor da fonte usada para o eixo y. Infelizmente, esse nível de detalhe está fora do escopo deste livro, então você precisará ler o livro **ggplot2** (*http://ggplot2.org/book/* — conteúdo em inglês) para todos os detalhes. Você também pode criar seus próprios temas, se estiver tentando atingir o estilo específico de uma corporação ou de um periódico.

Salvando Seus Gráficos

Há duas maneiras principais de tirar seus gráficos do R e colocá-los em seu documento final: **ggsave()** e **knitr**. A **ggsave()** salvará seu gráfico mais recente no disco:

```
ggplot(mpg, aes(displ, hwy)) + geom_point()
```

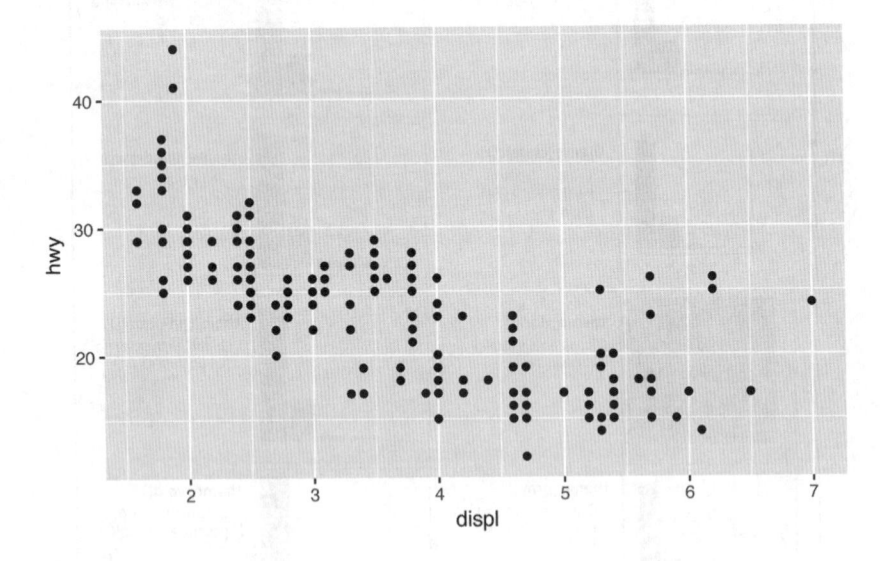

```
ggsave("my-plot.pdf")
#> Saving 6 x 3.71 in image
```

Se você não especificar `width` e `height`, eles terão as dimensões do dispositivo atual de plotagem. Para código reprodutível, será necessário especificá-los.

Geralmente, no entanto, penso que você deveria montar seus relatórios finais usando o R Markdown, por isso focarei nas principais opções de chunks de código para gráficos. Você pode aprender mais sobre `ggsave()` na documentação.

Dimensionamento de Figura

O maior desafio dos gráficos em R Markdown é colocar suas figuras no tamanho e formato certos. Há cinco opções principais que controlam o dimensionamento de figuras: `fig.width`, `fig.height`, `fig.asp`, `out.width` e `out.height`. O dimensionamento de imagens é desafiador, porque há dois tamanhos (o tamanho da figura criada pelo R e o tamanho no qual ela é inserida no documento de saída) e várias maneiras de especificar o tamanho (isto é, altura, largura e proporção da tela: escolha duas das três).

Particularmente, utilizo três das cinco opções:

- Acho mais esteticamente agradável que os gráficos tenham uma largura consistente. Para forçar isso, configuro `fig.width = 6` (6") e `fig.asp = 0.618` (a proporção áurea) nos padrões. Depois, nos chunks individuais, apenas ajusto `fig.asp`.

- Controlo o tamanho da saída com `out.width` e o configuro para uma porcentagem da largura da linha. Coloco o padrão como `out.width = "70%"` e `fig.align = "center"`. Isso dá ao gráfico espaço para respirar, sem ocupar espaço demais.

- Para colocar vários gráficos em uma única linha, configuro `out.width` em 50% para dois gráficos, 33% para três gráficos ou 25% para quatro gráficos, e configuro `fig.align = "default"`. Dependendo do que estou tentando ilustrar (por exemplo, exibir dados ou variações de gráficos), também ajusto `fig.width`; como abordo a seguir.

Se você achar que precisa apertar os olhos para ler o texto de seu gráfico, é porque precisa ajustar `fig.width`. Se `fig.width` for maior do que o tamanho em que a figura estará renderizada no documento final, o texto será muito pequeno; se `fig.width` for menor, o texto será grande demais. Muitas vezes será preciso fazer experimentos para descobrir a proporção certa entre `fig.width` e a largura final em seu documento. Para ilustrar o princípio, os três gráficos a seguir têm `fig.width` de 4, 6 e 8, respectivamente:

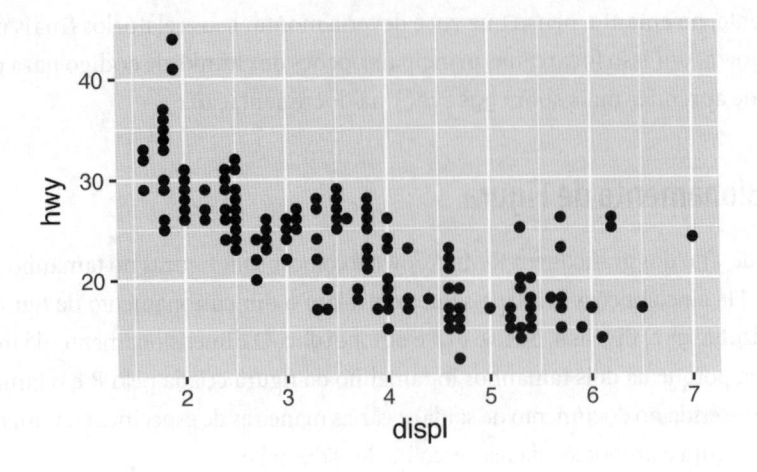

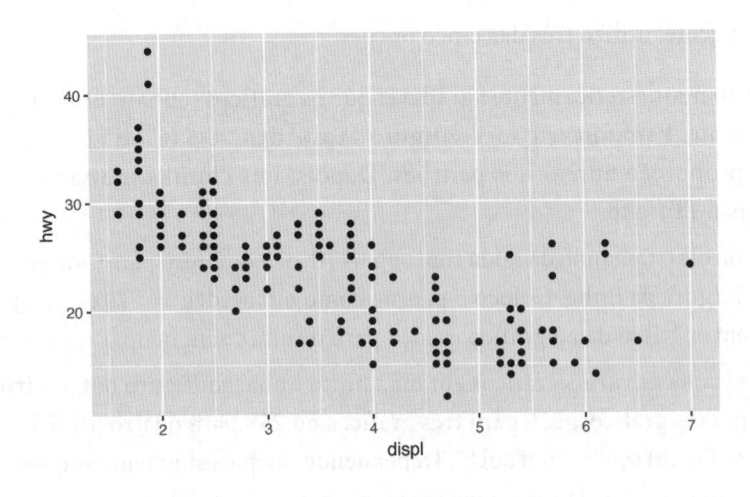

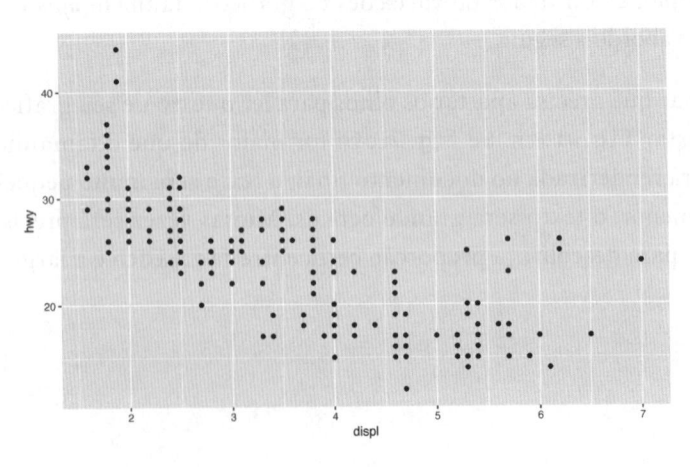

Se você quiser garantir que o tamanho da fonte seja consistente em todas as suas figuras, sempre que configurar `out.width`, também precisará ajustar `fig.width` para manter a mesma proporção com seu `out.width` padrão. Por exemplo, se seu `fig.width` padrão for 6 e seu `out.width` for 0.7, quando configurar `out.width = "50%"` precisará configurar `fig.width` para 4.3 (6 * 0.5 / 0.7).

Outras Opções Importantes

Ao mesclar código e texto, como faço neste livro, recomendo configurar `fig.show = "hold"` para que os gráficos sejam exibidos depois do código. Isso terá um efeito colateral agradável de forçá-lo a quebrar blocos grandes de código com sua explicação.

Para adicionar uma legenda ao gráfico, use `fig.cap`. Em R Markdown isso mudará a figura de inline para "floating".

Caso esteja produzindo saída em PDF, o tipo de gráfico padrão é PDF. Esse é um bom padrão, porque PDFs são gráficos vetoriais de alta qualidade. Contudo, eles podem produzir gráficos muito grandes e lentos se você estiver exibindo milhares de pontos. Nesse caso, configure `dev = "png"` para forçar o uso de PNGs. Eles têm uma qualidade levemente menor, mas serão muito mais compactos.

É uma boa ideia nomear chunks de códigos que produzem figuras, mesmo que você não rotule outros chunks rotineiramente. O rótulo do chunk é usado para gerar o nome do arquivo do gráfico no disco, então nomear seus chunks facilita muito achar os gráficos e reutilizá-los em outras circunstâncias (isto é, se você quiser colocar rapidamente um único gráfico em um e-mail ou tuíte).

Aprendendo Mais

O melhor lugar absoluto para aprender mais é o livro **ggplot2**: *ggplot2: Elegant graphics for data analysis*. Ele aborda mais detalhes sobre a teoria inerente e tem muito mais exemplos de como combinar as partes individuais para resolver problemas práticos. Infelizmente, o livro **não** está disponível gratuitamente online, embora você possa achar o código fonte em *https://github.com/hadley/ggplot2-book* (conteúdo em inglês).

Outro recurso extra é o guia de extensões **ggplot2** (*http://www.ggplot2-exts.org/* — conteúdo em inglês). Esse site lista muitos dos pacotes que extendem o **ggplot2** com novos geoms e escalas. É um ótimo lugar para começar se você estiver tentando fazer algo que pareça difícil com o **ggplot2**.

CAPÍTULO 23
Formatos R Markdown

Introdução

Até agora você viu R Markdown usado para produzir documentos HTML. Este capítulo lhe dá um breve resumo de alguns dos muitos outros tipos de saída que você pode produzir com R Markdown. Há duas maneiras de configurar a saída de um documento:

1. Permanentemente, modificando o header YAML:

    title: "Viridis Demo"
    output: html_document

2. Temporariamente, chamando `rmarkdown::render()` à mão:

    ```
    rmarkdown::render(
      "diamond-sizes.Rmd",
      output_format = "word_document"
    )
    ```

    Será útil caso queira produzir programaticamente vários tipos de saída.

O botão knit do RStudio renderiza um arquivo para o primeiro formato listado em seu campo **output**. Você pode renderizar a outros formatos clicando no menu drop-down ao lado do botão knit.

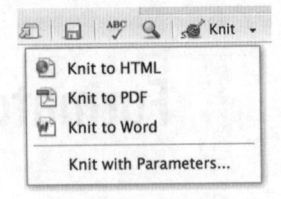

Opções de Saída

Cada formato de saída é associado a uma função R. Você pode escrever foo ou pkg::foo. Se omitir pkg, supõe-se que o padrão seja **rmarkdown**. É importante saber o nome da função que faz a saída, porque é nela que você consegue ajuda. Por exemplo, para descobrir quais parâmetros podem ser configurados com html_document, veja ?rmarkdown:html_document().

Para substituir os valores de parâmetros padrão, você precisa usar um campo output expandido. Por exemplo, se quisesse renderizar um html_document com uma tabela flutuante de conteúdo, você usaria:

```
output:
  html_document:
    toc: true
    toc_float: true
```

É possível, inclusive, renderizar para várias saídas fornecendo uma lista de formatos:

```
output:
  html_document:
    toc: true
    toc_float: true
  pdf_document: default
```

Note a sintaxe especial se você não quiser substituir nenhuma das opções padrão.

Documentos

O capítulo anterior focou na saída padrão html_document. Há algumas variações básicas sobre esse tema, gerando tipos diferentes de documentos:

- pdf_document faz um PDF com LaTeX (um sistema de layout de documentos open source), que você precisará instalar. O RStudio o alertará se ainda não o tiver.

- `word_document` para documentos Microsoft Word (*.docx*).
- `odt_document` para documentos OpenDocument Text (*.odt*).
- `rtf_document` para documentos Rich Text Format (*.rtf*) .
- `md_document` para um documento Markdown. Normalmente ele não é útil sozinho, mas você pode usá-lo se, por exemplo, seu CMS corporativo ou wiki do laboratório usar Markdown.
- `github_document` é uma versão sob medida de `md_document` projetado para compartilhamento no GitHub.

Lembre-se, ao gerar um documento para compartilhar com tomadores de decisão, você pode desligar a exibição de código padrão configurando opções globais no chunk de setup:

```
knitr::opts_chunk$set(echo = FALSE)
```

Para `html_documents`, outra opção é ocultar os chunks de códigos por padrão, mas visíveis com um clique:

```
output:
  html_document:
    code_folding: hide
```

Notebooks

Um notebook, `html_notebook`, é uma variação de um `html_document`. As saídas renderizadas são muito parecidas, mas o propósito é diferente. Um `html_document` é voltado para a comunicação com tomadores de decisão, enquanto um notebook é focado em colaborar com outros cientistas de dados. Esses propósitos diferentes levam a usar a saída HTML de diferentes formas. Ambas as saídas HTML conterão a saída totalmente renderizada, mas o notebook também contém todo o código-fonte. Isso significa que você pode usar o *.nb.html* gerado pelo notebook de duas maneiras:

- Você pode visualizá-lo no navegador web e ver a saída renderizada. Diferente de `html_document`, essa renderização sempre inclui uma cópia embutida do código-fonte que a gerou.
- Você pode editá-lo no RStudio. Quando abrir um arquivo *.nb.html*, o RStudio recriará automaticamente o arquivo *.Rmd* que o gerou. No futuro você também pode incluir arquivos de suporte (por exemplo, arquivos de dados *.csv*), que serão automaticamente extraídos quando necessário.

Mandar arquivos *.nb.html* por e-mail é uma maneira simples de compartilhar análises com seus colegas. Mas as coisas ficarão difíceis caso queiram fazer mudanças. Se isso começar a acontecer, é uma boa hora de aprender Git e GitHub. O aprendizado é doloroso no começo, mas a recompensa da colaboração é enorme. Como mencionei anteriormente, Git e GitHub estão fora do escopo do livro, mas há uma dica útil se você já os estiver usando: use ambas as saídas, html_notebook e github_document:

```
output:
  html_notebook: default
  github_document: default
```

html_notebook lhe dá uma pré-visualização local e um arquivo que você pode compartilhar via e-mail. github_document cria um arquivo MD mínimo que pode ser colocado no Git. Você pode ver facilmente como os resultados da sua análise (não só o código) mudam com o tempo, e GitHub renderizará para você online.

Apresentações

Você também pode usar o R Markdon para produzir apresentações. Obterá menos controle visual do que com uma ferramenta como Keynote ou PowerPoint, mas inserir automaticamente os resultados de seu código R em uma apresentação pode economizar muito tempo. Apresentações funcionam dividindo seu conteúdo em slides, com um novo slide começando a cada header de primeiro (#) ou segundo (##) nível. Você também pode inserir uma régua horizontal (***) para criar um novo slide sem um header.

R Markdown vem com três formatos de apresentações inclusos:

ioslides_presentation
: Apresentação HTML com ioslides.

slidy_presentation
: Apresentação HTML com W3C Slidy.

beamer_presentation
: Apresentação PDF com LaTeX Beamer.

Dois outros formatos populares são fornecidos pelos pacotes:

revealjs::revealjs_presentation
: Apresentação HTML com reveal.js. Requer o pacote **revealjs**.

rmdshower (*https://github.com/MangoTheCat/rmdshower*)

Fornece um wrapper em torno do mecanismo de apresentação **shower** (*https://github.com/shower/shower*).

Dashboards

Dashboards são uma maneira favorável de comunicar grandes quantidades de informação visualmente e rapidamente. O **flexdashboard** facilita particularmente criar dashboards usando R Markdown e uma convenção para como os headers afetam o layout:

- Cada header nível 1 (#) começa uma nova página no dashboard.
- Cada header nível 2 (##) começa uma nova coluna.
- Cada header nível 3 (###) começa uma nova linha.

Por exemplo, você pode produzir este dashboard:

Usando este código:

```
---
title: "Diamonds distribution dashboard"
output: flexdashboard::flex_dashboard
---

```{r setup, include = FALSE}
library(ggplot2)
```
```

```
library(dplyr)
knitr::opts_chunk$set(fig.width = 5, fig.asp = 1/3)
```

Column 1

Carat

```{r}
ggplot(diamonds, aes(carat)) + geom_histogram(binwidth = 0.1)
```

Cut

```{r}
ggplot(diamonds, aes(cut)) + geom_bar()
```

Color

```{r}
ggplot(diamonds, aes(color)) + geom_bar()
```

Column 2

The largest diamonds

```{r}
diamonds %>%
  arrange(desc(carat)) %>%
  head(100) %>%
  select(carat, cut, color, price) %>%
  DT::datatable()
```

O **flexdashboard** também fornece ferramentas simples para criar sidebars, tabsets, value boxes e gauges. Para aprender mais sobre **flexdashboard**, visite *http://rmarkdown. rstudio.com/flexdashboard/* (conteúdo em inglês).

Interatividade

Qualquer formato HTML (documento, notebook, apresentação ou dashboard) pode conter componentes interativos.

htmlwidgets

HTML é um formato interativo, e você pode aproveitar essa interatividade com *htmlwidgets*, funções R que produzem visualizações HTML interativas. Por exemplo, veja o seguinte mapa *leaflet*. Se você estiver vendo essa página na web, pode arrastar o mapa, aumentar e diminuir o zoom etc. Obviamente não poderá fazer isso em um livro, então o **rmarkdown** insere automaticamente um screenshot estático para você:

```
library(leaflet)
leaflet() %>%
  setView(174.764, -36.877, zoom = 16) %>%
  addTiles() %>%
  addMarkers(174.764, -36.877, popup = "Maungawhau")
```

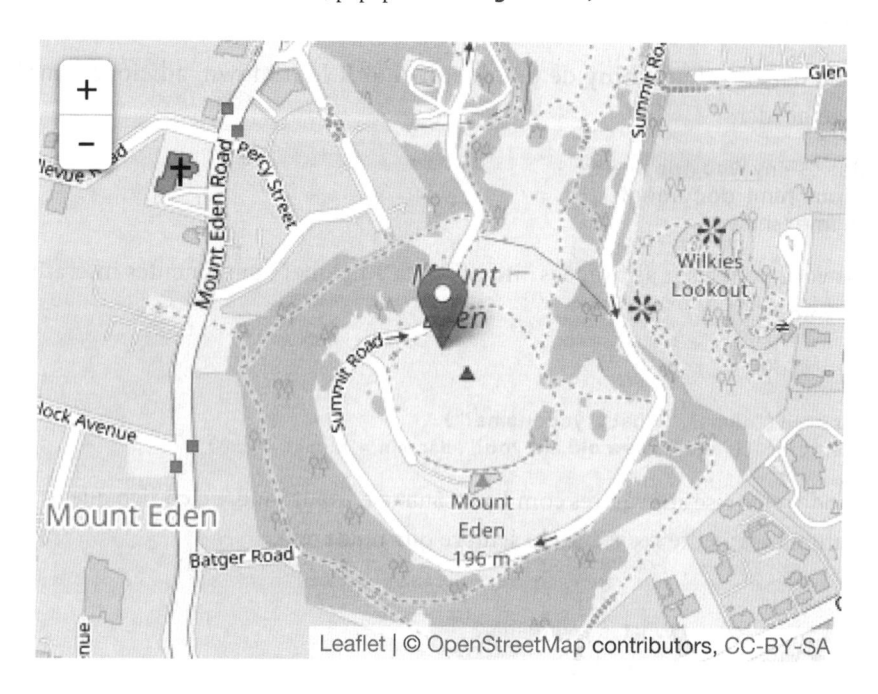

O bom de htmlwidgets é que você não precisa saber nada de HTML ou JavaScript para usá-los, pois todos os detalhes são incluídos no pacote. Sendo assim, não precisa se preocupar com eles.

Há muitos pacotes que fornecem htmlwidgets, incluindo:

- **dygraphs** (*http://rstudio.github.io/dygraphs/*) para visualizações interativas de séries de tempo.
- **DT** (*http://rstudio.github.io/DT/*) para tabelas interativas.
- **rthreejs** (*https://github.com/bwlewis/rthreejs*) para gráficos 3D interativos.
- **DiagrammeR** (*http://rich-iannone.github.io/DiagrammeR/*) para diagramas (como gráficos de fluxo e diagramas simples de nódulos ligados).

Para aprender mais sobre htmlwidgets e ver uma lista mais completa de pacotes que os fornecem, visite *http://www.htmlwidgets.org/* (conteúdo em inglês).

Shiny

O htmlwidgets fornece interatividade *client-side* — toda a interatividade acontece no navegador, independentemente do R. Por um lado, isso é ótimo, porque você pode distribuir o arquivo HTML sem nenhuma conexão com R. Contudo, limita fundamentalmente o que se pode fazer com o que foi implementado em HTML e JavaScript. Uma abordagem alternativa é usar **Shiny**, um pacote que te permite criar interatividade usando código R, não JavaScript.

Para chamar o código **Shiny** de um documento R Markdown, adicione `runtime: shiny` ao header:

```
title: "Shiny Web App"
output: html_document
runtime: shiny
```

Depois você pode usar as funções "input" para adicionar componentes interativos ao documento:

```
library(shiny)

textInput("name", "What is your name?")
numericInput("age", "How old are you?", NA, min = 0, max = 150)
```

Você pode referir-se aos valores com `input$name` e `input$age`, e o código que os utiliza será automaticamente reexecutado sempre que mudarem.

What is your name?
How old are you?

Eu não consigo lhe mostrar um app **Shiny** funcionando aqui, porque as interações **Shiny** ocorrem do *lado do servidor*. Isso quer dizer que você pode escrever apps interativos sem saber JavaScript, mas precisa de um servidor para executá-lo. Esse fato introduz uma questão de logística: apps **Shiny** precisam de um servidor **Shiny** para serem executados online. Quando o app **Shiny** é executado no seu computador, ele configura automaticamente um servidor **Shiny** para você, mas será necessário um servidor **Shiny** para o público se quiser publicar esse tipo de interatividade online. Essa é a troca fundamental de **Shiny**: você pode fazer qualquer coisa que faz em R em um documento **Shiny**, mas ele requer que alguém esteja executando R.

Aprenda mais sobre o tema em *http://shiny.rstudio.com/* (conteúdo em inglês).

Websites

Com alguma infraestrutura adicional, você pode usar R Markdown para gerar um site completo:

- Coloque seus arquivos *.Rmd* em um único diretório. *index.Rmd* se tornará sua página inicial.

- Adicione um arquivo YAML chamado *_site.yml* que forneça a navegação do site. Por exemplo:

    ```
    name: "my-website"
    navbar:
      title: "My Website"
      left:
        - text: "Home"
          href: index.html
        - text: "Viridis Colors"
          href: 1-example.html
        - text: "Terrain Colors"
          href: 3-inline.html
    ```

Execute `rmarkdown::render_site()` para construir *_site*, um diretório de arquivos pronto para implementar como um site estático autônomo, ou se você usar um Projeto RStudio para seu diretório de site. O RStudio adicionará uma tab Build ao IDE, que você pode usar para construir e pré-visualizar seu site.

Leia mais em *http://bit.ly/RMarkdownWebsites* (conteúdo em inglês).

Outros Formatos

Outros pacotes fornecem ainda mais formatos de saída:

- O pacote **bookdown** (*https://github.com/rstudio/bookdown*) facilita a escrita de livros como este. Para aprender mais, leia *Authoring Books with R Markdown* (*https://bookdown.org/yihui/bookdown/*), de Yihui Xie, que, é claro, foi escrito no bookdown. Visite *http://www.bookdown.org* (conteúdo em inglês) para ver outros livros bookdown escritos pela ampla comunidade R.

- O pacote **prettydoc** (*https://github.com/yixuan/prettydoc/*) fornece formatos de documentos leves com uma gama de temas atraentes.

- O pacote **rticles** (*https://github.com/rstudio/rticles*) compila uma seleção de formatos feitos sob medida para jornais científicos específicos.

Veja *http://rmarkdown.rstudio.com/formats.html* (conteúdo em inglês) para uma lista com ainda mais formatos. Você também pode criar seu próprio formato seguindo as instruções em *http://bit.ly/CreatingNewFormats* (conteúdo em inglês).

Aprendendo Mais

Para aprender mais sobre comunicação eficaz nesses diferentes formatos, recomendo os seguintes recursos:

- Para melhorar suas habilidades de apresentação, sugiro *Presentation Patterns,* de Neal Ford, Matthew McCollough e Nathaniel Schutta. Ele fornece um conjunto de padrões eficazes (de baixo e alto nível) que você pode aplicar para melhorar suas apresentações.
- Se você faz palestras acadêmicas, recomendo ler *Leek group guide to giving talks* (*https://github.com/jtleek/talkguide* — conteúdo em inglês).
- Eu mesmo não o fiz, mas ouvi coisas boas sobre o curso online para falar em público de Matt McGarrity (*https://www.coursera.org/learn/public-speaking* — conteúdo em inglês).
- Se você estiver criando vários dashboards, certifique-se de ler *Information Dashboard Design: The Effective Visual Communication of Data*, de Stephen Few. Ele o ajudará a criar dashboards realmente úteis, não só bonitos de ver.
- O conhecimento de design gráfico muitas vezes beneficia a comunicação eficaz de ideias. *Design para quem não é Designer* é um ótimo lugar para começar.

CAPÍTULO 24
Fluxo de Trabalho de R Markdown

Anteriormente discutimos um fluxo de trabalho básico para capturar seu código R onde você trabalha interativamente no *console*, e então captura o que funciona no *editor de script*. O R Markdown junta o console e o editor de script, ofuscando as linhas entre exploração interativa e captura de código de longo prazo. Você pode iterar rapidamente dentro de um chunk, editando e reexecutando com Cmd/Ctrl-Shift-Enter. Quando estiver satisfeito, siga em frente e comece um novo chunk.

O R Markdown também é importante, pois integra de perto a prosa e o código. Isso o torna um ótimo *notebook de análise,* pois permite que você desenvolva código e registre seus pensamentos. Um notebook de análise compartilha muitos dos mesmos objetivos que um notebook de laboratório clássico nas ciências físicas. Ele:

- Registra o que você fez e por que o fez. Independentemente do quanto sua memória é boa, se você não registrar o que faz, haverá um tempo em que terá esquecido de detalhes importantes. Escreva tudo para não esquecer!
- Apoia raciocínios rigorosos. Você tem mais propensão de criar uma análise forte se registrar seus pensamentos enquanto caminha, e continua refletindo sobre eles. Isso também economizará seu tempo quando finalmente for escrever sua análise para compartilhar com outras pessoas.
- Ajuda outras pessoas a entenderem seu trabalho. É raro fazer análise de dados sozinho, e você frequentemente trabalhará como parte de uma equipe. Um notebook de laboratório te ajuda não só a compartilhar o que você fez com seus colegas de laboratório, mas por que o fez.

Muitos dos bons conselhos sobre usar notebooks de laboratório eficazmente podem também ser traduzidos para notebooks de análises. Eu me baseei nas minhas próprias experiências e nos conselhos de Colin Purrington sobre notebooks de laboratório (*http://colinpurrington.com/tips/lab-notebooks* — conteúdo em inglês) para criar as seguintes dicas:

- Garanta que cada notebook tenha um título descritivo, um nome de arquivo evocativo e um primeiro parágrafo que descreva brevemente os objetivos da análise.
- Use o campo de data do header YAML para registrar a data em que você começou a trabalhar no notebook:

    date: 2016-08-23

    Use o formato ISO8601 AAAA-MM-DD para que não haja ambiguidade. Use-o mesmo que você não escreva datas desse jeito normalmente!

- Se você passa bastante tempo em uma ideia de análise e acaba sendo um beco sem saída, não apague! Escreva uma nota curta sobre por que ela falhou e deixe-a no notebook. Isso o ajudará a evitar seguir o mesmo caminho quando voltar para sua análise no futuro.
- Geralmente é melhor que você faça entrada de dados fora do R. Mas se precisar registrar um pequeno fragmento de dados, coloque-o claramente usando `tibble::tribble()`.
- Se você descobrir um erro em um arquivo de dados, nunca o modifique diretamente. Em vez disso, escreva o código para corrigir o valor. Explique por que fez a correção.
- Antes de encerrar o dia, certifique-se de que pode fazer knit do notebook (se estiver usando cache, certifique-se de limpá-los). Isso permitirá que você corrija qualquer problema enquanto o código ainda está fresco na sua mente.
- Caso queira que seu código seja reprodutível no longo prazo (isto é, para que possa voltar a executá-lo no próximo mês ou ano), você precisará acompanhar as versões dos pacotes que seu código usa. Uma abordagem rigorosa é usar **packrat** (*http://rstudio.github.io/packrat/*), que armazena pacotes no seu diretório de projeto, ou **checkpoint** (*https://github.com/RevolutionAnalytics/checkpoint*), que reinstalará os pacotes disponíveis em uma data específica. Um jeito rápido e certeiro é incluir um chunk que execute `sessionInfo()` — isso não permitirá que você recrie facilmente seus pacotes como são hoje, mas pelo menos saberá o que eles são.

- Você criará muitos, muitos, muitos notebooks de análise ao longo da sua carreira. Como você os organizará para que possa encontrá-los novamente no futuro? Recomendo armazená-los em projetos individuais e criar um bom esquema de nomes.

ÍNDICE

Símbolos

%%, 56

%/%, 56

%>% (veja o pipe (%>%))

&&, 48, 277

&, 47

|, 47

||, 48, 277

==, 277

..., 284

A

accumulate(), 337

add_predictions(), 355

add_residuals(), 356

aes(), 10, 229

agregados cumulativos, 57

agregados de rolamento, 57

all(), 277

An Introduction to Statistical Learning, 396

análise exploratória de dados (AED), 81–108

    chamadas ggplot2, 108

    covariação, 93–105

    padrões e modelos, 105–108

    perguntas como ferramentas, 82–83

    valores faltantes, 91–93

    variação, 83–91

aninhando, 400–402, 411

anotações, 445–451

anti_join (), 192

anti-joins, 188

any(), 277

apresentações, 472

apropos(), 221

argumento de mapeamento, 6

argumentos de dados, 281

argumentos detalhados, 281

argumentos, 280–285

    mapeamento sobre múltiplos, 332–335

    nomeando, 282

reticências (...), 284
verificando valores, 282-284
aritmética modular, 56
arquivos CSV, 126-129
arrange(), 50-51
árvores, 373
as_date(), 242
as_datetime(), 242
ASCII, 133
assign(), 265
atributo count, 69-71
atributos de classificação, 68
atributos de localização, 66
atributos de posição, 68
atributos de propagação, 67
attributes(), 308-309

B

backreferences, 206
base::merge(), 187
básico de programação, 37
bibliografias, 437
botão knit, 469
boundary(), 221

C

cache, 432-433
caminhos e diretórios, 113
chamando funções (ver funções)

charToRaw(), 132
checkpoint, 480
chunks (ver chunks de código)
chunks de código, 428-435, 467
cache, 432-433
código alinhado, 434
nome de chunk, 429
opções de chunk, 430-431
opções globais, 433
tabela, 431
citações, 437
classe, 308
codificando, 132
código inline, 434
código R
executando, xvii
fazendo o download, xv
problemas comuns com, 13
coerção explícita, 297
coerção implícita, 297
coerção, 296-298
col_names, 127
col_types, 141
colaboração, 439
coll(), 220
colunas-chave, 184-187
comentários, 275
comunicação, x
condições, 276-280

construção de modelos, 375–396
    exemplo simples, 376–381
    exemplos complexos, 381–383
    recomendações do livro sobre, 396
contains(), 53
count(), 226
counts (n ()), 62–66
covariação, 93–105
    variáveis categóricas, 99–101
    variáveis contínuas, 101–105
    variáveis de variação categórica e contínua, 93–99
cut(), 278, 457

D

dados gapminder, 398–409
dados relacionais, 171–193
    filtrando joins, 188–191
    keys, 175–177
    mutating joins, 178–188 (veja também joins)
    operações de conjunto, 192–193
    problemas de joins, 191
dados retangulares, xiii
dados tabulares, 83
dados tidy, x, 147–169
    dados nontidy, 168
    estudo de caso, 163–168
    gather(), 152–154

regras, 149
separate(), 157–159, 160
spread(), 154–157
unite(), 159–161
valores faltantes, 161–163
dashboards, 473–474
data frames, 4
data.frame(), 120–124, 409
data_grid(), 382
datas e horas, 134–137, 237–256, 310–311
    arredondando, 246
    componentes, 243–249
        configurando, 247
        obtendo, 243–246
    criando, 238–243
    funções de acesso, 243
    fusos horários, 254–256
    intervalos de tempo, 249–254
        durações, 249–250
        intervalos, 252
        períodos, 250–252
DBI, 145
declarações de retorno, 286
declarações if (ver condições)
desaninhando, 403–405, 414, 417
detect(), 337
diagramas de caixa, 23, 31, 95
diagramas de dispersão, 6, 7, 16, 29–31, 101

dimensionamento de figuras, 465–467

dimensionamento de imagens, 465

dir(), 221

diretório de trabalho, 113

diretórios, 113

discard(), 336

discrepâncias, 88–91, 393

data wrangling, 117

data wrangling, x , 117

documentos, 470

dplyr, 43–76

    arrange(), 45, 50–51

    filter(), 45–50, 73–76

    group_by(), 45

    integrando com ggplot2, 64

    mutate(), 45, 54–58, 73–76

    mutating joins (ver joins, mutating)

    o básico, 45

    select(), 45, 51–54

    summarize(), 45, 59–73

durações, 249–250

E

editor de scripts, 77–79

ends_with(), 53

enframe(), 414

equijoin, 181

escalando, 8

escalares, 298–300

escalas ColorBrewer, 456

escalas de cores, 455

escalas posição contínua, 455

escalas, 451–461

    alterando padrões, 451

    layout de legenda, 454

    marcas de eixo e chaves de legenda, 452 –454

    substituindo, 455–461

estética, definido, 7

every(), 337

everything(), 53

exploração de dados, xiv

F

facetas, 14–16

fatores, 13 , 223–235, 310

    criando, 224–225

    modificando a ordem dos, 227–232

    modificando valores de níveis, 232–235

fct_collapse(), 233

fct_infreq(), 231

fct_lump(), 234

fct_recode(), 232

fct_relevel(), 230

fct_reorder(), 228

fct_rev(), 231

filter(), 45 , 45–50, 73–76
    comparações, 46
    operadores lógicos, 47–48
    valores faltantes (NA), 48
first(), 68
fixed(), 219
flexdashboard, 474
floor_date(), 246
florestas aleatórias, 373
fluxo de trabalho, 37–41
    funções, 39–41
    gestão de projetos, 111–116
    nomes de objetos, 38–39
    programação, 37
    R Markdown, 479–481
    scripts, 77–79
foreign keys, 175
format(), 434
formatação de texto, 427–428
fórmulas, 358–371
    interações de variáveis, 362–368
    transformações dentro de, 368–371
    valores faltantes, 371
    variáveis categóricas, 359–364
    variáveis contínuas, 362–368
funções map, 325–335, 417
    atalhos, 326–327
    falhas, 329–332
    purrr *versus* Base R, 327
    vários argumentos, 332–335

funções de classificação, 58
funções de efeitos colaterais, 287
funções de predicados, 336–337
funções de teste, 298
funções de transformação, 287
funções genéricas, 308
funções parse_*(), 129–143
    analisando um arquivo, 137–143
    estratégia, 137–138, 141–143
    problemas, 139, 141
    analisando um vector, 129–137
    datas, data–hora e horários, 134–137
    falhas, 130
    fatores, 134
    números, 131–132
    strings, 132 –134
funções, 39–41, 269–289
    ambiente, 288–289
    argumentos, 280–285
    comentários, 275
    condições, 276–280
    estilo de código, 278
    funções de efeitos colaterais, 287
    funções de transformação, 287
    nomeando, 274–275
    passível de pipe, 287
    quando escrever, 270–273
    teste de unidade, 272
    valores de retorno, 285–288

vantagens sobre copiar e colar, 269

fusos horários, 254–256

G

gather(), 152–154, 155

geom_abline(), 347

geom_bar(), 22–27

geom_boxplot(), 96

geom_count(), 99

geom_freqpoly(), 93

geom_hline(), 450

geom_label(), 446

geom_point(), 6, 101

geom_rect(), 450

geom_segment(), 450

geom_text(), 445

geom_vline(), 450

geoms (objetos geométricos), 16–22

geração de hipóteses *versus* confirmação de hipóteses, xiv

gestão de projetos, 111–116

    caminhos e diretórios, 113

    captura de código, 111–112

    diretório de trabalho, 113

    projetos RStudio, 114–116

get(), 265

ggplot2, 3–35

    ajuste de posição, 27–31

    anotando, 445–451

    com gráficos para comunicação (ver gráficos, para comunicação)

    construção de modelo com, 376

    criando um ggplot, 5–6

    data frame mpg, 4

    e análise exploratória de dados (AED), 108

    facetas, 14–16

    folha de cola, 18

    geoms, 16–22

    gramática dos gráficos, 34–35

    integrando com dplyr, 64

    mais leituras, 467

    mapeamento de estéticas, 7–13

    pré-requisitos, 3

    problemas comuns, 13

    recursos para aprendizagem continuada, 108

    sistemas de coordenadas, 31–34

    template gráfico, 6

    transformações estatísticas, 22–27

ggrepel, 442, 447

ggthemes, 463

Git/GitHub, 439

Google, xviii

gráficos de frequência, 22

gráficos exploratórios (veja visualização de dados)

gráficos expositivos (veja gráficos, para comunicação)

Gráficos
- exploratório (ver dados visualização)
- para a comunicação, 441–468
  - anotações, 445–451
  - dimensionamento de figuras, 465–467
  - escalas, 451–461
  - rótulos, 442–445
  - salvando gráficos, 464–467
  - temas, 462–464
  - zoom, 461–462

gráficos de barras, 22–29, 84
gramática dos gráficos, 34–35
guess_encoding(), 133
guess_parser(), 138
guide_colorbar(), 455
guide_legend(), 455
guides(), 455

H

haven, 145
head_while(), 337
header YAML, 435–438
histogramas, 22, 84–86
htmlwidgets, 474

I

identical(), 277
ifelse(), 91

IIQ (), 67
importação de dados, ix, 125–145 (Veja também readr)
- analisando um arquivo, 137–143
- analisando um vector, 129–137
- escrevendo em arquivos, 143–145

inner join, 180
intervalos de tempo, 249–254 (veja também datas e horários)
invisible(), 287
invoke_map(), 335
ioslides_presentation, 472
is.finite(), 294
is.infinite(), 294
is.nan(), 294
is_*(), 298
iteração, 313–339
- loops for (veja loops for)
- mapeamento (veja funções map)
- visão geral, 313–314
- walk, 335

J

Joins
- definindo colunas-chave, 184–187
- duplicate keys, 183–184
- entendendo, 179–180
- filtrando, 188–191
- inner, 180
- mudando, 178–188

natural, 184

outer, 181–182

outras implementações, 187

problemas, 191

jsonlite, 145

K

keep(), 336

keys duplicadas, 183

keys, duplicadas, 183–184

knitr, 426 , 431

L

lapply(), 327

last(), 68

legenda, 443

legendas, 453–455

linguagens de programação, xiii

listas, 292, 302–307

subconjuntos, 304–305

versus tibbles, 311

visualizando, 303

list-columns, 402–403, 409

a partir de funções vetorizadas, 412–413

a partir de resumos de valores múltiplos, 413

a partir de uma lista nomeada, 414

aninhando e, 411

criando, 411–416

simplificando, 416–419

lm(), 353

load(), 265

log(), 280

log(2), 57

logaritmos (logs), 57

loops for, 314 –324

componentes, 315

comprimento de saída desconhecido, 319–320

comprimento de sequência desconhecido, 320

funções de predicados, 336–337

loops while, 320

modificando objetos existentes, 317

o básico de, 314–317

padrões de looping, 318

reduzir e acumular, 337–338

versus funcionais, 322–324

loops while, 320

M

mad(), 67

mapeamento de estéticas, 7–13

máquinas gradient boosting, 373

matches(), 53

max(), 68

mean(), 66 , 281

mediana(), 66

mensagens de erro, xviii
methods(), 308
min(), 68
min_rank(), 58
model_matrix(), 368
modelos aditivos generalizados, 372
modelos lineares generalizados, 372
modelos lineares penalizados, 372
modelos lineares robustos, 372
modelos lineares, 353 , 372 (veja também modelos)
modelos, x, 105–108
    construindo (ver construindo modelos)
    data frames aninhados, 400–402
    desaninhando, 403–405, 417
    famílias de modelos, 372
    fórmulas e, 358–371
        interações de variáveis, 362–368
        transformações, 368–371
        variáveis categóricas, 359–364
        variáveis contínuas, 362–368
    introdução a, 345–346
    linear, 353
    list-columns, 402–403, 409
    métricas de qualidade, 406–408
    múltiplos, 397–419
    propósito de, 341
    simples, 346–354
    transformações, 394
    uso de dados gapminder em, 398–409
    valores faltantes, 371
    visualizando, 354–358
        previsões, 354–356
        resíduos, 356–358
mutate(), 45, 54–58, 73–76, 91, 229

N

n(), 69
NA (valores faltantes), 48, 296
nomes de objetos, 38–39
nomes não sintáticos, 120
notação Wilkinson–Rogers, 359–371
notebooks de análise, 479–481
notebooks de laboratório, 480
now(), 238
nth(), 68
nudge_y, 446
NULL, 292, 452
num_range(), 53
nycflights13, 43, 376

O

o pipe (%>%), 59–61, 261–268, 267, 268, 326
    alternativas para, 261–264
    como usá-lo, 264–266

escrevendo funções passíveis de pipe, 287

quando não usar, 266

observação, definida, 83

opções globais, 433

operações com falha, 329-332

operações de conjunto, 192-193

operadores aritméticos, 56

operadores de comparação, 46

operadores lógicos, 47-48, 57

optim(), 352

outer join, 181-182

overplotting, 30

P

packrat, 480

pacote bookdown, 477

pacote broom, 397, 406, 419

pacote feather, 144

pacote forcats, 223 (veja também fatores)

pacote lubridate, 238, 376 (veja também datas e horas)

pacote magrittr, 261

pacote modelr, 346

pacote prettydoc, 477

pacote purrr, 291, 298, 314, 328

semelhanças com a Base R, 327

pacote RColorBrewer, 457

pacote rticles, 478

pacotes R, xiv

pacotes, xiv

padrões, 105-108

pandoc, 426

parâmetros, 436-437

paste(), 320

pesquisa Newton-Raphson, 352

pmap(), 333

polígonos de frequência, 93-95

poly(), 369

ponto de dados (ver observação)

previsões, 354-356

primary keys, 175

print(), 309

problemas de big data, xii

problems(), 130

programação funcional versus loops for, 322-324

programação orientada a objetos, 308

programação, xi

Q

quantile(), 68, 413

quebras, 452-454

R

R Markdown, 421, 423-439, 469-478

aprendendo mais, 478

apresentações, 472

bibliografias e citações, 437
cache, 432–433
chunks de código, 428–435
código alinhado, 434
colaboração, 439
como notebook de análise, 479–481
dashboards, 473–474
documentos, 470
fluxo de trabalho, 479–481
formatação de texto, 427–428
header YAML, 435–438
interatividade
    htmlwidgets, 474
    Shiny, 476
notebooks, 471
o básico, 423–427
opções de saída, 470
opções globais, 433
para websites, 477
parâmetros, 436–437
solução de problemas, 435
usos, 423
visão geral de formatos, 469
rbind(), 320
read_csv(), 125–129
read_file(), 143
read_lines(), 143
read_rds(), 144
readr, 125–145
    comparado à base R, 128
    localizações, 131
    parse_*(), 129–143 (veja também a função parse_*())
    visão geral de funções, 125–129
    write_csv() e write_tsv(), 143–145
readRDS(), 144
readxl, 145
reciclagem, 298–300
recursos, xviii–xx
reduce(), 337
regexps (expressões regulares), 195, 200–222
    agrupamento e backreferences, 206
    âncoras, 202–203
    classes de caracteres e alternativas, 203–204
    combinações agrupadas, 213–215
    combinações básicas, 200–202
    detectando combinações, 209–211
    encontrando combinações, 218
    extraindo combinações, 211–213
    repetição, 204–206
    separando strings, 216–218
    substituindo combinações, 215
rename(), 53
reorder(), 97
rep(), 299

reprex (exemplo reprodutível), xviii

resíduos, 356–358, 380–381, 383

revealjs_presentation, 472

rmdshower, 473

Rosling, Hans, 398

rótulos, 442–445, 452–454

round_date(), 246

RStudio

    atalho Cmd/Ctrl–Shift–P, 65

    botão knit, 469

    diagnósticos, 79

    fazendo o download, xv

    projetos, 114–116

Rstudio, características básicas, 37–41

S

saídas HTML, 471

sapply(), 328

saveRDS(), 144

SBR, 144

sd(), 67

select(), 45, 51–54

semijoins, 188

separate(), 157–159

SGBDR (sistema de gerenciamento de banco de dados relacional), 172

Shiny, 476

Sistemas de coordenadas, 31–34

slidy_presentation, 472

smoothers, 22

solução de problemas, xviii–xx

some(), 337

splines, 394

splines::ns(), 369

spread(), 154–157

stackoverflow, xviii

starts_with(), 53

stat_count(), 23

stat_smooth(), 26

stat_summary(), 25

stop_for_problems(), 141

stopifnot(), 284

str(), 303

str_c(), 281, 284

str_wrap(), 450

stringi, 222

stringr, 195, 275

strings, 132–134, 195–222, 295

    agrupamento e backreferences, 206

    âncoras, 202–203

    classes de caracteres e alternativas, 203–204

    combinações agrupadas, 213–215

    combinações básicas, 200–202

    combinando, 197

    comprimento, 197

    criando datas/horas a partir de, 239

detectando combinações, 209–211
   encontrando combinações, 218
   expressões regulares (regexps) para combinações, 200–222 (veja também regexps)
   extraindo combinações, 211–213
   localizações, 199
   o básico, 195–200
   outros tipos de padrão, 218–222
   repetição, 204–206
   separando, 216–218
   subconjuntos, 198
   substituindo combinações, 215
subconjuntos, 298–300, 304–305
subtítulos, 443
summarize(), 45, 59–73, 413, 448
   agrupando múltiplas variáveis, 71
   classificação, 68
   combinando múltiplas operações com o pipe, 59–61
   counts (N ()), 62–66
   desagrupando, 72
   localização, 66
   posição, 68
   propagação, 67
   valores faltantes, 61–62
suppressMessages(), 266
SuppressWarnings(), 266
surrogae keys, 177
switch(), 278

T

t.test(), 281
tail_while(), 337
temas, 462–464
template gráfico, 6
teste de unidade, 272
theme(), 454
tibble(), 449
tibbles, 119–124, 410
   criando, 119–121
   enframe(), 414
   imprimindo, 121–122
   interações com código antigo, 123
   subconjuntos, 122
   versus data.frame, 121, 121
   versus listas, 311
tidyverse, xiv, xvi, 3
título do gráfico, 443
today(), 238
traçando gráficos (veja visualização de dados, ggplot2)
transformação de dados, x, 43–76
   adicionar novas variáveis (mutação), 45, 54–58
   agrupando com mutate() e filter(), 73–76
   filtrar linhas, 45–50
   organizar linhas, 45, 50–51
   pré-requisitos, 43–45
   resumos agrupados (summarize), 45, 59–73

selecionar colunas, 51-54

selecionar linhas, 45

transformação em log, 378

transformações estatísticas (estatísticas), 22-27

transformações, 368-371, 394

transmute(), 55

tryCatch(), 266

type_convert(), 142

typeof(), 298

U

ungroup(), 72

unite(), 159-161

unlist(), 320

update(), 247

UTF-8, 133

V

valor, definido, 83

valores faltantes (NA), 48, 61-62, 91-93, 161-163

vapply(), 328

variação, 83-91

    valores anormais, 88-91

    valores típicos, 87-88

variáveis categóricas, 84, 223, 359-364 (veja também fatores)

variáveis confusas, 377

variáveis contínuas, 84, 362-368

variáveis de mandatos, 390

variáveis

    categóricas, 84, 223, 359-364 (veja também fatores)

    contínuas, 84, 362-368

    definidas, 83

    interações entre, 362-368

    mandato, 390

    visualizando distribuições de, 84-86

variável count, 22

vetores atômicos, 292

    caractere, 295

    coerção e, 296-298

    escalas e regras de reciclagem, 298-300

    funções de teste, 298

    lógico, 293

    nomeando, 300

    numérico, 294-295

    subconjuntos, 300

    valores faltantes, 295

vetores aumentados, 293, 309-312

    datas e data-horas, 310-311

    fatores, 310

vetores de caracteres, 295

vetores duplos, 294-295

vetores integer, 294-295

vetores lógicos, 293

vetores numéricos, 294-295

vetores recursivos, 292, 302-309 (veja também listas)

vetores, 291–312
- atômicos, 292–302
  - caractere, 295
  - coerção e, 296–298
  - escalas e regras de reciclagem, 298–300
  - funções de teste, 298
  - lógico, 293
  - nomeando, 300
  - numérico, 294–295
- subconjuntos, 300
  - valores faltantes, 295
- atributos, 307–309
- aumentados, 293, 309–312
  - datas e data-horas, 310–311
  - fatores, 310
- e list-columns, 412–413
- hierarquia de, 292
- NULL, 292
- o básico, 292 –293
- recursivos, 292, 302–309 (veja também listas)

viridis, 442

visão geral de programação, 257–259

visão(), 54

visualização de dados, 3–35 (veja também ggplot2, gráficos para comunicação)
- ajuste de posição, 27–31
- diagramas de caixa, 23, 31
- diagramas de dispersão, 6, 7, 16, 29–31
- facetas, 1–16
- gráficos de barras, 22–29
- gramática dos gráficos, 34–35
- mapeamento de estéticas, 7–13
- objetos geométricos, 16–22
- sistemas de coordenadas, 31–34
- transformações estatísticas, 22–27

visualização, x (veja também visualização de dados)

W

walk(), 335

websites, Markdown R para, 477

write_csv(), 143

write_rds(), 144

write_tsv(), 143

writeLines(), 196

X

xml2, 145

Y

ymd(), 239

Z

zoom, 461–462

Sobre os Autores

Hadley Wickham é Chief Scientist no RStudio e membro da R Foundation. Ele constrói ferramentas (computacionais e cognitivas) que tornam o data science mais fácil, rápido e divertido. Seu trabalho inclui pacotes para data science (o tidyverse: ggplot2, dplyr, tidyr, purrr, readr...) e desenvolvimento de software com princípios (roxygen2, testthat, devtools). Ele também é escritor, educador e palestrante frequente, promovendo o uso de R para data science. Saiba mais em seu site: *http://hadley.nz* (conteúdo em inglês).

Garrett Grolemund é estatístico, professor e desenvolvedor de R e trabalha para a RStudio. Ele escreve os bem conhecidos pacotes lubridate de R e é autor de *Hands-On Programming with R* (O'Reilly).

Garrett é um instrutor popular em *DataCamp.com* e *oreilly.com/safari*, e tem sido convidado para ensinar R e Data Science em muitas empresas, incluindo Google, eBay, Roche, e mais. Na RStudio, Garrett desenvolve webinars, workshops e uma aclamada série de folhas de consulta para R.

Colophon

O animal na capa de *R para Data Science* é o kakapo (*Strigops habroptilus*). Também conhecido como papagaio-mocho, o kakapo é uma grande ave nativa da Nova Zelândia que é incapaz de voar. Kakapos adultos podem ter até 64 centímetros e pesar 4 quilos. Suas penas geralmente são amarelas e verdes, embora haja variação significativa entre eles. Kakapos são noturnos e usam seu forte sentido do olfato para se locomover à noite. Embora não possam voar, eles têm pernas fortes que permitem que corram e escalem muito melhor do que outros pássaros.

O nome vem da língua nativa do povo maori da Nova Zelândia. Kakapos foram uma parte importante da cultura maori, tanto como fonte de alimentação como parte de sua mitologia. A pele e as penas dos kakapos também eram usadas para fazer mantos e capas.

Devido à introdução de predadores na Nova Zelândia durante a colonização europeia, os kakapos estão agora ameaçados, com menos de 200 indivíduos vivos atualmente. O governo neozelandês tem tentado ativamente reviver a população de kakapos fornecendo zonas especiais de conservação em três ilhas livres de predadores.

Muitos dos animais nas capas da O'Reilly estão correndo risco de extinção, e todas elas são importantes para o mundo. Para saber mais sobre como você pode ajudar, visite *animals.oreilly.com* (conteúdo em inglês).

A imagem da capa é da *Wood's Animate Creations*.

CONHEÇA OUTROS LIVROS DE INFORMÁTICA!

Negócios - Nacionais - Comunicação - Guias de Viagem - Interesse Geral - Informática - Idiomas

Todas as imagens são meramente ilustrativas.

SEJA AUTOR DA ALTA BOOKS!

Envie a sua proposta para: autoria@altabooks.com.br

Visite também nosso site e nossas redes sociais para conhecer lançamentos e futuras publicações!

www.altabooks.com.br

/altabooks ▪ /altabooks ▪ /alta_books

ALTA BOOKS
EDITORA

ROTAPLAN
GRÁFICA E EDITORA LTDA
Rua Álvaro Seixas, 165
Engenho Novo - Rio de Janeiro
Tels.: (21) 2201-2089 / 8898
E-mail: rotaplanrio@gmail.com